학습 진도표

3회
월 일
회
일
평가북
월 일
단원 평가
A/B단계를
학습해요.
1회
월 일
2회
월 일
3회
월 일
4회
월 일
5회
월 일
평가북
월 일
2 여러 가지 도형
1회
월 일
2회
월 일
3회
월 일
4회
월 일
평가북
월 일
일
평가북
월 일
5 분류하기
1회
월 일
2회
월 일
3회
월 일
4회
월 일
5회
월 일
평가북
월 일
6 곱셈

백점 수학 2·1

학습 진도표

이용 방법 계획한 날짜를 쓰고
학습을 끝낸 후 색칠하세요.
1회 학습 완료 › 1회 3 월 8 일

백점

수학 2·1

개념북

백점 수학

구성과 특징

개념북 하루 4쪽 학습으로 자기주도학습 완성

N일차 4쪽: 개념 학습+문제 학습

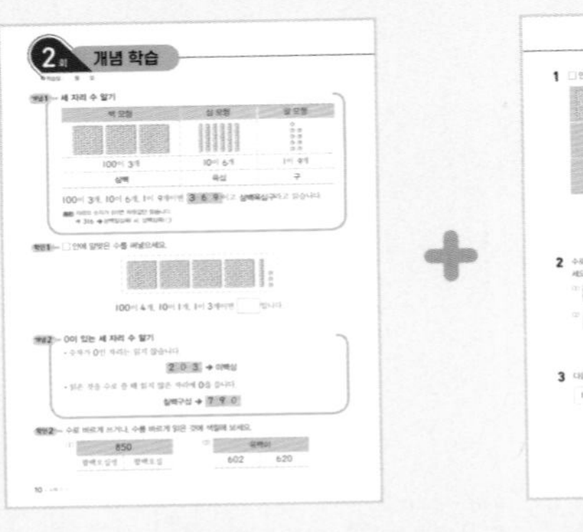

+

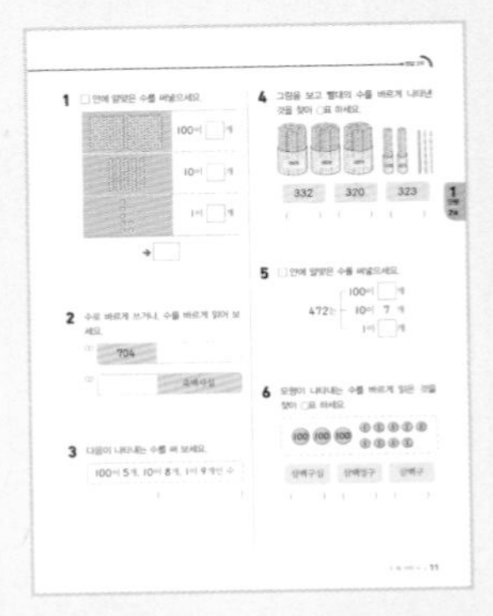

+

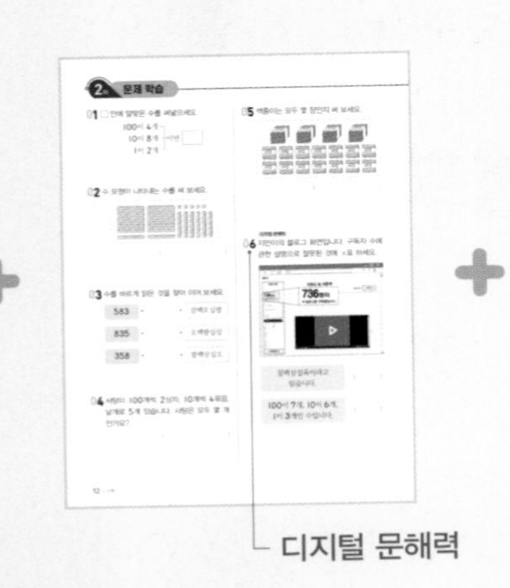

+

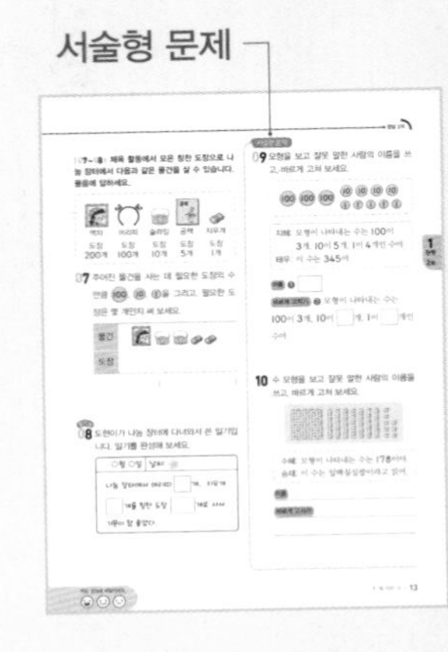

서술형 문제

디지털 문해력

N일차 4쪽: 응용 학습

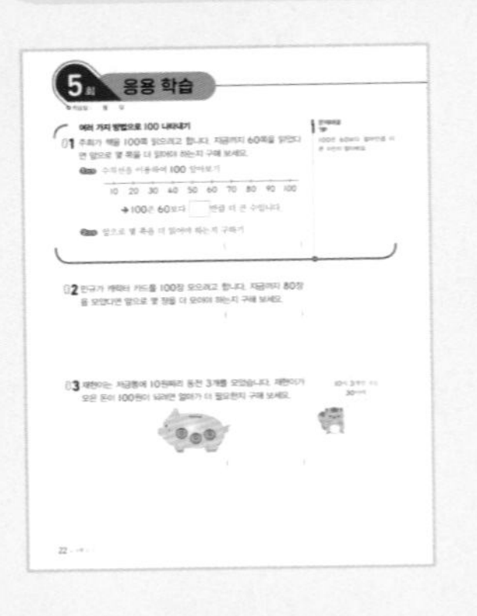

+

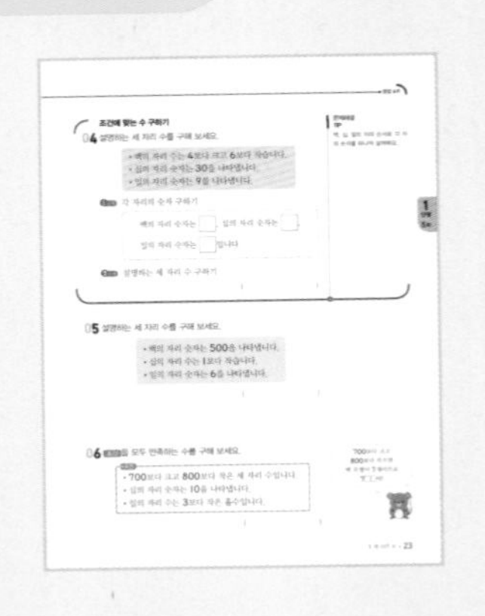

+

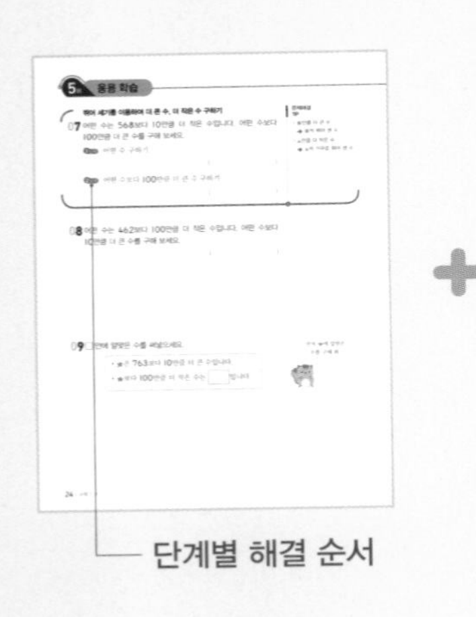

+

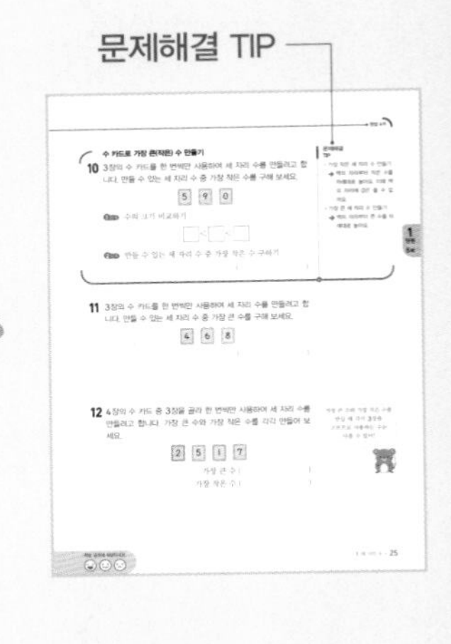

문제해결 TIP

단계별 해결 순서

N일차 4쪽: 마무리 평가

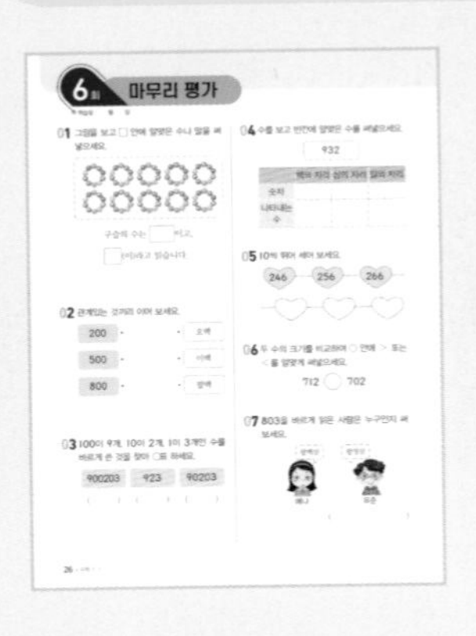

+

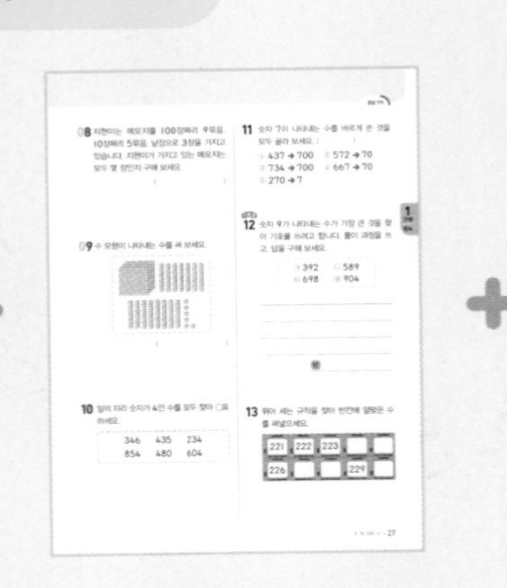

+

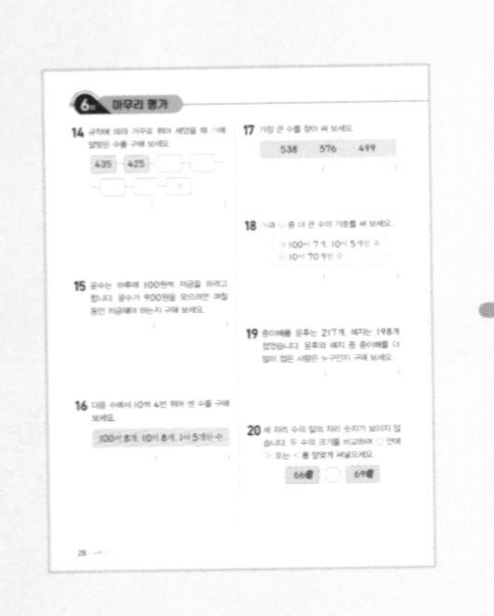

+

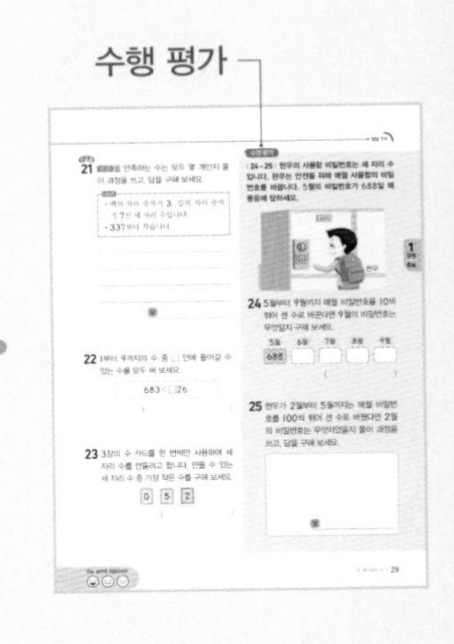

수행 평가

문해력을 높이는 어휘
교과서 어휘를 그림과 쓰이는 예시 문장을 통해 문해력 향상

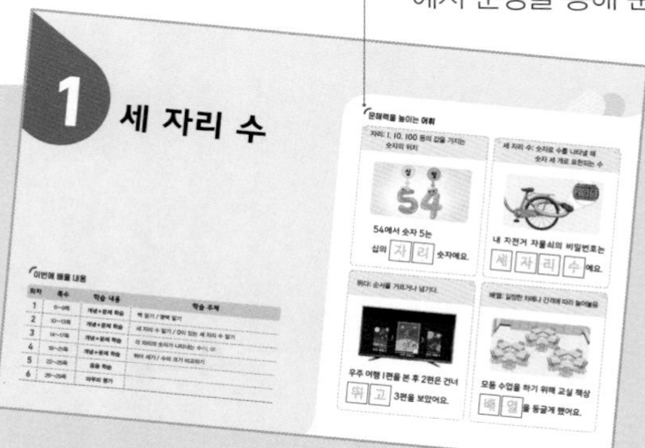

개념 학습

핵심 개념과 개념 확인 예제로 개념을 쉽게 이해할 수 있습니다.

문제 학습

핵심 유형 문제와 서술형 연습 문제로 실력을 쌓을 수 있습니다.
디지털 문해력: 디지털 매체 소재에 대한 문제

응용 학습

응용 유형의 문제를 단계별 해결 순서와 문제해결 TIP을 이용하여 응용력을 높일 수 있습니다.

마무리 평가

한 단원을 마무리하며 실력을 점검할 수 있습니다.
수행 평가: 학교 수행 평가에 대비할 수 있는 문제

평가북

맞춤형 평가 대비
수준별 단원 평가

단원 평가 A단계, B단계

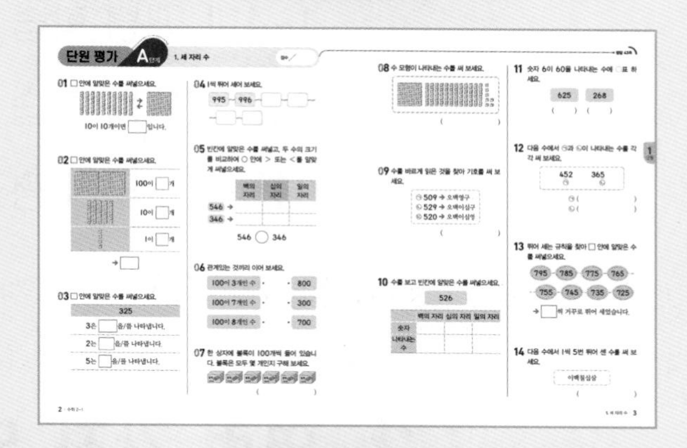

단원별 학습 성취도를 확인하고, 학교 단원 평가에 대비할 수 있도록 수준별로 A단계, B단계로 구성하였습니다.

1학기 총정리 개념

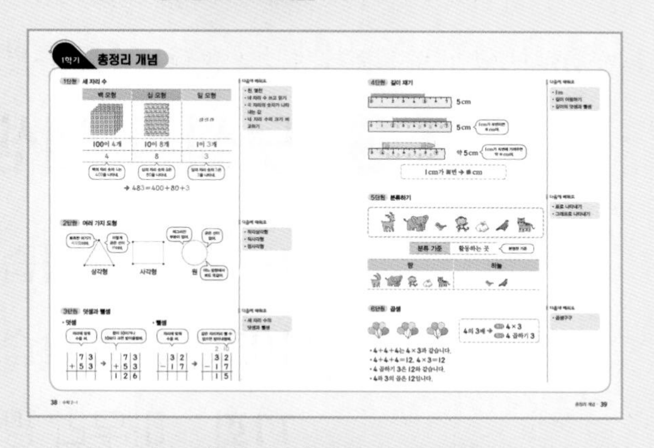

1학기를 마무리하며 개념을 총정리하고, 다음에 배울 내용을 확인할 수 있습니다.

백점 수학

차례

하루 4쪽 학습으로 자기주도학습 완성

1 세 자리 수

이번에 배울 내용

회차	쪽수	학습 내용	학습 주제
1	6~9쪽	개념+문제 학습	백 알기 / 몇백 알기
2	10~13쪽	개념+문제 학습	세 자리 수 알기 / 0이 있는 세 자리 수 알기
3	14~17쪽	개념+문제 학습	각 자리의 숫자가 나타내는 수(1), (2)
4	18~21쪽	개념+문제 학습	뛰어 세기 / 수의 크기 비교하기
5	22~25쪽	응용 학습	
6	26~29쪽	마무리 평가	

문해력을 높이는 **어휘**

자리: 1, 10, 100 등의 값을 가지는 숫자의 위치

54에서 숫자 5는

십의 자 리  숫자예요.

세 자리 수: 숫자로 수를 나타낼 때 숫자 세 개로 표현되는 수

내 자전거 자물쇠의 비밀번호는

세 자리 수 예요.

뛰다: 순서를 거르거나 넘기다.

우주 여행 1편을 본 후 2편은 건너

뛰 고  3편을 보았어요.

배열: 일정한 차례나 간격에 따라 늘어놓음

모둠 수업을 하기 위해 교실 책상

배 열 을 둥글게 했어요.

1회 개념 학습

학습일 : 월 일

개념 1 백 알기

- 10이 10개이면 100입니다.
- 100은 백이라고 읽습니다.

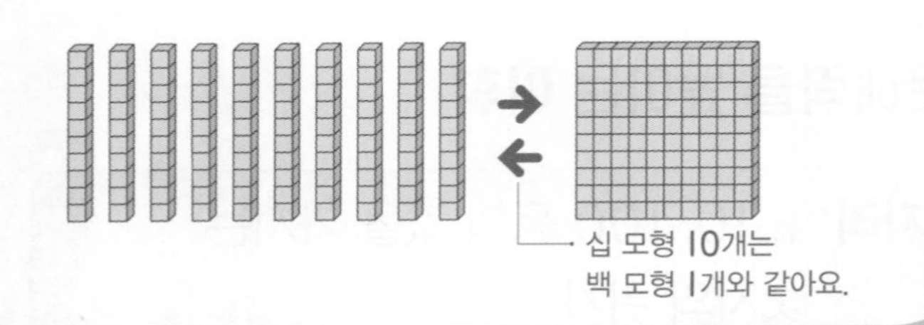

확인 1 10씩 세어 □ 안에 알맞은 수를 써넣으세요.

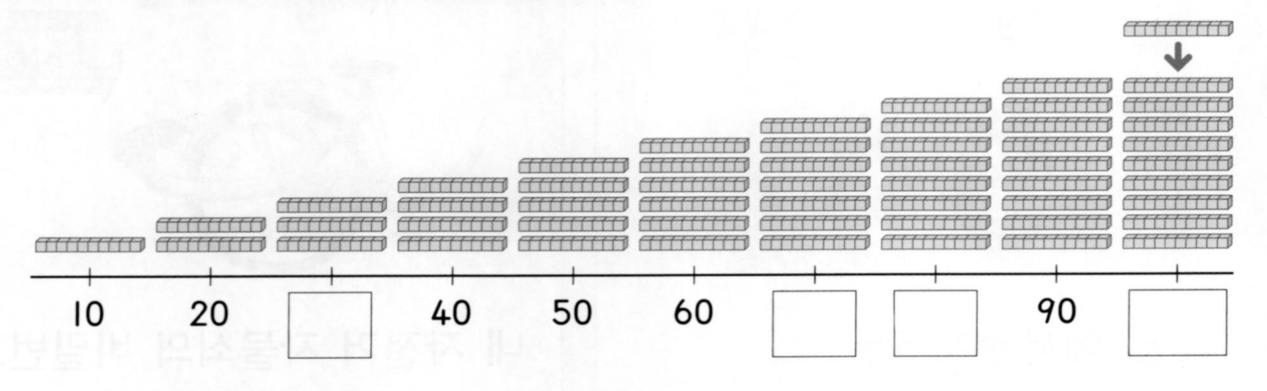

개념 2 몇백 알기

- 100이 3개이면 300입니다.
- 300은 삼백이라고 읽습니다.

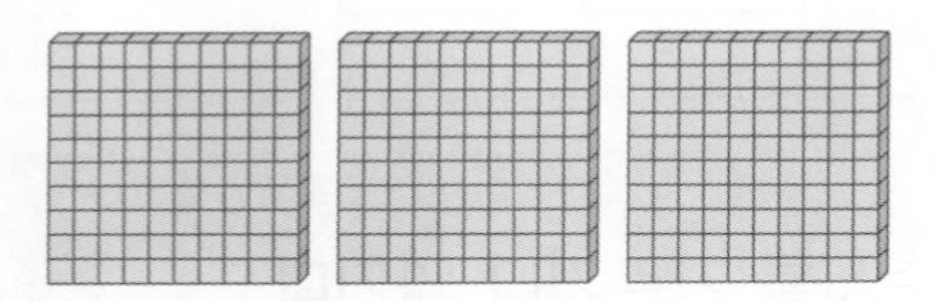

100이 2개		100이 3개		100이 4개		100이 5개	
200	이백	300	삼백	400	사백	500	오백

100이 6개		100이 7개		100이 8개		100이 9개	
600	육백	700	칠백	800	팔백	900	구백

확인 2 수 모형이 나타내는 수를 써 보세요.

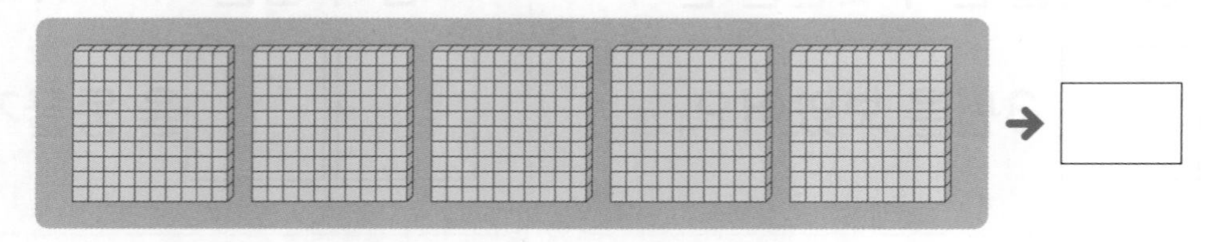

1 □ 안에 알맞은 수를 써넣으세요.

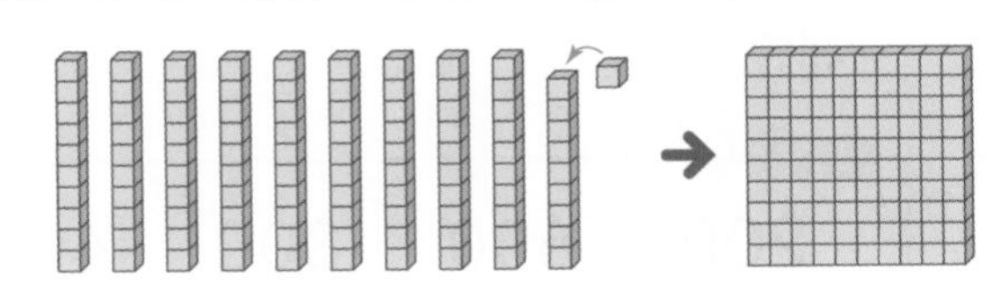

99보다 □만큼 더 큰 수는 100입니다.

2 □ 안에 알맞은 수를 써넣으세요.

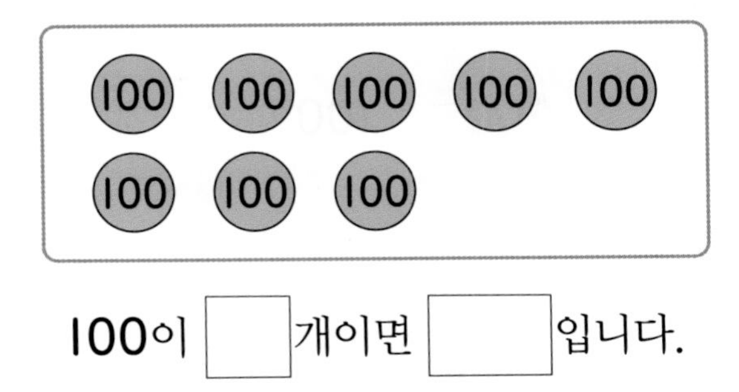

100이 □개이면 □입니다.

3 □ 안에 알맞은 수를 써넣으세요.

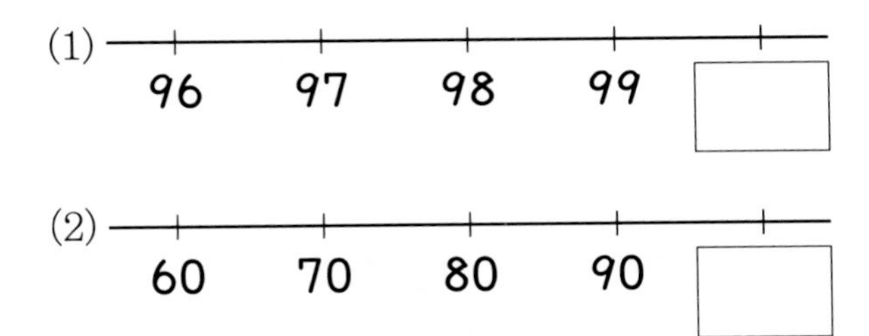

4 옳은 것에 ○표, 틀린 것에 ×표 하세요.

(1) 100이 5개이면 500입니다.

( )

(2) 300은 10이 3개인 수입니다.

( )

5 수를 바르게 읽은 것을 찾아 이어 보세요.

400 •	• 구백
600 •	• 사백
900 •	• 육백

6 100을 알아보려고 합니다. □ 안에 알맞은 수를 써넣으세요.

100	90보다 □만큼 더 큰 수
	10이 □개인 수
	99보다 □만큼 더 큰 수

01 수 모형을 보고 □ 안에 알맞은 수를 써넣으세요.

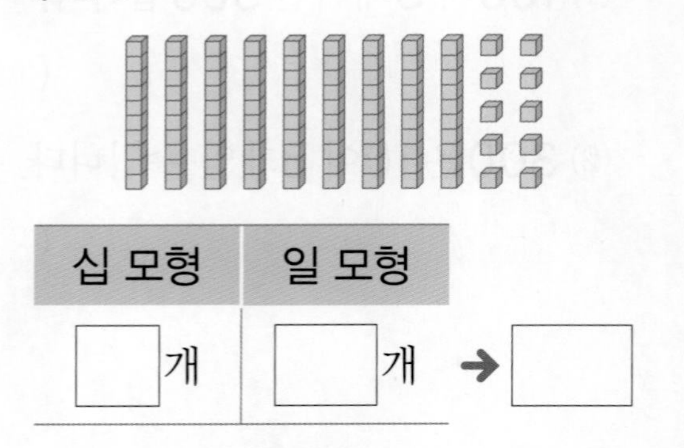

십 모형	일 모형	
□개	□개	➔ □

02 수직선을 보고 □ 안에 알맞은 수를 써넣으세요.

30 40 50 60 70 80 90 100

100은 70보다 □만큼 더 큰 수입니다.

03 모형이 나타내는 수를 써 보세요.

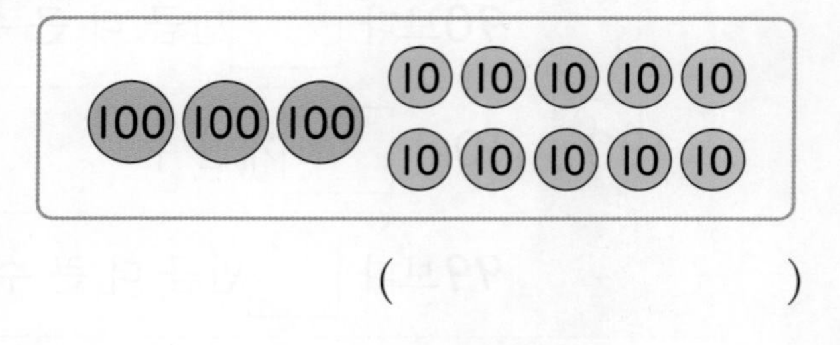

(　　　　)

04 보기 에서 알맞은 수를 찾아 □ 안에 써넣으세요.

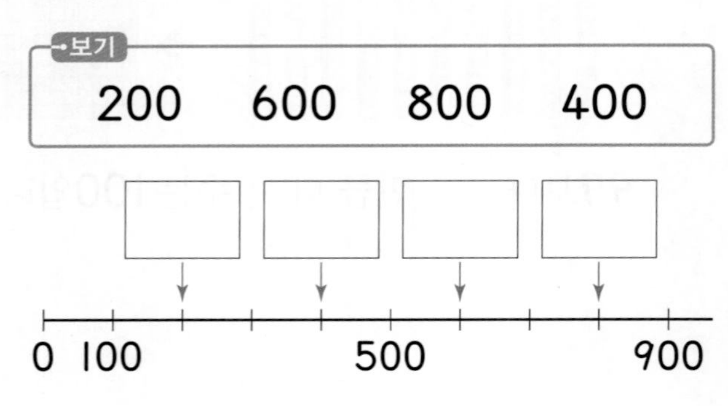

05 □ 안에 알맞은 수를 써넣으세요.

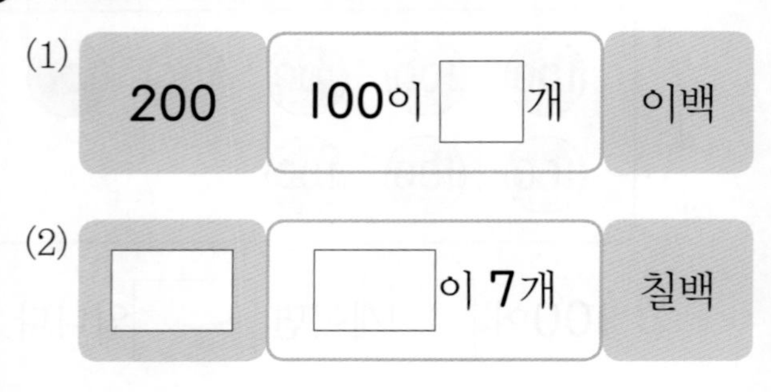

06 수 모형을 보고 바르게 설명한 것을 찾아 기호를 써 보세요.

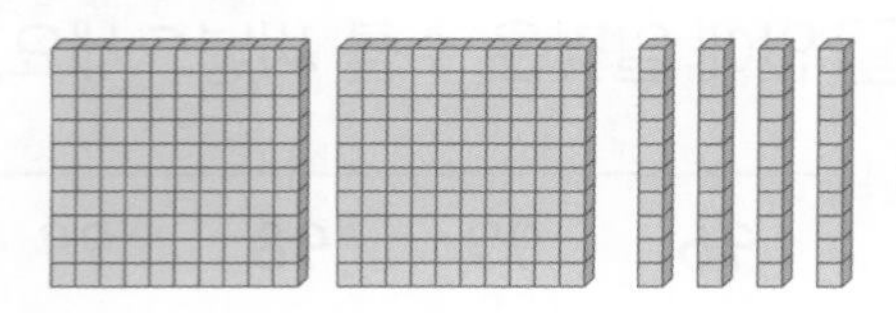

㉠ 300보다 큽니다.
㉡ 200보다 크고 300보다 작습니다.
㉢ 200보다 작습니다.

(　　　　)

창의형

07 내가 나타내고 싶은 몇백을 □ 안에 써넣고, 알맞게 묶어 보세요.

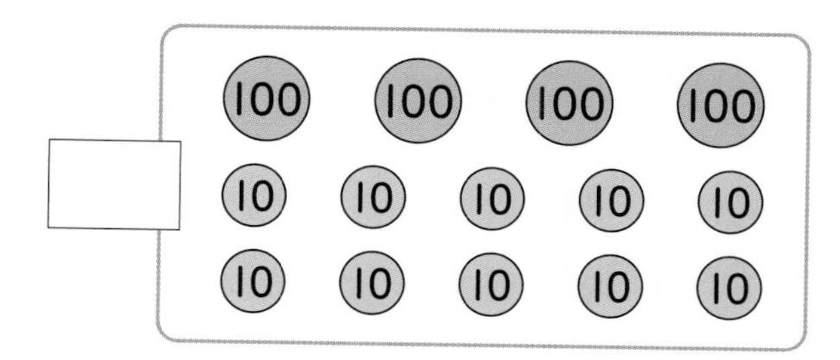

08 □ 안에 알맞은 수를 써넣으세요.

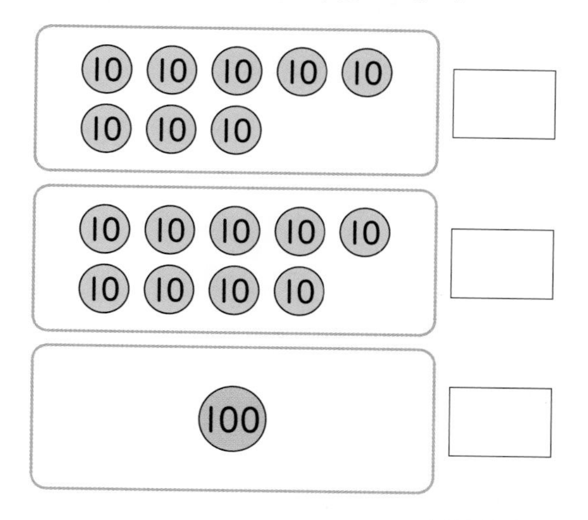

90보다 10만큼 더 작은 수는 □이고,

90보다 10만큼 더 큰 수는 □입니다.

09 색칠한 칸의 수와 더 가까운 수에 ○표 하세요.

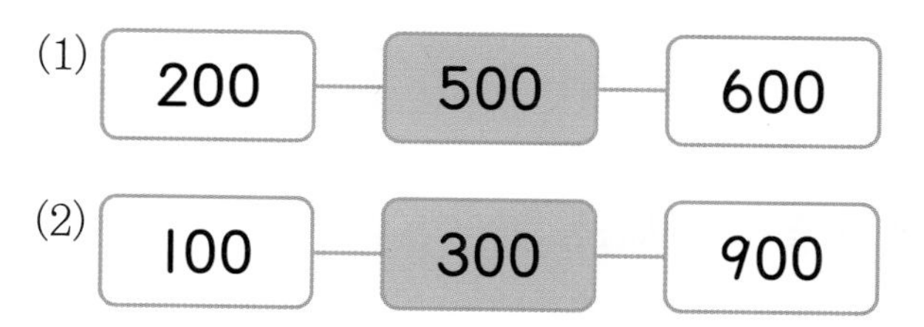

(1) 200 — 500 — 600

(2) 100 — 300 — 900

서술형 문제

10 접시 한 개에 사탕이 10개씩 놓여 있습니다. 사탕은 모두 몇 개인지 풀이 과정을 쓰고, 답을 구해 보세요.

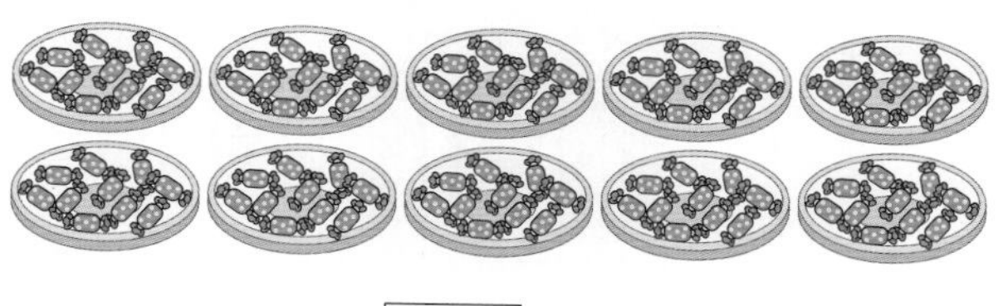

❶ 접시는 모두 □개입니다.

❷ 10이 10개이면 □이므로 사탕은 모두 □개입니다.

답 ____________

11 한 병에 구슬이 100개씩 들어 있습니다. 구슬은 모두 몇 개인지 풀이 과정을 쓰고, 답을 구해 보세요.

구슬 100개 | 구슬 100개 | 구슬 100개 | 구슬 100개 | 구슬 100개

____

____

____

____

답 ____________

학습 결과에 색칠하세요.

2회 개념 학습

학습일 : 월 일

개념 1 세 자리 수 알기

백 모형	십 모형	일 모형
100이 3개	10이 6개	1이 9개
삼백	육십	구

100이 3개, 10이 6개, 1이 9개이면 3 6 9 이고 **삼백육십구**라고 읽습니다.

참고 자리의 숫자가 1이면 자릿값만 읽습니다.
예 316 → 삼백일십육(×), 삼백십육(○)

확인 1 □ 안에 알맞은 수를 써넣으세요.

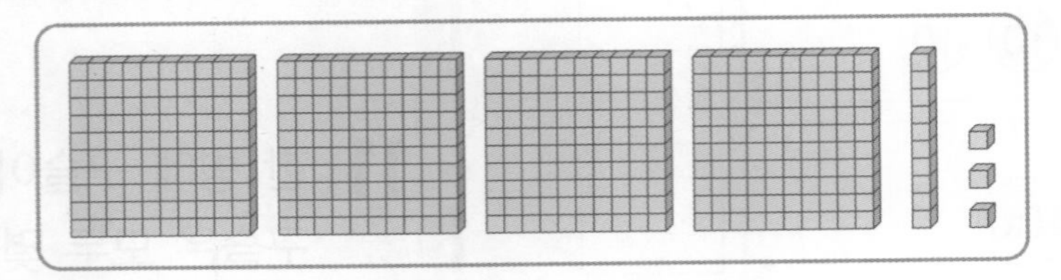

100이 4개, 10이 1개, 1이 3개이면 □ 입니다.

개념 2 0이 있는 세 자리 수 알기

• 숫자가 0인 자리는 읽지 않습니다.

2 0 3 → 이백삼

• 읽은 것을 수로 쓸 때 읽지 않은 자리에 0을 씁니다.

칠백구십 → 7 9 0

확인 2 수로 바르게 쓰거나, 수를 바르게 읽은 것에 색칠해 보세요.

(1)

850	
팔백오십영	팔백오십

(2)

육백이	
602	620

1 □ 안에 알맞은 수를 써넣으세요.

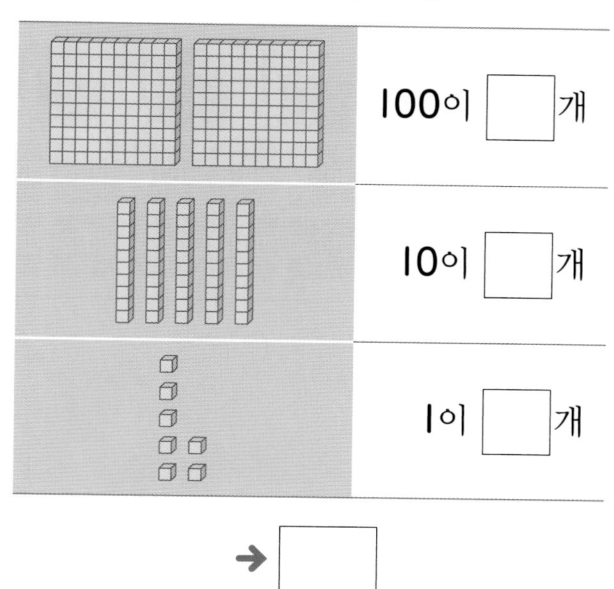

100이 □개

10이 □개

1이 □개

→ □

2 수로 바르게 쓰거나, 수를 바르게 읽어 보세요.

(1)

704	

(2)

	육백사십

3 다음이 나타내는 수를 써 보세요.

100이 5개, 10이 8개, 1이 9개인 수

( )

4 그림을 보고 빨대의 수를 바르게 나타낸 것을 찾아 ○표 하세요.

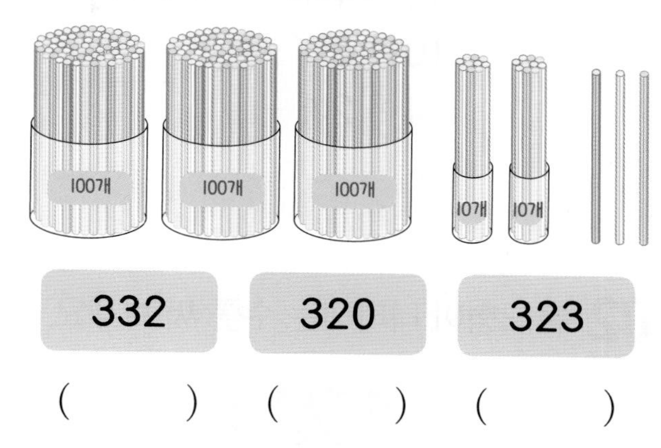

332	320	323
( )	( )	( )

5 □ 안에 알맞은 수를 써넣으세요.

472는 — 100이 □개, 10이 7 개, 1이 □개

6 모형이 나타내는 수를 바르게 읽은 것을 찾아 ○표 하세요.

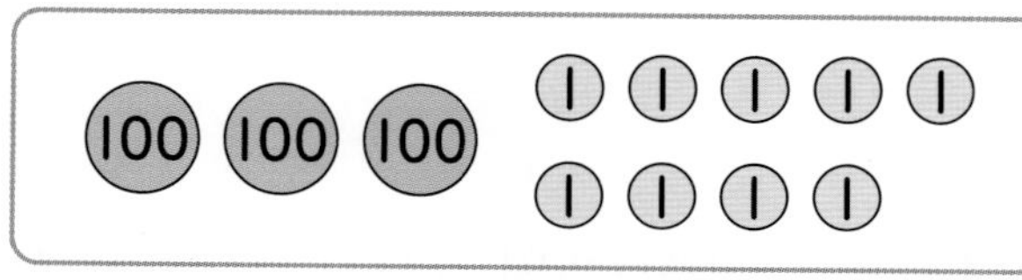

삼백구십	삼백영구	삼백구
( )	( )	( )

01 □ 안에 알맞은 수를 써넣으세요.

100이 4개
10이 8개 — 이면 □
1이 2개

02 수 모형이 나타내는 수를 써 보세요.

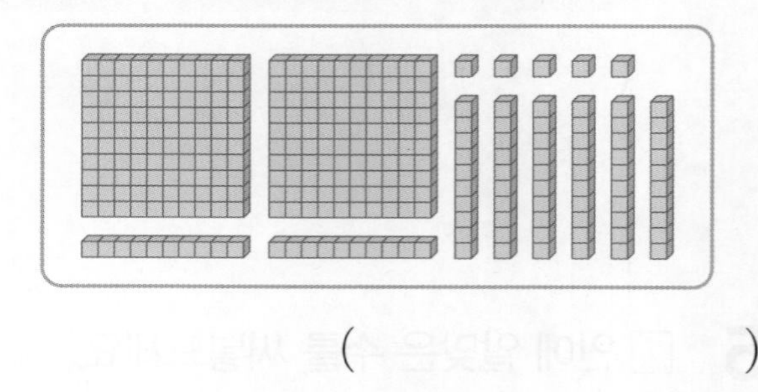

(　　　　　　)

03 수를 바르게 읽은 것을 찾아 이어 보세요.

583 •	• 삼백오십팔
835 •	• 오백팔십삼
358 •	• 팔백삼십오

04 사탕이 100개씩 2상자, 10개씩 4묶음, 낱개로 5개 있습니다. 사탕은 모두 몇 개인가요?

(　　　　　　)

05 색종이는 모두 몇 장인지 써 보세요.

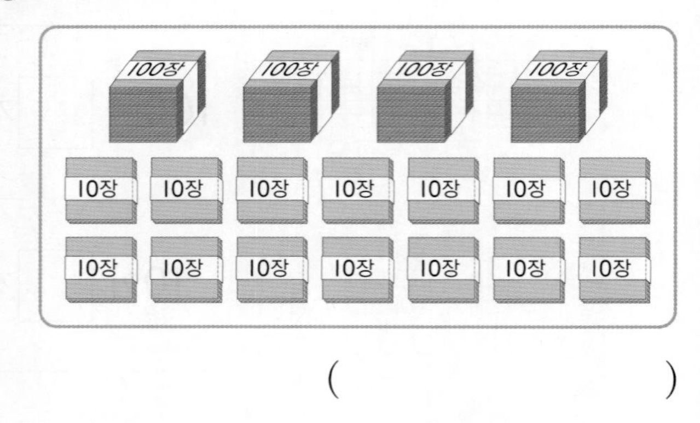

(　　　　　　)

디지털 문해력

06 지민이의 블로그 화면입니다. 구독자 수에 관한 설명으로 잘못된 것에 ×표 하세요.

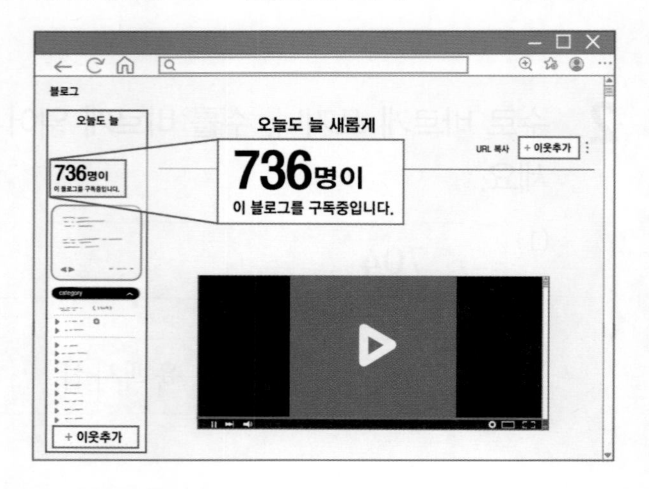

칠백삼십육이라고 읽습니다. (　　)

100이 7개, 10이 6개, 1이 3개인 수입니다. (　　)

| 07~08 | 체육 활동에서 모은 칭찬 도장으로 나눔 장터에서 다음과 같은 물건을 살 수 있습니다. 물음에 답하세요.

07 주어진 물건을 사는 데 필요한 도장의 수만큼 (100), (10), (1)을 그리고, 필요한 도장은 몇 개인지 써 보세요.

물건	
도장	

( )

창의형

08 도현이가 나눔 장터에 다녀와서 쓴 일기입니다. 일기를 완성해 보세요.

○월 ○일	날씨:
나눔 장터에서 머리띠 □개, 지우개 □개를 칭찬 도장 □개로 사서 기분이 참 좋았다.	

서술형 문제

09 모형을 보고 잘못 말한 사람의 이름을 쓰고, 바르게 고쳐 보세요.

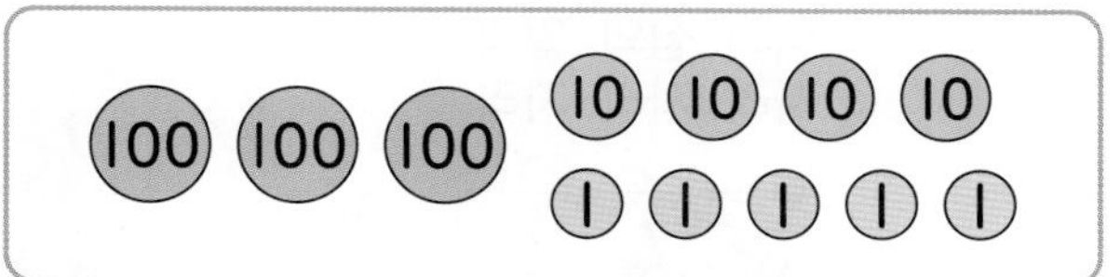

지혜: 모형이 나타내는 수는 100이 3개, 10이 5개, 1이 4개인 수야.
태우: 이 수는 345야.

이름 ❶ □

바르게 고치기 ❷ 모형이 나타내는 수는 100이 3개, 10이 □개, 1이 □개인 수야.

10 수 모형을 보고 잘못 말한 사람의 이름을 쓰고, 바르게 고쳐 보세요.

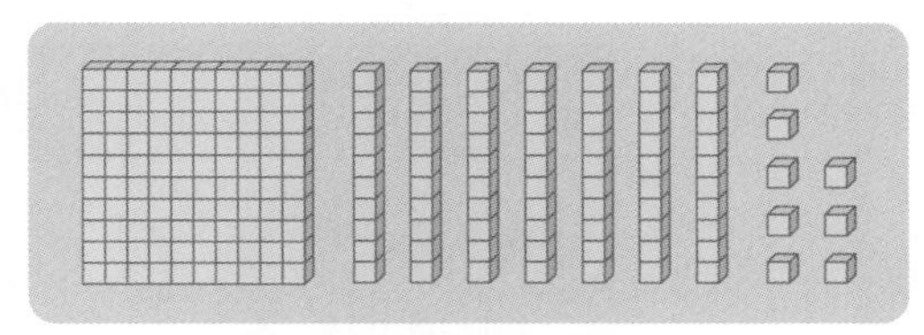

수혜: 모형이 나타내는 수는 178이야.
승재: 이 수는 일백칠십팔이라고 읽어.

이름

바르게 고치기

1 단원 2회

학습 결과에 색칠하세요.

3회 개념 학습

○ 학습일 : 월 일

개념 1 각 자리의 숫자가 나타내는 수(1) — 각 자리의 숫자가 다른 세 자리 수

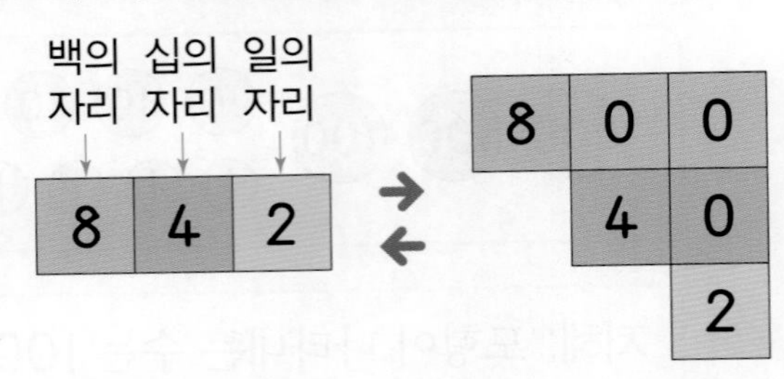

8은 **백**의 자리 숫자이고, 800을 나타냅니다.
4는 **십**의 자리 숫자이고, 40을 나타냅니다.
2는 **일**의 자리 숫자이고, 2를 나타냅니다.

$842=800+40+2$

확인 1 □ 안에 알맞은 수를 써넣으세요.

536 →

100이 5개	10이 □개	1이 □개
500	□	□

$536=\square+\square+\square$

개념 2 각 자리의 숫자가 나타내는 수(2) — 각 자리의 숫자가 같은 세 자리 수

333	백의 자리	십의 자리	일의 자리
숫자	3	3	3
나타내는 수	300	30	3

→ 숫자가 같아도 자리에 따라 나타내는 수가 달라집니다.

확인 2 □ 안에 알맞은 수를 써넣으세요.

585

(1) 백의 자리 숫자는 □이고, □을/를 나타냅니다.

(2) 일의 자리 숫자는 □이고, □을/를 나타냅니다.

1 빈칸에 알맞은 숫자를 써넣으세요.

615

백의 자리	십의 자리	일의 자리

2 143만큼 색칠하고, □ 안에 알맞은 수를 써넣으세요.

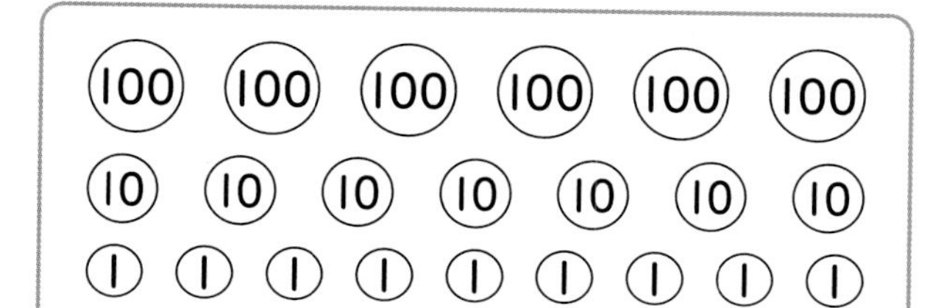

143=□+□+□

3 빈칸에 알맞은 숫자를 써넣으세요.

이백칠십오 ➔

백의 자리 숫자	
십의 자리 숫자	
일의 자리 숫자	

4 □ 안에 알맞은 수를 써넣으세요.

793

(1) 백의 자리 숫자는 □이고, □을/를 나타냅니다.

(2) 십의 자리 숫자는 □이고, □을/를 나타냅니다.

(3) 일의 자리 숫자는 □이고, □을/를 나타냅니다.

5 밑줄 친 숫자 5가 나타내는 수에 ○표 하세요.

(1) 36<u>5</u> | 5 | 50 | 500

(2) <u>5</u>82 | 5 | 50 | 500

6 숫자 9가 90을 나타내는 수를 찾아 색칠해 보세요.

279 | 490 | 953

3회 문제 학습

01 □ 안에 알맞은 수를 써넣으세요.

798
7은 □을/를 나타냅니다.
9는 □을/를 나타냅니다.
8은 □을/를 나타냅니다.

02 밑줄 친 숫자가 나타내는 수를 □ 안에 알맞게 써넣으세요.

(1) 279 → □

(2) 693 → □

창의형

03 보기 와 같이 세 자리 수를 써 보고, 각 자리의 숫자가 나타내는 수의 합으로 나타내어 보세요.

보기

325＝300＋20＋5

□＝□＋□＋□

04 다음 수에서 ㉠이 나타내는 수와 ㉡이 나타내는 수를 각각 써 보세요.

㉠ (　　　　　　)

㉡ (　　　　　　)

05 다음 중 숫자 6이 나타내는 수가 다른 하나는 어느 것인가요? (　　)

① 629　② 463　③ 649　④ 657　⑤ 603

디지털 문해력

06 경민이가 온라인으로 신발을 사려고 합니다. 경민이가 살 신발의 크기를 찾아 ○표 하세요.

- 구입 가능한 신발 크기 중에서 고릅니다.
- 십의 자리 숫자는 80을 나타냅니다.

07 밑줄 친 숫자가 얼마를 나타내는지 모형에서 찾아 ○표 하세요.

444

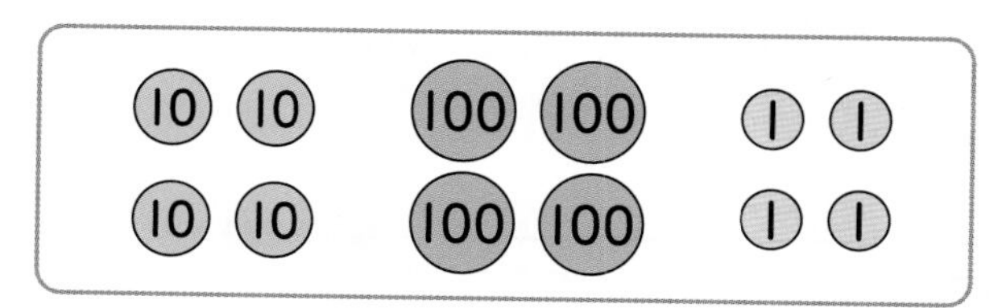

08 십의 자리 숫자가 2인 수는 모두 몇 개인가요?

423 254 582 272 129

( )

09 밑줄 친 숫자가 나타내는 수를 표에서 찾아 비밀 문장을 만들어 보세요.

371 ① 357 ② 635 ③ 349 ④

수	300	7	3	700	70	30
글자	자	강	읽	해	건	하

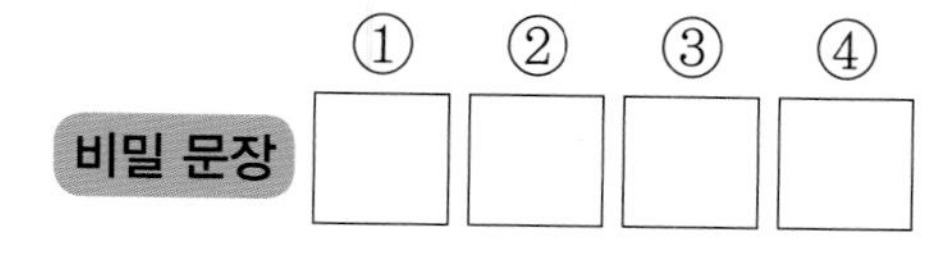

서술형 문제

10 채아가 만든 세 자리 수는 얼마인지 풀이 과정을 쓰고, 답을 구해 보세요.

내가 만든 수는 100이 2개야. 십의 자리 숫자는 60을 나타내고, 805와 일의 자리 숫자는 똑같아.

❶ 백의 자리 숫자는 □, 십의 자리 숫자는 □, 일의 자리 숫자는 □입니다.

❷ 따라서 채아가 만든 세 자리 수는 □입니다.

답

11 설명하는 세 자리 수는 얼마인지 풀이 과정을 쓰고, 답을 구해 보세요.

- 백의 자리 숫자는 700을 나타냅니다.
- 500과 십의 자리 숫자는 같습니다.
- 일의 자리 숫자는 2입니다.

답

1 단원 3회

학습 결과에 색칠하세요.

4회 개념 학습

학습일 : 월 일

개념1 뛰어 세기

• 100씩 뛰어 세면 백의 자리 수가 1씩 커집니다.

100 200 300 400 500 600 700 800 900

• 10씩 뛰어 세면 십의 자리 수가 1씩 커집니다.

900 910 920 930 940 950 960 970 980 990

• 1씩 뛰어 세면 일의 자리 수가 1씩 커집니다.

990 991 992 993 994 995 996 997 998 999 1000

• 999보다 1만큼 더 큰 수는 1000이라 쓰고, 천이라고 읽습니다.

확인1 1씩 뛰어 세고 있습니다. 빈칸에 알맞은 수를 써넣으세요.

322	323	324		326		328

개념2 수의 크기 비교하기

앞에 있는 백의 자리 수부터 차례대로 비교합니다.

517 (>) 432 — 백의 자리 수를 비교해요.

479 (<) 485 — 백의 자리 수가 같으면 십의 자리 수를 비교해요.

326 (>) 324 — 백, 십의 자리 수가 모두 같으면 일의 자리 수를 비교해요.

확인2 빈칸에 알맞은 수를 써넣고, 두 수의 크기를 비교하여 ○ 안에 > 또는 <를 알맞게 써넣으세요.

	백의 자리	십의 자리	일의 자리
629 →	6	2	9
640 →			

629 ○ 640

정답 4쪽

1 100씩 뛰어 세어 보세요.

2 10씩 뛰어 세어 보세요.

3 □ 안에 알맞은 수나 말을 써넣으세요.

(1) 999보다 1만큼 더 큰 수는 □ 입니다.

(2) 1000은 □(이)라고 읽습니다.

4 뛰어 세는 규칙을 찾아 □ 안에 알맞은 수를 써넣으세요.

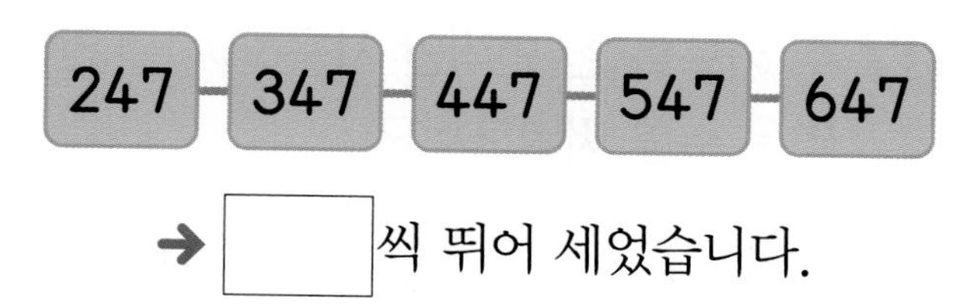

➔ □씩 뛰어 세었습니다.

5 두 수의 크기를 비교하여 ○ 안에 > 또는 <를 알맞게 써넣으세요.

(1) 376 ○ 246

(2) 404 ○ 406

6 뛰어 세는 규칙을 찾아 ㉠에 알맞은 수를 써 보세요.

996 - 997 - 998 - 999 - ㉠

( )

7 빈칸에 알맞은 수를 써넣고, □ 안에 알맞은 수를 써넣으세요.

	백의 자리	십의 자리	일의 자리
651 ➔	6	5	1
657 ➔			
583 ➔			

• 가장 큰 수는 □입니다.

• 가장 작은 수는 □입니다.

01 뛰어 세는 규칙을 찾아 빈칸에 알맞은 수를 써넣고, □ 안에 알맞은 수를 써넣으세요.

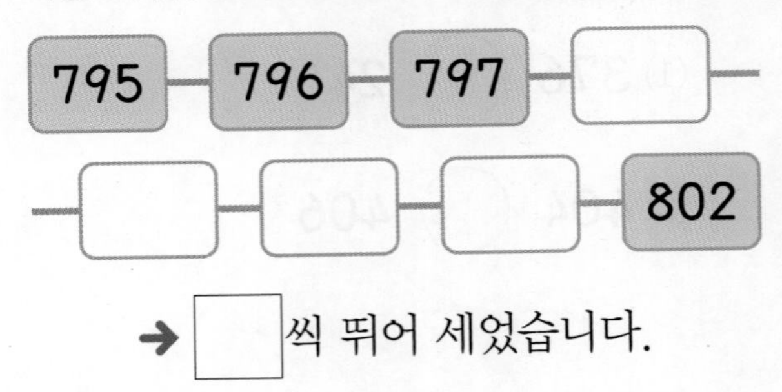

➔ □씩 뛰어 세었습니다.

02 320부터 10씩 뛰어 세며 선으로 이어 보고, 빈 곳에 알맞은 수를 써넣으세요.

03 수의 크기를 비교하여 가장 작은 수에는 빨간색, 가장 큰 수에는 파란색을 칠해 보세요.

(1)

709	730	274

(2)

453	475	516

04 □ 안에 들어갈 수 있는 수를 모두 찾아 ○표 하세요.

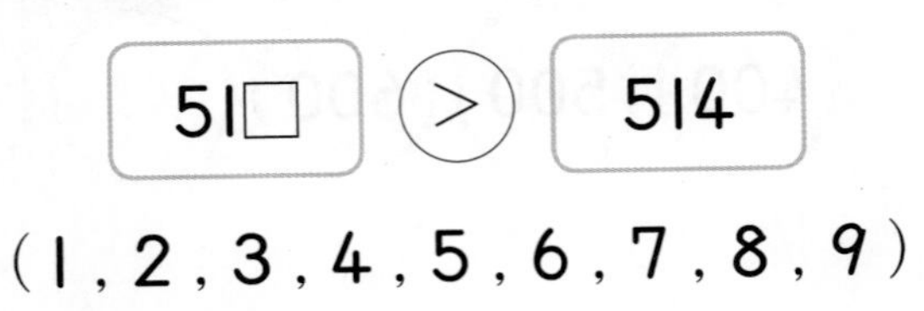

(1 , 2 , 3 , 4 , 5 , 6 , 7 , 8 , 9)

| 05~06 | 시우와 다은이가 나눈 대화를 보고 물음에 답하세요.

05 시우의 방법으로 뛰어 세어 보세요.

300 – 400 – □ – □ – □

06 다은이의 방법으로 뛰어 세어 보세요.

327 – 317 – □ – □ – □

07 수 카드를 한 번씩만 사용하여 □ 안에 알맞은 수를 써넣으세요.

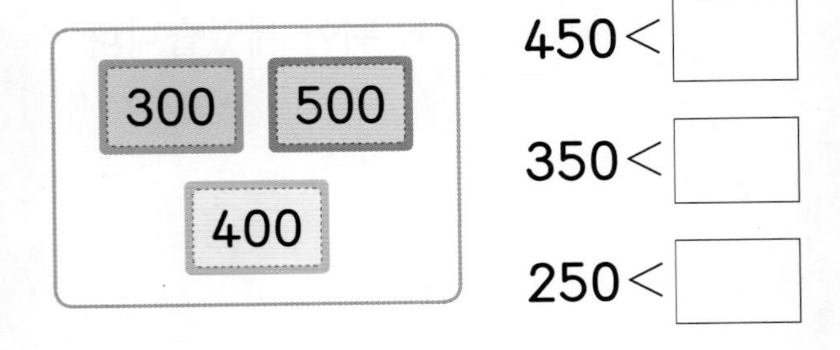

08 다음 수에서 1씩 5번 뛰어 센 수를 구해 보세요.

100이 4개, 10이 7개, 1이 2개인 수

(　　　　　　　　)

09 수 카드를 보고 물음에 답하세요.

(1) 수 카드 3장을 골라 써 보세요.

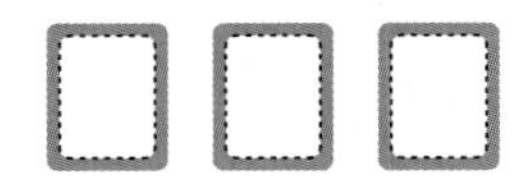

(2) 고른 수 카드를 한 번씩만 사용하여 가장 큰 세 자리 수와 가장 작은 세 자리 수를 각각 만들어 보세요.

가장 큰 수 (　　　　　　　　)

가장 작은 수 (　　　　　　　　)

10 수의 크기를 비교하여 큰 수부터 차례대로 써 보세요.

351　　403　　327

(　　　　,　　　　,　　　　)

서술형 문제

11 책을 소미는 125쪽까지 읽었고, 건하는 140쪽까지 읽었습니다. 소미와 건하 중 책을 더 적게 읽은 사람은 누구인지 풀이 과정을 쓰고, 답을 구해 보세요.

❶ 125와 140의 백의 자리 수가 같으므로 □의 자리 수를 비교합니다.

→ 125 ○ 140

❷ 따라서 책을 더 적게 읽은 사람은 (소미 , 건하)입니다.

 답 ____________

12 유준이와 예나가 귤 농장에서 귤 따기 체험을 했습니다. 귤을 더 많이 딴 사람은 누구인지 풀이 과정을 쓰고, 답을 구해 보세요.

1단원 4회

학습 결과에 색칠하세요.

5회 응용 학습

○ 학습일 : 월 일

여러 가지 방법으로 100 나타내기

01 주희가 책을 100쪽 읽으려고 합니다. 지금까지 60쪽을 읽었다면 앞으로 몇 쪽을 더 읽어야 하는지 구해 보세요.

1단계 수직선을 이용하여 100 알아보기

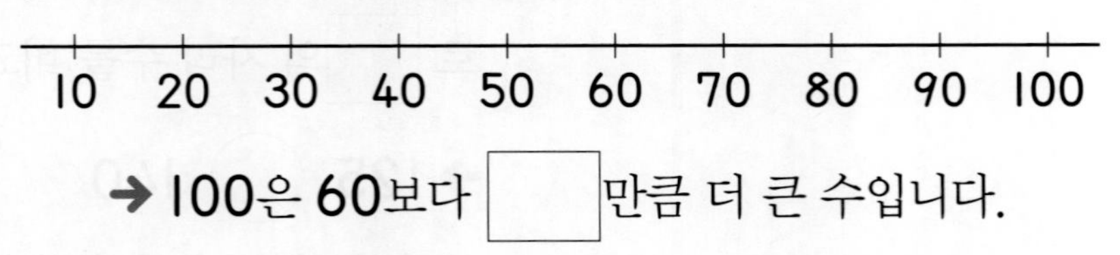

→ 100은 60보다 [ ] 만큼 더 큰 수입니다.

2단계 앞으로 몇 쪽을 더 읽어야 하는지 구하기

( )

문제해결 TIP

100은 60보다 얼마만큼 더 큰 수인지 알아봐요.

02 민규가 캐릭터 카드를 100장 모으려고 합니다. 지금까지 80장을 모았다면 앞으로 몇 장을 더 모아야 하는지 구해 보세요.

( )

03 재현이는 저금통에 10원짜리 동전 3개를 모았습니다. 재현이가 모은 돈이 100원이 되려면 얼마가 더 필요한지 구해 보세요.

( )

10이 3개인 수는 30이야.

조건에 맞는 수 구하기

04 설명하는 세 자리 수를 구해 보세요.

- 백의 자리 수는 4보다 크고 6보다 작습니다.
- 십의 자리 숫자는 30을 나타냅니다.
- 일의 자리 숫자는 9를 나타냅니다.

1단계 각 자리의 숫자 구하기

백의 자리 숫자는 □, 십의 자리 숫자는 □,
일의 자리 숫자는 □입니다.

2단계 설명하는 세 자리 수 구하기

(　　　　　　　　)

문제해결 TIP
백, 십, 일의 자리 순서로 각 자리 숫자를 하나씩 살펴봐요.

1 단원 5회

05 설명하는 세 자리 수를 구해 보세요.

- 백의 자리 숫자는 500을 나타냅니다.
- 십의 자리 수는 1보다 작습니다.
- 일의 자리 숫자는 6을 나타냅니다.

(　　　　　　　　)

06 조건 을 모두 만족하는 수를 구해 보세요.

조건
- 700보다 크고 800보다 작은 세 자리 수입니다.
- 십의 자리 숫자는 10을 나타냅니다.
- 일의 자리 수는 3보다 작은 홀수입니다.

(　　　　　　　　)

700보다 크고
800보다 작으면
백 모형이 7개이므로
7□□야!

뛰어 세기를 이용하여 더 큰 수, 더 작은 수 구하기

07 어떤 수는 568보다 10만큼 더 작은 수입니다. 어떤 수보다 100만큼 더 큰 수를 구해 보세요.

1단계 어떤 수 구하기

( )

2단계 어떤 수보다 100만큼 더 큰 수 구하기

( )

문제해결 TIP

- ■만큼 더 큰 수 → ■씩 뛰어 센 수
- ▲만큼 더 작은 수 → ▲씩 거꾸로 뛰어 센 수

08 어떤 수는 462보다 100만큼 더 작은 수입니다. 어떤 수보다 10만큼 더 큰 수를 구해 보세요.

( )

09 □ 안에 알맞은 수를 써넣으세요.

- ★은 763보다 10만큼 더 큰 수입니다.
- ★보다 100만큼 더 작은 수는 □입니다.

먼저 ★에 알맞은 수를 구해 봐.

수 카드로 가장 큰(작은) 수 만들기

10 3장의 수 카드를 한 번씩만 사용하여 세 자리 수를 만들려고 합니다. 만들 수 있는 세 자리 수 중 가장 작은 수를 구해 보세요.

5  

1단계 수의 크기 비교하기

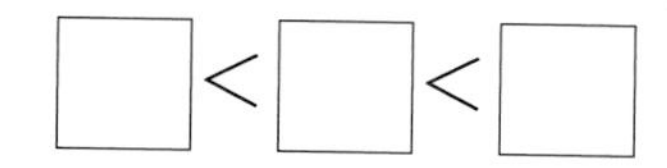

2단계 만들 수 있는 세 자리 수 중 가장 작은 수 구하기

(　　　　　　　)

문제해결 TIP

- 가장 작은 세 자리 수 만들기
  → 백의 자리부터 작은 수를 차례대로 놓아요. 이때 백의 자리에 0은 올 수 없어요.
- 가장 큰 세 자리 수 만들기
  → 백의 자리부터 큰 수를 차례대로 놓아요.

11 3장의 수 카드를 한 번씩만 사용하여 세 자리 수를 만들려고 합니다. 만들 수 있는 세 자리 수 중 가장 큰 수를 구해 보세요.

4  

(　　　　　　　)

12 4장의 수 카드 중 3장을 골라 한 번씩만 사용하여 세 자리 수를 만들려고 합니다. 가장 큰 수와 가장 작은 수를 각각 만들어 보세요.

2   

가장 큰 수 (　　　　　　　)

가장 작은 수 (　　　　　　　)

가장 큰 수와 가장 작은 수를 만들 때 각각 3장을 고르므로 사용하는 수는 다를 수 있어!

학습 결과에 색칠하세요.

6회 마무리 평가

학습일 : 월 일

01 그림을 보고 □ 안에 알맞은 수나 말을 써넣으세요.

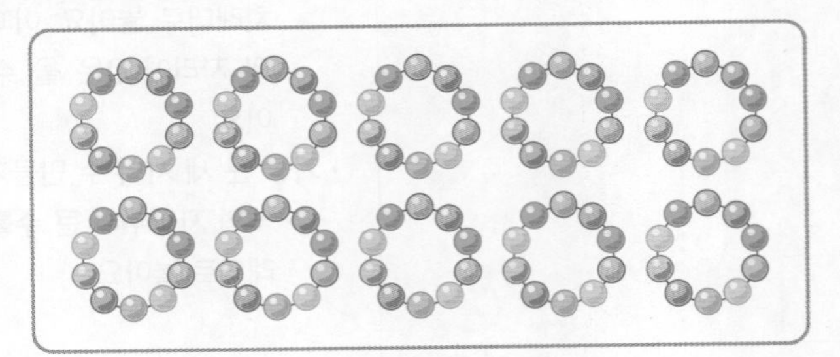

구슬의 수는 □이고,

□(이)라고 읽습니다.

02 관계있는 것끼리 이어 보세요.

200 •	• 오백
500 •	• 이백
800 •	• 팔백

03 100이 9개, 10이 2개, 1이 3개인 수를 바르게 쓴 것을 찾아 ○표 하세요.

900203	923	90203
(　　)	(　　)	(　　)

04 수를 보고 빈칸에 알맞은 수를 써넣으세요.

932

	백의 자리	십의 자리	일의 자리
숫자			
나타내는 수			

05 10씩 뛰어 세어 보세요.

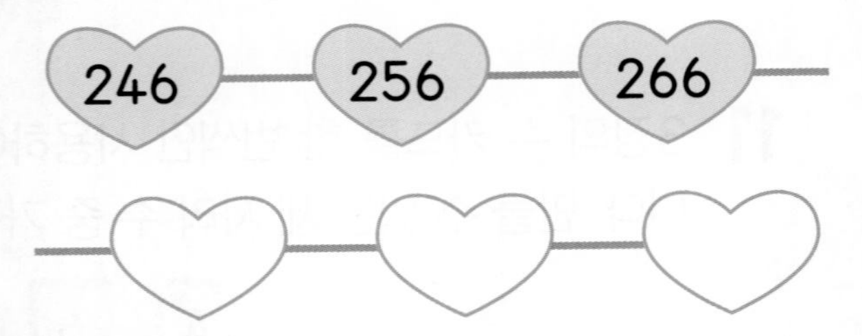

06 두 수의 크기를 비교하여 ○ 안에 > 또는 <를 알맞게 써넣으세요.

712 ○ 702

07 803을 바르게 읽은 사람은 누구인지 써 보세요.

(　　　　　　)

정답 7쪽

08 지현이는 메모지를 100장짜리 9묶음, 10장짜리 5묶음, 낱장으로 3장을 가지고 있습니다. 지현이가 가지고 있는 메모지는 모두 몇 장인지 구해 보세요.

( )

09 수 모형이 나타내는 수를 써 보세요.

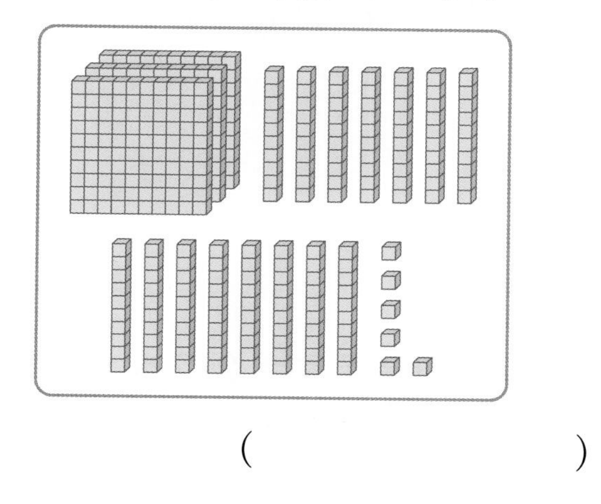

( )

10 일의 자리 숫자가 4인 수를 모두 찾아 ○표 하세요.

346	435	234
854	480	604

11 숫자 7이 나타내는 수를 바르게 쓴 것을 모두 골라 보세요. ( )

① 437 → 700 ② 572 → 70
③ 734 → 700 ④ 667 → 70
⑤ 270 → 7

서술형

12 숫자 9가 나타내는 수가 가장 큰 것을 찾아 기호를 쓰려고 합니다. 풀이 과정을 쓰고, 답을 구해 보세요.

㉠ 392 ㉡ 589
㉢ 698 ㉣ 904

답

13 뛰어 세는 규칙을 찾아 빈칸에 알맞은 수를 써넣으세요.

14 규칙에 따라 거꾸로 뛰어 세었을 때 ㉠에 알맞은 수를 구해 보세요.

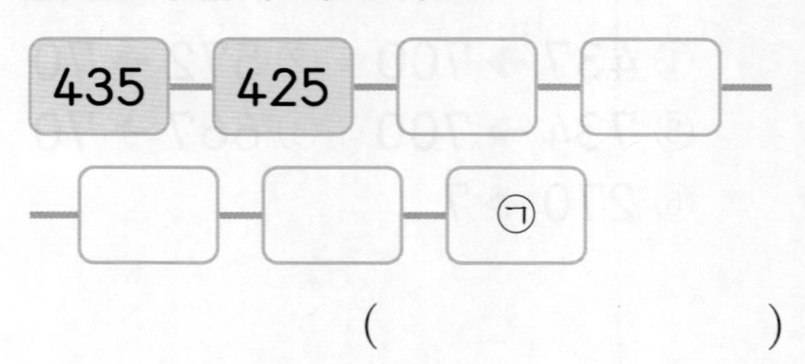

( )

15 윤수는 하루에 100원씩 저금을 하려고 합니다. 윤수가 900원을 모으려면 며칠 동안 저금해야 하는지 구해 보세요.

( )

16 다음 수에서 10씩 4번 뛰어 센 수를 구해 보세요.

100이 8개, 10이 8개, 1이 5개인 수

( )

17 가장 큰 수를 찾아 써 보세요.

538 576 499

( )

18 ㉠과 ㉡ 중 더 큰 수의 기호를 써 보세요.

㉠ 100이 7개, 10이 5개인 수
㉡ 10이 70개인 수

( )

19 종이배를 윤후는 217개, 혜지는 198개 접었습니다. 윤후와 혜지 중 종이배를 더 많이 접은 사람은 누구인지 구해 보세요.

( )

20 세 자리 수의 일의 자리 숫자가 보이지 않습니다. 두 수의 크기를 비교하여 ○ 안에 > 또는 <를 알맞게 써넣으세요.

66■ ○ 69■

서술형

21 조건 을 만족하는 수는 모두 몇 개인지 풀이 과정을 쓰고, 답을 구해 보세요.

조건
- 백의 자리 숫자가 3, 일의 자리 숫자가 7인 세 자리 수입니다.
- 337보다 작습니다.

답

22 1부터 9까지의 수 중 □ 안에 들어갈 수 있는 수를 모두 써 보세요.

683<□26

(　　　　　　　　)

23 3장의 수 카드를 한 번씩만 사용하여 세 자리 수를 만들려고 합니다. 만들 수 있는 세 자리 수 중 가장 작은 수를 구해 보세요.

0　5　2

(　　　　　　　　)

수행 평가

24~25 현우의 사물함 비밀번호는 세 자리 수입니다. 현우는 안전을 위해 매월 사물함의 비밀번호를 바꿉니다. 5월의 비밀번호가 688일 때 물음에 답하세요.

24 5월부터 9월까지 매월 비밀번호를 10씩 뛰어 센 수로 바꾼다면 9월의 비밀번호는 무엇일지 구해 보세요.

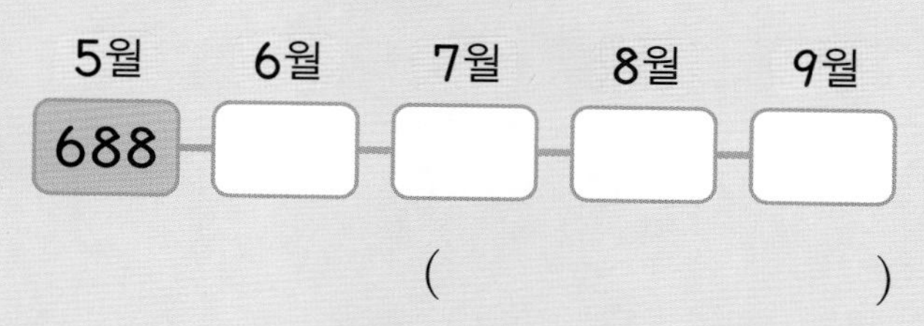

(　　　　　　　　)

25 현우가 2월부터 5월까지는 매월 비밀번호를 100씩 뛰어 센 수로 바꿨다면 2월의 비밀번호는 무엇이었을지 풀이 과정을 쓰고, 답을 구해 보세요.

1 단원 6회

학습 결과에 색칠하세요.

2 여러 가지 도형

이번에 배울 내용

회차	쪽수	학습 내용	학습 주제
1	32~35쪽	개념+문제 학습	삼각형과 사각형 알기 / 삼각형과 사각형의 특징
2	36~39쪽	개념+문제 학습	원 알기 / 칠교판으로 모양 만들기
3	40~43쪽	개념+문제 학습	쌓은 모양 알기 / 여러 가지 모양으로 쌓기
4	44~47쪽	응용 학습	
5	48~51쪽	마무리 평가	

문해력을 높이는 **어휘**

만나다: 선이나 길, 강 등이 서로 마주 닿다.

두 길이 만 나 는 곳에

보물이 숨겨져 있어요.

조각: 따로 떼어 내거나 떨어져 나온 부분

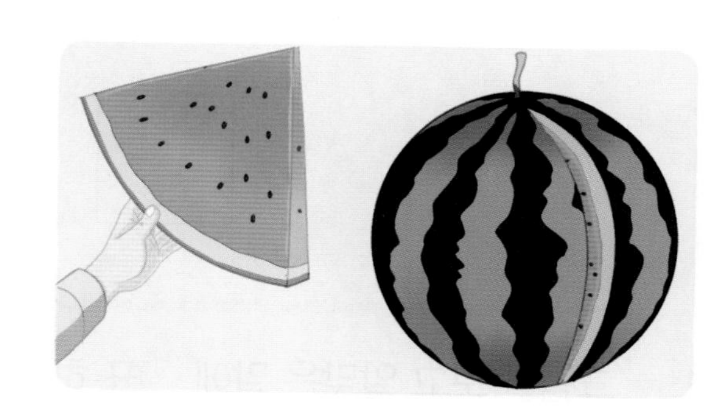

수박 조 각 이 너무 커서

먹기 힘들었어요.

모눈종이: 일정한 간격으로 여러 개의 세로줄과 가로줄을 그린 종이

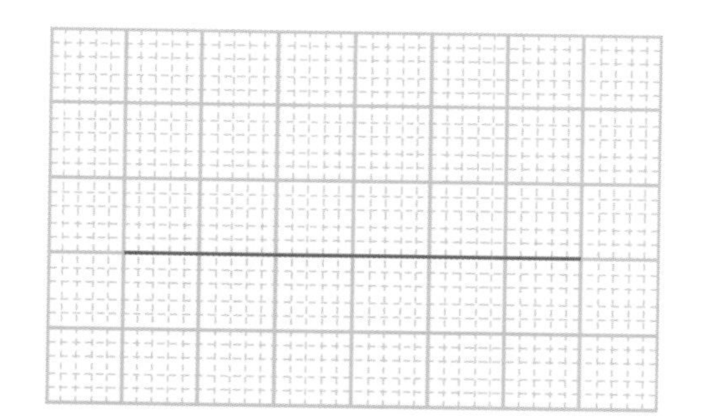

모 눈 종 이 에 선

을 그리면 곧게 그릴 수 있어요.

나란히: 여럿이 줄지어 늘어선 모양이 들쭉날쭉하지 않고 가지런한 상태로

나 란 히 줄을 서서

버스를 기다려요.

1회 개념 학습

○ 학습일 :　　월　　일

개념 1 삼각형과 사각형 알기

• 그림과 같은 모양의 도형을 **삼각형**이라고 합니다.

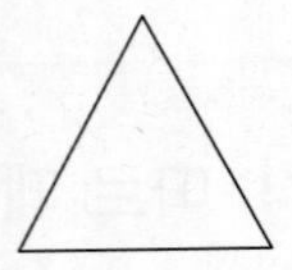
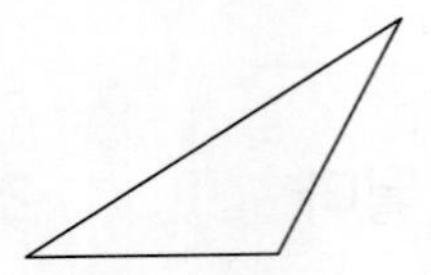
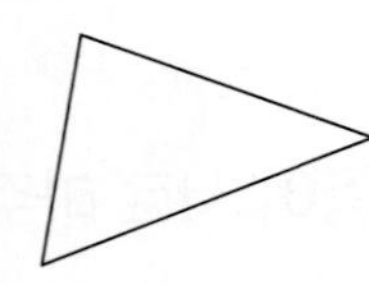

→ 곧은 선 3개로 둘러싸인 도형

• 그림과 같은 모양의 도형을 **사각형**이라고 합니다.

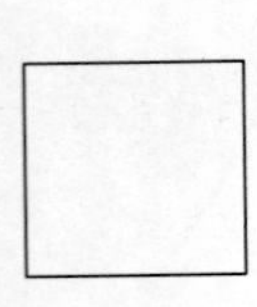
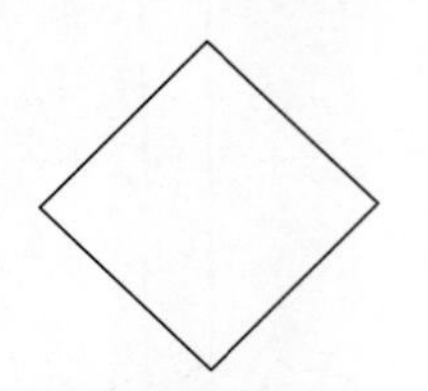
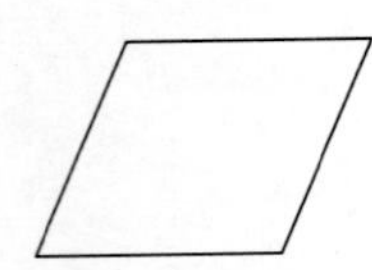

→ 곧은 선 4개로 둘러싸인 도형

확인 1 그림을 보고 알맞은 말에 ○표 하세요.

(1)

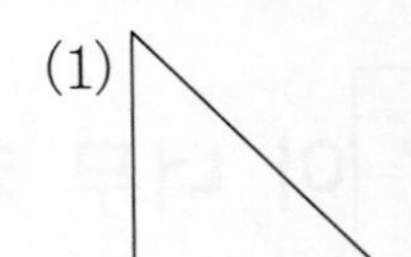
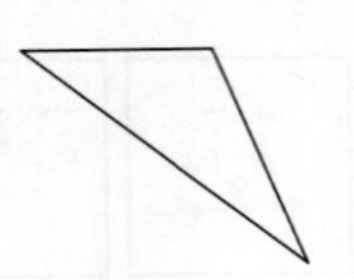
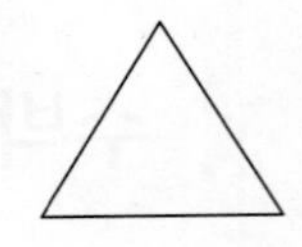

그림과 같은 모양의 도형을
(삼각형 , 사각형)이라고 합니다.

(2)

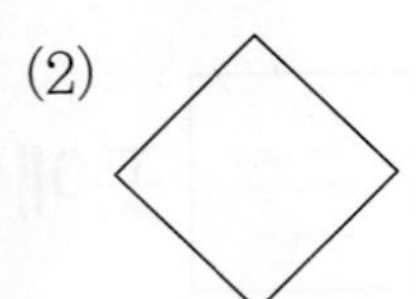
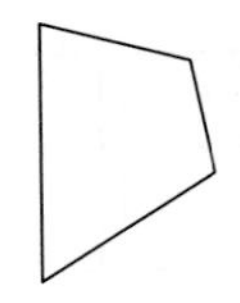

그림과 같은 모양의 도형을
(삼각형 , 사각형)이라고 합니다.

개념 2 삼각형과 사각형의 특징

곧은 **선**을 **변**, 두 곧은 선이 만나는 **점**을 **꼭짓점**이라고 합니다.

삼각형은 변이 3개,
꼭짓점이 3개야.

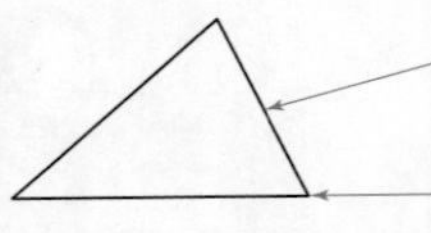

변

꼭짓점

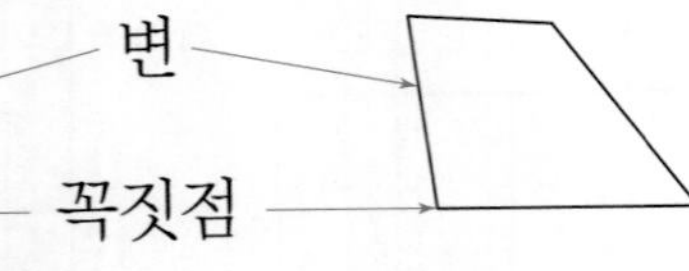

사각형은 변이 4개,
꼭짓점이 4개야.

확인 2 변에는 ×표, 꼭짓점에는 ○표 하세요.

(1)

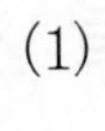
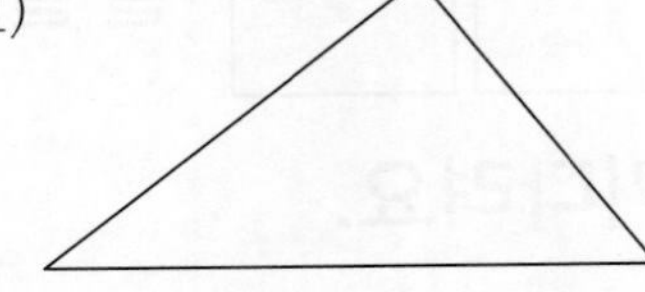

(2)

정답 8쪽

1 삼각형을 모두 찾아 선을 따라 그려 보세요.

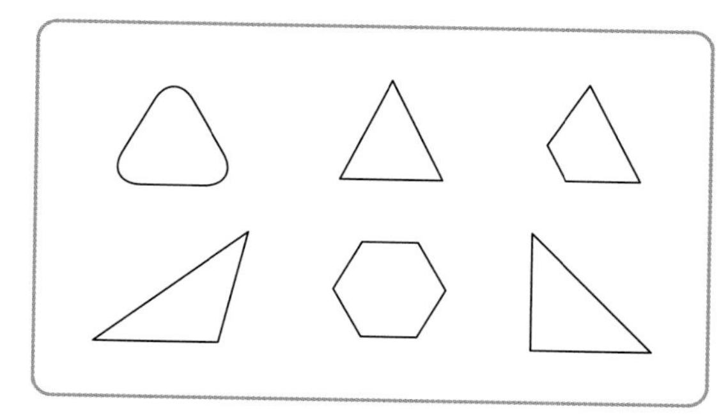

2 사각형을 모두 찾아 ○표 하세요.

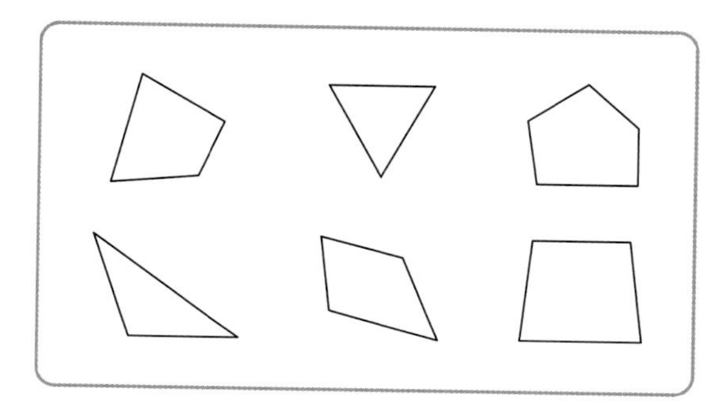

3 □ 안에 알맞은 수나 말을 써넣으세요.

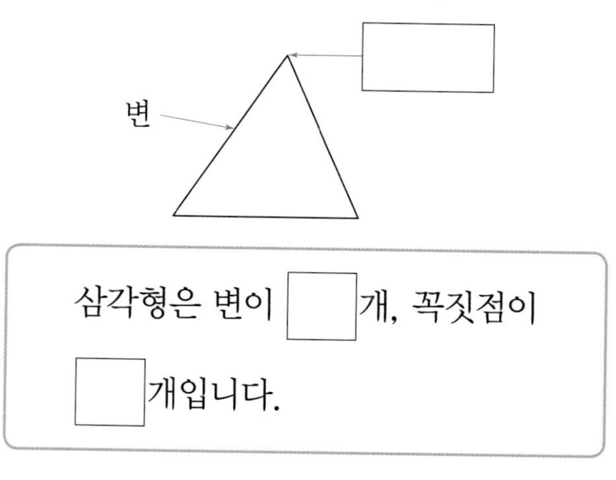

삼각형은 변이 □개, 꼭짓점이 □개입니다.

4 □ 안에 알맞은 수나 말을 써넣으세요.

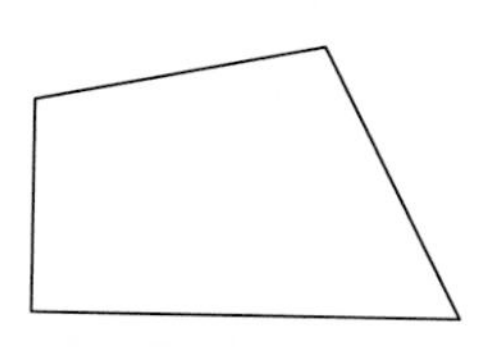

도형의 이름	변	꼭짓점
□	□개	□개

5 주어진 선을 한 변으로 하는 삼각형을 그려 보세요.

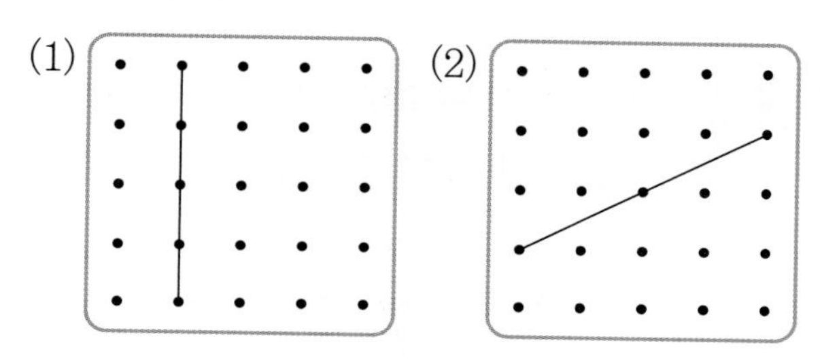

6 주어진 선을 변으로 하는 사각형을 각각 그려 보세요.

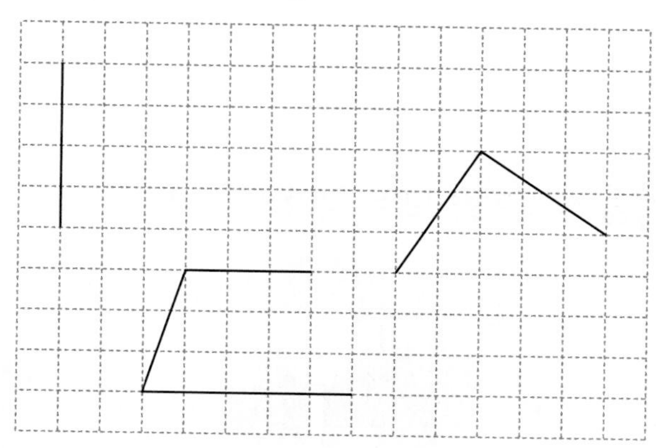

01 □ 안에 알맞은 말을 써넣으세요.

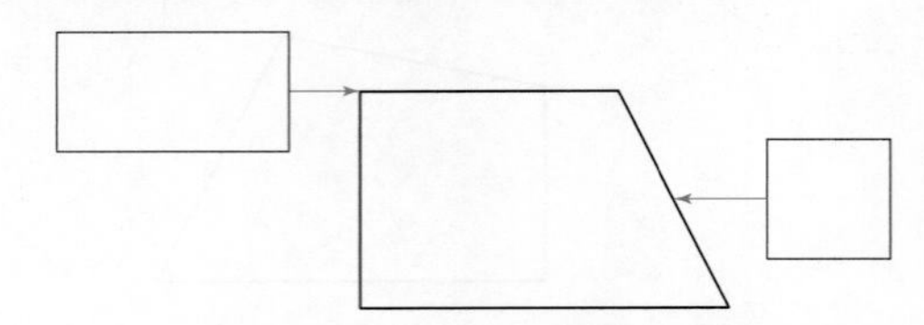

02 설명을 모두 만족하는 도형의 이름을 써 보세요.

- 곧은 선으로 둘러싸여 있습니다.
- 변이 3개, 꼭짓점이 3개입니다.

(　　　　　　)

03 연주가 그린 도형에 대한 설명이 맞으면 ○표, 틀리면 ×표 하세요.

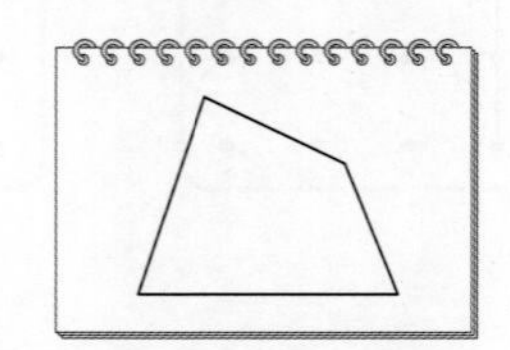

(1) 굽은 선으로 둘러싸여 있습니다. (　　)

(2) 뾰족한 부분이 4군데 있습니다. (　　)

04 삼각형을 모두 찾아 색칠해 보세요.

05 모눈종이에 서로 다른 삼각형을 2개 그려 보세요.

06 사각형에서 한 꼭짓점만 움직여 다른 사각형을 그려 보세요.

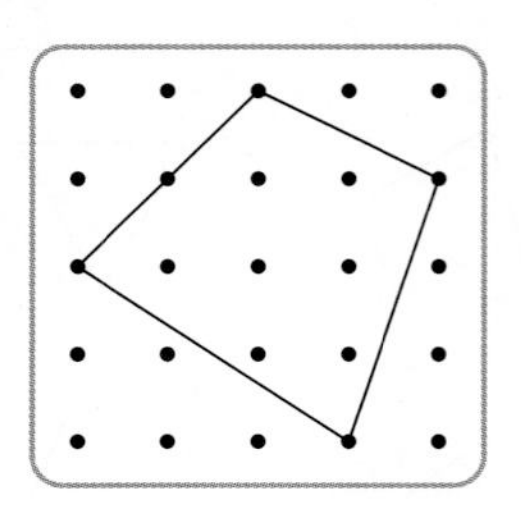

디지털 문해력

07 온라인 게시판에 올라온 질문에 알맞게 답해 보세요.

질문iN

질문하기

홈 Q&A 답변하기 지식기부 베스트

Q 오른쪽 도형의 이름은 무엇인가요? 그리고 이 도형의 특징을 1가지 알려 주세요.

▶ 답변 1개 채택순 전체보기

A ______________________

08 삼각형과 사각형을 이용하여 집 모양을 만들어 보세요.

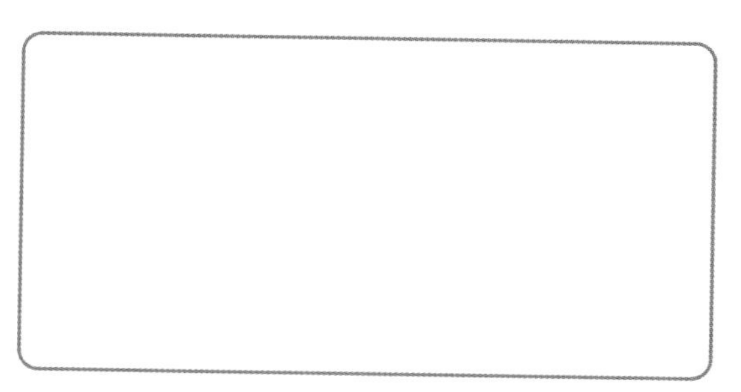

창의형

09 보기 와 같이 그림에 곧은 선을 여러 개 그어 삼각형과 사각형으로 나누어 보세요.

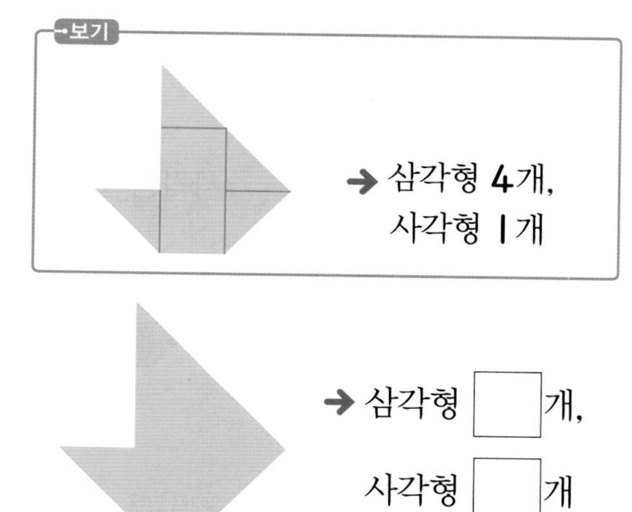

보기

→ 삼각형 4개, 사각형 1개

→ 삼각형 ☐개, 사각형 ☐개

10 사각형의 변의 수와 꼭짓점의 수를 합하면 모두 몇 개인지 구해 보세요.

(   )

서술형 문제

11 주어진 그림이 삼각형이 아닌 이유를 써 보세요.

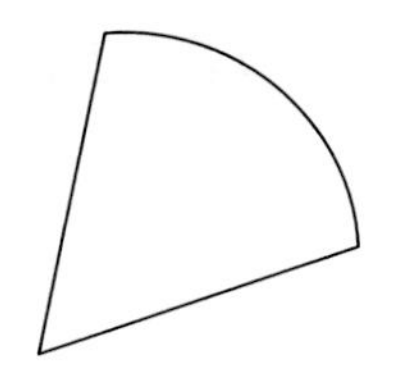

이유 삼각형은 곧은 선 ☐개로 둘러싸인 도형인데 주어진 그림은 굽은 선이 있기 때문입니다.

12 주어진 그림이 사각형이 아닌 이유를 써 보세요.

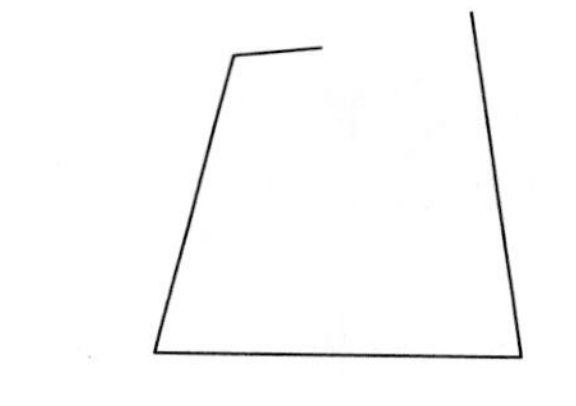

이유

2 단원 1회

학습 결과에 색칠하세요.

2회 개념 학습

○ 학습일 : 월 일

개념 1 원 알기

그림과 같은 모양의 도형을 원이라고 합니다.

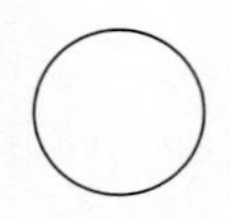  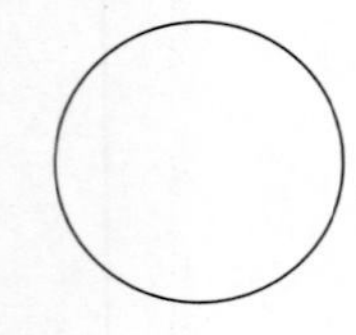

- 뾰족한 부분이 없어.
- 곧은 선이 없고 굽은 선으로 이어져 있어.
- 어느 쪽에서 보아도 똑같이 동그란 모양이야.
- 크기는 다르지만 모양이 모두 같아.

확인 1 □ 안에 알맞은 말을 써넣으세요.

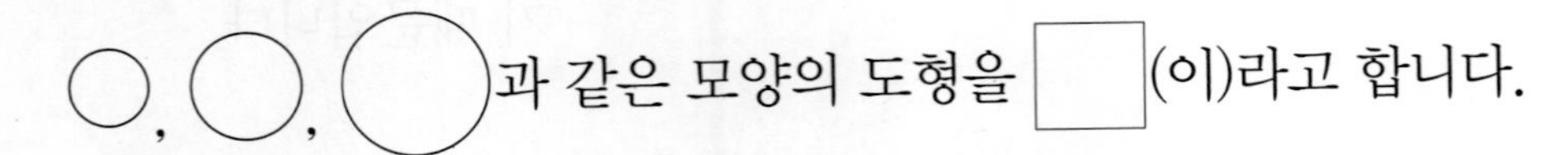

○, ○, ○과 같은 모양의 도형을 □(이)라고 합니다.

개념 2 칠교판으로 모양 만들기

- 그림과 같이 색종이 모양 사각형을 **7개**의 조각으로 나누어 담은 판을 **칠교판**, 나누어진 조각을 **칠교 조각**이라 합니다.

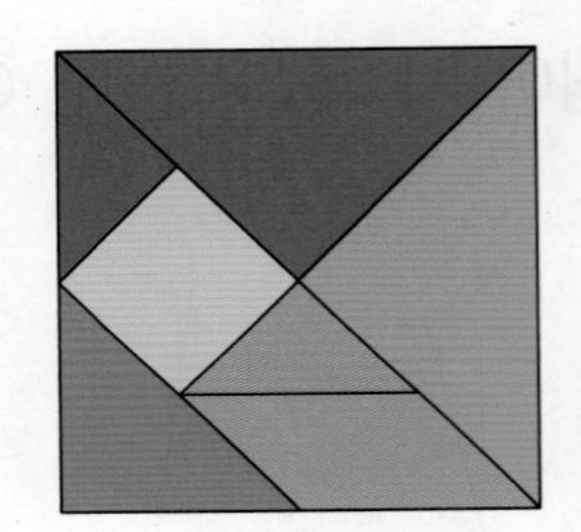

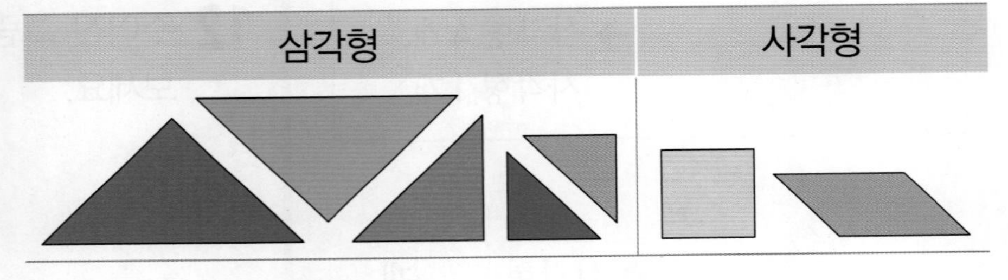

- 칠교 조각을 이용하여 여러 가지 도형을 만들 수 있습니다.

칠교 조각 2개로 만든 삼각형

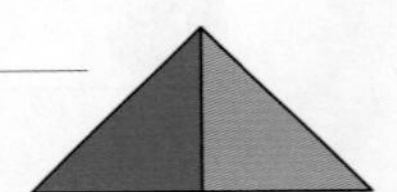

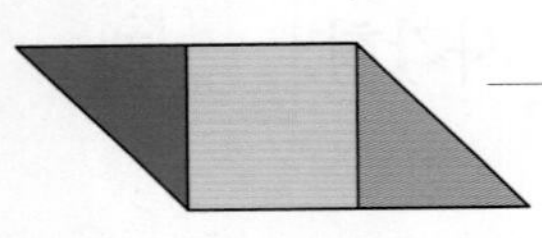

칠교 조각 3개로 만든 사각형

주의 칠교 조각으로 여러 가지 도형을 만들 때 길이가 같은 변끼리 서로 맞닿게 붙여야 합니다.

확인 2 칠교 조각이 삼각형이면 빨간색, 사각형이면 파란색으로 색칠해 보세요.

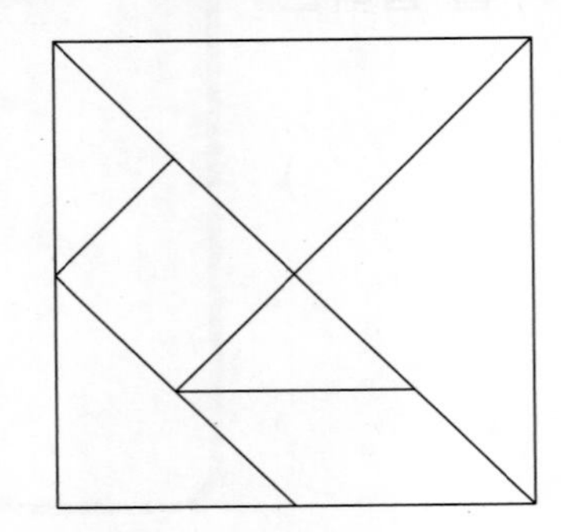

정답 10쪽

1 그림과 같이 물건을 대고 본뜰 때 생기는 도형의 이름을 써 보세요.

(　　　　　　)

2 칠교 조각에서 찾을 수 있는 도형을 모두 찾아 색칠해 보세요.

삼각형	사각형	원

3 원을 찾아 ○표 하세요.

(　　) (　　) (　　)

4 원에 대한 설명이 맞으면 ○표, 틀리면 ×표 하세요.

(1) 곧은 선이 있습니다. (　　)

(2) 뾰족한 부분이 없습니다. (　　)

5 주어진 칠교 조각을 모두 이용하여 삼각형을 만들어 보세요.

* 정답 55쪽의 칠교판을 활용하세요.

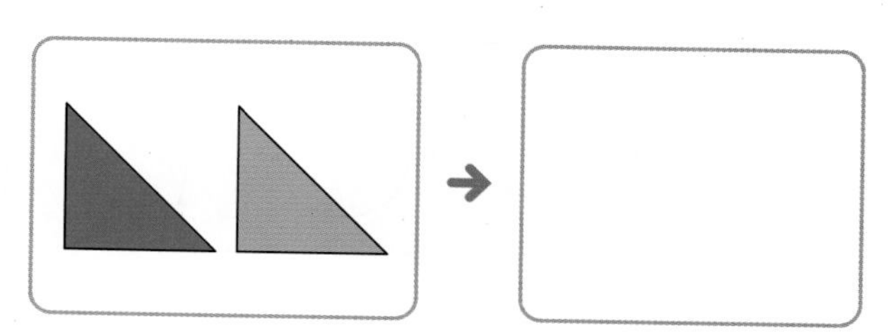

6 모양 자를 이용하여 서로 다른 원을 2개 그려 보세요.

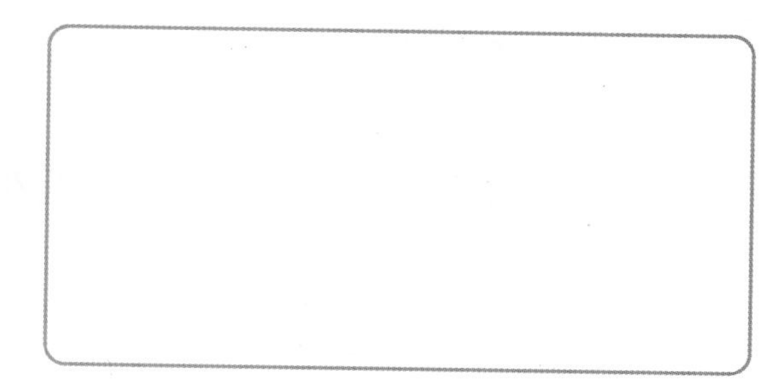

7 칠교 조각을 이용하여 만든 모양입니다. 이용한 삼각형 조각과 사각형 조각은 각각 몇 개인지 구해 보세요.

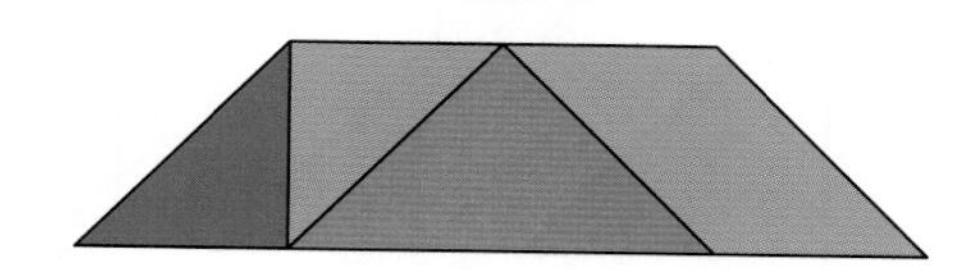

삼각형 조각	사각형 조각
□개	□개

2 단원 2회

01 원을 모두 찾아 선을 따라 그려 보세요.

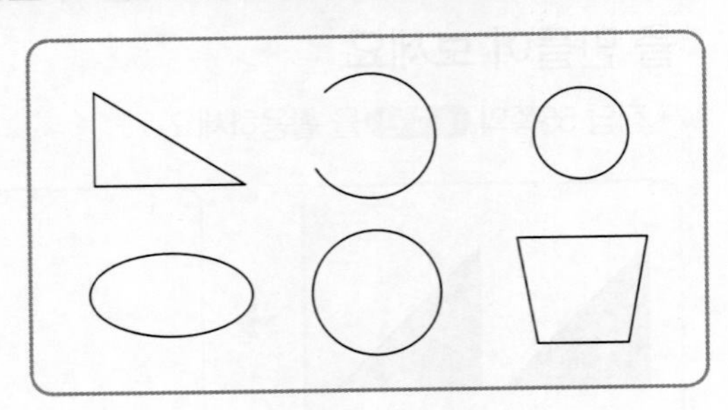

02 칠교 조각에 대한 설명으로 옳은 것을 찾아 기호를 써 보세요.

㉠ 칠교 조각은 모두 6개입니다.
㉡ 칠교 조각 중 삼각형은 모두 4개입니다.
㉢ 칠교 조각 중 사각형은 모두 2개입니다.

(　　　　　　)

03 주어진 칠교 조각 3개를 이용하여 사각형을 만들어 보세요.

* 정답 55쪽의 칠교판을 활용하세요.

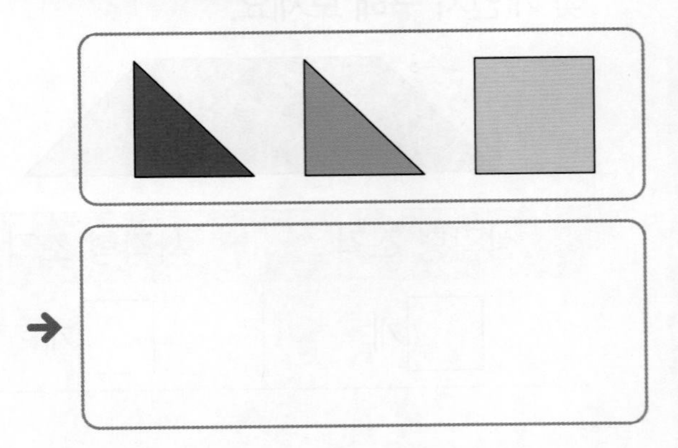

04 원을 본뜰 수 있는 물건을 찾아 ○표 하세요.

(　　) (　　) (　　)

05 보기 의 칠교 조각을 모두 이용하여 모양을 만들어 보세요.

* 정답 55쪽의 칠교판을 활용하세요.

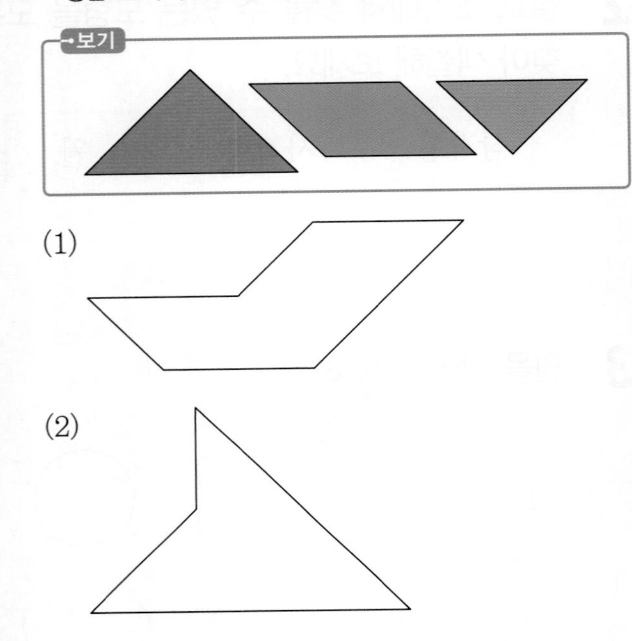

06 원은 모두 몇 개인가요?

(　　　　　　)

디지털 문해력

07 지민이는 온라인으로 공주 놀이 세트를 사려고 합니다. 삼각형, 사각형, 원을 이용하여 왕관을 꾸며 보세요.

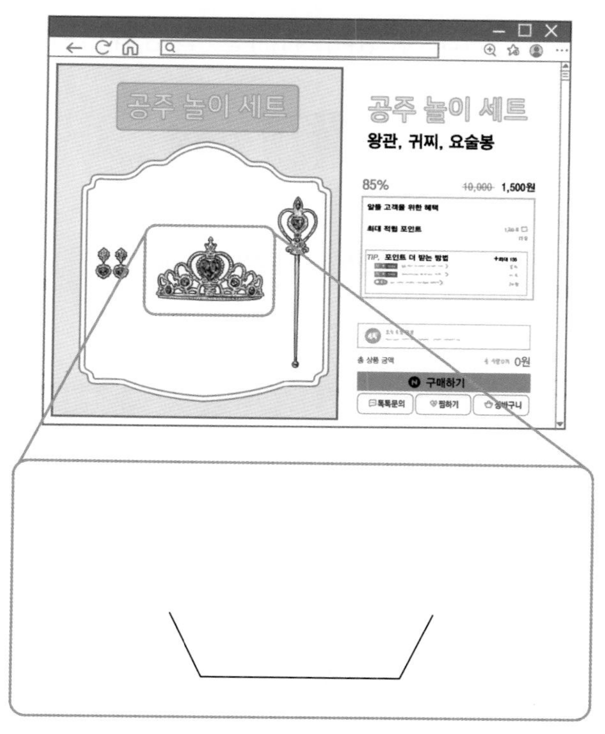

창의형

08 칠교 조각을 모두 이용하여 만들고 싶은 모양을 만들어 보고, 만든 모양의 이름을 써 보세요.

＊정답 55쪽의 칠교판을 활용하세요.

서술형 문제

09 원에 대해 잘못 말한 사람의 이름을 쓰고, 바르게 고쳐 보세요.

원은 뾰족한 부분이 없어.

원은 크기와 모양이 모두 같아.

유준 예나

이름 ❶ 

바르게 고치기 ❷ 원은 (모양 , 크기)은/는 다르지만 (모양 , 크기)은/는 모두 같아.

10 원에 대해 잘못 말한 사람의 이름을 쓰고, 바르게 고쳐 보세요.

원은 어느 쪽에서 보아도 똑같이 동그란 모양이야.

원은 곧은 선으로만 이어져 있어.

채아 도현

이름

바르게 고치기

학습 결과에 색칠하세요.

3회 개념 학습

학습일 : 월 일

개념1 쌓은 모양 알기

쌓은 모양을 설명할 때에는 내가 보고 있는 쪽이 **앞쪽**이고, 오른손이 있는 쪽이 **오른쪽**입니다.

쌓은 모양은 빨간색 쌓기나무를 기준으로 방향과 위치를 설명합니다.

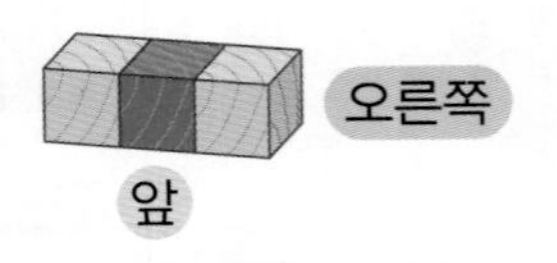

빨간색 쌓기나무가 1개 있고, 그 오른쪽과 왼쪽에 쌓기나무가 1개씩 더 있어.

확인1 보기 에서 알맞은 말을 찾아 □ 안에 알맞게 써넣으세요.

보기
위 앞 왼쪽 오른쪽

개념2 여러 가지 모양으로 쌓기

쌓기나무 여러 개를 이용하여 다양한 모양을 만들 수 있습니다.

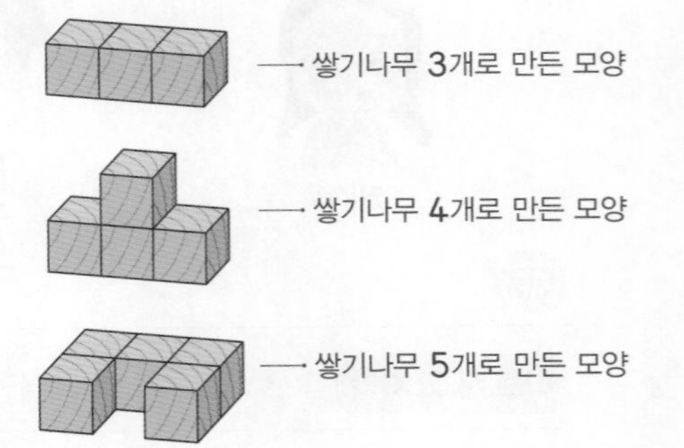

전체 모양, 쌓기나무의 수, 위치와 방향 등을 이용하여 쌓은 모양을 설명합니다.

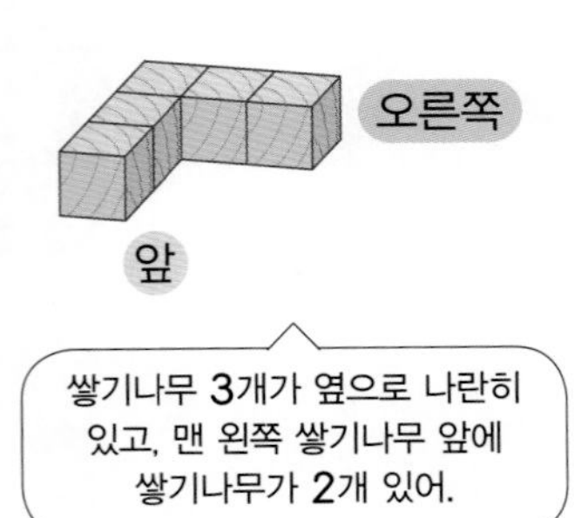

쌓기나무 3개가 옆으로 나란히 있고, 맨 왼쪽 쌓기나무 앞에 쌓기나무가 2개 있어.

확인2 쌓기나무 3개로 만든 모양에 ○표 하세요.

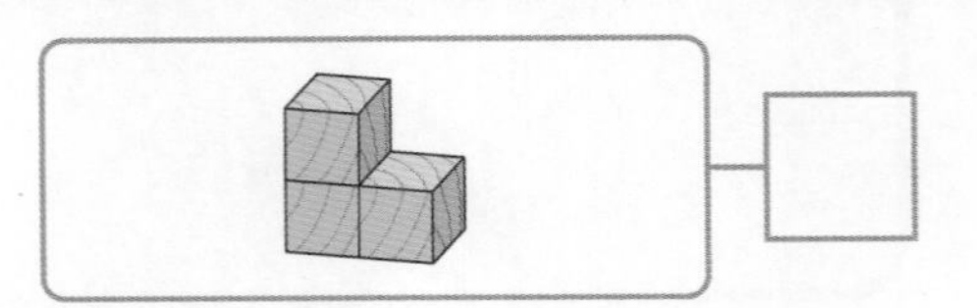 □

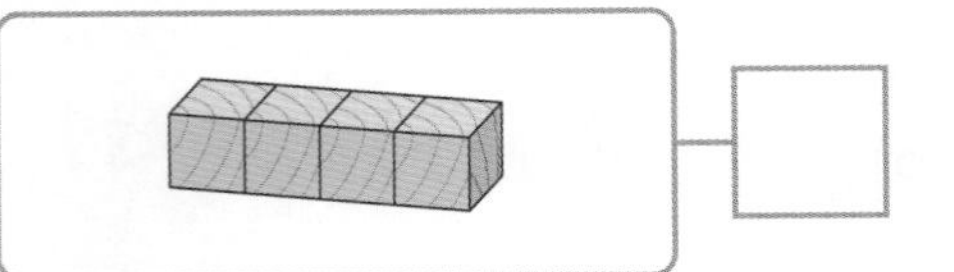 □

1 쌓기나무로 높이 쌓기를 할 때 더 높이 쌓을 수 있는 것에 ○표 하세요.

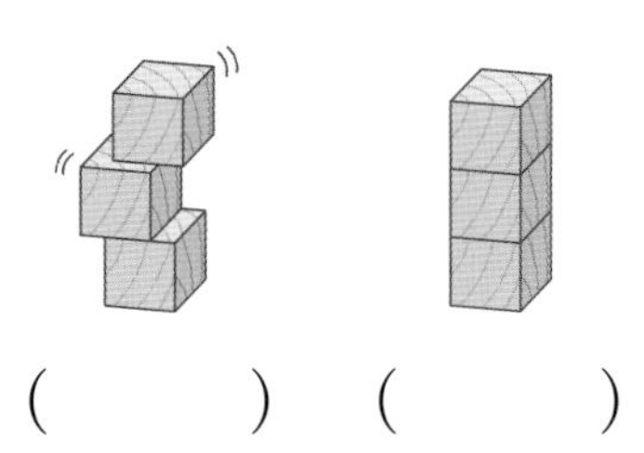

( ) ( )

2 빨간색 쌓기나무의 오른쪽에 있는 쌓기나무를 찾아 ○표 하세요.

(1) (2)

3 쌓기나무 4개로 만든 모양이 아닌 것을 찾아 ×표 하세요.

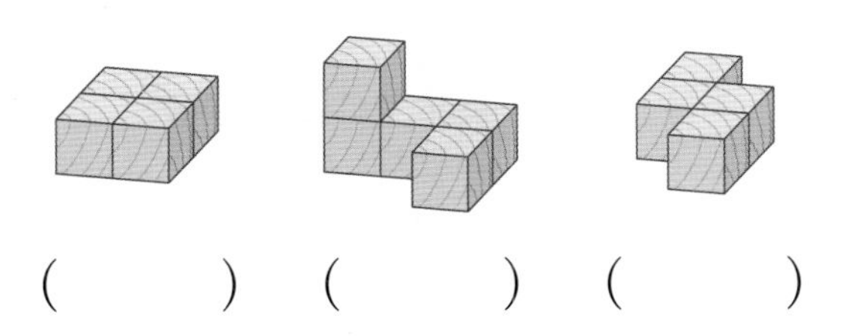

( ) ( ) ( )

4 쌓기나무로 쌓은 모양에 대한 설명입니다. 알맞은 수나 말에 ○표 하세요.

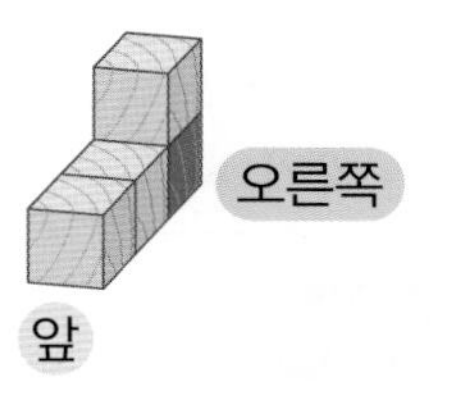

빨간색 쌓기나무가 1개 있습니다.
그 (위 , 뒤)에 쌓기나무가 1개,
그리고 빨간색 쌓기나무 앞에
쌓기나무가 (1 , 2)개 있습니다.

5 설명대로 쌓은 모양을 찾아 기호를 써 보세요.

㉠ ㉡

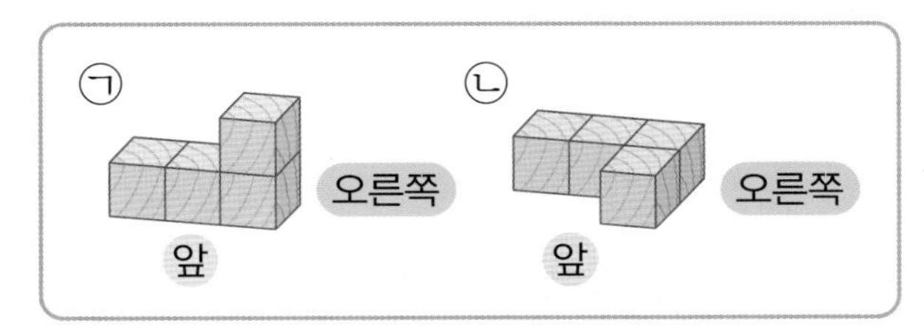

(1) 쌓기나무 3개가 옆으로 나란히 있고, 맨 오른쪽 쌓기나무 앞에 쌓기나무가 1개 있습니다.

( )

(2) 쌓기나무 3개가 옆으로 나란히 있고, 맨 오른쪽 쌓기나무 위에 쌓기나무가 1개 있습니다.

( )

01 시우가 설명하는 쌓기나무를 찾아 ○표 하세요.

02 주어진 모양을 쌓는 데 사용한 쌓기나무는 몇 개인지 구해 보세요.

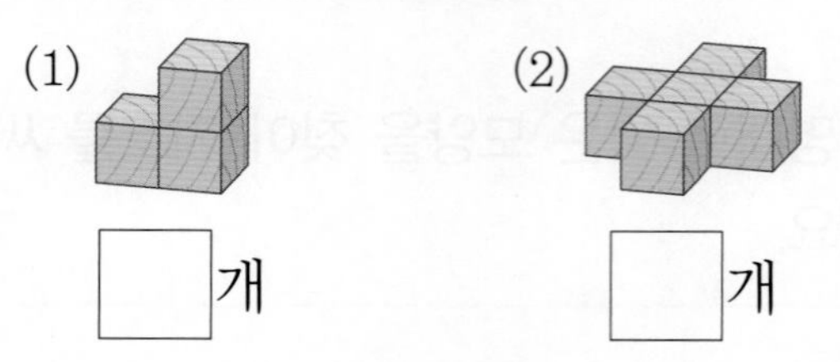

(1) □개 (2) □개

03 쌓기나무로 쌓은 모양에 대한 설명입니다. □ 안에 알맞은 수를 써넣으세요.

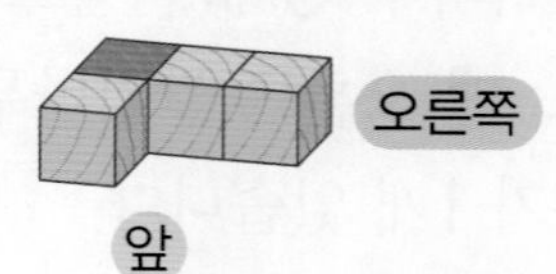

빨간색 쌓기나무가 1개 있고, 그 앞에 쌓기나무가 □개 있습니다. 그리고 빨간색 쌓기나무의 오른쪽에 쌓기나무가 □개 있습니다.

04 쌓기나무 5개로 만든 모양을 모두 찾아 기호를 써 보세요.

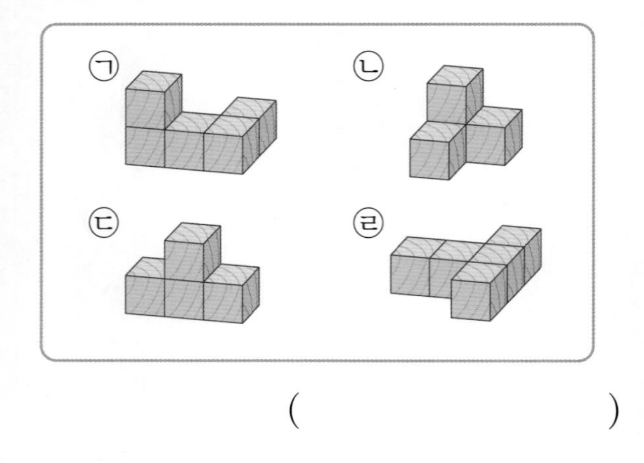

( )

05 설명에 맞게 쌓기나무를 색칠해 보세요.

- 빨간색 쌓기나무의 왼쪽은 파란색
- 빨간색 쌓기나무의 오른쪽은 초록색
- 빨간색 쌓기나무의 위쪽은 보라색

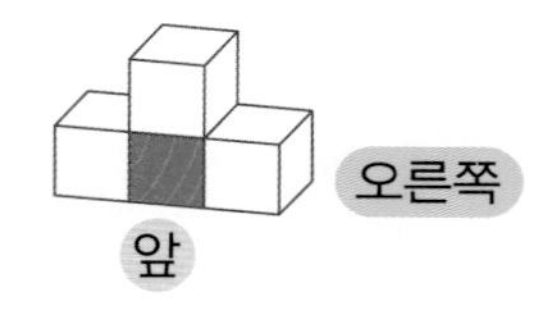

06 쌓기나무로 쌓은 모양을 보고 바르게 설명한 것을 찾아 기호를 써 보세요.

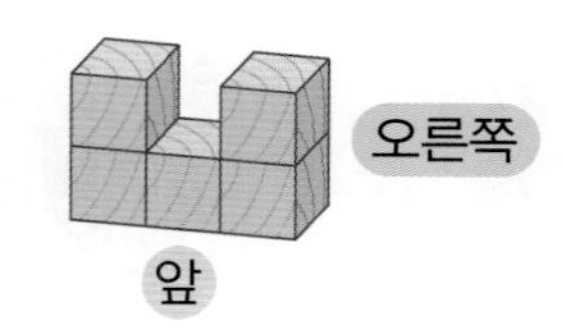

㉠ 2층에 쌓기나무가 3개 있습니다.
㉡ 쌓기나무 3개가 옆으로 나란히 2층에 있습니다.
㉢ 쌓기나무 5개로 만든 모양입니다.

( )

창의형

07 쌓기나무로 쌓은 두 모양을 보고, 같은 점과 다른 점을 1가지씩 써 보세요.

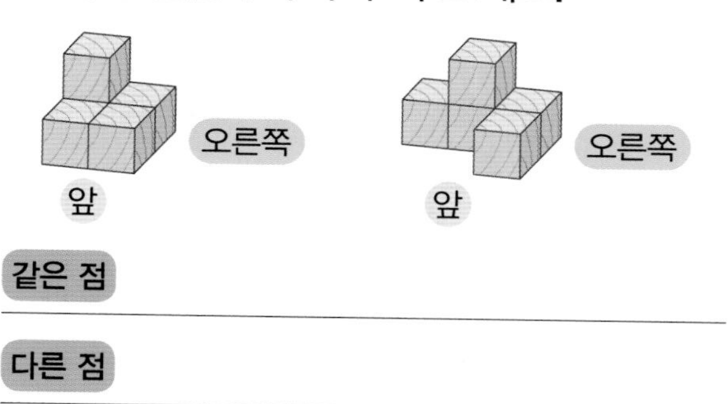

같은 점 ______

다른 점 ______

08 명령어대로 쌓기나무를 놓는 기계가 있습니다. 다음 모양을 만들려고 할 때 필요한 명령어가 아닌 것을 찾아 기호를 써 보세요.

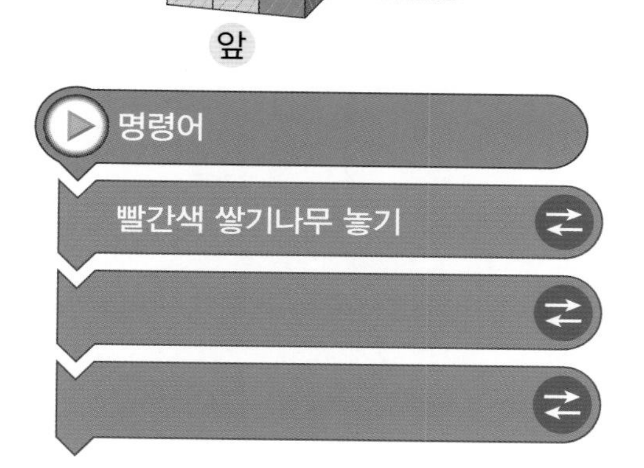

㉠ 빨간색 쌓기나무의 오른쪽에 쌓기나무 1개 놓기
㉡ 빨간색 쌓기나무의 왼쪽에 쌓기나무 2개 놓기
㉢ 빨간색 쌓기나무의 뒤쪽에 쌓기나무 1개 놓기

( )

서술형 문제

09 쌓기나무 5개로 쌓은 모양입니다. 쌓은 모양을 설명해 보세요.

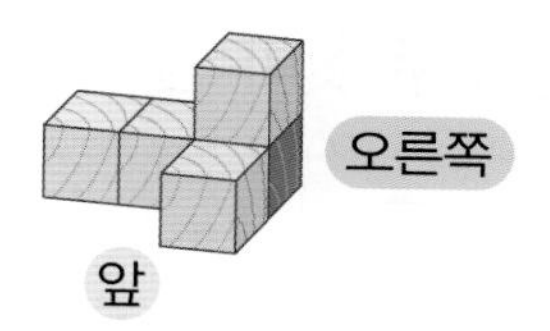

설명 빨간색 쌓기나무가 1개 있고, 그 앞과 위쪽에 쌓기나무가 각각 □개씩 있습니다.
그리고 빨간색 쌓기나무의 왼쪽으로 쌓기나무 □개가 옆으로 나란히 있습니다.

10 쌓기나무 5개로 쌓은 모양입니다. 쌓은 모양을 설명해 보세요.

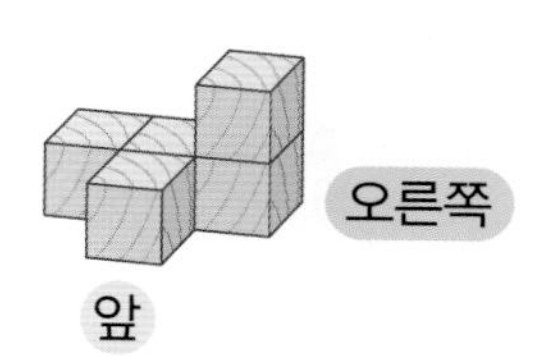

설명 ______

2 단원 3회

학습 결과에 색칠하세요.

4회 응용 학습

학습일 : 월 일

도형 안에 있는 수의 합 구하기

01 원을 모두 찾아 원 안에 있는 수의 합을 구해 보세요.

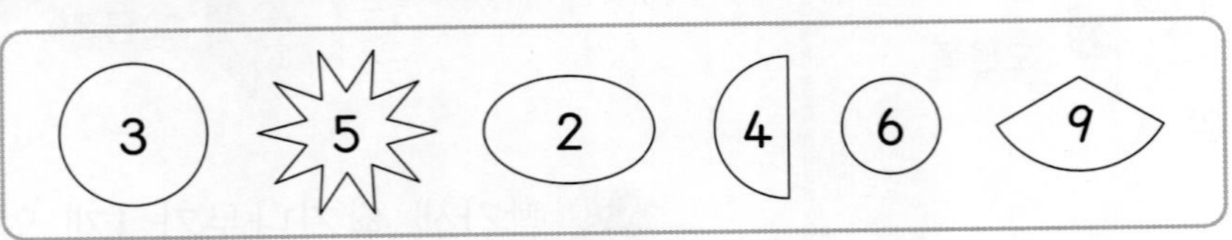

1단계 원이 아닌 도형에 모두 ×표 하기

2단계 원 안에 있는 수의 합 구하기

( )

문제해결 TIP

원은 어느 방향에서 보아도 똑같이 동그란 모양이어야 해요.

02 삼각형을 모두 찾아 삼각형 안에 있는 수의 합을 구해 보세요.

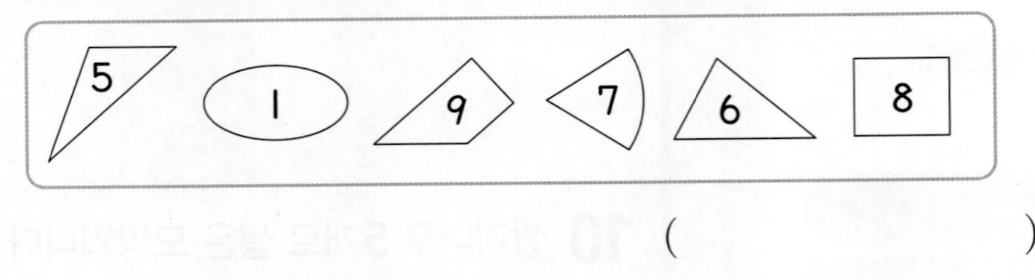

( )

03 변과 꼭짓점이 각각 4개인 도형을 모두 찾아 도형 안에 있는 수의 합을 구해 보세요.

( )

곧은 선 4개로 둘러싸인 도형을 찾자.

설명에 맞는 도형 그리기

04 설명에 맞게 주어진 선을 한 변으로 하는 도형을 그려 보세요.

- 곧은 선 3개로 둘러싸인 도형입니다.
- 도형의 안쪽에 점이 2개 있습니다.

→ 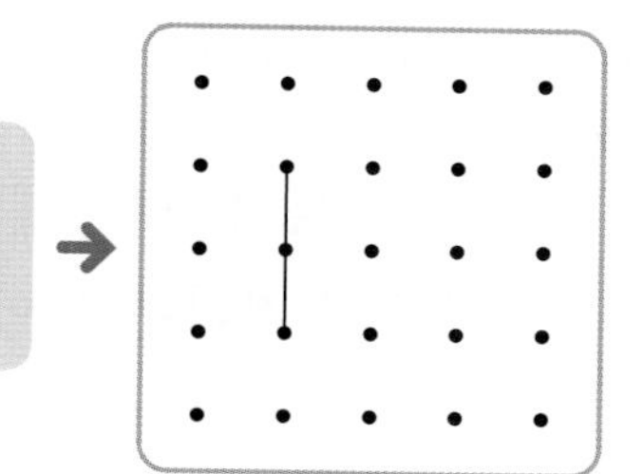

문제해결 TIP

도형의 변과 겹치는 점은 도형의 안쪽에 있는 점이 아니므로 선 안쪽에 있는 점이 2개가 되도록 그려야 해요.

1단계 도형의 이름 알아보기

곧은 선 3개로 둘러싸인 도형은 [　　] 입니다.

2단계 설명에 맞게 도형 그리기

05 설명에 맞게 주어진 선을 한 변으로 하는 도형을 그려 보세요.

- 곧은 선 4개로 둘러싸인 도형입니다.
- 도형의 안쪽에 점이 3개 있습니다.

→ 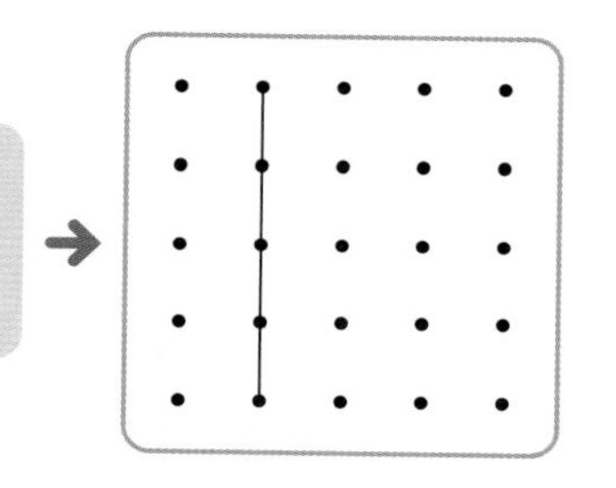

06 한 꼭짓점만 옮겨 설명에 맞는 도형이 되도록 그려 보세요.

- 변과 꼭짓점이 각각 3개씩입니다.
- 도형의 안쪽에 점이 2개 있습니다.

→ 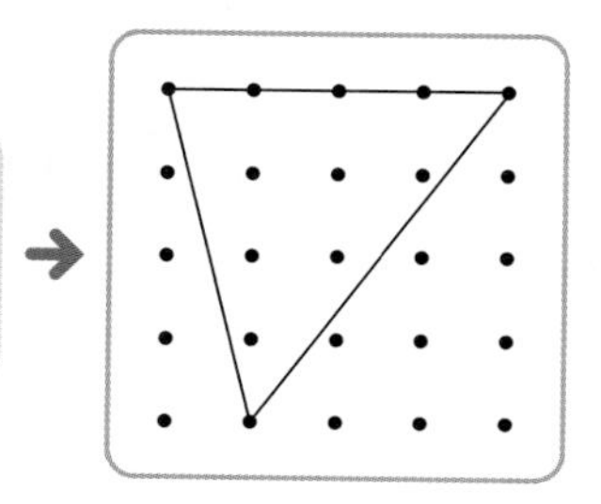

한 꼭짓점을 옮기면
2개의 변이 움직여!

쌓은 모양 설명하기

07 쌓기나무로 쌓은 모양에 대한 설명입니다. 틀린 부분을 모두 찾아 ×표 하고, 바르게 설명해 보세요.

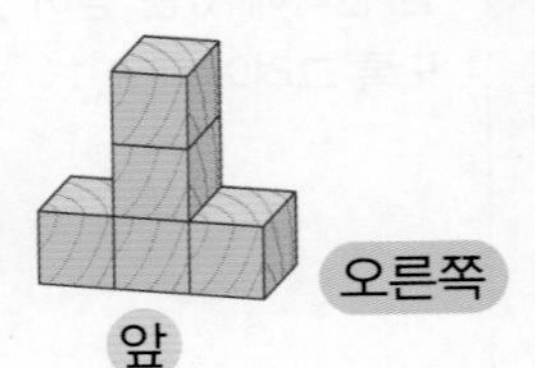

쌓기나무 3개가 1층에 옆으로 나란히 있고, 맨 왼쪽 쌓기나무 위에 쌓기나무가 1개 있습니다.

1단계 설명 중 틀린 부분을 모두 찾아 ×표 하기

2단계 쌓은 모양을 바르게 설명하기

문제해결 TIP

쌓기나무를 쌓은 순서를 생각하면서 설명과 비교하면 틀린 부분을 찾기 쉬워요.

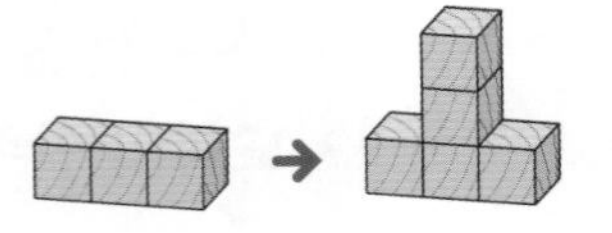

08 쌓기나무로 쌓은 모양에 대한 설명입니다. 틀린 부분을 찾아 기호를 쓰고, 바르게 고쳐 보세요.

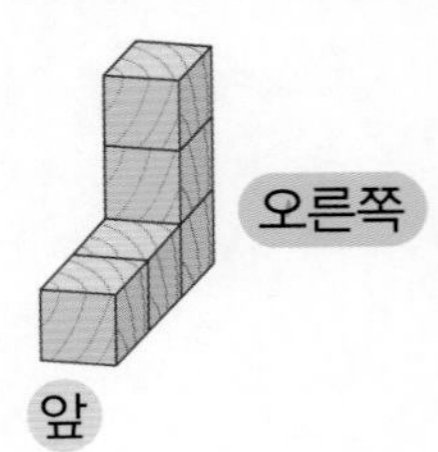

쌓기나무 ㉠ 3개가 앞뒤로 나란히 있고, 맨 뒤쪽 쌓기나무 ㉡ 위에 쌓기나무가 ㉢ 1개 있습니다.

(　　　　　,　　　　　)

09 쌓기나무로 쌓은 모양에 대한 설명입니다. 틀린 부분을 모두 찾아 ×표 하고, 바르게 고쳐 보세요.

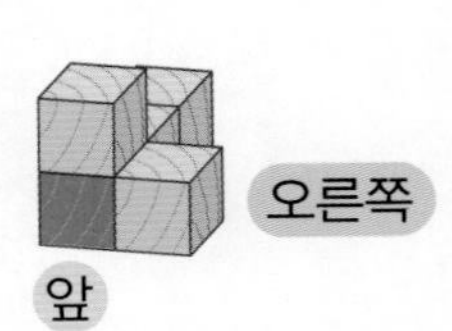

빨간색 쌓기나무가 1개 있습니다. 쌓기나무가 빨간색 쌓기나무의 오른쪽에 1개, 빨간색 쌓기나무의 위에 2개 있습니다. 빨간색 쌓기나무의 앞에 쌓기나무가 2개 있습니다.

빨간색 쌓기나무를 기준으로 쌓은 순서를 생각해 봐.

쌓기나무를 옮겨 똑같은 모양 만들기

10 왼쪽 모양에서 쌓기나무 1개를 옮겨 오른쪽과 똑같은 모양을 만들려고 합니다. 옮기는 방법을 설명해 보세요.

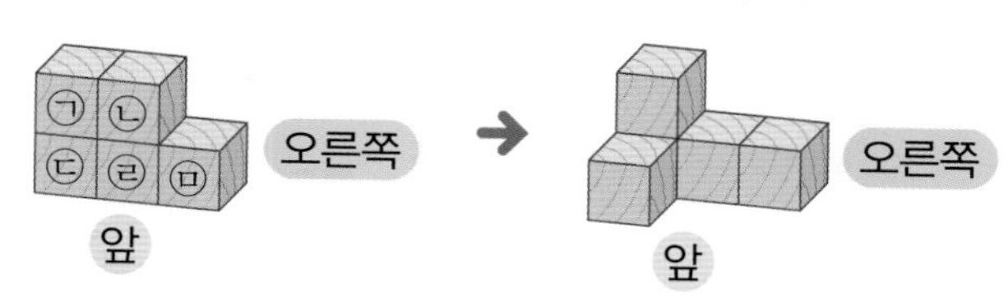

1단계 옮겨야 할 쌓기나무를 찾아 ○표 하기

2단계 옮기는 방법 설명하기

☐ 쌓기나무를 ㉢ 쌓기나무의 (앞쪽 , 왼쪽)으로 옮겨야 합니다.

문제해결 TIP

왼쪽과 오른쪽 모양을 비교하여 서로 다른 부분을 찾아요.

2 단원 4회

11 왼쪽 모양에서 쌓기나무 1개를 옮겨 오른쪽과 똑같은 모양을 만들려고 합니다. 옮기는 방법을 설명해 보세요.

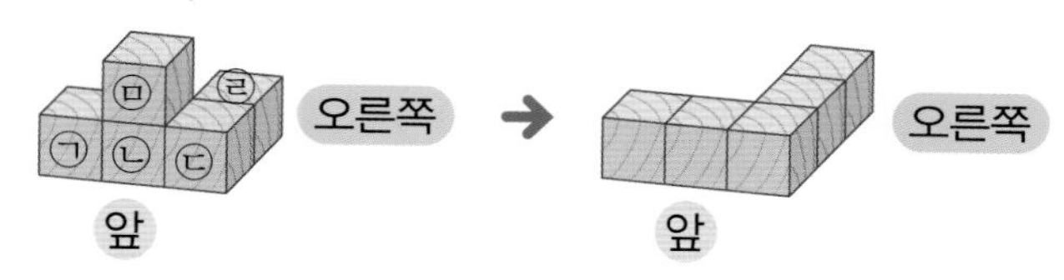

☐ 쌓기나무를 ㉣ 쌓기나무의 (오른쪽 , 뒤쪽)으로 옮겨야 합니다.

12 왼쪽 모양에서 쌓기나무 1개를 더 놓아 오른쪽과 똑같은 모양을 만들려고 합니다. 어느 쌓기나무 위에 놓아야 하는지 기호를 써 보세요.

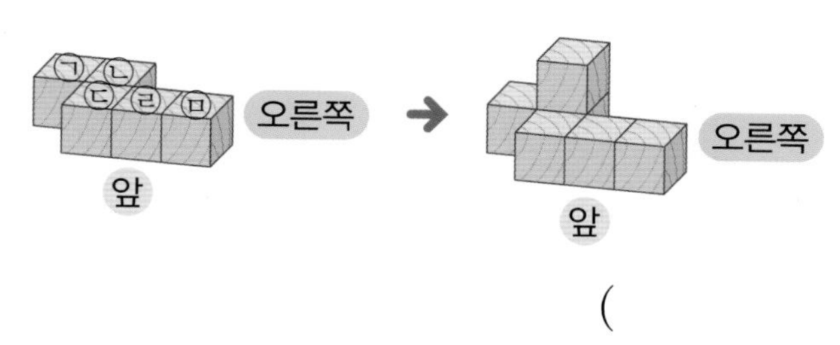

(　　　　　　　　)

쌓은 모양이
왼쪽 모양은 1층이고,
오른쪽 모양은 2층이네~.

학습 결과에 색칠하세요.

5회 마무리 평가

학습일 : 월 일

01 삼각형을 모두 찾아 ○표 하세요.

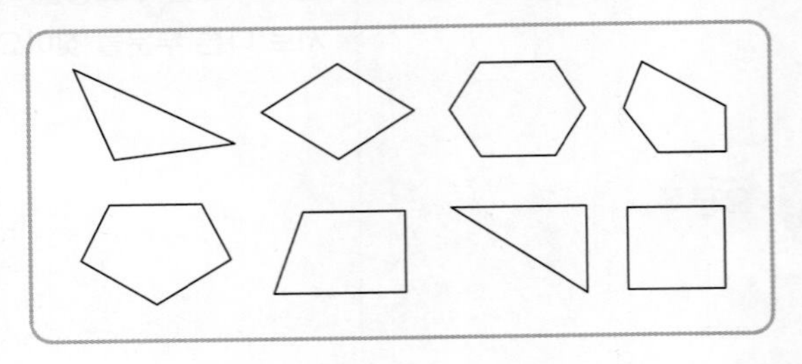

02 □ 안에 알맞은 말을 써넣으세요.

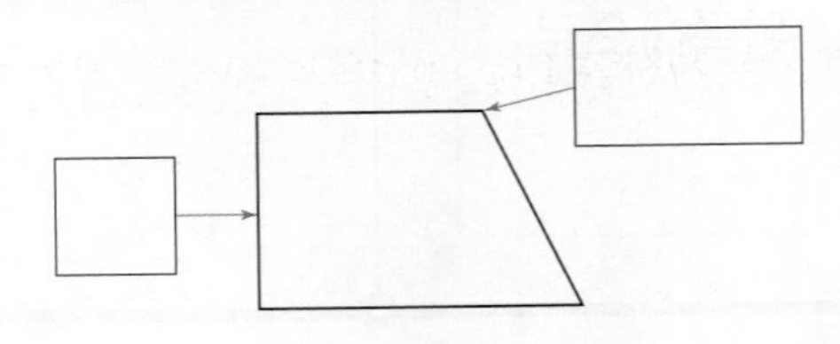

03 원을 모두 찾아 기호를 써 보세요.

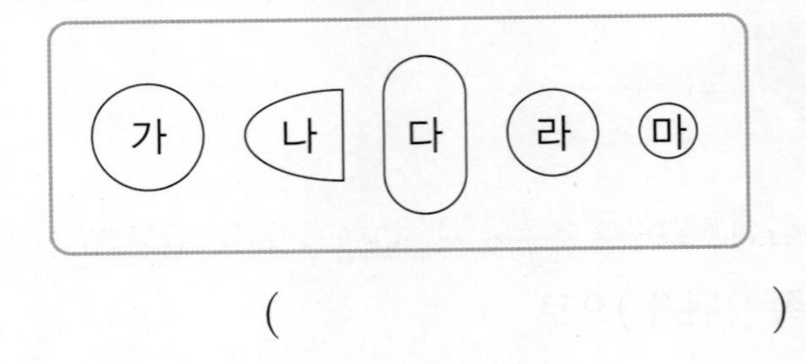

(　　　　　　　　)

04 칠교 조각 중 삼각형은 모두 몇 개인가요?

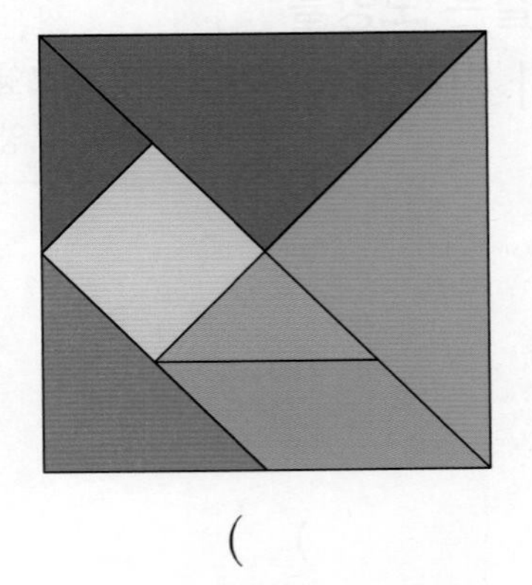

(　　　　　　　　)

05 태경이와 다율이가 쌓기나무로 높이 쌓기 놀이를 하고 있습니다. 쌓기나무를 더 높이 쌓을 수 있는 사람은 누구인가요?

(　　　　　　　　)

06 쌓기나무 4개로 만든 모양을 모두 찾아 ○표 하세요.

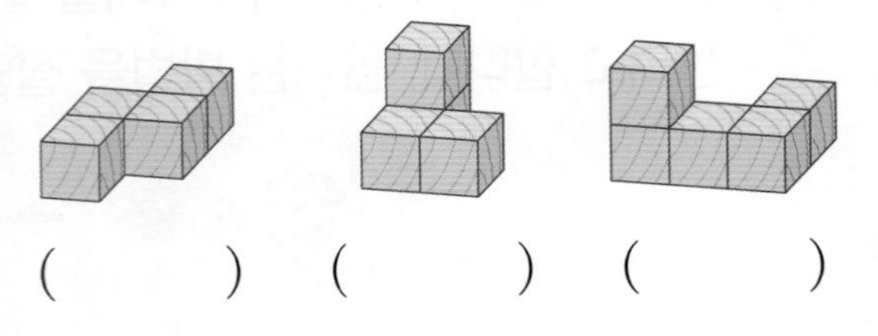

(　　) (　　) (　　)

07 주어진 선을 한 변으로 하는 삼각형을 각각 그려 보세요.

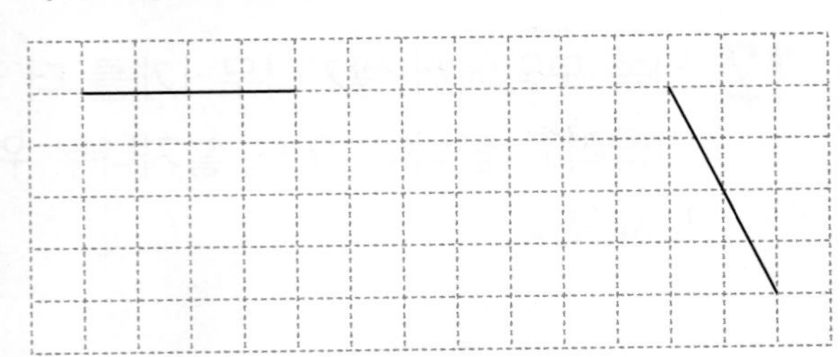

08 주어진 그림이 삼각형이 아닌 이유를 써 보세요.

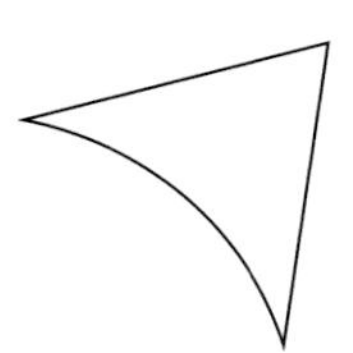

이유

09 삼각형과 사각형의 공통점을 모두 찾아 기호를 써 보세요.

㉠ 둥근 부분이 있습니다.
㉡ 변과 꼭짓점이 있습니다.
㉢ 곧은 선으로 둘러싸여 있습니다.

( )

10 사각형은 삼각형보다 몇 개 더 많은지 구해 보세요.

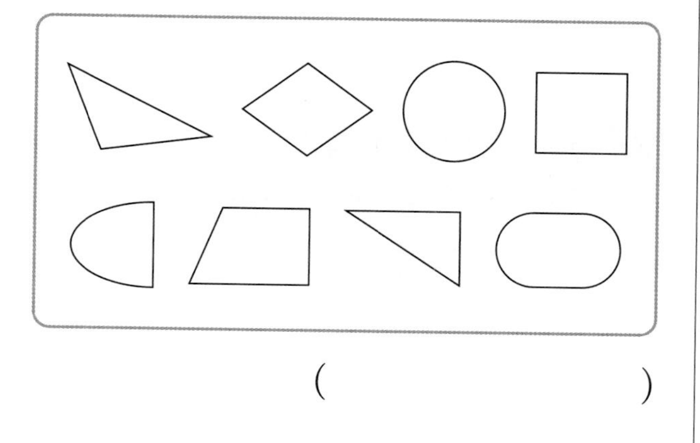

( )

11 다음 모양을 만드는 데 가장 많이 사용한 도형은 무엇이고, 몇 개인지 구해 보세요.

(,)

12 원을 본뜰 수 있는 물건을 찾아 서로 다른 원을 3개 그려 보세요.

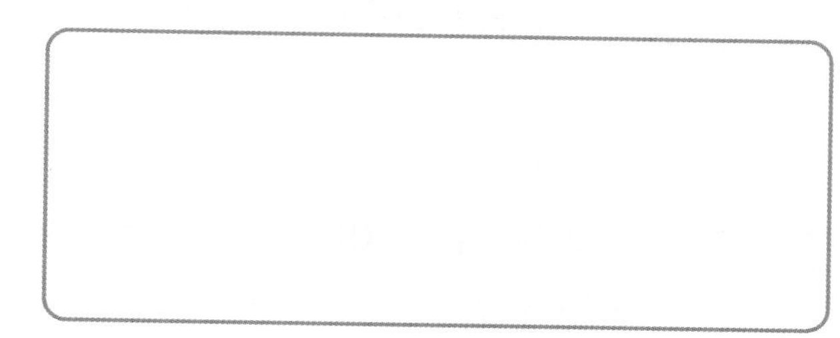

13 원에 대한 설명으로 잘못된 것을 찾아 기호를 써 보세요.

㉠ 크기와 상관없이 모양은 모두 같습니다.
㉡ 뾰족한 부분이 없습니다.
㉢ 곧은 선으로 둘러싸여 있습니다.

( )

5회 마무리 평가

| 14~16 | 칠교판을 보고 물음에 답하세요.

* 정답 55쪽의 칠교판을 활용하세요.

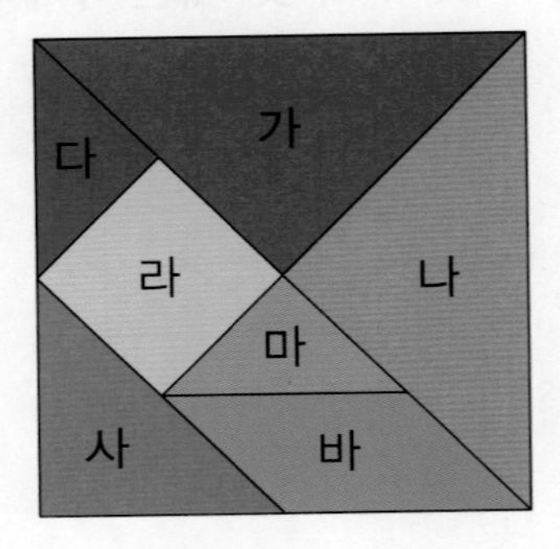

14 칠교 조각 라, 마, 바 3개를 이용하여 주어진 모양을 만들어 보세요.

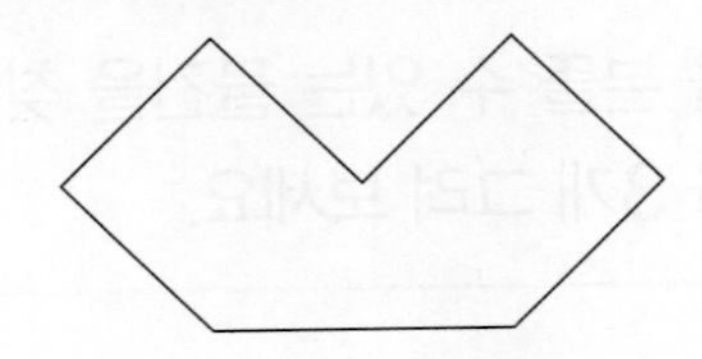

15 칠교 조각을 모두 이용하여 사람 모양을 완성해 보세요.

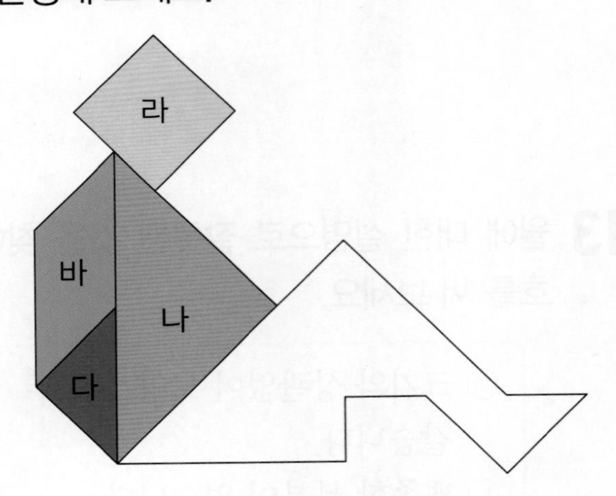

16 주어진 칠교 조각 2개로 사각형을 만들 수 없는 것을 찾아 ×표 하세요.

사, 마	라, 바	가, 나
( )	( )	( )

17 빨간색 쌓기나무의 앞은 초록색, 오른쪽은 노란색으로 색칠해 보세요.

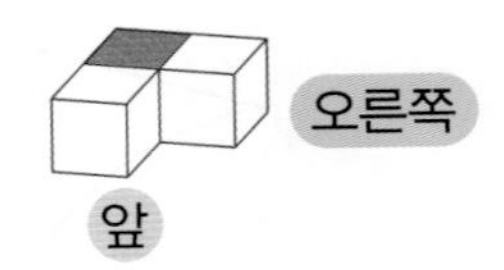

18 쌓기나무로 쌓은 모양에 대한 설명입니다. □ 안에 알맞은 수를 써넣으세요.

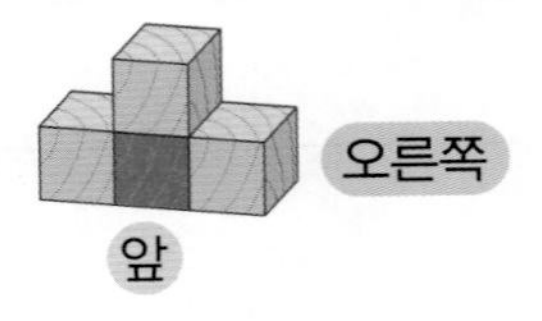

빨간색 쌓기나무의 양옆과 위에 쌓기나무가 각각 □개씩 있습니다.

19 설명에 맞게 쌓은 모양에 ○표 하세요.

빨간색 쌓기나무가 1개 있고, 그 오른쪽과 위에 쌓기나무가 1개씩 있습니다.

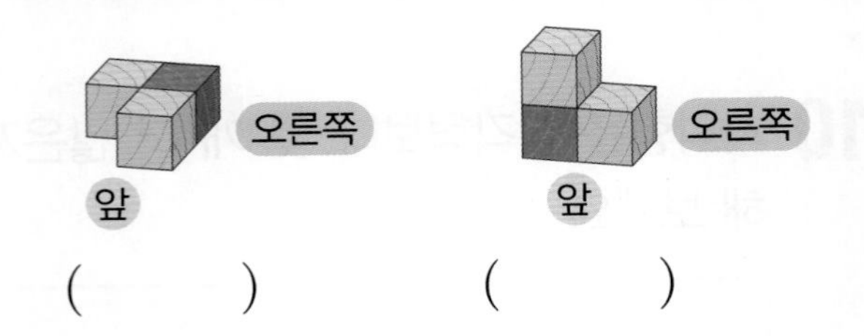

( )　　( )

20 왼쪽 모양에서 쌓기나무 1개를 옮겨 오른쪽과 똑같은 모양을 만들려고 합니다. 옮겨야 할 쌓기나무의 기호를 써 보세요.

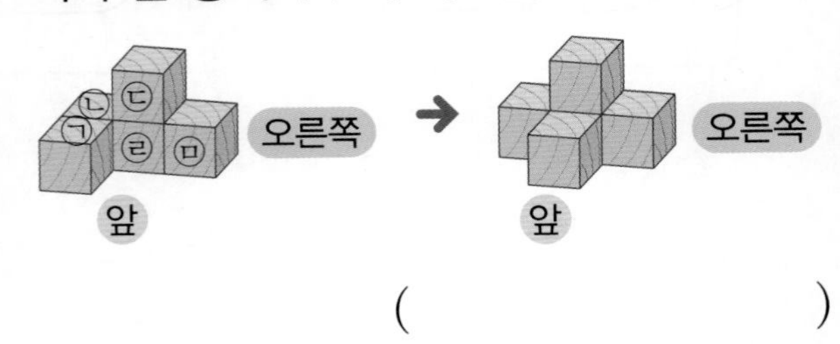

( )

21 □ 안에 알맞은 수가 더 큰 것의 기호를 써 보세요.

㉠ 사각형의 꼭짓점은 □개입니다.
㉡ 삼각형의 변은 □개입니다.

( )

22 설명에 맞게 주어진 선을 한 변으로 하는 도형을 그려 보세요.

- 곧은 선 4개로 둘러싸인 도형입니다.
- 도형의 안쪽에 점이 3개 있습니다.

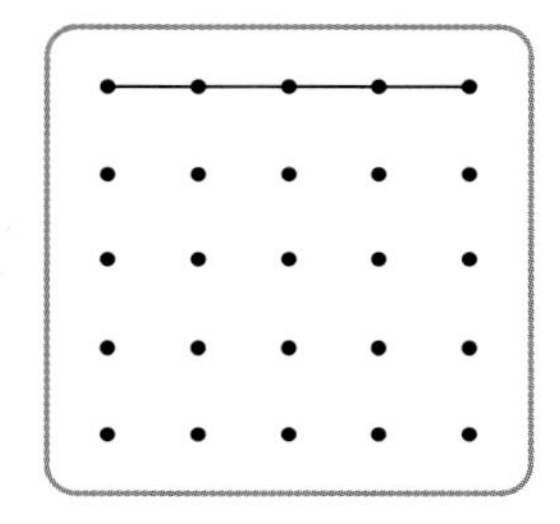

서술형

23 쌓기나무 6개로 쌓은 모양입니다. 쌓은 모양을 설명해 보세요.

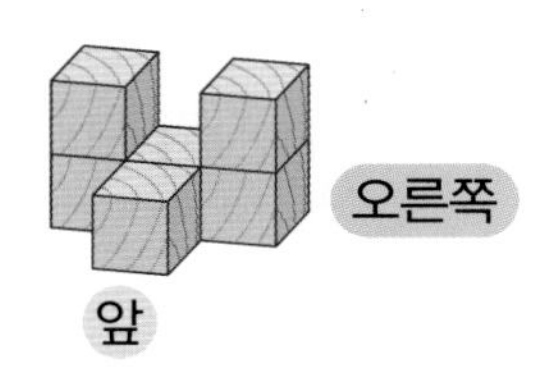

설명

수행 평가

| 24~25 | 송이와 친구들이 무를 잘라 도형 도장을 만들었습니다. 물음에 답하세요.

24 송이와 지민이가 만든 도형을 찾아 이어 보세요.

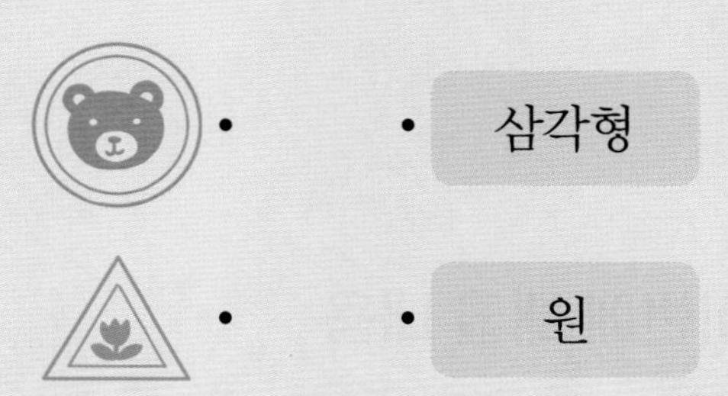

25 지민이와 지우가 만든 도형의 꼭짓점은 모두 몇 개인지 풀이 과정을 쓰고, 답을 구해 보세요.

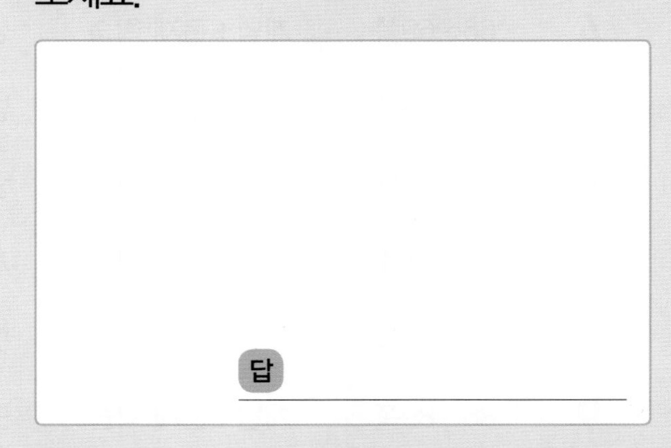

2 단원 5회

학습 결과에 색칠하세요.

3 덧셈과 뺄셈

이번에 배울 내용

회차	쪽수	학습 내용	학습 주제
1	54~57쪽	개념+문제 학습	받아올림이 있는 (두 자리 수)+(한 자리 수)
2	58~61쪽	개념+문제 학습	받아올림이 있는 (두 자리 수)+(두 자리 수)(1)
3	62~65쪽	개념+문제 학습	받아올림이 있는 (두 자리 수)+(두 자리 수)(2), (3)
4	66~69쪽	개념+문제 학습	받아내림이 있는 (두 자리 수)−(한 자리 수)
5	70~73쪽	개념+문제 학습	받아내림이 있는 (몇십)−(몇십몇)
6	74~77쪽	개념+문제 학습	받아내림이 있는 (두 자리 수)−(두 자리 수)
7	78~81쪽	개념+문제 학습	세 수의 계산(1), (2)
8	82~85쪽	개념+문제 학습	덧셈식을 뺄셈식으로 나타내기 / 뺄셈식을 덧셈식으로 나타내기
9	86~89쪽	개념+문제 학습	덧셈식에서 □의 값 구하기 / 뺄셈식에서 □의 값 구하기
10	90~93쪽	응용 학습	
11	94~97쪽	마무리 평가	

문해력을 높이는 **어휘**

받아올림: 같은 자리의 수를 더해 10을 윗자리로 올리는 것

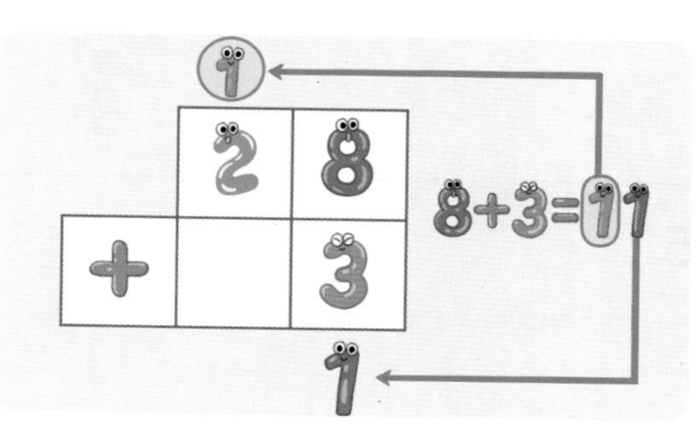

8과 3을 더해 10을 십의 자리로

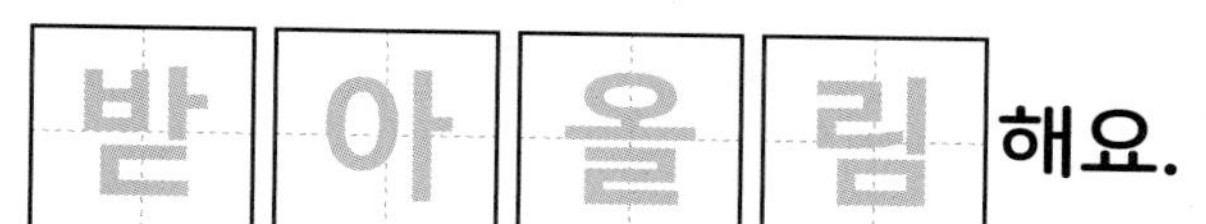

해요.

받아내림: 같은 자리의 수를 뺄 수 없어 윗자리에서 10을 내려주는 것

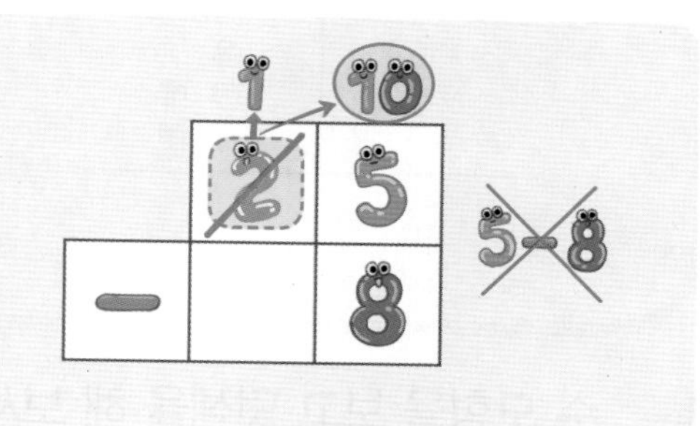

5에서 8을 뺄 수 없으므로 10을

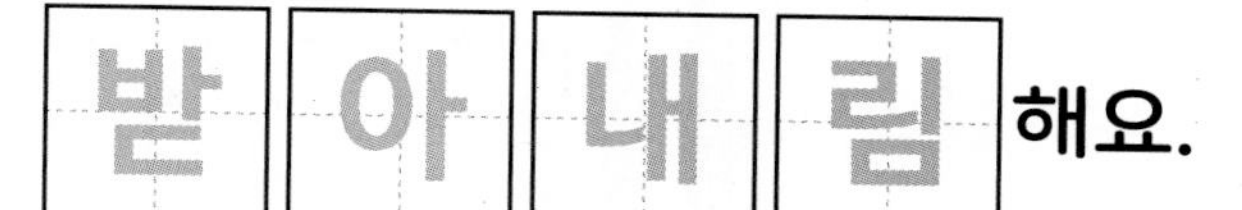

해요.

실제로: 거짓이나 상상이 아니고 현실적으로

별은 실제로 ○ 모양이에요.

60쪽

관계: 둘이나 둘이 넘는 사람, 사물 등이 서로 관련이 있음

나와 규리, 유준이는 아주 친한 친구 관계예요.

86쪽

학습일 : 월 일

개념 1 받아올림이 있는 (두 자리 수)+(한 자리 수)의 계산 방법 → 수 모형으로 알아보기

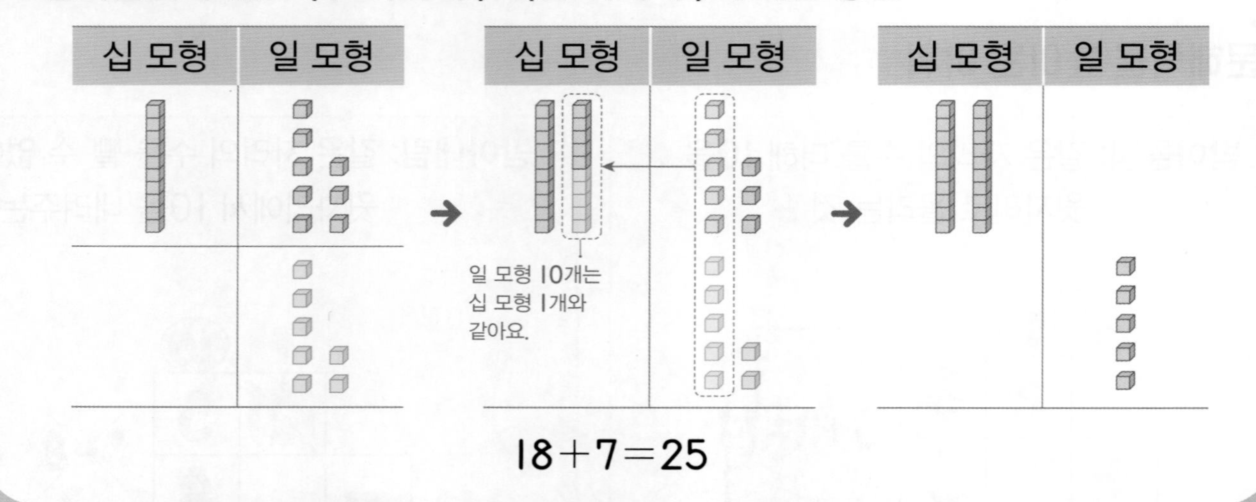

$18+7=25$

확인 1 수 모형을 보고 덧셈을 해 보세요.

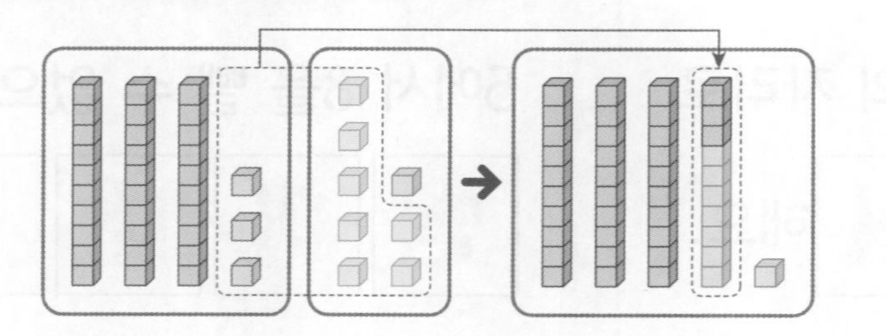

$33+8=\square$

개념 2 받아올림이 있는 (두 자리 수)+(한 자리 수)

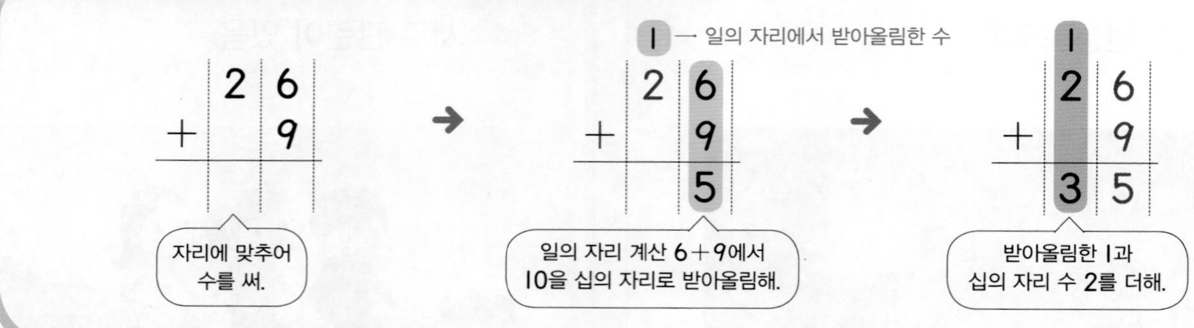

확인 2 □ 안에 알맞은 수를 써넣으세요.

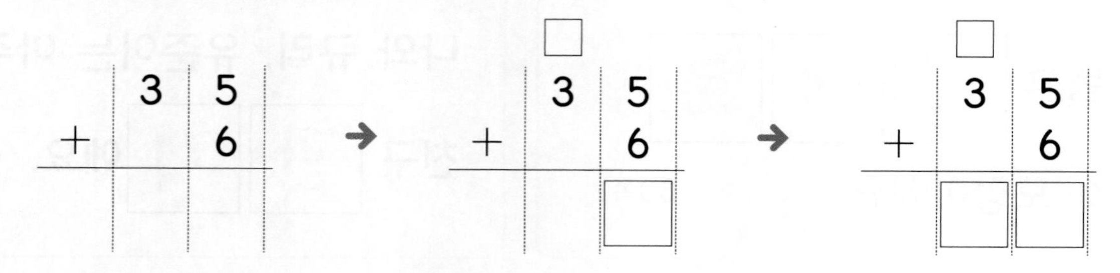

|1~3| 19+4를 주어진 방법으로 구해 보세요.

1 더하는 수 4만큼 이어 세어 구해 보세요.

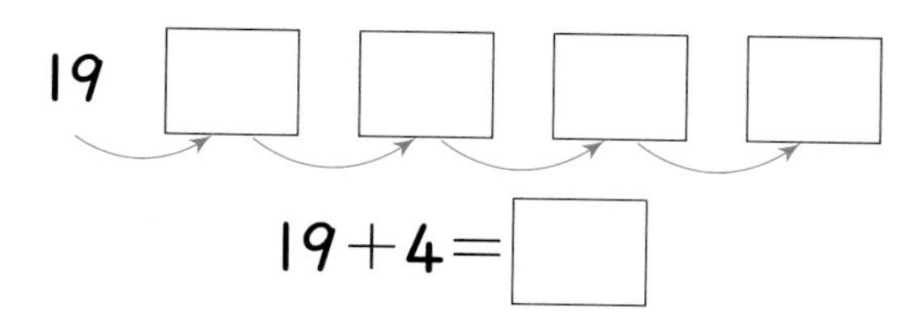

19+4=□

2 더하는 수 4만큼 △를 그려 구해 보세요.

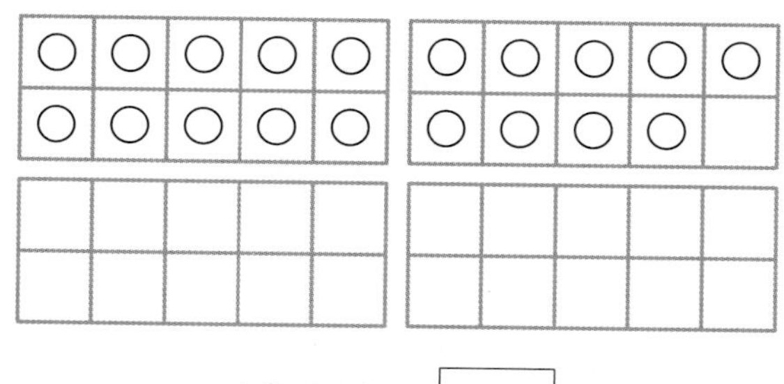

19+4=□

3 수 모형으로 구해 보세요.

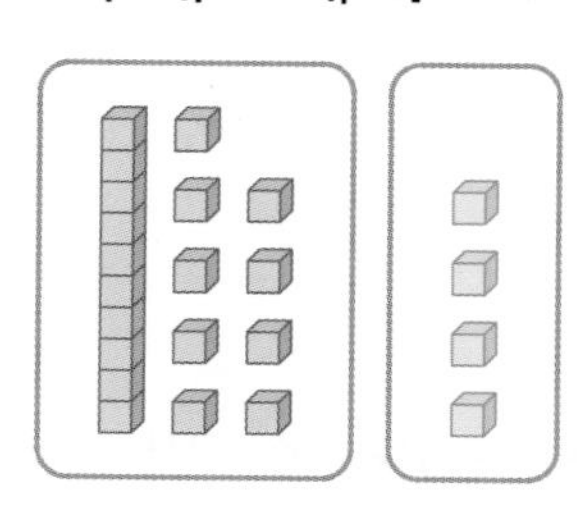

19+4=□

4 덧셈을 해 보세요.

(1) $\begin{array}{r} 48 \\ +\ \ 7 \\ \hline \end{array}$ (2) $\begin{array}{r} 74 \\ +\ \ 8 \\ \hline \end{array}$

(3) $\begin{array}{r} 3 \\ +\ 29 \\ \hline \end{array}$ (4) $\begin{array}{r} 7 \\ +\ 67 \\ \hline \end{array}$

5 덧셈을 해 보세요.

(1) 47+5 (2) 39+7

6 빈칸에 두 수의 합을 써넣으세요.

(1)

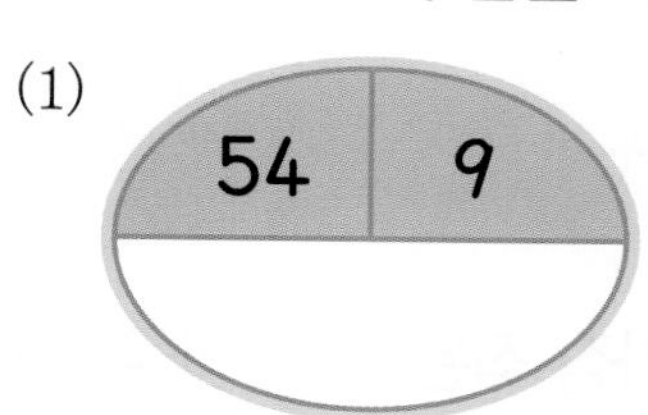

(2)

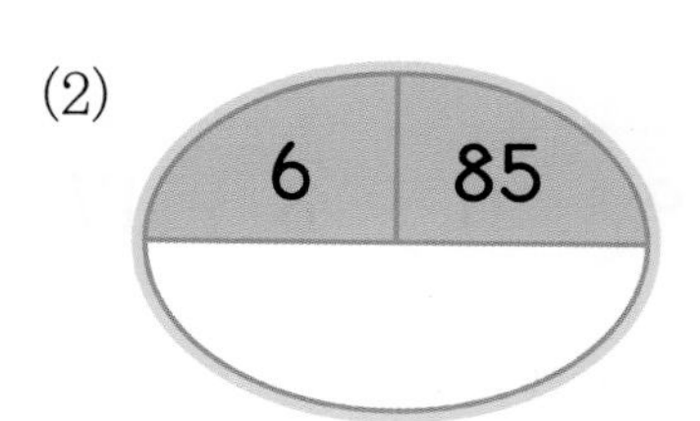

01 □ 안에 알맞은 수를 써넣으세요.

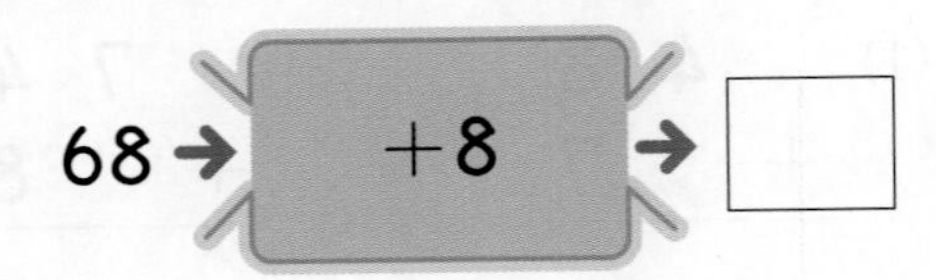

02 계산 결과가 같은 것끼리 이어 보세요.

03 가장 큰 수와 가장 작은 수의 합을 구해 보세요.

23	9	11	8	17

(　　　　　　)

04 두 수의 합이 더 큰 것에 ○표 하세요.

42+9	8+44
(　　)	(　　)

디지털 문해력

05 다은이와 도현이의 대화를 읽고 다은이가 사용한 ▢ 모양과 ▢ 모양 구슬은 모두 몇 개인지 구해 보세요.

식

(　　　　　　)

06 ■ 안에 들어갈 수 있는 수를 구해 보세요.

$40 < ■ < 37+5$

(　　　　　　)

창의형

07 수 카드 중에서 2장을 골라 덧셈 문제를 만들고, 답을 구해 보세요.

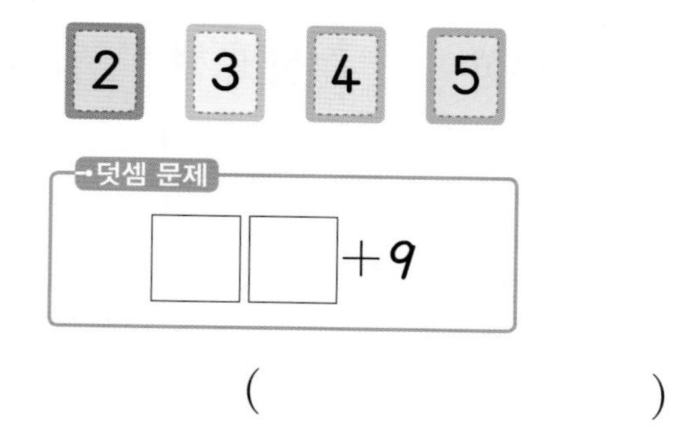

( )

08 놀이터에 남자 어린이 24명과 여자 어린이 7명이 있습니다. 놀이터에 있는 어린이는 모두 몇 명인지 구해 보세요.

식

( )

09 화살 두 개를 던져 맞힌 두 수의 합이 62일 때 맞힌 두 수에 ○표 하세요.

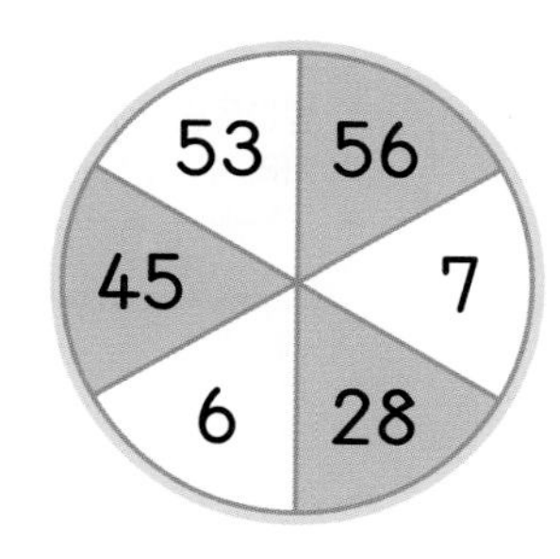

서술형 문제

10 잘못 계산한 이유를 쓰고, 바르게 계산해 보세요.

$$\begin{array}{r} 36 \\ +\ \ 8 \\ \hline 34 \end{array}$$

이유 ❶ 일의 자리 계산 $6+8=\square$에서 $\square$을/를 십의 자리로 받아올림하지 않았기 때문입니다.

바른 계산 ❷

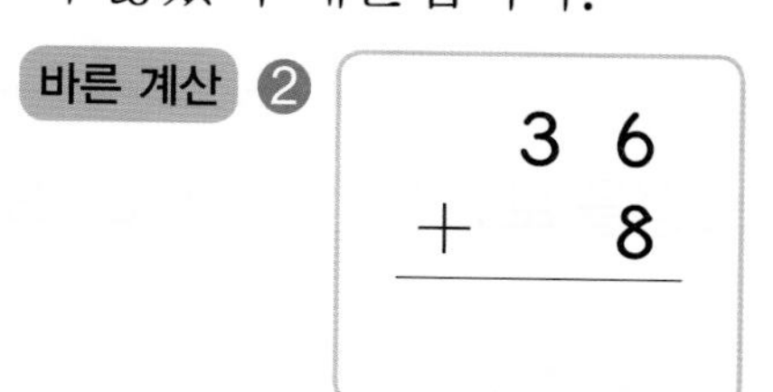

11 잘못 계산한 이유를 쓰고, 바르게 계산해 보세요.

$$\begin{array}{r} 75 \\ +\ \ 9 \\ \hline 74 \end{array} \rightarrow \begin{array}{r} 75 \\ +\ \ 9 \\ \hline \end{array}$$

이유

3 단원 1회

학습 결과에 색칠하세요.

2회 개념 학습

학습일 :　　월　　일

개념 1 받아올림이 있는 (두 자리 수)+(두 자리 수)의 계산 방법 — 수 모형으로 알아보기

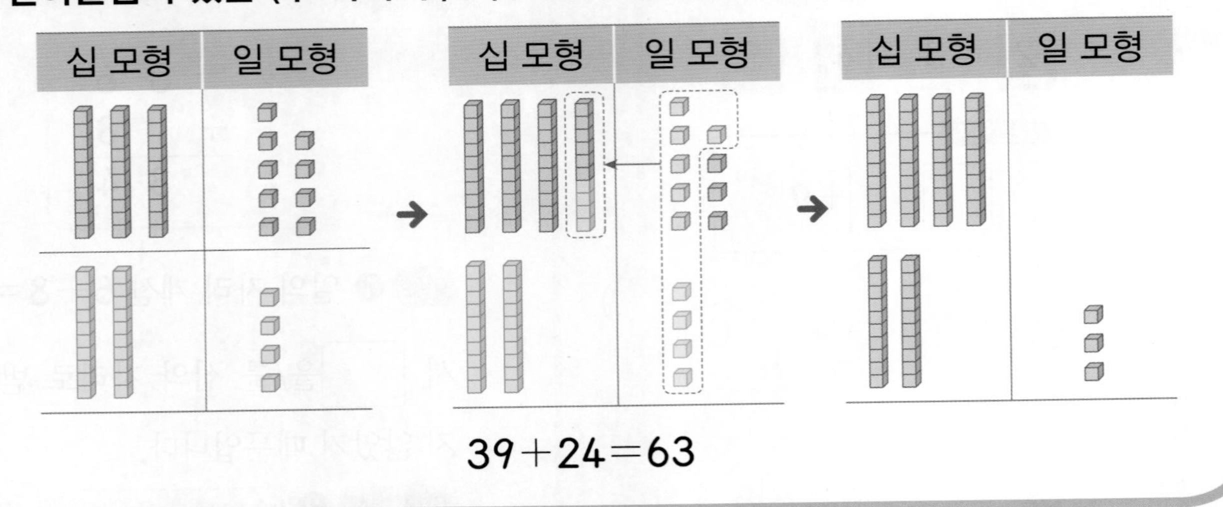

39+24=63

확인 1 수 모형을 보고 덧셈을 해 보세요.

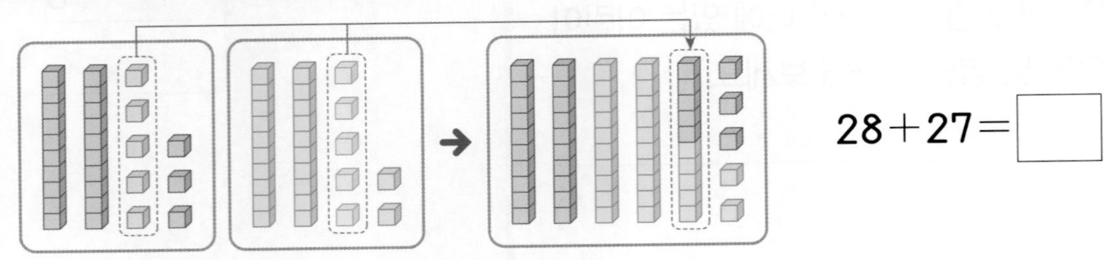

28+27=□

개념 2 받아올림이 있는 (두 자리 수)+(두 자리 수)(1) — 일의 자리에서 받아올림이 있는 경우

$$\begin{array}{r} 53 \\ +\ 18 \\ \hline \end{array} \rightarrow \begin{array}{r} ^{1}\ \ \\ 53 \\ +\ 18 \\ \hline 1 \end{array} \rightarrow \begin{array}{r} ^{1}\ \ \\ 53 \\ +\ 18 \\ \hline 71 \end{array}$$

자리에 맞추어 수를 써.

일의 자리 계산 3+8에서 10을 십의 자리로 받아올림해.

받아올림한 1과 십의 자리 수 5, 1을 더해.

확인 2 □ 안에 알맞은 수를 써넣으세요.

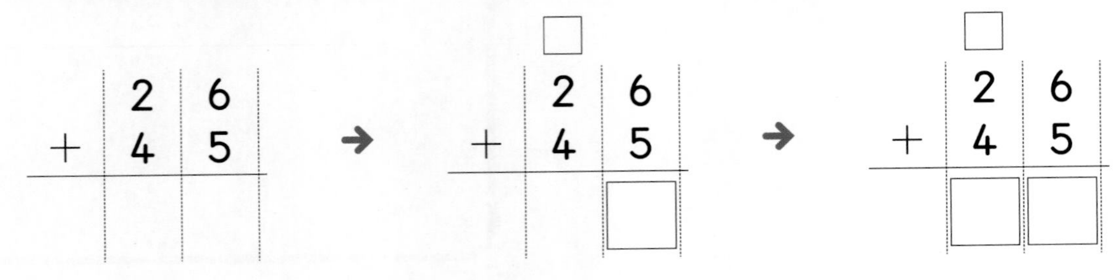

| 1~3 | 27+15를 주어진 방법으로 구해 보세요.

1 15를 십의 자리와 일의 자리 수로 가르기하여 구해 보세요.

$27+15=27+10+\square$
(15 → 10, 5)
$=37+\square$
$=\square$

2 27을 가까운 몇십으로 바꾸어 구해 보세요.

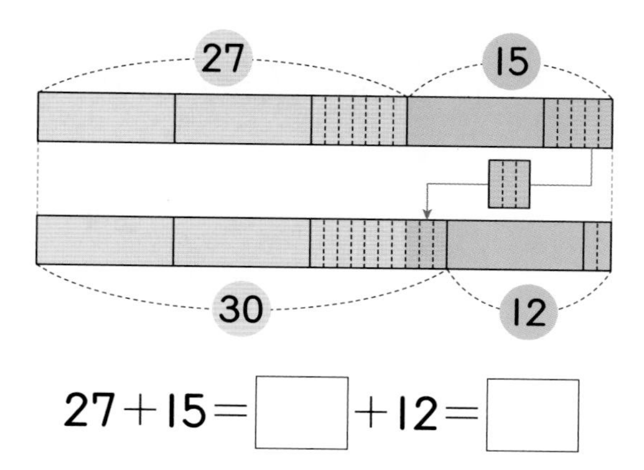

$27+15=\square+12=\square$

3 27과 15를 각각 십의 자리와 일의 자리 수로 가르기하여 구해 보세요.

$27+15=20+10+\square+\square$
(27 → 20, 7 / 15 → 10, 5)
$=30+\square$
$=\square$

4 덧셈을 해 보세요.

(1) $\begin{array}{r} 38 \\ +\ 42 \\ \hline \end{array}$ (2) $\begin{array}{r} 55 \\ +\ 19 \\ \hline \end{array}$

(3) $\begin{array}{r} 28 \\ +\ 33 \\ \hline \end{array}$ (4) $\begin{array}{r} 16 \\ +\ 46 \\ \hline \end{array}$

5 덧셈을 해 보세요.

(1) $46+45$ (2) $65+18$

6 빈칸에 알맞은 수를 써넣으세요.

(1)

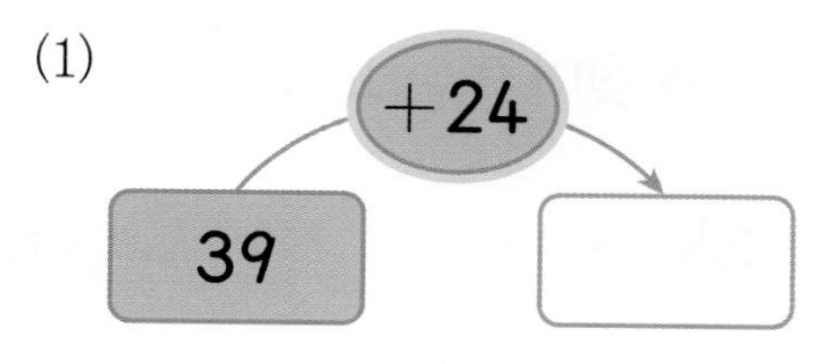

(2)

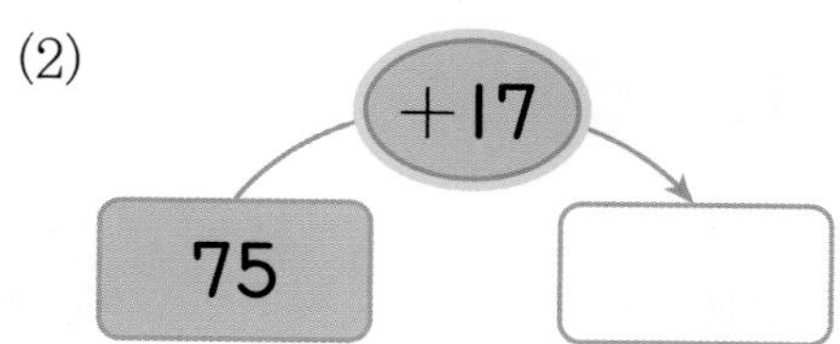

3 단원 2회

01 □ 안에 알맞은 수를 써넣으세요.

16	37

□

02 다음 계산에서 □ 안의 숫자 1이 실제로 나타내는 수를 구해 보세요.

$$\begin{array}{r} \boxed{1} \\ 3\ 9 \\ +\ 1\ 7 \\ \hline 5\ 6 \end{array}$$

(　　　　　　)

03 계산 결과를 찾아 이어 보세요.

24+39 ·	· 64
47+15 ·	· 63
36+28 ·	· 62

04 두 수의 합이 같은 것끼리 이어 다람쥐가 집에 갈 수 있는 길을 그려 보세요.

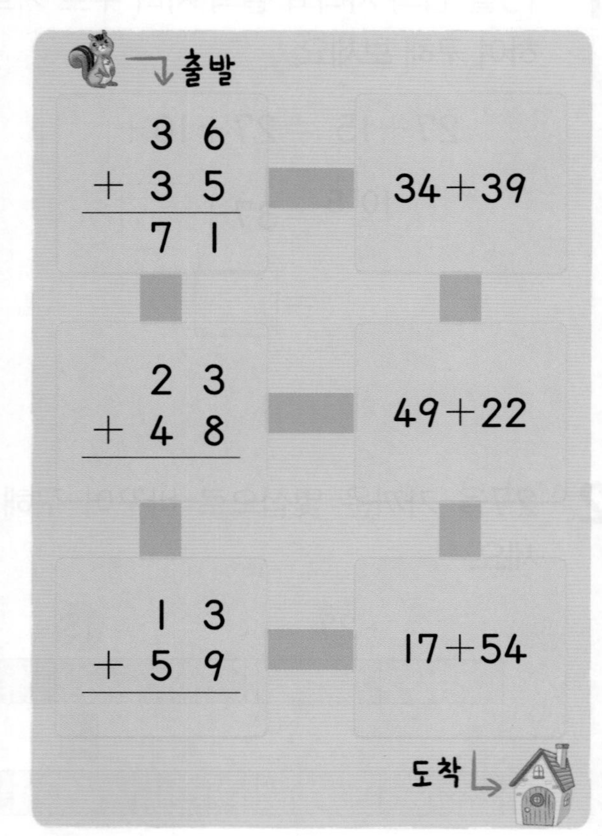

05 연지의 일기를 읽고 연지와 엄마가 이번 달에 이용한 대중교통 횟수는 모두 몇 번인지 구해 보세요.

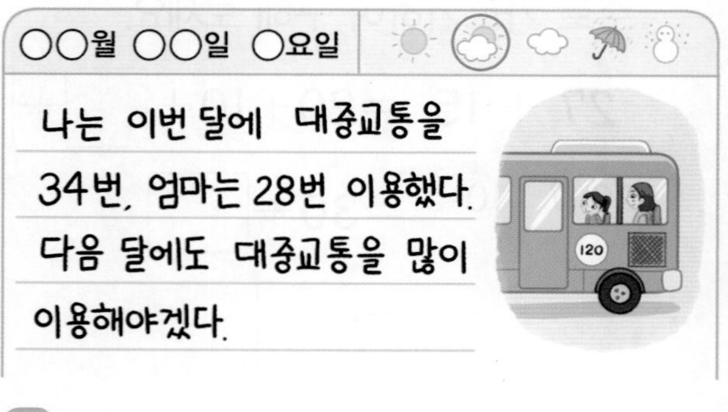

식

(　　　　　　)

06 시우가 연결 모형으로 동물 모양을 만들었습니다. 사용한 연결 모형은 모두 몇 개인지 구해 보세요.

동물	펭귄	강아지
작품		
사용한 연결 모형 수(개)	19	36

(   )

창의형

07 58+17을 보기 의 방법 중 2가지 방법으로 구해 보세요.

보기

㉠ 17을 10과 7로 가르기하기
㉡ 58을 가까운 몇십으로 바꾸어 구하기
㉢ 58과 17을 각각 십의 자리와 일의 자리 수로 가르기하기
㉣ 수 모형으로 구하기

방법 □

방법 □

서술형 문제

08 토마토를 해미는 27개 땄고, 민기는 해미보다 16개 더 많이 땄습니다. 해미와 민기가 딴 토마토는 모두 몇 개인지 풀이 과정을 쓰고, 답을 구해 보세요.

❶ (민기가 딴 토마토의 수)
=27+16=□(개)

❷ (해미와 민기가 딴 토마토의 수)
=27+□=□(개)

답

09 가희가 줄넘기를 어제는 38번 했고, 오늘은 어제보다 18번 더 많이 했습니다. 어제와 오늘 가희가 줄넘기를 모두 몇 번 했는지 풀이 과정을 쓰고, 답을 구해 보세요.

답

3 단원 2회

학습 결과에 색칠하세요.

3회 개념 학습

○ 학습일 : 월 일

개념 1 받아올림이 있는 (두 자리 수)+(두 자리 수)(2) → 십의 자리에서 받아올림이 있는 경우

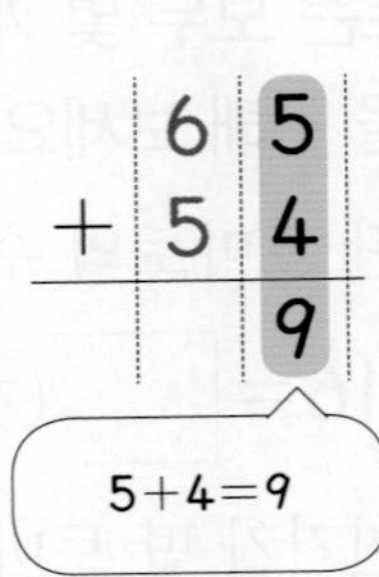

→

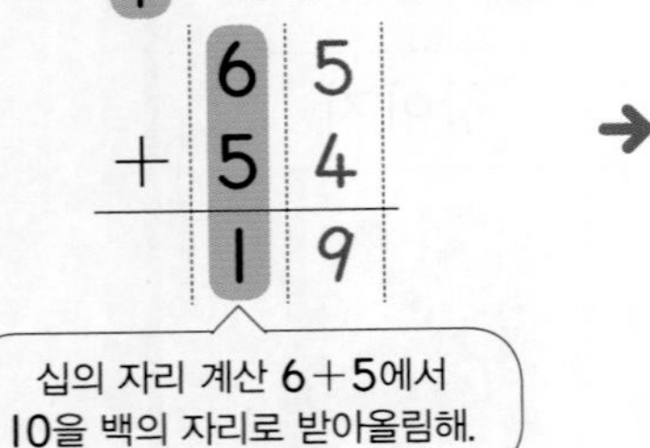

→

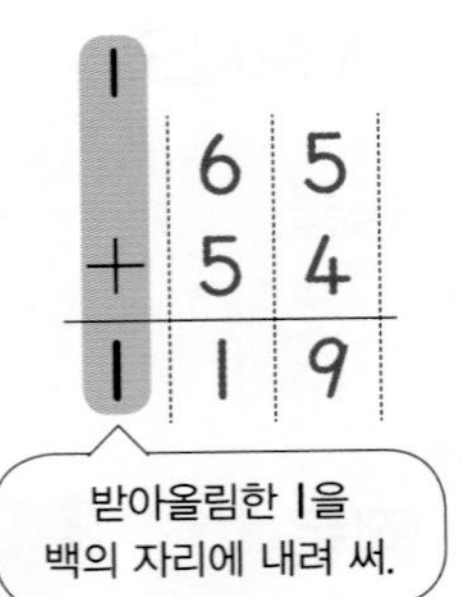

확인 1 □ 안에 알맞은 수를 써넣으세요.

$$\begin{array}{r} 7\ 1 \\ +\ 3\ 5 \\ \hline \end{array} \rightarrow \begin{array}{r} 7\ 1 \\ +\ 3\ 5 \\ \hline \square \end{array} \rightarrow \begin{array}{r} \square \\ 7\ 1 \\ +\ 3\ 5 \\ \hline \square\ \square\ \square \end{array}$$

개념 2 받아올림이 있는 (두 자리 수)+(두 자리 수)(3) → 일의 자리, 십의 자리에서 받아올림이 있는 경우

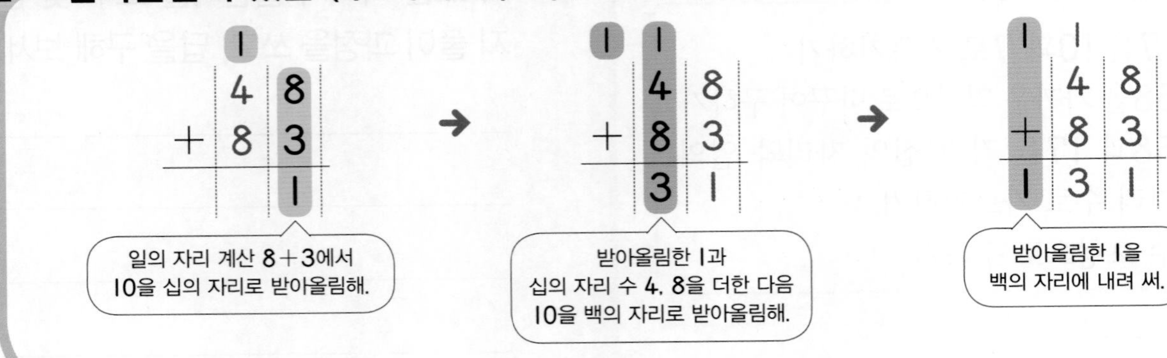

확인 2 □ 안에 알맞은 수를 써넣으세요.

$$\begin{array}{r} 3\ 4 \\ +\ 7\ 7 \\ \hline \end{array} \rightarrow \begin{array}{r} \square \\ 3\ 4 \\ +\ 7\ 7 \\ \hline \square \end{array} \rightarrow \begin{array}{r} \square\ \square \\ 3\ 4 \\ +\ 7\ 7 \\ \hline \square\ \square\ \square \end{array}$$

1 수 모형을 보고 57+72를 계산해 보세요.

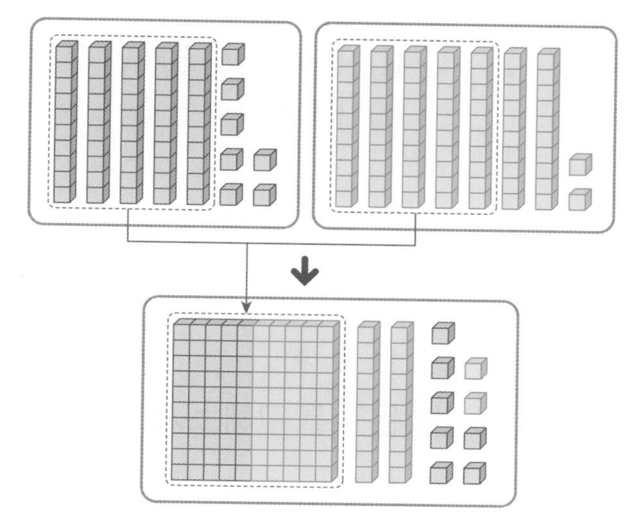

일 모형끼리 더하면 일 모형은 □개가 되고, 십 모형끼리 더하면 백 모형 □개와 십 모형 □개가 됩니다.

➔ $57+72=$ □

2 덧셈을 해 보세요.

(1)
$$\begin{array}{r} 4\ 7 \\ +\ 8\ 1 \\ \hline \end{array}$$

(2)
$$\begin{array}{r} 3\ 9 \\ +\ 7\ 6 \\ \hline \end{array}$$

(3)
$$\begin{array}{r} 6\ 4 \\ +\ 4\ 8 \\ \hline \end{array}$$

(4)
$$\begin{array}{r} 8\ 2 \\ +\ 2\ 3 \\ \hline \end{array}$$

3 덧셈을 해 보세요.

(1) $42+86$ (2) $67+75$

4 두 수의 합을 구해 보세요.

75 54

(　　　　　)

5 빈칸에 알맞은 수를 써넣으세요.

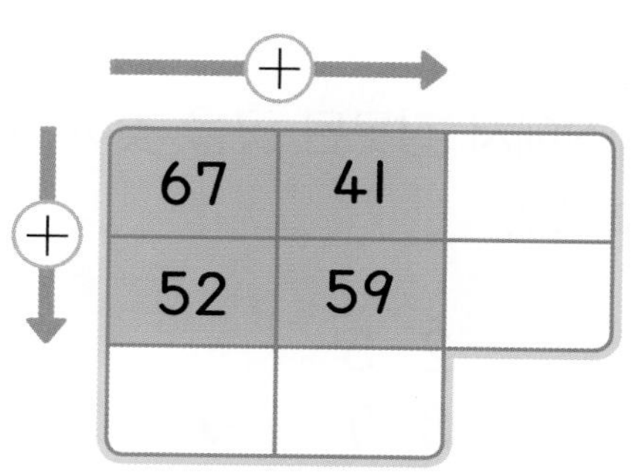

3회 문제 학습

01 수 모형을 보고 덧셈을 해 보세요.

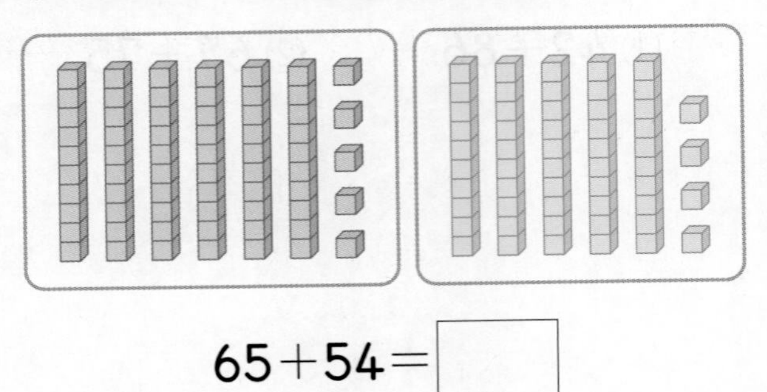

65+54=□

02 계산 결과의 크기를 비교하여 ○ 안에 >, =, <를 알맞게 써넣으세요.

65+58 ○ 49+73

03 계산에서 잘못된 곳을 찾아 바르게 고쳐 보세요.

$$\begin{array}{r} 25 \\ +\ 87 \\ \hline 102 \end{array} \rightarrow \begin{array}{r} 25 \\ +\ 87 \\ \hline \end{array}$$

04 ㉠과 ㉡이 나타내는 수의 합을 구해 보세요.

㉠ 10이 7개, 1이 5개인 수
㉡ 10이 4개, 1이 6개인 수

(　　　　　　)

05 ■에 알맞은 수를 구해 보세요.

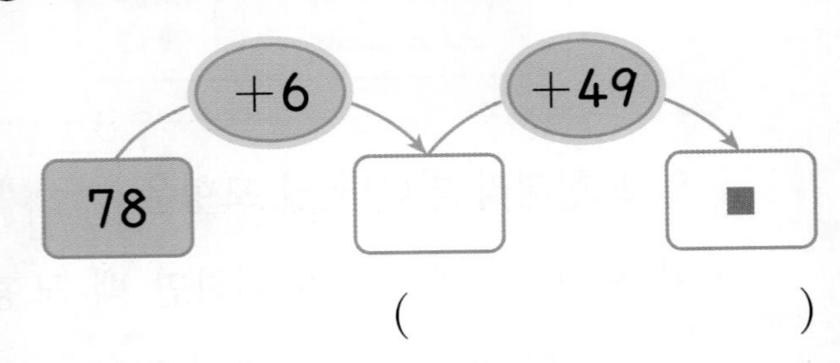

(　　　　　　)

디지털 문해력

06 뉴스를 보고 어제와 오늘 노래 대회에 참가한 사람은 모두 몇 명인지 구해 보세요.

식

(　　　　　　)

정답 17쪽

07 조개를 보라는 58개, 삼촌은 73개 캤습니다. 보라와 삼촌이 캔 조개는 모두 몇 개인지 구해 보세요.

(　　　　　　　　)

08 □ 안에 들어갈 수 있는 수에 모두 ○표 하세요.

65+37>□

(99 , 100 , 101 , 102 , 103)

창의형

09 주어진 수 중 두 수를 이용하여 덧셈 문제를 만들고, 해결해 보세요.

45	56	72

문제

식

(　　　　　　　　)

서술형 문제

10 계산 결과가 가장 큰 것을 찾아 기호를 쓰려고 합니다. 풀이 과정을 쓰고, 답을 구해 보세요.

㉠ 83+45
㉡ 45+91
㉢ 34+72

❶ ㉠ 83+45=□
㉡ 45+91 =□
㉢ 34+72=□

❷ 따라서 계산 결과가 가장 큰 것은

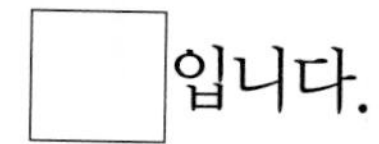
□입니다.

답

11 계산 결과가 가장 작은 것을 찾아 기호를 쓰려고 합니다. 풀이 과정을 쓰고, 답을 구해 보세요.

㉠ 57+75
㉡ 68+87
㉢ 94+48

답

3 단원 3회

학습 결과에 색칠하세요.

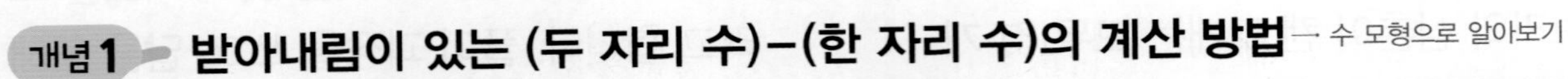

4회 개념 학습

학습일 : 월 일

개념 1 받아내림이 있는 (두 자리 수)−(한 자리 수)의 계산 방법 → 수 모형으로 알아보기

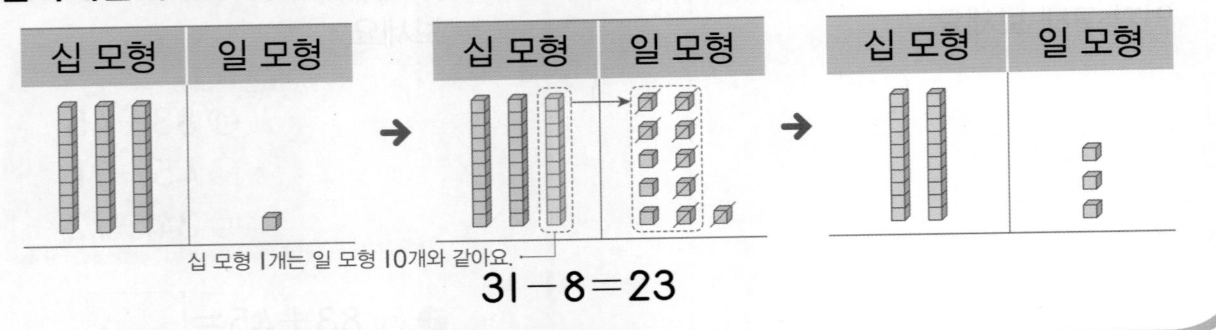

$31-8=23$

확인 1 수 모형을 보고 뺄셈을 해 보세요.

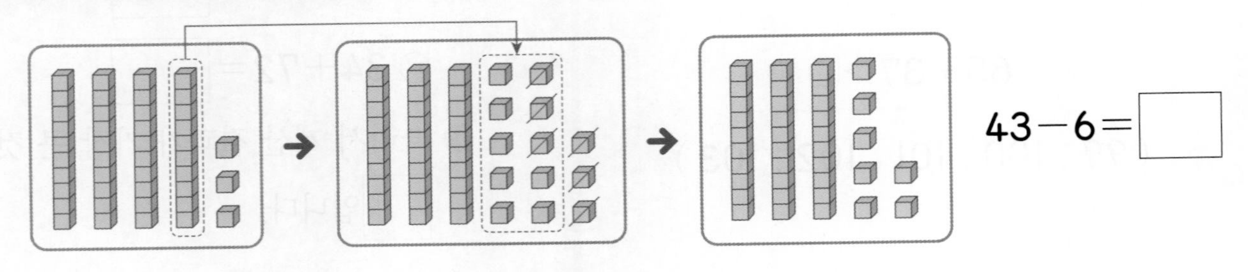

$43-6=$ □

개념 2 받아내림이 있는 (두 자리 수)−(한 자리 수)

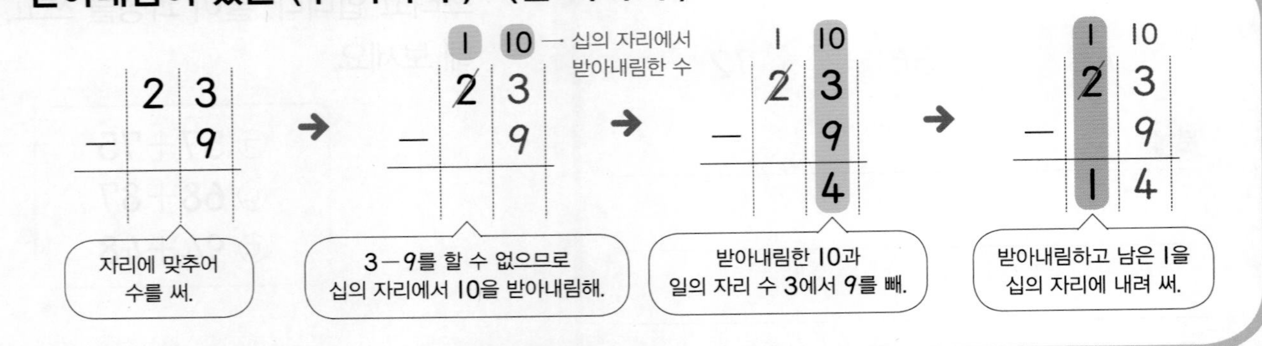

확인 2 □ 안에 알맞은 수를 써넣으세요.

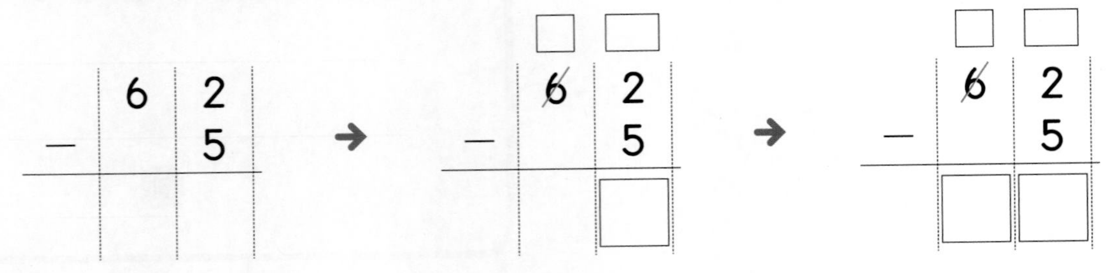

| 1~3 | 32－5를 주어진 방법으로 구해 보세요.

1 빼는 수 5만큼 거꾸로 세어 구해 보세요.

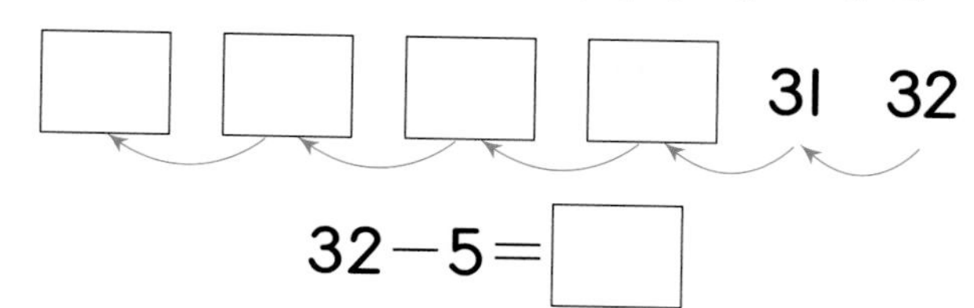

32－5＝□

2 빼는 수 5만큼 /으로 지워 구해 보세요.

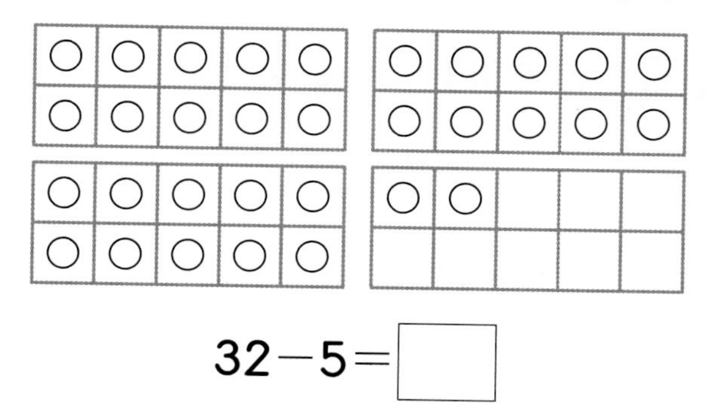

32－5＝□

3 수 모형으로 구해 보세요.

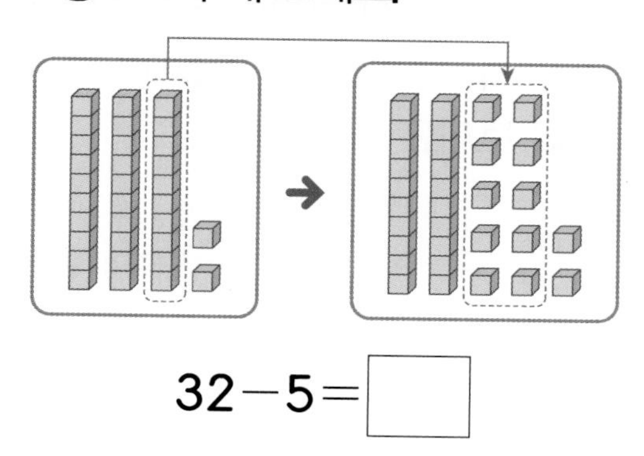

32－5＝□

4 뺄셈을 해 보세요.

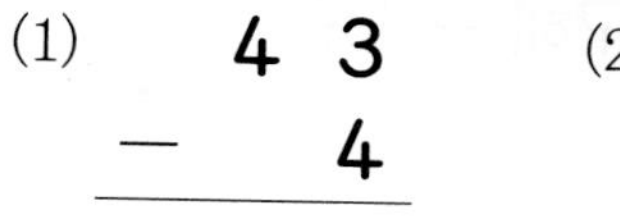

(1) $\begin{array}{r} 43 \\ -\ \ 4 \\ \hline \end{array}$　(2) $\begin{array}{r} 81 \\ -\ \ 9 \\ \hline \end{array}$

(3) $\begin{array}{r} 65 \\ -\ \ 6 \\ \hline \end{array}$　(4) $\begin{array}{r} 24 \\ -\ \ 8 \\ \hline \end{array}$

5 뺄셈을 해 보세요.

(1) 22－5　(2) 64－6

6 빈칸에 두 수의 차를 써넣으세요.

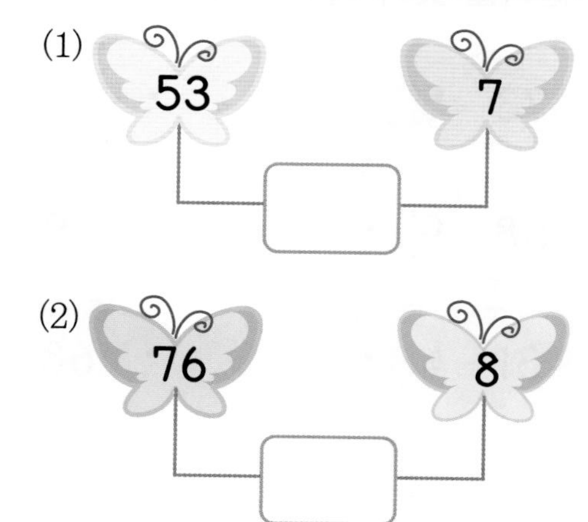

3 단원 4회

01 다음 계산에서 □ 안의 숫자 4가 실제로 나타내는 수를 구해 보세요.

	4	10
	~~5~~	5
−		7
	4	8

(　　　　　　　)

02 두 수의 차를 구해 보세요.

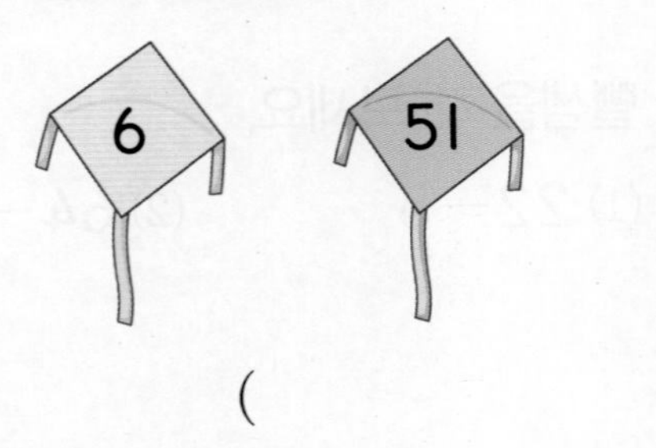

(　　　　　　　)

03 계산 결과를 찾아 이어 보세요.

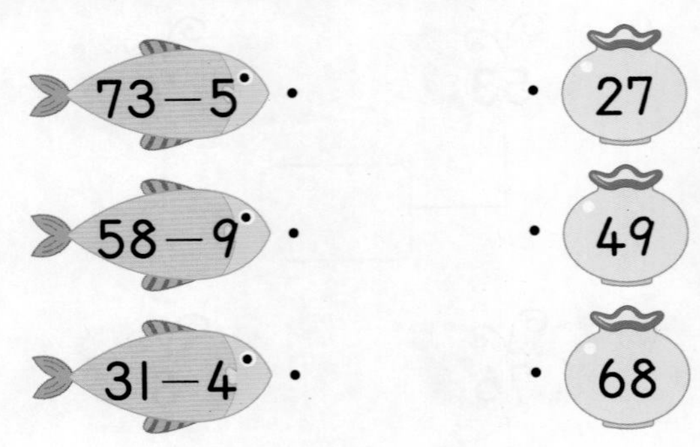

04 다음이 나타내는 수를 구해 보세요.

36보다 8만큼 더 작은 수

(　　　　　　　)

05 계산에서 잘못된 곳을 찾아 바르게 계산해 보세요.

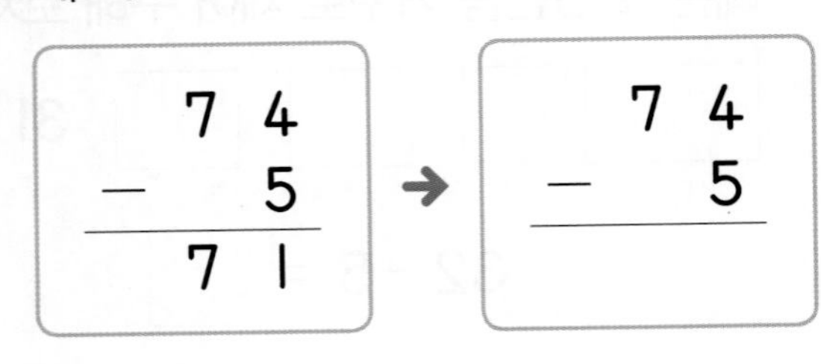

06 빈칸에 알맞은 수를 써넣으세요.

07 성냥개비를 사용하여 식을 만들었습니다. 바른 계산이 되도록 성냥개비 한 개를 ×로 지워 보세요.

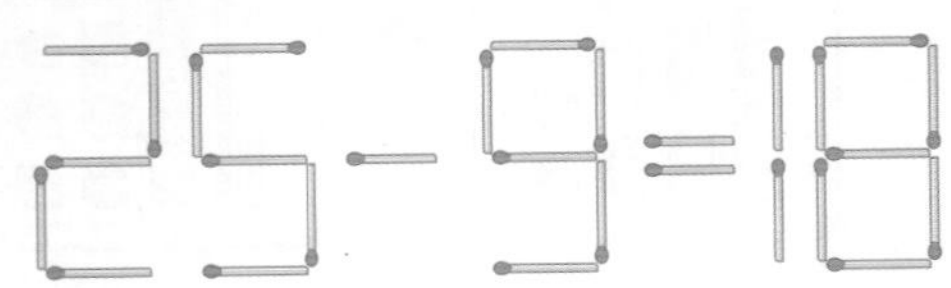

08 화살 두 개를 던져 맞힌 두 수의 차가 25일 때 맞힌 두 수에 ○표 하세요.

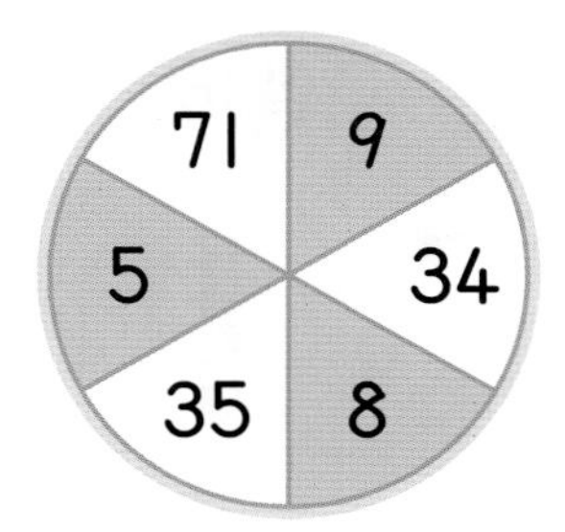

창의형

09 나만의 뺄셈 문제를 만들고, 답을 구해 보세요.

문제

엄마는 만 □살, 나는 만 □살입니다.
엄마와 나의 나이는 몇 살 차이날까요?

식

( )

10 구슬을 율이는 23개 가지고 있고, 미소는 율이보다 8개 더 적게 가지고 있습니다. 미소가 가지고 있는 구슬은 몇 개인지 구해 보세요.

( )

서술형 문제

11 ●에 알맞은 수는 얼마인지 풀이 과정을 쓰고, 답을 구해 보세요.

35−6<●<40−9

❶ 35−6=□,

40−9=□

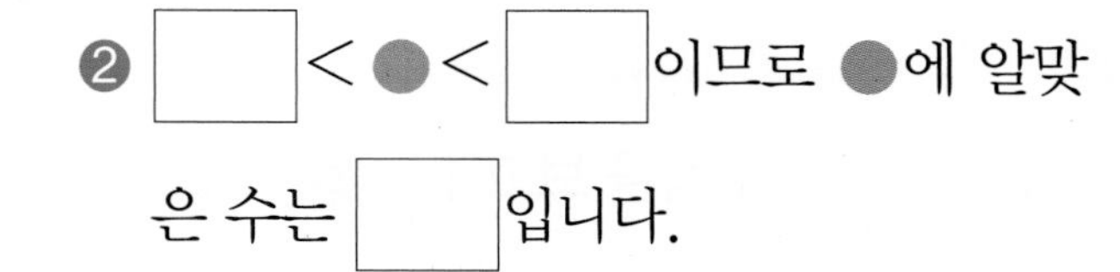

❷ □<●<□이므로 ●에 알맞은 수는 □입니다.

답

12 예나와 도현이가 말한 두 수 사이에 들어갈 수 있는 수는 얼마인지 풀이 과정을 쓰고, 답을 구해 보세요.

답

3 단원 4회

학습 결과에 색칠하세요.

학습일 : 월 일

개념 1 받아내림이 있는 (몇십)−(몇십몇)의 계산 방법 → 수 모형으로 알아보기

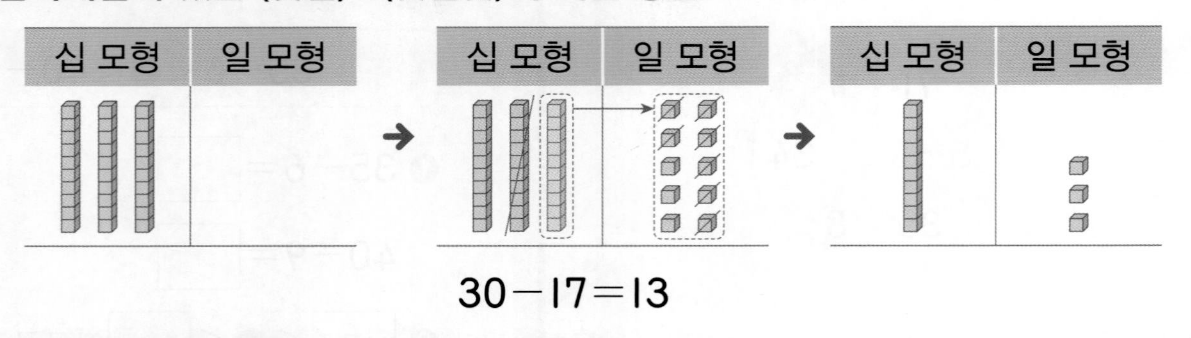

$30-17=13$

확인 1 수 모형을 보고 뺄셈을 해 보세요.

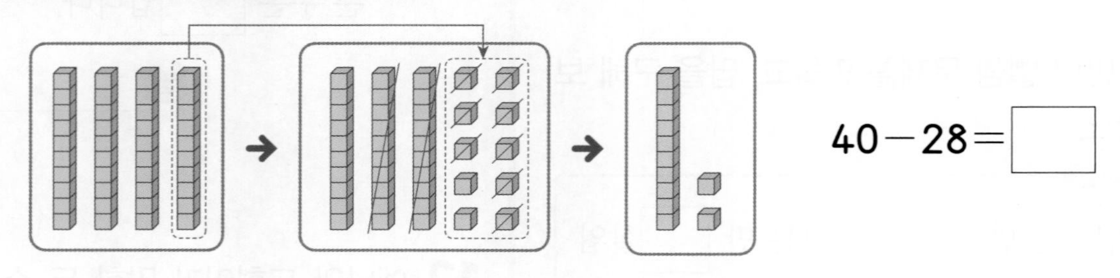

$40-28=\square$

개념 2 받아내림이 있는 (몇십)−(몇십몇)

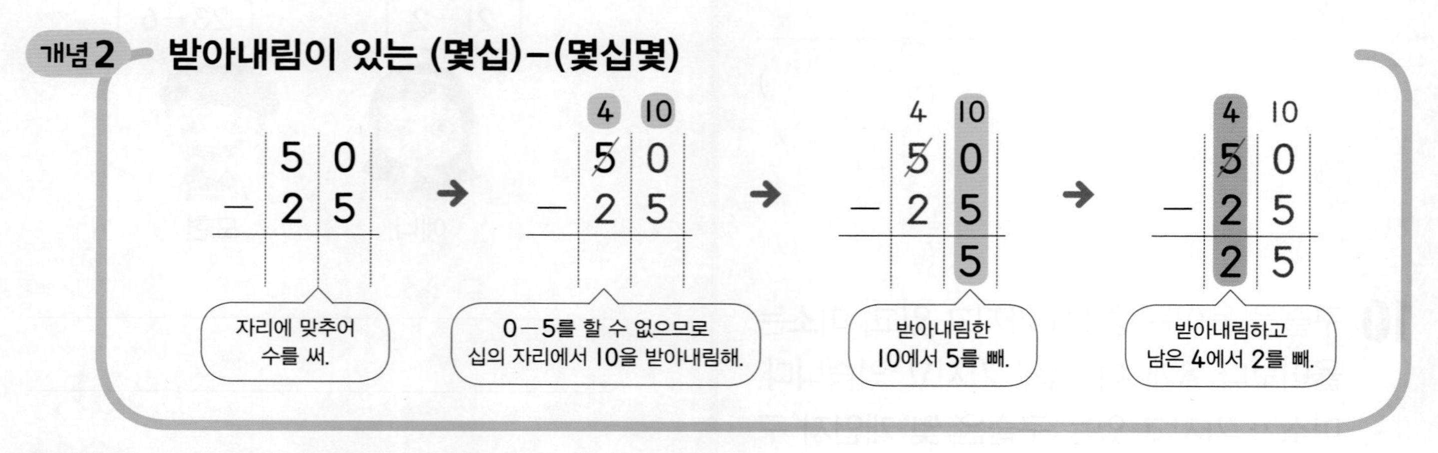

확인 2 □ 안에 알맞은 수를 써넣으세요.

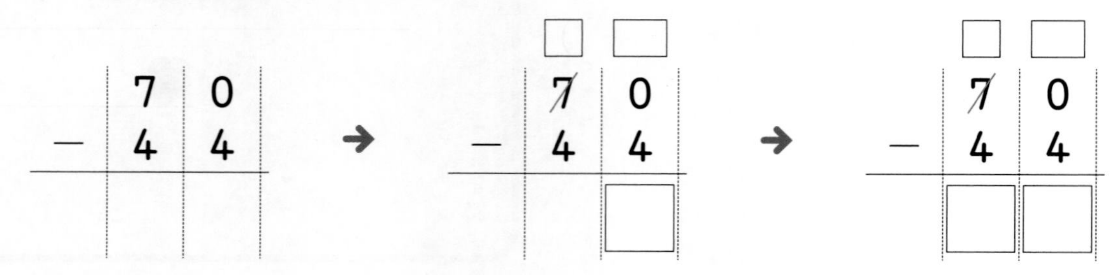

1~3 50−38을 주어진 방법으로 구해 보세요.

1 38을 십의 자리와 일의 자리 수로 가르기 하여 구해 보세요.

$50-38 = 50-30-\square$

(38 → 30, 8)

$= 20-\square$

$= \square$

2 38을 가까운 몇십으로 바꾸어 구해 보세요.

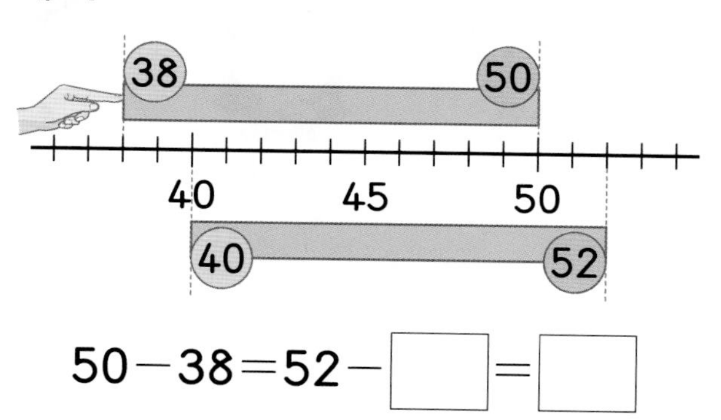

$50-38=52-\square=\square$

3 수 모형으로 구해 보세요.

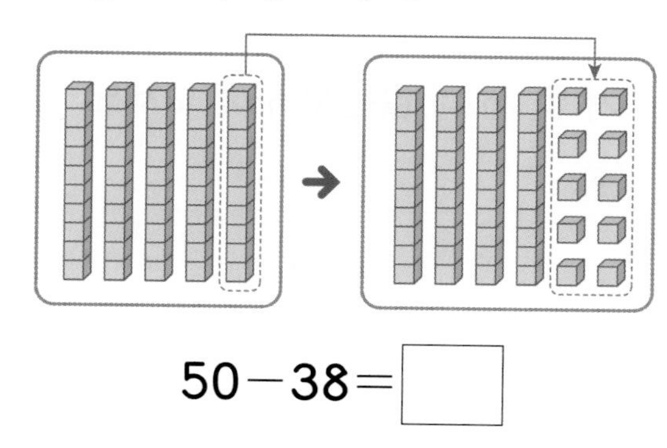

$50-38=\square$

4 뺄셈을 해 보세요.

(1) $\begin{array}{r} 30 \\ -\ 12 \\ \hline \end{array}$

(2) $\begin{array}{r} 80 \\ -\ 56 \\ \hline \end{array}$

(3) $\begin{array}{r} 40 \\ -\ 21 \\ \hline \end{array}$

(4) $\begin{array}{r} 70 \\ -\ 43 \\ \hline \end{array}$

5 뺄셈을 해 보세요.

(1) $20-19$

(2) $70-21$

6 빈칸에 알맞은 수를 써넣으세요.

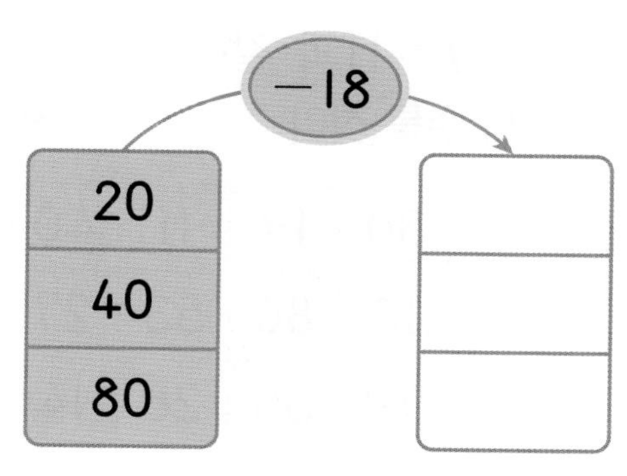

3 단원 5회

01 그림을 보고 □ 안에 알맞은 수를 써넣으세요.

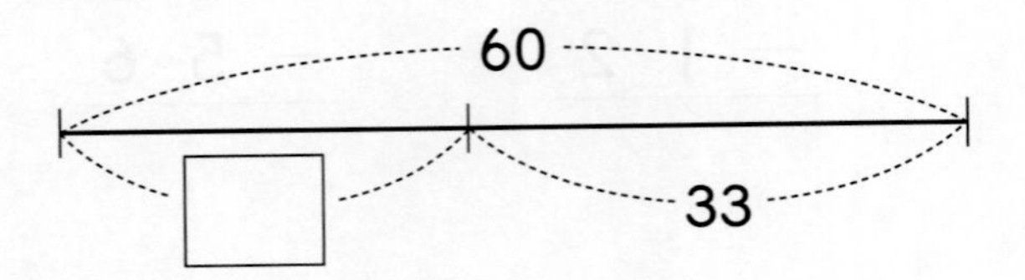

02 빈칸에 두 수의 차를 써넣으세요.

03 30－19＝11과 같이 옆으로 뺄셈식이 되는 세 수를 찾아 (－ ＝) 표 하세요.

30－	19＝	11	40
13	80	53	27
78	50	26	14

04 크기를 비교하여 ○ 안에 ＞, ＝, ＜를 알맞게 써넣으세요.

25 ○ 60－32

05 계산 결과가 39인 뺄셈을 말한 사람은 누구일까요?

(　　　　　　)

06 쌓기나무를 1반은 50개, 2반은 36개 가지고 있습니다. 1반은 2반보다 쌓기나무가 몇 개 더 많은지 구해 보세요.

식

(　　　　　　)

디지털 문해력

07 온라인 게시물을 보고 팔린 로봇은 몇 개인지 구해 보세요.

(　　　　　　　　)

창의형

08 70−28을 보기 의 방법 중 2가지 방법으로 구해 보세요.

보기
- ㉠ 28을 20과 8로 가르기하기
- ㉡ 28을 가까운 몇십으로 바꾸어 구하기
- ㉢ 70과 28을 각각 십의 자리와 일의 자리 수로 가르기하기
- ㉣ 수 모형으로 구하기

방법 □

방법 □

서술형 문제

09 가장 큰 수와 가장 작은 수의 차는 얼마인지 풀이 과정을 쓰고, 답을 구해 보세요.

60　19　40　21　17　25

❶ 가장 큰 수는 □이고, 가장 작은 수는 □입니다.

❷ (가장 큰 수)−(가장 작은 수)
=□−□=□

답

10 주어진 수 중 예나는 가장 큰 수를, 도현이는 가장 작은 수를 골랐습니다. 예나와 도현이가 고른 두 수의 차는 얼마인지 풀이 과정을 쓰고, 답을 구해 보세요.

예나: 70　90　80

도현: 31　29　24

답

3 단원 5회

학습 결과에 색칠하세요.

6회 개념 학습

학습일 : 월 일

개념 1 받아내림이 있는 (두 자리 수)−(두 자리 수)의 계산 방법 → 수 모형으로 알아보기

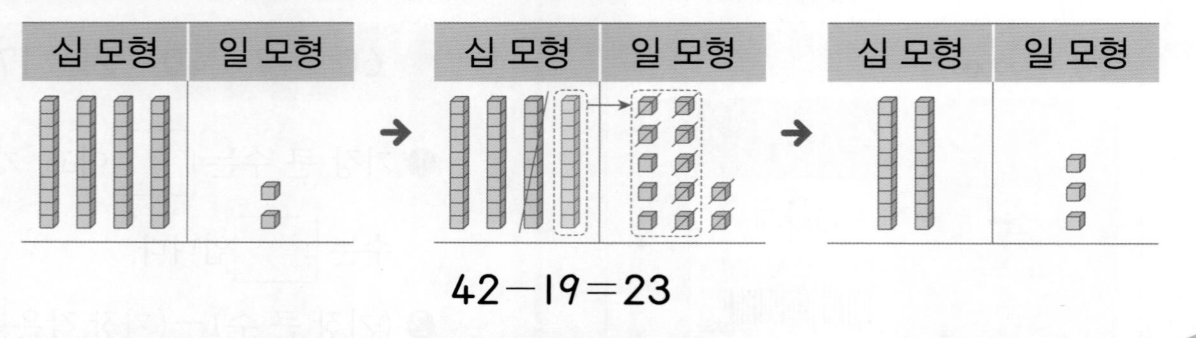

$42-19=23$

확인 1 수 모형을 보고 뺄셈을 해 보세요.

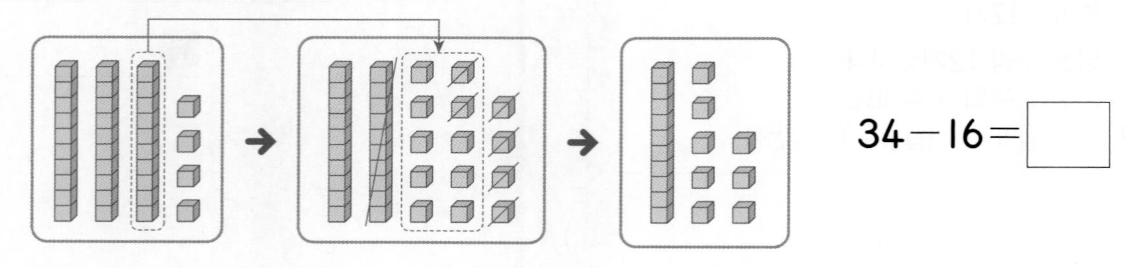

$34-16=$ □

개념 2 받아내림이 있는 (두 자리 수)−(두 자리 수)

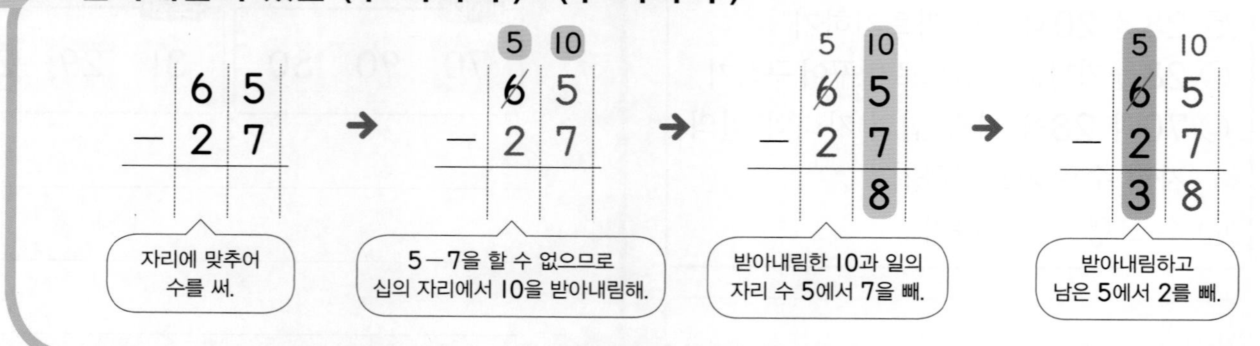

확인 2 □ 안에 알맞은 수를 써넣으세요.

	8	4
−	5	8

→

	□	□
	8	4
−	5	8
		□

→

	□	□
	8	4
−	5	8
	□	□

| 1~3 | 57－39를 주어진 방법으로 구해 보세요.

1 39를 십의 자리와 일의 자리 수로 가르기 하여 구해 보세요.

57－39 ＝57－30－☐

30 9 ＝27－☐

＝☐

2 39를 가까운 몇십으로 바꾸어 구해 보세요.

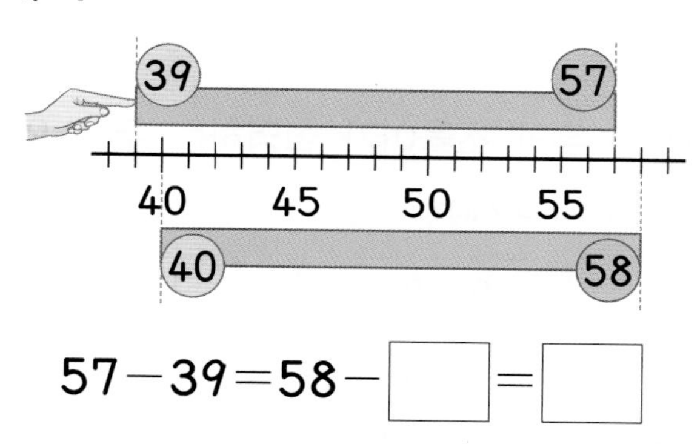

57－39＝58－☐＝☐

3 수 모형으로 구해 보세요.

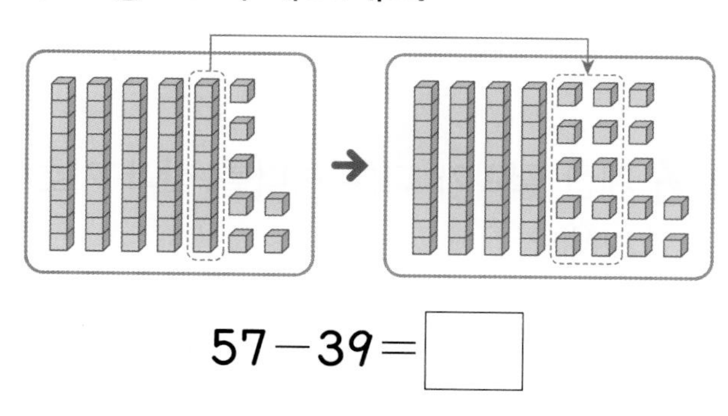

57－39＝☐

4 뺄셈을 해 보세요.

(1)
$$\begin{array}{r} 4\ 3 \\ -\ 2\ 7 \\ \hline \end{array}$$

(2)
$$\begin{array}{r} 7\ 7 \\ -\ 1\ 8 \\ \hline \end{array}$$

(3)
$$\begin{array}{r} 8\ 2 \\ -\ 4\ 5 \\ \hline \end{array}$$

(4)
$$\begin{array}{r} 6\ 1 \\ -\ 3\ 4 \\ \hline \end{array}$$

5 뺄셈을 해 보세요.

(1) 51－24 (2) 92－63

6 빈칸에 두 수의 차를 써넣으세요.

(1)

96	47

(2)

29	72

01 빈칸에 알맞은 수를 써넣으세요.

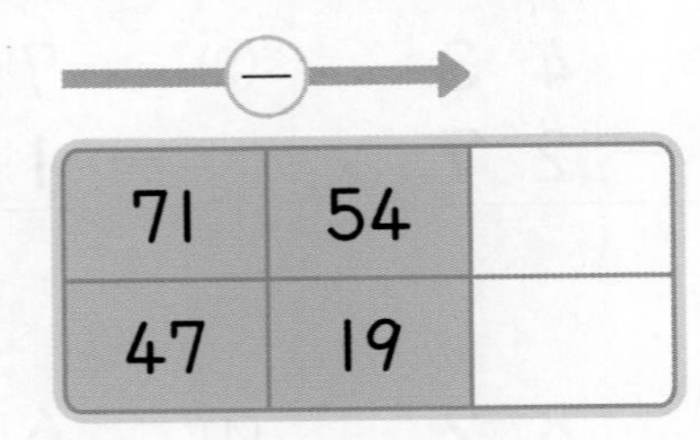

02 사각형에 적힌 수의 차를 구해 보세요.

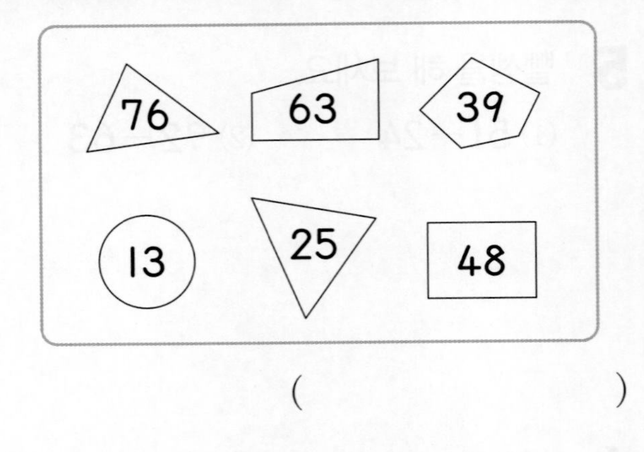

( )

03 계산 결과의 크기를 비교하여 ○ 안에 >, =, <를 알맞게 써넣으세요.

73−45 ○ 83−57

04 계산 결과가 같은 것끼리 같은 색으로 칠해 보세요.

93−68 64−36 78−59

05 시우와 소율이가 설명하는 두 수의 차를 구해 보세요.

( )

06 계산 결과가 다른 하나를 찾아 기호를 써 보세요.

㉠ 72−46
㉡ 42−18
㉢ 63−37

( )

07 풍선에 적힌 두 수를 골라 차가 26이 되는 식을 만들어 보세요.

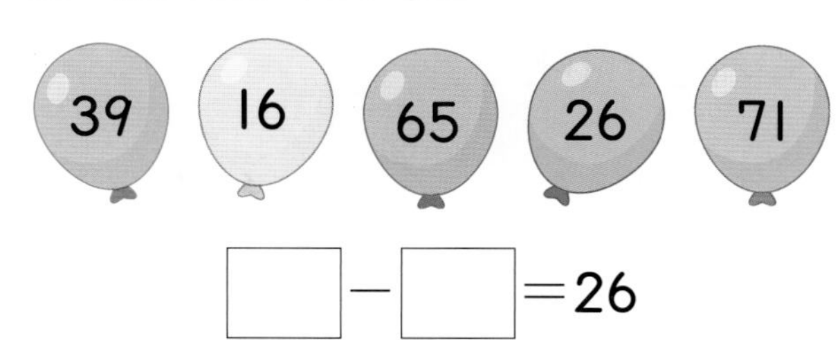

□－□＝26

08 공책이 52권 있었는데 그중 28권을 친구들에게 나누어 주었습니다. 남은 공책은 몇 권인지 구해 보세요.

식 ______________________

( )

창의형

09 주어진 수 중 두 수를 이용하여 뺄셈 문제를 만들고, 해결해 보세요.

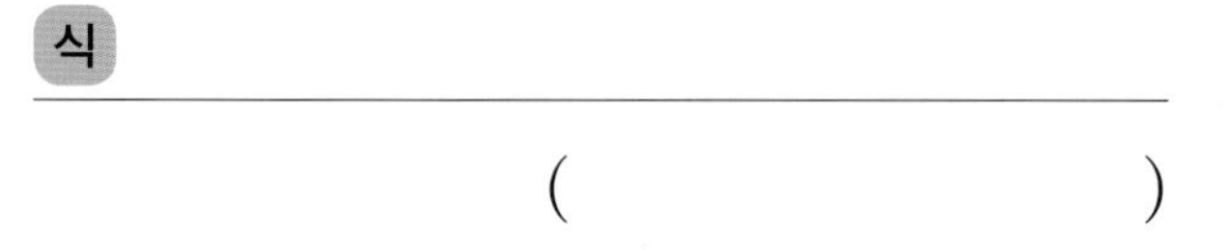

문제 ______________________

____

____

식 ______________________

( )

서술형 문제

10 과일 가게에 복숭아와 사과가 있습니다. 어느 과일이 몇 개 더 많은지 풀이 과정을 쓰고, 답을 구해 보세요.

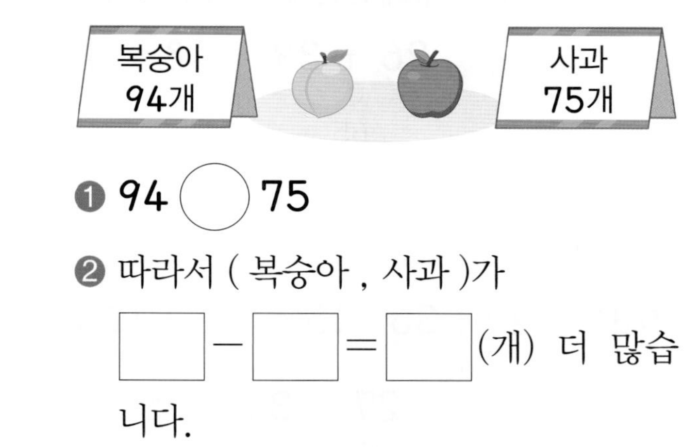

❶ 94 ◯ 75

❷ 따라서 (복숭아 , 사과)가

□－□＝□(개) 더 많습니다.

답 ________ , ________

11 줄넘기를 누가 몇 번 더 많이 했는지 풀이 과정을 쓰고, 답을 구해 보세요.

____

____

____

답 ________ , ________

3 단원 6회

학습 결과에 색칠하세요.

7회 개념 학습

학습일 : 월 일

개념 1 세 수의 계산(1) → 더하고 빼기

세 수의 계산은 앞에서부터 두 수씩 차례대로 계산합니다.

$26 + 39 - 48 = 17$

① $26 + 39 = 65$, ② $65 - 48 = 17$

$$\begin{array}{r} 26 \\ +\ 39 \\ \hline 65 \end{array} \qquad \begin{array}{r} 65 \\ -\ 48 \\ \hline 17 \end{array}$$

확인 1 $27+36-15$를 계산하려고 합니다. □ 안에 알맞은 수를 써넣으세요.

$27 + 36 - 15 = \square$

$$\begin{array}{r} 27 \\ +\ 36 \\ \hline \square \end{array} \qquad \begin{array}{r} \square \\ -\ 15 \\ \hline \square \end{array}$$

개념 2 세 수의 계산(2) → 빼고 더하기

세 수의 계산은 앞에서부터 두 수씩 차례대로 계산합니다.

$46 - 17 + 25 = 54$

① $46 - 17 = 29$, ② $29 + 25 = 54$

$$\begin{array}{r} 46 \\ -\ 17 \\ \hline 29 \end{array} \qquad \begin{array}{r} 29 \\ +\ 25 \\ \hline 54 \end{array}$$

확인 2 $43-26+18$을 계산하려고 합니다. □ 안에 알맞은 수를 써넣으세요.

$43 - 26 + 18 = \square$

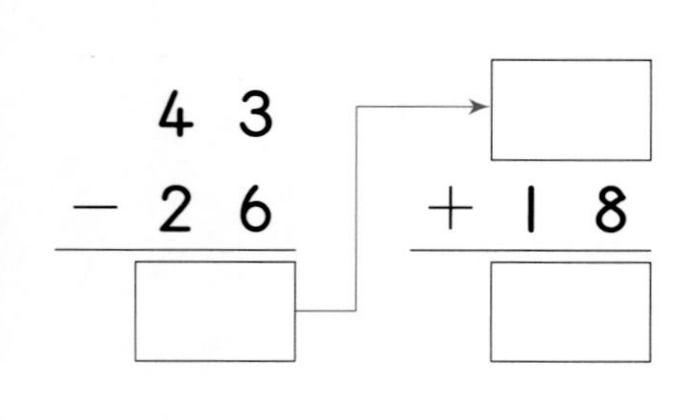

1 $32-7+15$를 계산하려고 합니다. 계산 순서를 바르게 나타낸 것에 ○표 하세요.

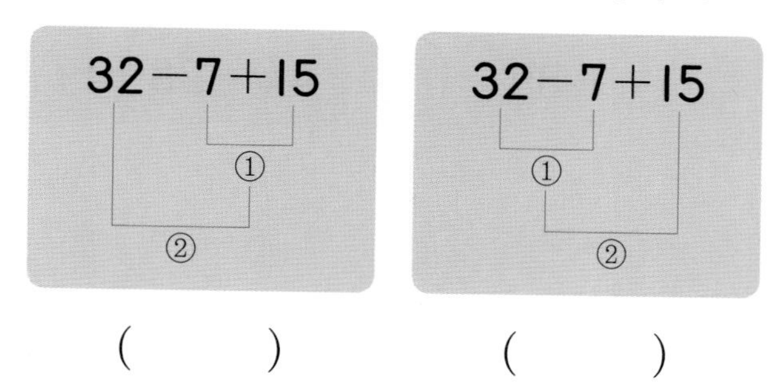

(　　　)　　(　　　)

2 □ 안에 알맞은 수를 써넣으세요.

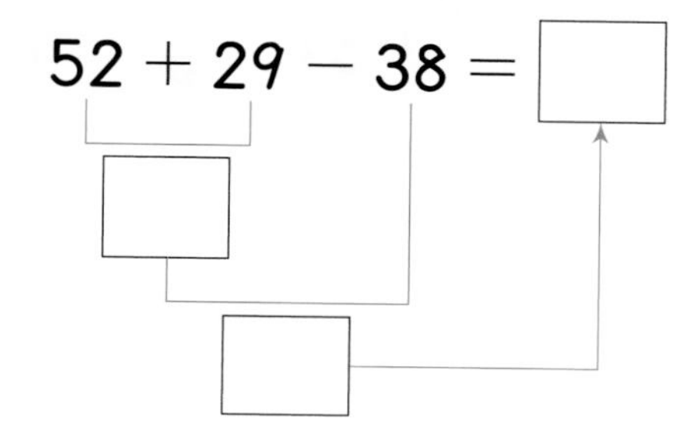

3 보기와 같이 계산 순서를 표시하고, 계산해 보세요.

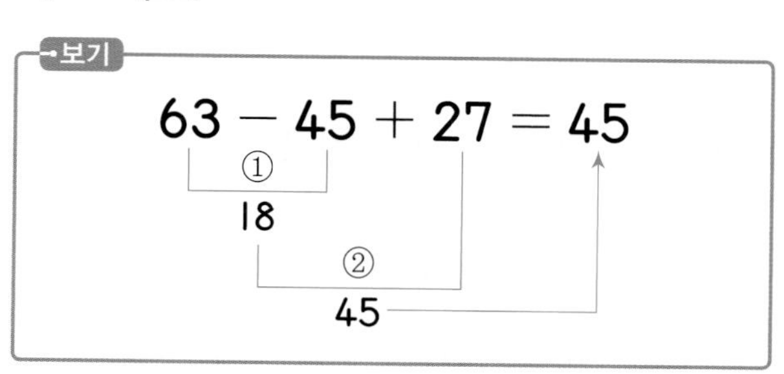

$35 + 26 - 45$

4 □ 안에 알맞은 수를 써넣으세요.

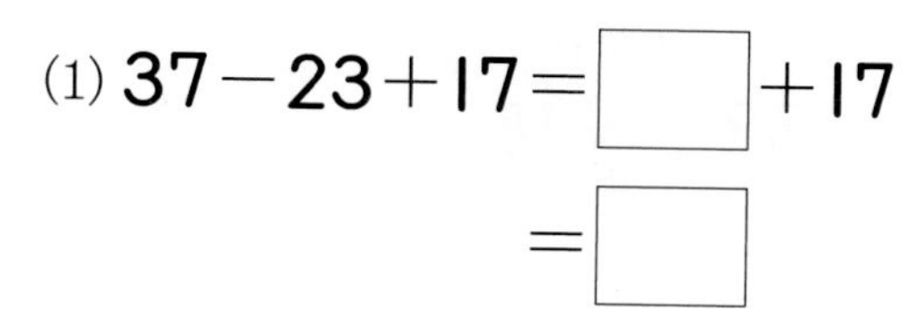

(1) $37-23+17=\square+17$

$=\square$

(2) $24+59-24=\square-24$

$=\square$

5 계산을 해 보세요.

(1) $48-26+12$

(2) $71-54+19$

6 빈칸에 알맞은 수를 써넣으세요.

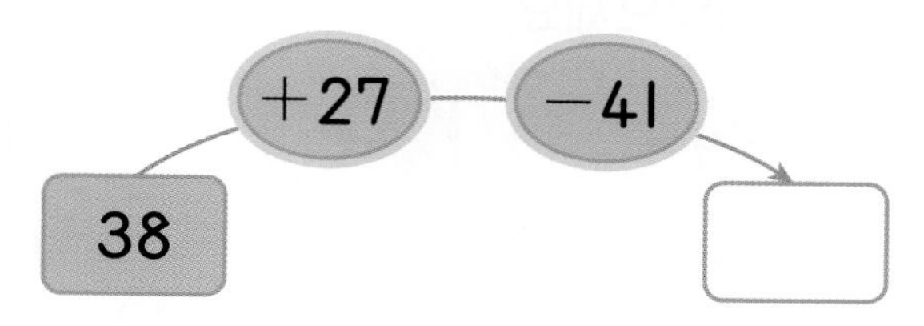

3 단원 7회

01 빈칸에 알맞은 수를 써넣으세요.

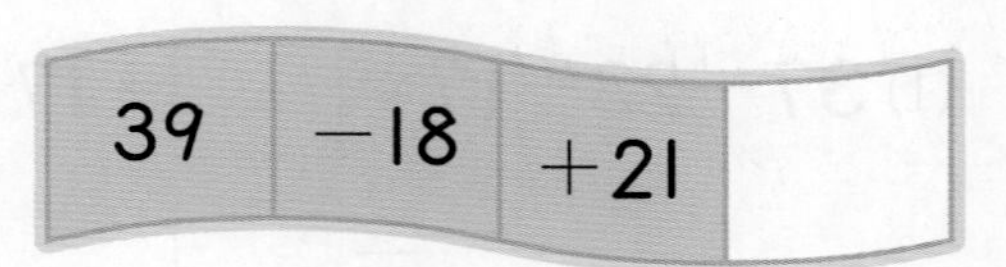

02 계산에서 잘못된 곳을 찾아 바르게 계산해 보세요.

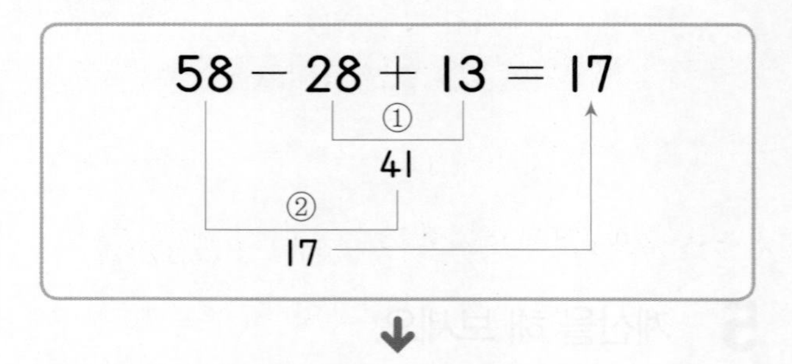

58 − 28 + 13

03 사다리를 타고 내려가 □ 안에 알맞은 수를 써넣으세요.

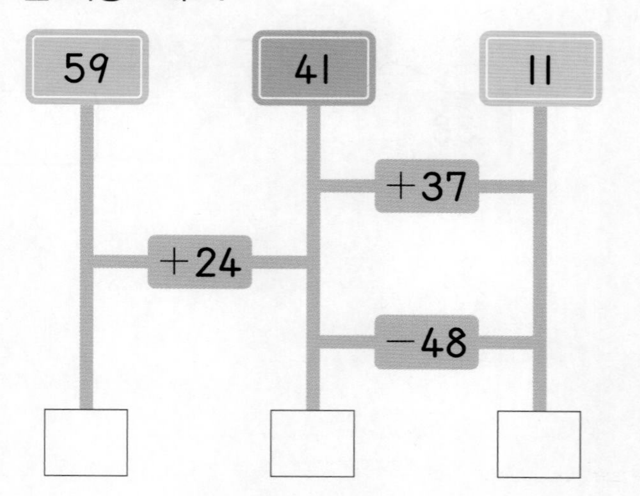

04 크기를 비교하여 ○ 안에 >, =, <를 알맞게 써넣으세요.

35 ○ 44−28+19

창의형

05 집까지 가는 길을 선택하고, 세 수를 계산해 보세요.

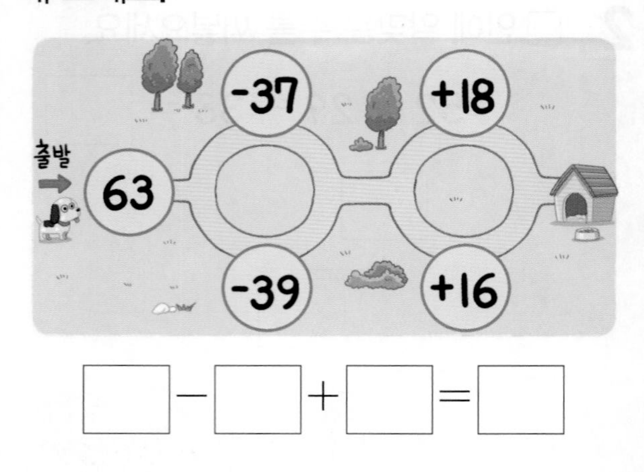

□−□+□=□

06 ▲+◆을 구해 보세요.

- 64+19−47=▲
- 64−47+19=◆

(　　　　　　　　)

07 다음을 보고 남은 책은 몇 권인지 구해 보세요.

시우 다은 서진

식

( )

디지털 문해력

08 게시글을 읽고 안양천에 남아 있는 청둥오리는 모두 몇 마리인지 구해 보세요.

블로그 행복한 지민이의 블로그

안양천 청둥오리 기록 일지

철새지킴이
2023.12.01

이웃

청둥오리는 겨울을 우리나라에서 보내는 대표적인 겨울 철새로, 안양천에서 쉽게 관찰할 수 있어요.
오늘 오전에는 안양천에 청둥오리가 25마리 있었어요. 오후에 16마리가 더 날아와 안양천에 머물렀고, 13마리는 먹이를 구하러 다른 곳으로 날아갔어요.

한 쌍의 청둥오리

몸단장하는 청둥오리

무리 이동하는 청둥오리

( )

서술형 문제

09 □ 안에 들어갈 수 있는 수는 모두 몇 개인지 풀이 과정을 쓰고, 답을 구해 보세요.

$$57+24-43<\square<44-27+25$$

❶ $57+24-43=\square$,

$44-27+25=\square$

❷ 따라서 □ 안에 들어갈 수 있는 수는 (38 , 39 , 40 , 41 , 42)(으)로 모두 □개입니다.

답

10 □ 안에 들어갈 수 있는 수는 모두 몇 개인지 풀이 과정을 쓰고, 답을 구해 보세요.

$$72-57+24<\square<36-18+25$$

답

3 단원 7회

학습 결과에 색칠하세요.

8회 개념 학습

○ 학습일 :　　월　　일

개념 1 덧셈식을 뺄셈식으로 나타내기

하나의 덧셈식을 2개의 **뺄셈식**으로 나타낼 수 있습니다.

3	7
10	

$3+7=10$ → $10-7=3$, $10-3=7$

참고 ○+△=■ → ■−△=○, ■−○=△

확인 1 덧셈식을 뺄셈식으로 나타내어 보세요.

11	4
15	

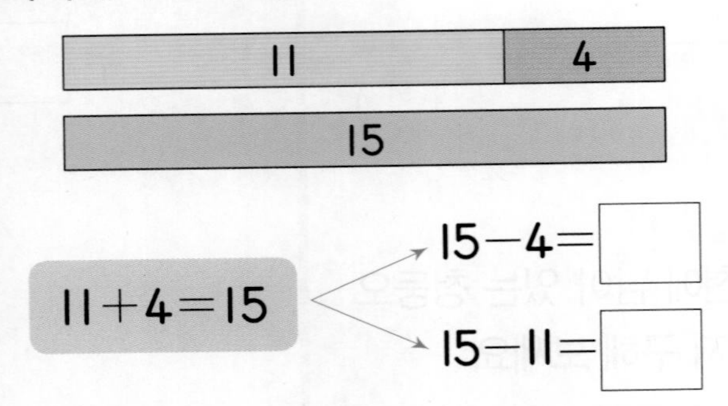

개념 2 뺄셈식을 덧셈식으로 나타내기

하나의 뺄셈식을 2개의 **덧셈식**으로 나타낼 수 있습니다.

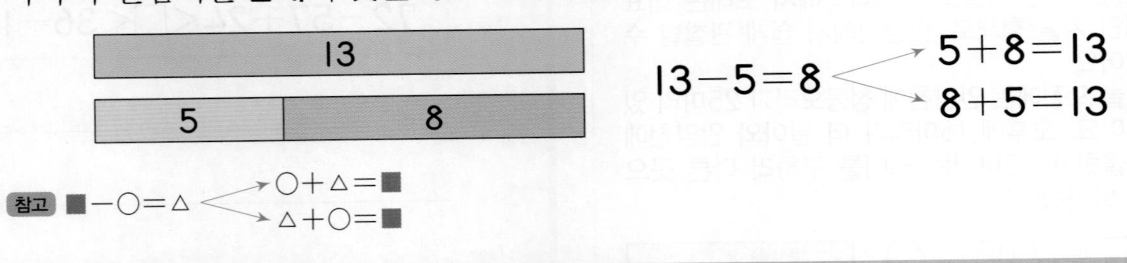

참고 ■−○=△ → ○+△=■, △+○=■

확인 2 뺄셈식을 덧셈식으로 나타내어 보세요.

23	
8	15

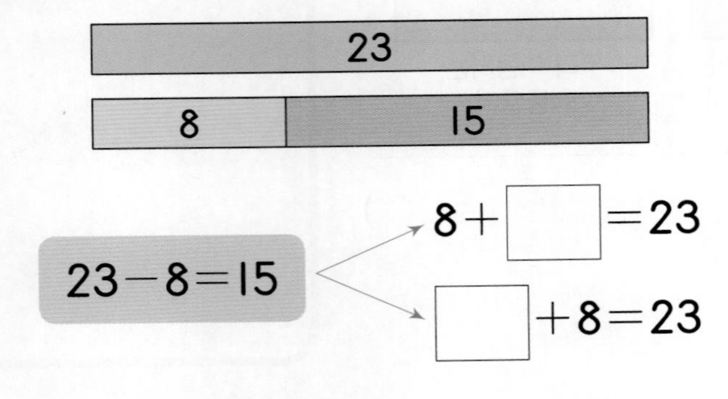

1 펭귄이 모두 10마리 있습니다. 그림을 보고 물음에 답하세요.

(1) 물 밖에 있는 펭귄의 수를 뺄셈식으로 나타내어 보세요.

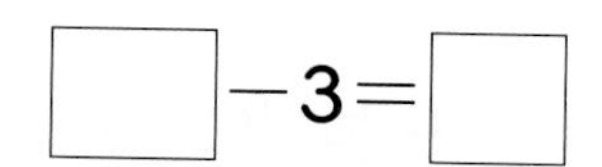

□－3＝□

(2) 물 안에 있는 펭귄의 수를 뺄셈식으로 나타내어 보세요.

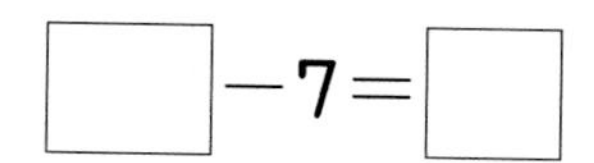

□－7＝□

(3) 덧셈식을 뺄셈식으로 나타내어 보세요.

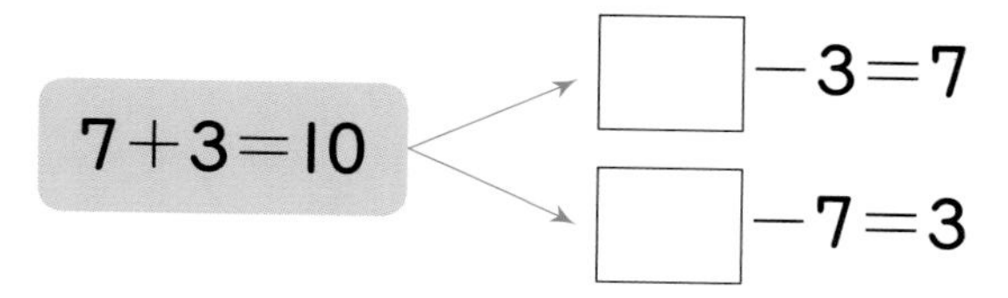

7＋3＝10 → □－3＝7, □－7＝3

2 그림을 보고 덧셈식을 뺄셈식으로 나타내어 보세요.

4＋8＝12 → 12－8＝□, 12－4＝□

3 참새가 모두 14마리 있습니다. 그림을 보고 물음에 답하세요.

(1) 날아간 참새의 수를 뺄셈식으로 나타내어 보세요.

14－8＝□

(2) 참새의 수를 덧셈식으로 나타내어 보세요.

8＋□＝14

(3) 뺄셈식을 덧셈식으로 나타내어 보세요.

14－8＝6 → 8＋□＝14, □＋8＝14

4 그림을 보고 뺄셈식을 덧셈식으로 나타내어 보세요.

18－8＝10 → 8＋□＝18, 10＋□＝18

8회 문제 학습

01 그림을 보고 덧셈식과 뺄셈식으로 나타내어 보세요.

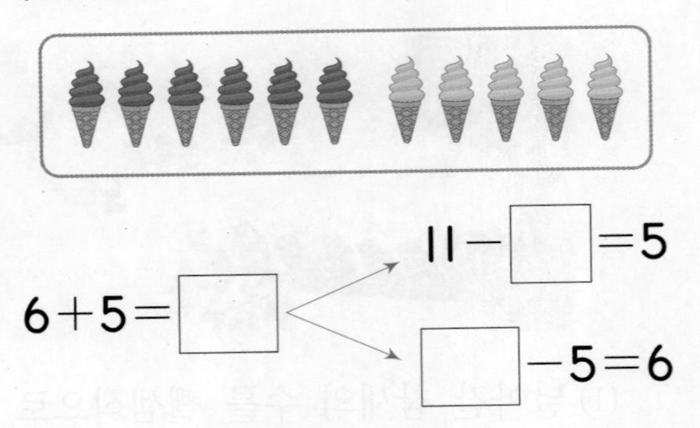

02 그림을 보고 덧셈식을 뺄셈식으로 나타내어 보세요.

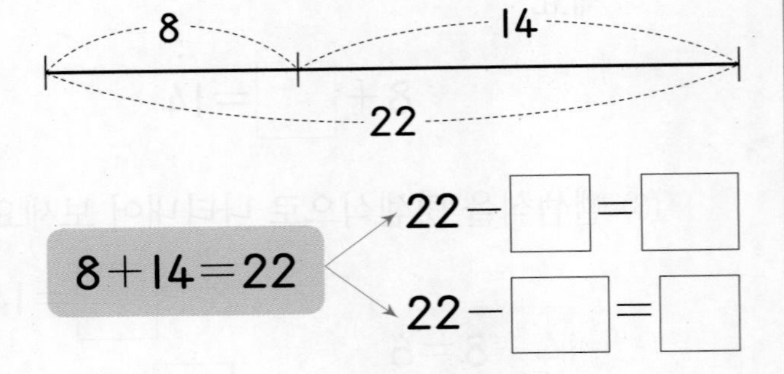

03 그림을 보고 뺄셈식을 덧셈식으로 나타내어 보세요.

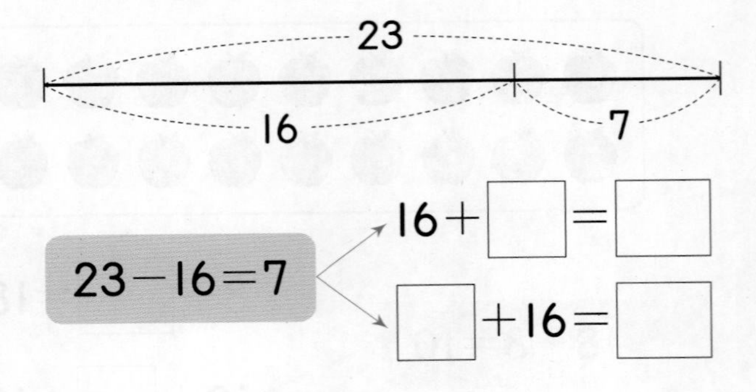

04 덧셈식을 뺄셈식으로 나타내어 보세요.

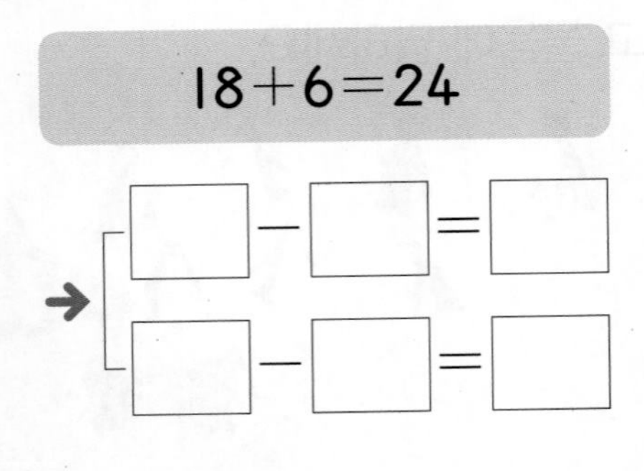

05 뺄셈식을 덧셈식으로 나타내어 보세요.

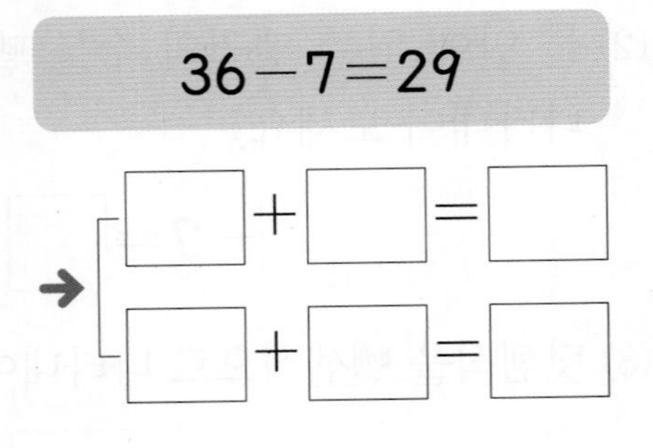

06 뺄셈식 19−7=12를 덧셈식으로 바르게 나타낸 것을 모두 찾아 색칠해 보세요.

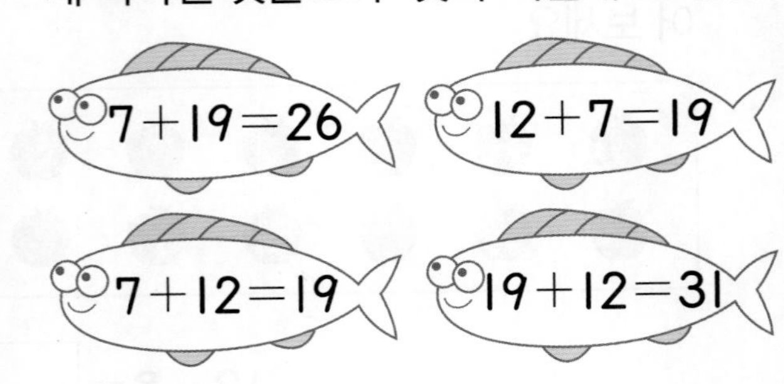

07 □ 안에 알맞은 수를 써넣으세요.

(1) □$-32=49$

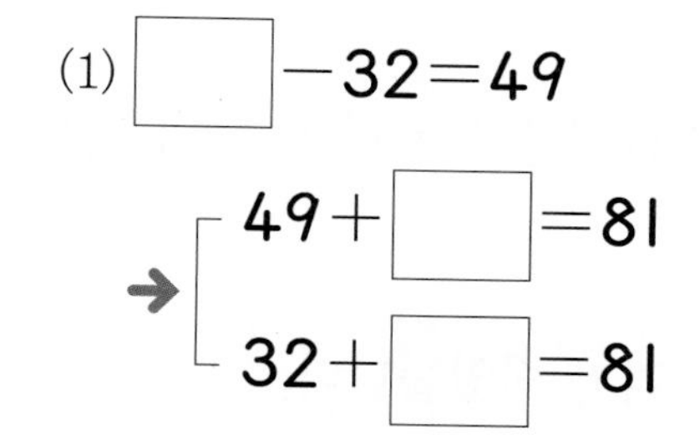

→ $49+$□$=81$, $32+$□$=81$

(2) $25+$□$=34$

→ □$-25=9$, $34-9=$□

08 덧셈식 $16+25=41$, $11+17=28$을 이용하여 ㉠+㉡을 구해 보세요.

• $41-$㉠$=16$
• ㉡$-11=17$

( )

창의형

09 4장의 수 카드 중 3장을 골라 한 번씩만 사용하여 덧셈식을 만들고, 만든 덧셈식을 뺄셈식으로 나타내어 보세요.

6 11 5 17

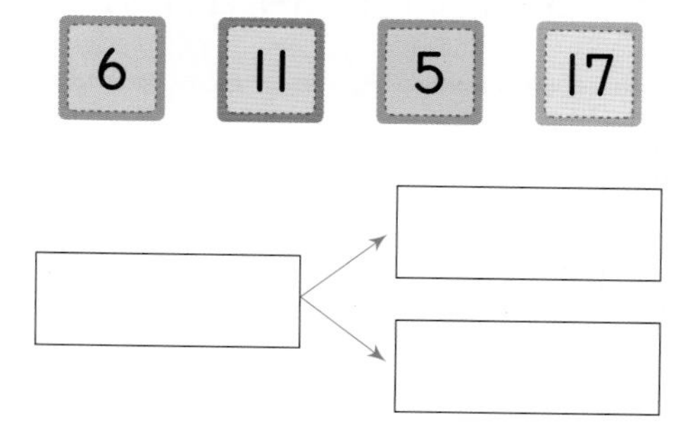

서술형 문제

10 주사위의 세 수를 이용하여 뺄셈식을 만들고, 만든 뺄셈식을 덧셈식으로 나타내려고 합니다. 풀이 과정을 쓰고, 답을 구해 보세요.

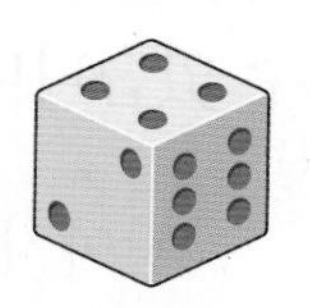

❶ 만들 수 있는 뺄셈식은 $6-4=$□, $6-$□$=$□입니다.

❷ 만든 뺄셈식을 덧셈식으로 나타내면 $4+$□$=6$, □$+$□$=6$입니다.

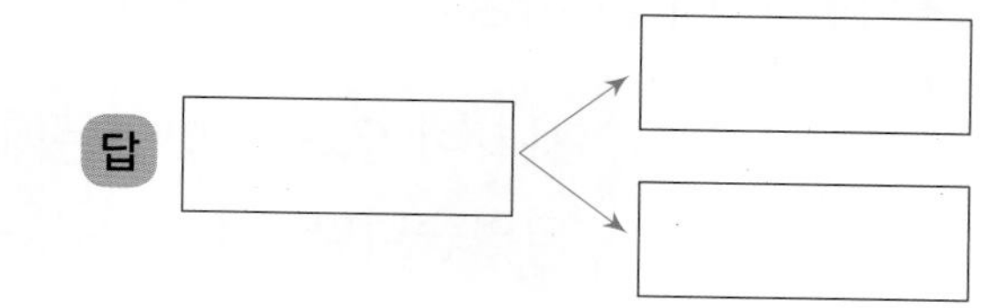

답

11 주사위의 세 수를 이용하여 뺄셈식을 만들고, 만든 뺄셈식을 덧셈식으로 나타내려고 합니다. 풀이 과정을 쓰고, 답을 구해 보세요.

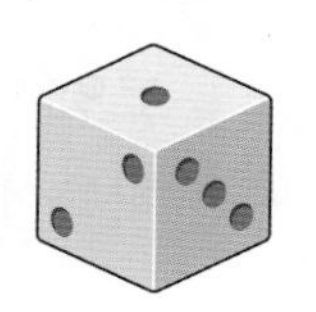

답

3 단원 8회

학습 결과에 색칠하세요.

9회 개념 학습

학습일 : 월 일

개념 1 덧셈식에서 □의 값 구하기

모르는 수를 □로 하여 덧셈식을 만들고, 덧셈과 뺄셈의 관계를 이용하여 □의 값을 구할 수 있습니다.

강아지가 6마리 있었는데 몇 마리 늘어나서 11마리가 되었습니다. 늘어난 강아지는 몇 마리일까요?

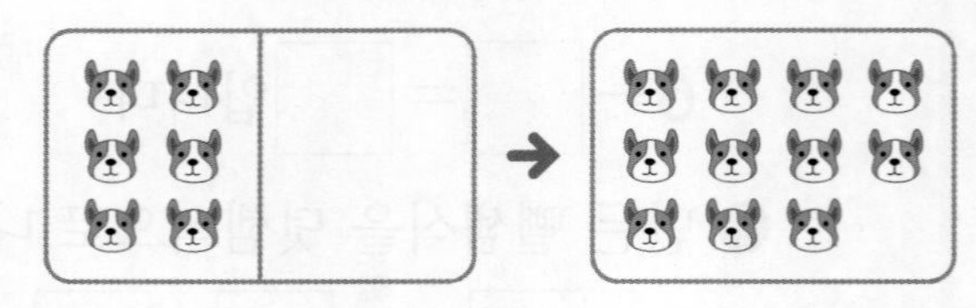

늘어난 강아지의 수를 □로 나타내면

6+□=11

→ 11−6=□, □=5입니다.

확인 1 더 산 사탕의 수를 □로 하여 덧셈식을 만들어 보세요.

사탕이 7개가 있었는데 몇 개를 더 샀더니 11개가 되었습니다. 더 산 사탕은 몇 개일까요? →

개념 2 뺄셈식에서 □의 값 구하기

모르는 수를 □로 하여 뺄셈식을 만들고, 뺄셈과 덧셈의 관계를 이용하여 □의 값을 구할 수 있습니다.

고양이가 몇 마리 있었는데 8마리가 떠나서 6마리가 남았습니다. 처음에 있던 고양이는 몇 마리일까요?

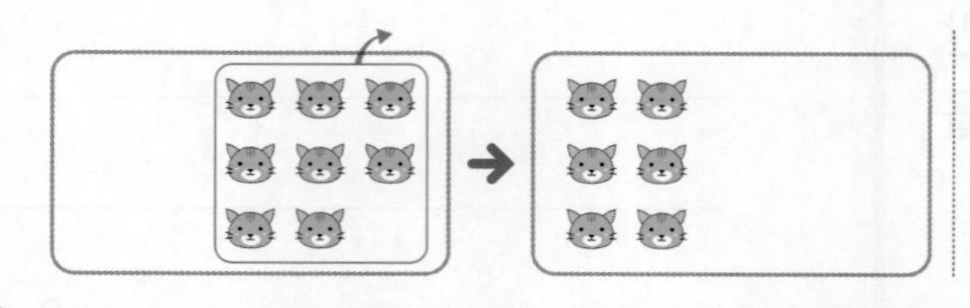

처음에 있던 고양이의 수를 □로 나타내면

□−8=6

→ 6+8=□, □=14입니다.

확인 2 먹은 밤의 수를 □로 하여 뺄셈식을 만들어 보세요.

밤 13개가 있었는데 몇 개를 먹었더니 8개가 남았습니다. 먹은 밤은 몇 개일까요? →

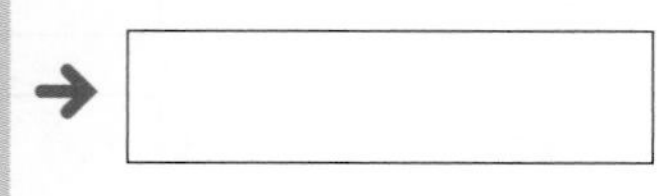

| 1~2 | 딸기 8개가 있었는데 몇 개를 더 가져와서 12개가 되었습니다. 물음에 답하세요.

1 덧셈식을 만들 때 □로 나타내야 하는 것에 ○표 하세요.

전체 딸기 수	더 가져온 딸기 수
(　　　)	(　　　)

2 왼쪽 그림에 더 가져온 딸기의 수만큼 ○를 그리고, □ 안에 알맞은 수를 써넣으세요.

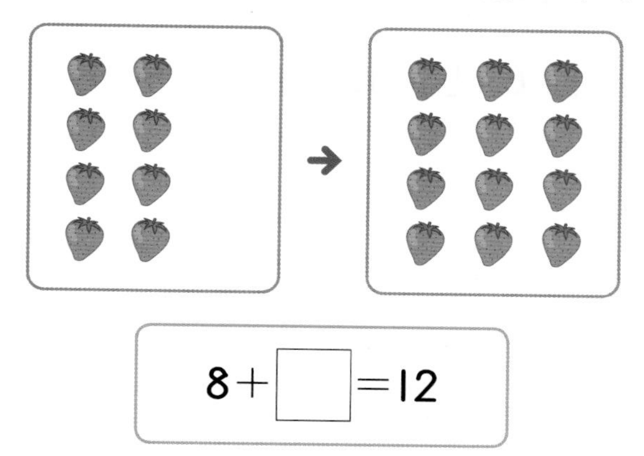

$8+\square=12$

3 □ 안에 알맞은 수를 써넣으세요.

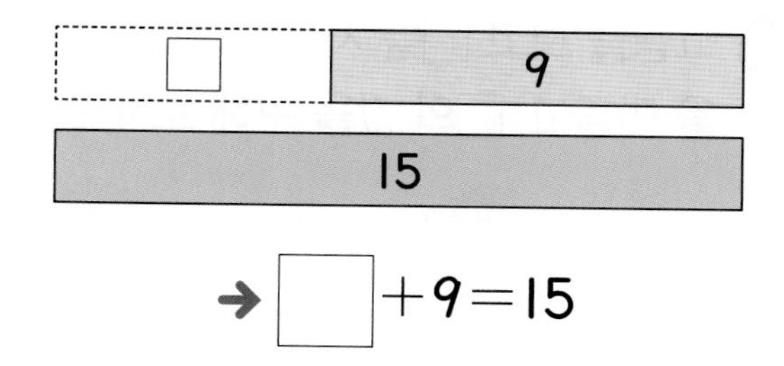

➔ $\square+9=15$

| 4~5 | 얼음 17개가 있었는데 몇 개가 녹아 없어져서 9개 남았습니다. 물음에 답하세요.

4 뺄셈식을 만들 때 □로 나타내야 하는 것에 ○표 하세요.

녹아서 없어진 얼음 수	전체 얼음 수
(　　　)	(　　　)

5 왼쪽 그림에 녹아서 없어진 얼음의 수만큼 /으로 지우고, □ 안에 알맞은 수를 써넣으세요.

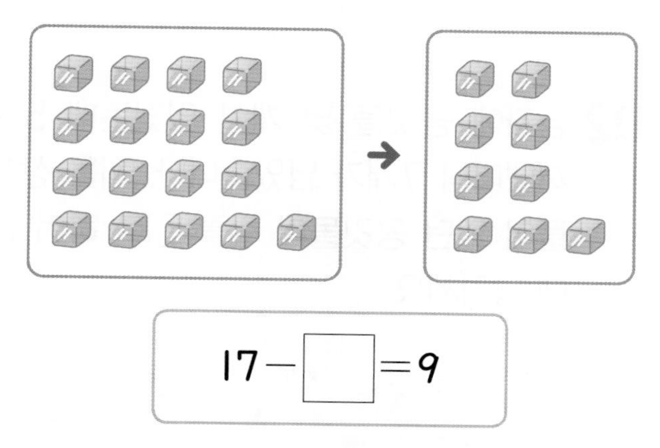

$17-\square=9$

6 □ 안에 알맞은 수를 써넣으세요.

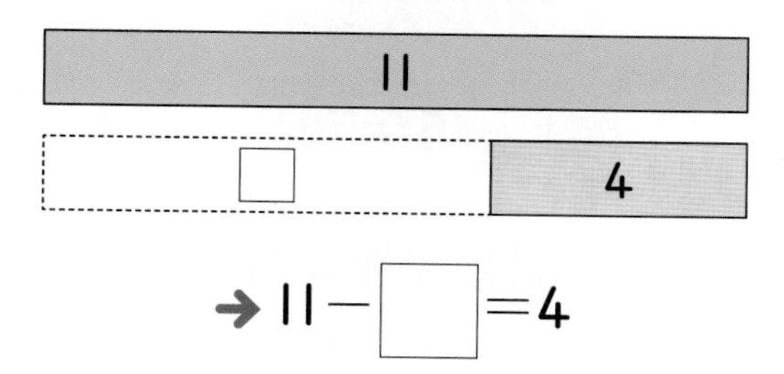

➔ $11-\square=4$

3 단원 9회

01 책꽂이에 책이 9권 있었는데 몇 권을 더 꽂았더니 15권이 되었습니다. 더 꽂은 책 수를 □로 하여 물음에 답하세요.

(1) 바르게 나타낸 덧셈식에 ○표 하세요.

9+□=15 (　　　)

9+15=□ (　　　)

(2) □의 값을 구해 보세요.

(　　　　　　　)

02 상자에 공깃돌 몇 개가 있었는데 5개를 꺼냈더니 7개가 남았습니다. 처음 상자에 들어 있던 공깃돌의 수를 □로 하여 물음에 답하세요.

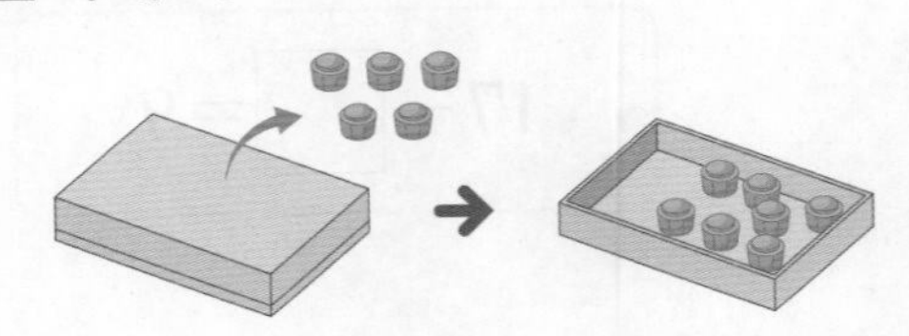

(1) 바르게 나타낸 뺄셈식에 ○표 하세요.

□+5=7 (　　　)

□−5=7 (　　　)

(2) □의 값을 구해 보세요.

(　　　　　　　)

03 □ 안에 알맞은 수를 써넣으세요.

(1) 7+□=16

(2) 8−□=3

(3) □+9=11

(4) □−3=6

04 □ 안에 들어갈 수가 같은 것끼리 이어 보세요.

6+□=12	9+□=17
•	•
•	•
□+5=13	□+8=14

05 그림을 보고 □를 사용하여 알맞은 덧셈식을 만들고, □의 값을 구해 보세요.

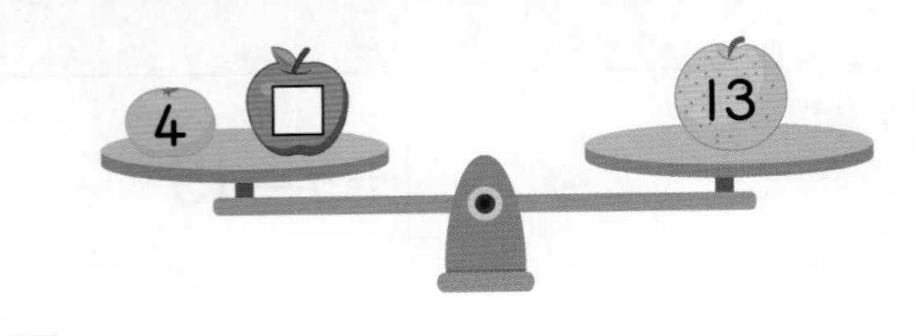

식 ____________________

(　　　　　　　)

| 06~07 | 시우의 나이는 8살입니다. 물음에 답하세요.

06 시우와 도현이의 나이의 합은 17살입니다. 도현이의 나이를 □로 하여 덧셈식을 만들고, □의 값을 구해 보세요.

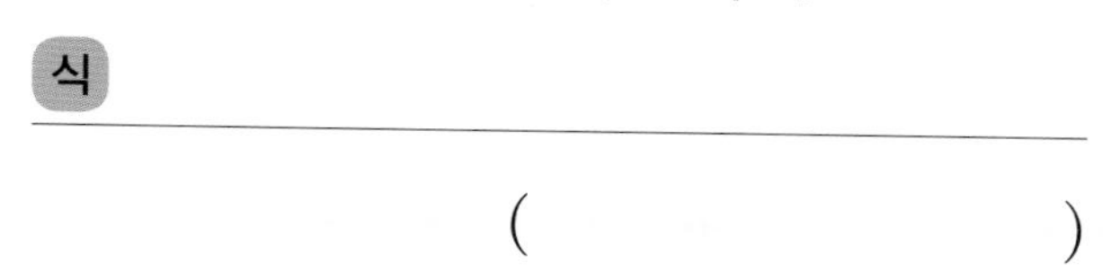
식

(　　　　　　　　)

07 시우는 누나보다 6살 더 적습니다. 누나의 나이를 □로 하여 뺄셈식을 만들고, □의 값을 구해 보세요.

식

(　　　　　　　　)

08 15에서 어떤 수를 뺐더니 9가 되었습니다. 어떤 수를 □로 하여 뺄셈식을 만들고, □의 값을 구해 보세요.

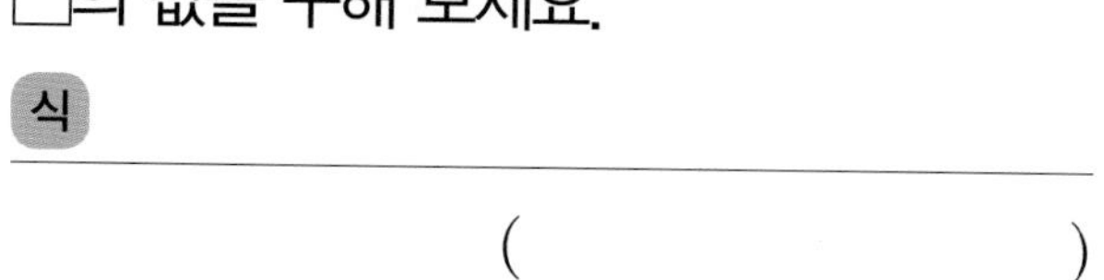
식

(　　　　　　　　)

서술형 문제

09 ●의 값이 큰 것부터 차례대로 기호를 쓰려고 합니다. 풀이 과정을 쓰고, 답을 구해 보세요.

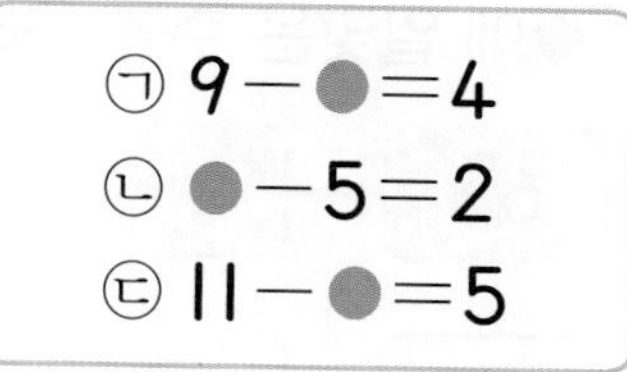
㉠ 9－●＝4
㉡ ●－5＝2
㉢ 11－●＝5

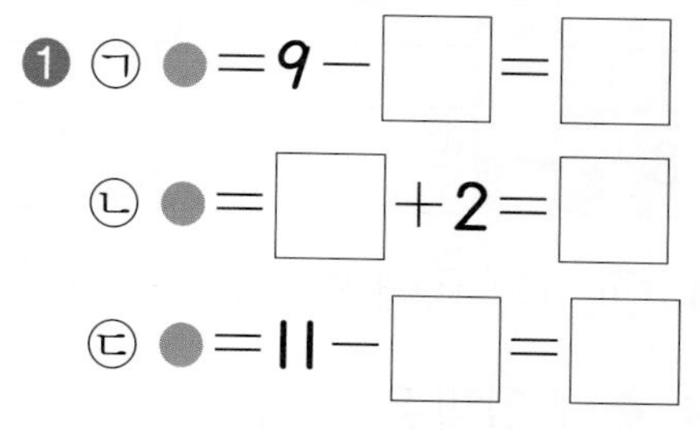
❶ ㉠ ●＝9－□＝□

㉡ ●＝□＋2＝□

㉢ ●＝11－□＝□

❷ ●의 값이 큰 것부터 차례대로 기호를 쓰면 □, □, □입니다.

답

10 ▲의 값이 작은 것부터 차례대로 기호를 쓰려고 합니다. 풀이 과정을 쓰고, 답을 구해 보세요.

㉠ ▲＋8＝14
㉡ 7＋▲＝16
㉢ 6＋▲＝11

답

학습 결과에 색칠하세요.

10회 응용 학습

○ 학습일 :　　월　　일

규칙에 맞게 빈칸 채우기

01 같은 선 위의 양쪽 끝에 있는 두 수의 합을 가운데에 쓴 것입니다. ◆에 알맞은 수를 구해 보세요.

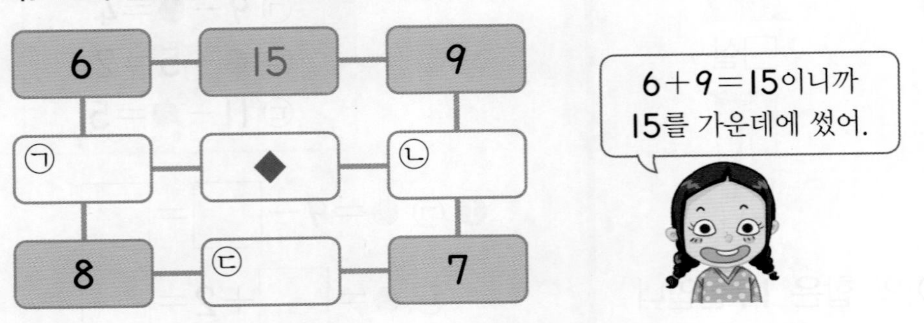

1단계 ㉠, ㉡, ㉢에 알맞은 수 각각 써넣기

2단계 ◆에 알맞은 수 구하기

(　　　　　　)

문제해결 TIP

◆에 알맞은 수는 ㉠과 ㉡의 합이므로 ㉠과 ㉡에 알맞은 수를 먼저 구해야 해요.

02 같은 선 위의 양쪽 끝에 있는 두 수의 차를 가운데에 쓴 것입니다. 빈칸에 알맞은 수를 써넣으세요.

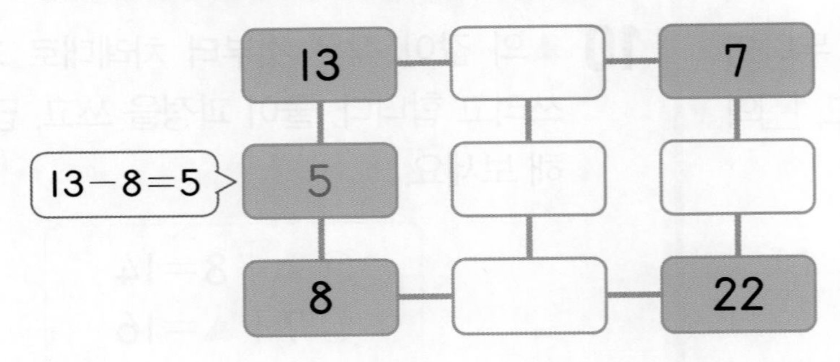

03 위의 두 수의 합을 아래에 써넣은 것입니다. ★에 알맞은 수가 97일 때 빈칸에 알맞은 수를 써넣으세요.

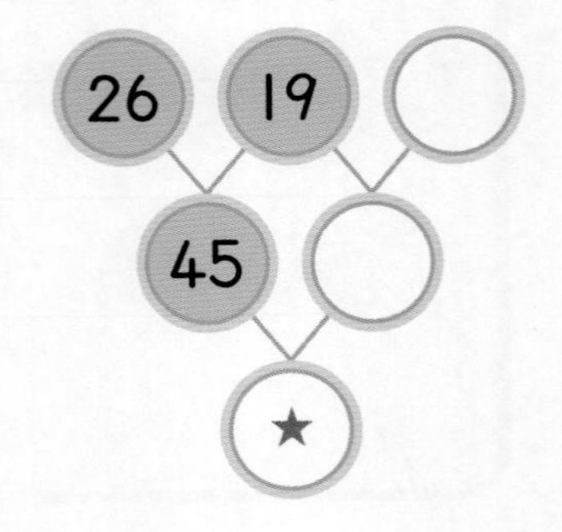

정답 24쪽

□ 안에 알맞은 수 구하기

04 ㉠, ㉡에 알맞은 수를 각각 구해 보세요.

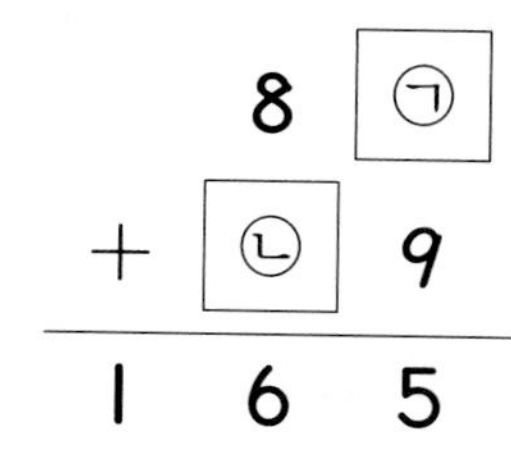

❶단계 ㉠에 알맞은 수 구하기

( )

❷단계 ㉡에 알맞은 수 구하기

( )

문제해결 TIP

일의 자리에서 ㉠과 9의 합이 5가 아닌 15이므로 십의 자리에 받아올림한 수 1을 포함시켜야 해요.

05 □ 안에 알맞은 수를 써넣으세요.

$$\begin{array}{r} 8\ 4 \\ -\ \square\ 9 \\ \hline 3\ \square \end{array}$$

06 ㉠과 ㉡에 알맞은 수의 합을 구해 보세요.

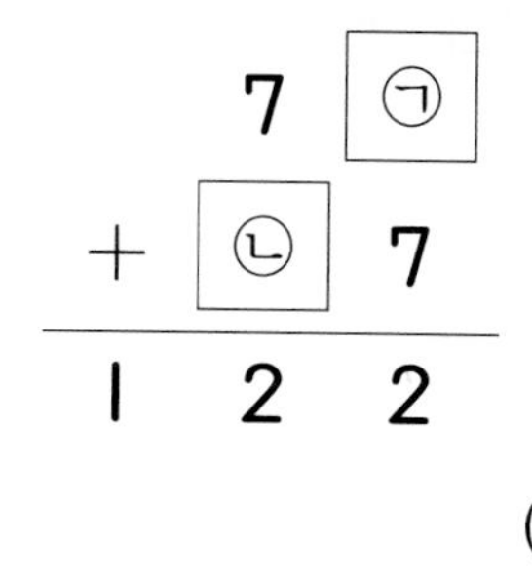

( )

㉠+7의 값은
2가 아닌 12임에
주의해!

계산 결과가 가장 큰 식 만들기

07 수 카드 2장을 골라 두 자리 수를 만들어 35와 더하려고 합니다. 계산 결과가 가장 큰 수가 되도록 덧셈식을 쓰고, 계산해 보세요.

1단계 계산 결과가 가장 큰 덧셈식 만드는 방법 알기

계산 결과가 가장 큰 수가 되려면
가장 (큰 , 작은) 수를 더해야 합니다.

2단계 계산 결과가 가장 큰 덧셈식을 쓰고, 계산하기

□ + 35 = □

문제해결 TIP

더하는 수가 클수록 또는 빼는 수가 작을수록 계산 결과가 커져요.

08 수 카드 2장을 골라 두 자리 수를 만들어 91에서 빼려고 합니다. 계산 결과가 가장 큰 수가 되도록 뺄셈식을 쓰고, 계산해 보세요.

1　5　3　7

91 − □ = □

09 2개의 수를 골라 15와 더하고 빼려고 합니다. 계산 결과가 가장 큰 수가 되도록 식을 쓰고, 계산해 보세요.

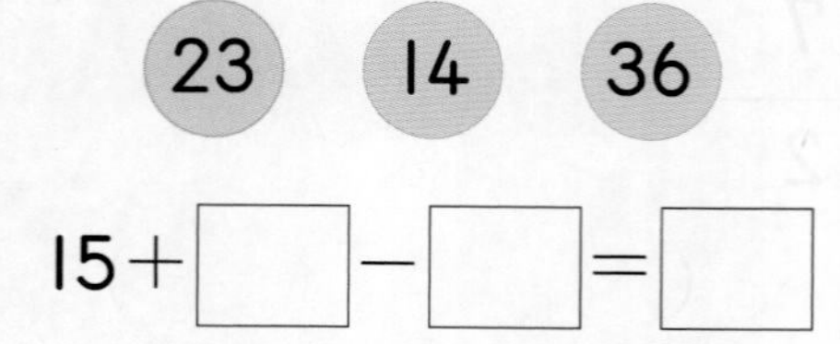

계산 결과가 가장 크려면 가장 큰 수를 더하고, 가장 작은 수를 빼야 해!

정답 24쪽

바르게 계산한 값 구하기

10 어떤 수에 29를 더해야 할 것을 잘못하여 뺐더니 38이 되었습니다. 바르게 계산한 값을 구해 보세요.

1단계 어떤 수를 □로 하여 잘못 계산한 식을 쓰고, □의 값 구하기

식

(   )

2단계 바르게 계산한 값 구하기

(   )

문제해결 TIP

□의 값을 구할 때 덧셈과 뺄셈의 관계를 이용하면 편리해요.

11 어떤 수에 56을 더해야 할 것을 잘못하여 65를 더했더니 92가 되었습니다. 어떤 수와 바르게 계산한 값을 차례대로 구해 보세요.

(,   )

12 어떤 수에서 8을 빼야 할 것을 잘못하여 더했더니 31이 되었습니다. 바르게 계산한 값을 구해 보세요.

(   )

어떤 수를 □로 하여 잘못 계산한 식을 세워 봐!

학습 결과에 색칠하세요.

학습일 : 월 일

01 수 모형을 보고 덧셈을 해 보세요.

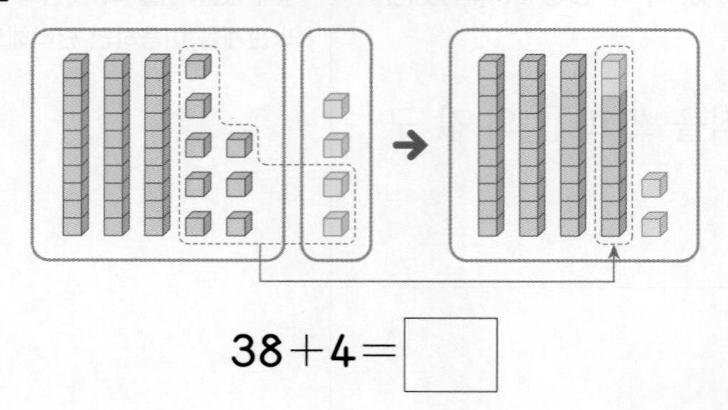

38+4=□

02 □ 안에 알맞은 수를 써넣으세요.

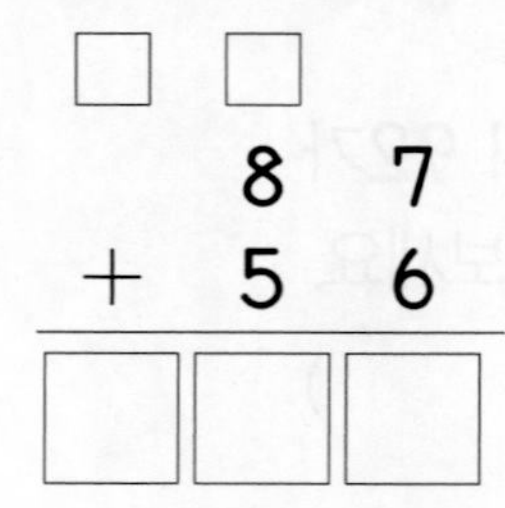

03 두 수의 차를 구해 보세요.

41 7

( )

04 계산 결과가 같은 것끼리 이어 보세요.

70−33 •	• 53−25
50−16 •	• 61−27
80−52 •	• 76−39

05 빈칸에 알맞은 수를 써넣으세요.

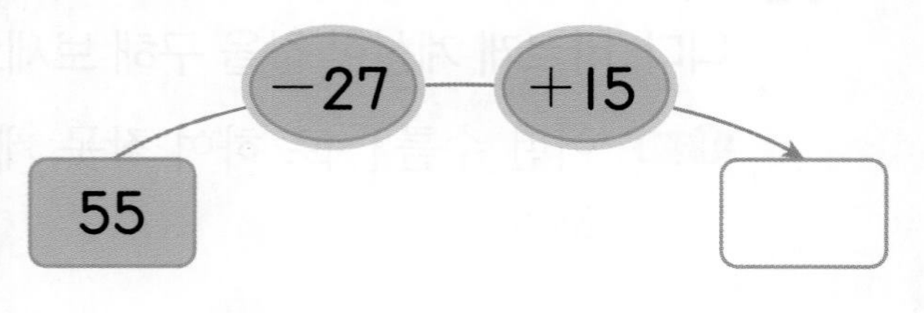

06 그림을 보고 덧셈식을 뺄셈식으로 나타내어 보세요.

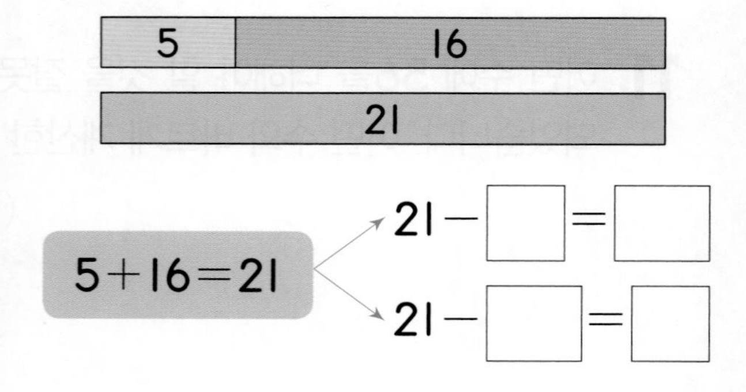

07 가장 큰 수와 가장 작은 수의 합을 구해 보세요.

15 38 7 21 11

( )

08 계산 결과가 가장 큰 것을 찾아 기호를 써 보세요.

㉠ $19+67$
㉡ $38+44$
㉢ $59+26$

( )

09 색종이를 다해는 48장, 찬이는 18장 모았습니다. 다해와 찬이가 모은 색종이는 모두 몇 장인지 구해 보세요.

( )

10 빈칸에 들어갈 수는 왼쪽 선으로 연결된 두 수의 합입니다. 빈칸에 알맞은 수를 써넣으세요.

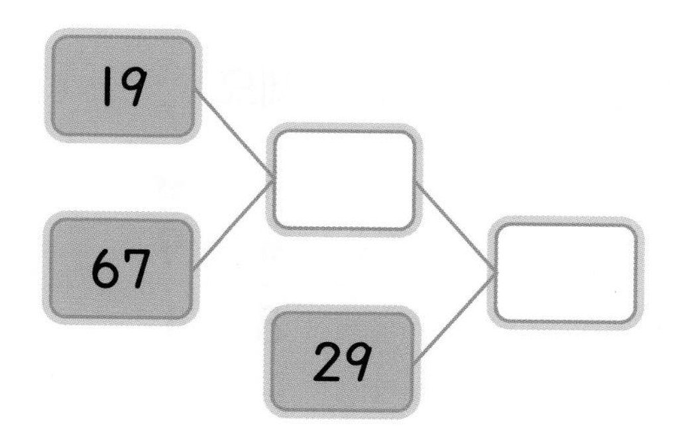

11 다음 계산에서 □ 안의 숫자 3이 실제로 나타내는 수를 구해 보세요.

$$\begin{array}{r} \boxed{3}\ \ 10 \\ \not{4}\ \ \ 7 \\ -\quad\ \ 9 \\ \hline 3\ \ \ 8 \end{array}$$

( )

12 두 수의 합과 차를 각각 구해 보세요.

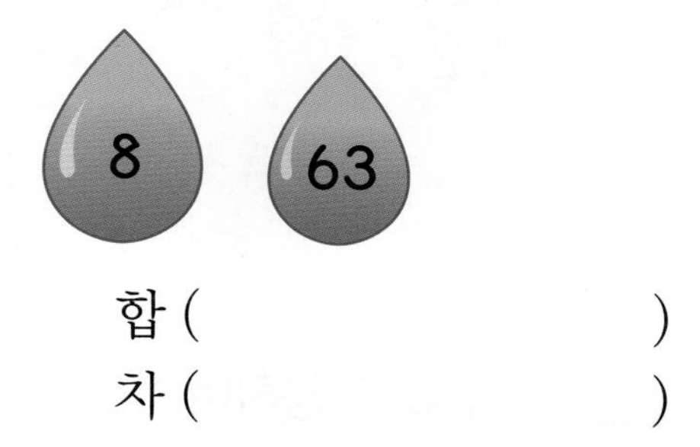

합 ( )
차 ( )

서술형

13 □ 안에 들어갈 수 있는 수는 모두 몇 개인지 풀이 과정을 쓰고, 답을 구해 보세요.

$40-17<\square<50-22$

답

14 계산에서 잘못된 곳을 찾아 바르게 계산해 보세요.

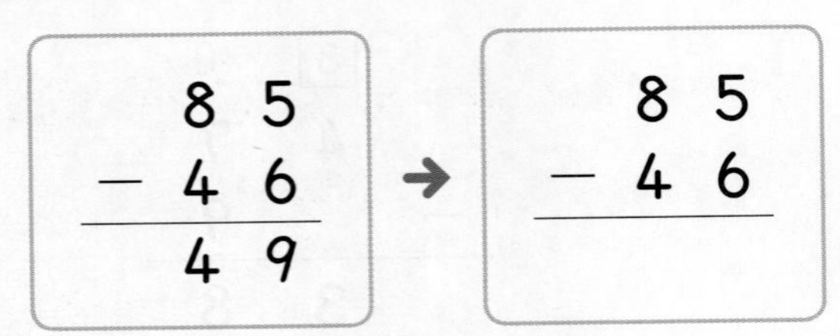

$$\begin{array}{r} 85 \\ -\ 46 \\ \hline 49 \end{array} \rightarrow \begin{array}{r} 85 \\ -\ 46 \\ \hline \end{array}$$

15 계산 결과를 비교하여 ○ 안에 >, =, <를 알맞게 써넣으세요.

72+29 ○ 44−26+82

16 세 수를 이용하여 덧셈식을 만들고, 뺄셈식으로 나타내어 보세요.

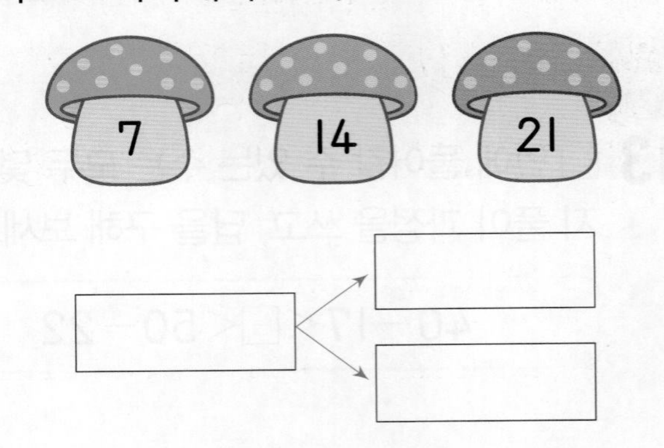

17 혜수가 학교 계단을 오르고 있습니다. 19번째 계단에서 23칸을 올라갔다가 7칸을 다시 내려갔다면 혜수는 지금 몇 번째 계단에 있을까요?

(　　　　　　)

18 □ 안에 알맞은 수를 써넣으세요.

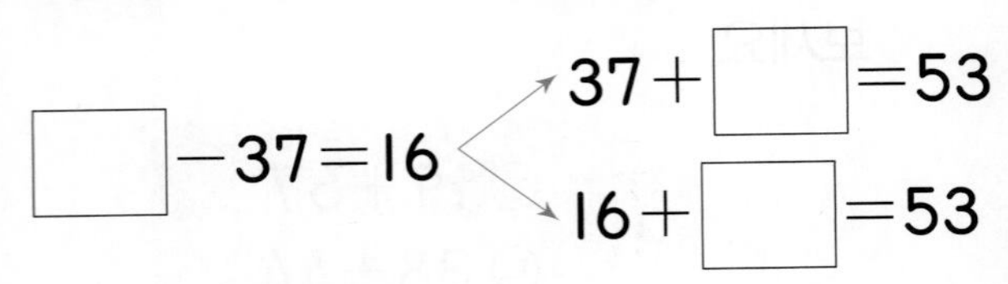

□ −37=16 → 37+□=53, 16+□=53

19 접시에 떡이 몇 개 있었는데 8개를 먹었더니 6개가 남았습니다. 처음 접시에 있던 떡의 수를 □로 하여 뺄셈식을 만들고, □의 값을 구해 보세요.

식 ______________________

(　　　　　　)

20 ●+★을 구해 보세요.

$$\begin{array}{r} 4\ \bullet \\ +\ \star\ 9 \\ \hline 8\ 1 \end{array}$$

(　　　　　　)

21 수 카드 2장을 골라 두 자리 수를 만들어 27과 더하려고 합니다. 계산 결과가 가장 큰 수가 되도록 덧셈식을 쓰고, 계산해 보세요.

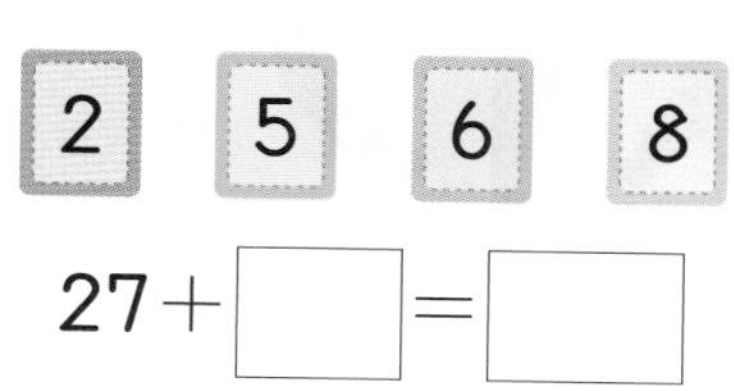

27 + ☐ = ☐

22 유준이와 예나가 가지고 있는 공책은 모두 몇 권인지 구해 보세요.

( )

서술형

23 어떤 수에서 28을 빼야 할 것을 잘못하여 더했더니 95가 되었습니다. 바르게 계산한 값은 얼마인지 풀이 과정을 쓰고, 답을 구해 보세요.

답

수행 평가

24~25 서아가 학교에서 집으로 가는 길을 나타낸 것입니다. 물음에 답하세요.

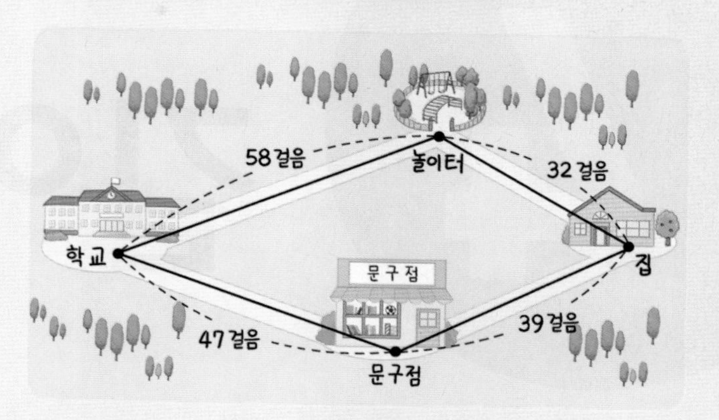

24 서아가 학교에서 놀이터를 지나 집으로 가는 길과 문구점을 지나 집으로 가는 길은 각각 몇 걸음을 걸어야 하는지 구해 보세요.

놀이터를 지나는 길: ☐ 걸음

문구점을 지나는 길: ☐ 걸음

25 서아가 학교에서 집으로 가는 데 놀이터와 문구점 중 어느 쪽을 지나는 길이 몇 걸음 더 가까운지 풀이 과정을 쓰고, 답을 구해 보세요.

답 ,

3 단원 11회

학습 결과에 색칠하세요.

4 길이 재기

이번에 배울 내용

회차	쪽수	학습 내용	학습 주제
1	100～103쪽	개념+문제 학습	길이를 비교하는 방법 / 여러 가지 단위로 길이 재기
2	104～107쪽	개념+문제 학습	1 cm / 자로 길이를 재는 방법
3	108～111쪽	개념+문제 학습	길이를 약 몇 cm로 나타내기 / 길이 어림하기
4	112～115쪽	응용 학습	
5	116～119쪽	마무리 평가	

문해력을 높이는 **어휘**

단위: 수나 양을 값으로 나타낼 때 사용하는 기준

우리나라 돈의 단위는 '원'이에요.

뼘: 엄지손가락과 다른 손가락을 완전히 펴서 벌렸을 때 두 끝 사이의 거리

내 키가 동생보다 한 뼘 정도 더 커요.

어림: 정확한 값을 구하지 않고 대강 짐작으로 헤아린 수나 양

골인 지점까지 남은 거리를 어림하며 달렸어요.

약: (수나 양을 나타내는 말 앞에 쓰여) 그 수나 양에 가까운 정도임을 나타내는 말

학교 축제에서 공연을 보러 온 학생은 약 100명 정도예요.

1회 개념 학습

학습일 : 월 일

개념 1 길이를 비교하는 방법

직접 맞대어 길이를 비교할 수 없을 때는 종이띠나 털실 등을 이용하여 길이를 비교합니다.

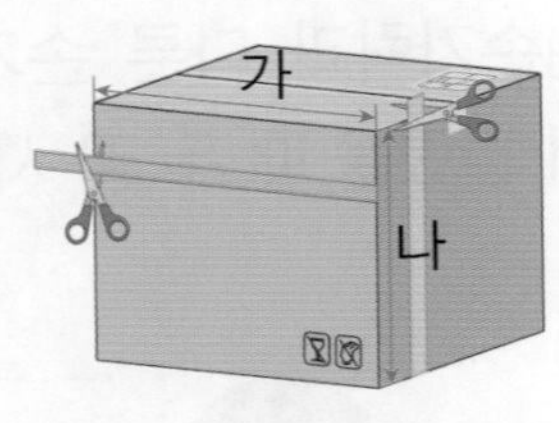

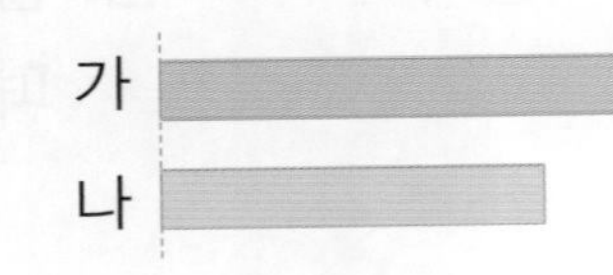

가와 나의 길이만큼 자른 종이띠를 서로 맞대어 길이를 비교해.

➔ 종이띠로 길이를 비교하면 가의 길이가 더 깁니다.

확인 1 털실을 ㉠과 ㉡의 길이만큼 잘랐습니다. ㉠과 ㉡의 길이를 비교해 보세요.

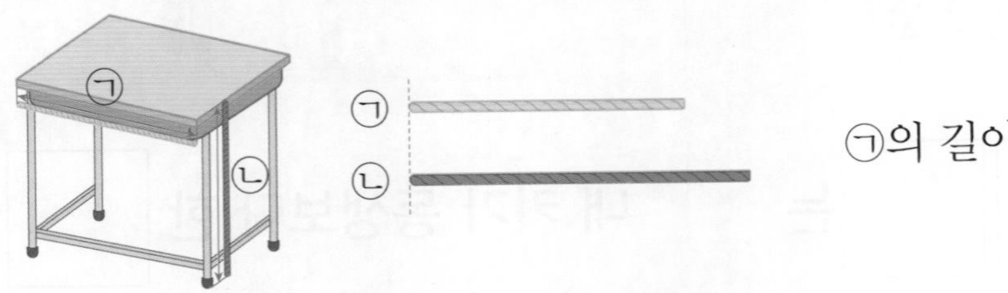

㉠의 길이가 더 (깁니다 , 짧습니다).

개념 2 여러 가지 단위로 길이 재기

- 어떤 길이를 재는 데 기준이 되는 길이를 **단위길이**라고 합니다.
- 길이를 잴 때 사용할 수 있는 단위에는 뼘, 클립, 지우개 등 여러 가지가 있습니다.

뼘: 손가락을 한껏 벌린 길이

리코더의 길이는 지우개로 6번이야.

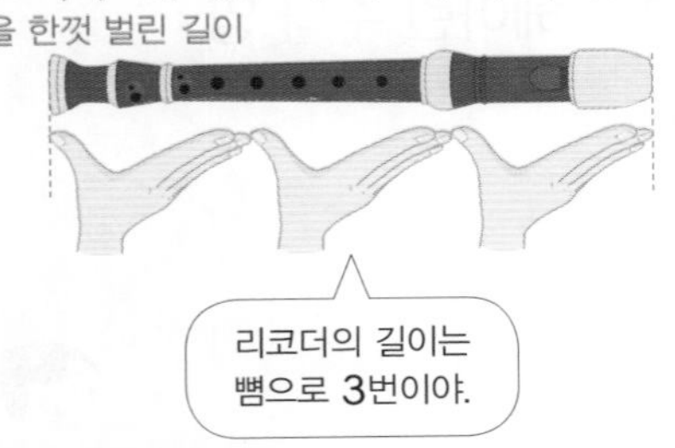

리코더의 길이는 뼘으로 3번이야.

➔ 단위의 길이가 길수록 잰 횟수는 적습니다.
단위의 길이가 짧을수록 잰 횟수는 많습니다.

확인 2 클립을 단위로 하여 가위의 길이를 재었습니다. □ 안에 알맞은 수를 써넣으세요.

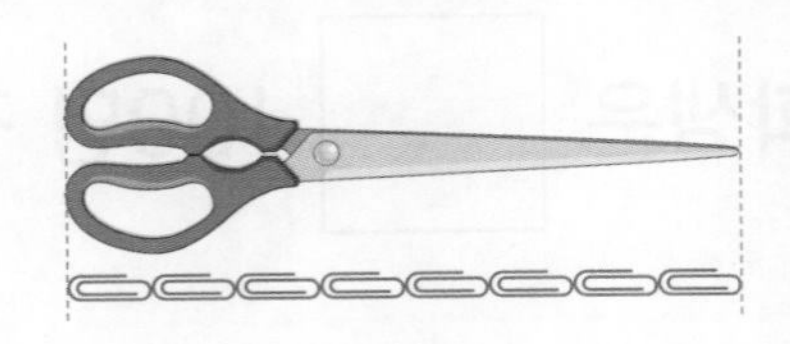

가위의 길이는 클립으로 □번입니다.

1 액자의 길이를 비교하려고 합니다. 가와 나의 길이를 비교할 수 있는 올바른 방법을 찾아 색칠해 보세요.

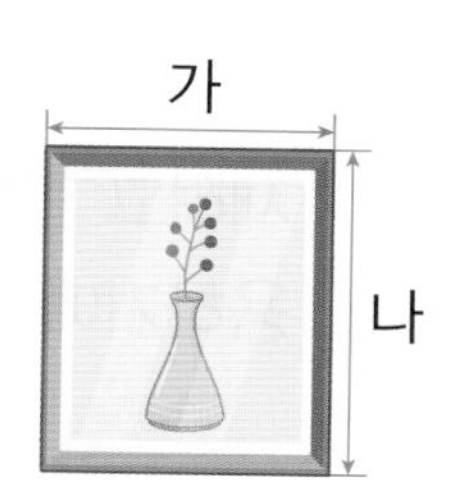

직접 맞대어 비교하기

털실을 이용하여 비교하기

2 종이띠로 가와 나의 길이를 비교했습니다. 더 짧은 쪽에 ○표 하세요.

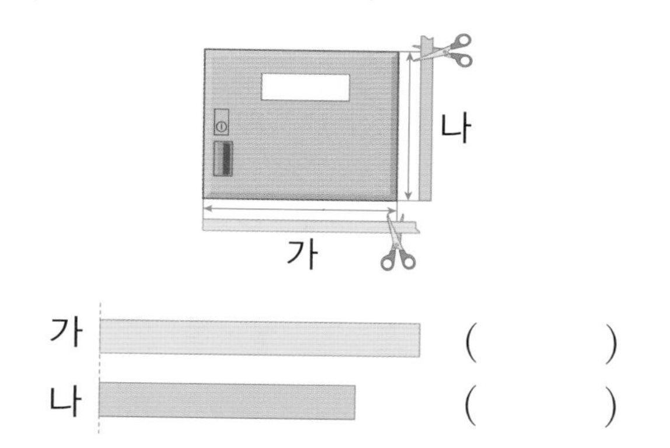

가 (　　　)

나 (　　　)

3 나뭇가지의 길이를 털실로 비교했습니다. □ 안에 알맞게 써넣으세요.

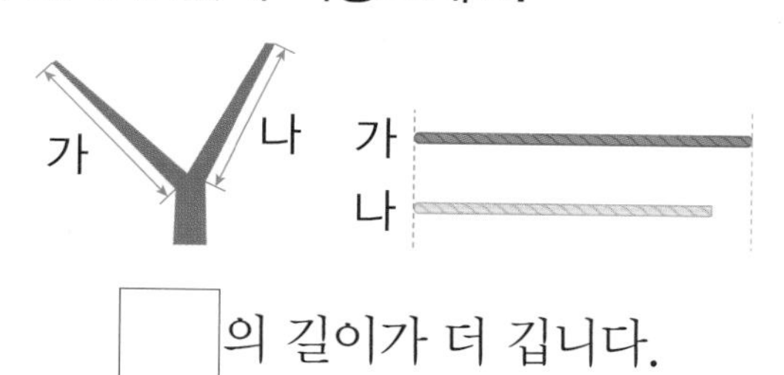

□의 길이가 더 깁니다.

| 4~6 | 성냥개비와 집게를 단위로 하여 붓의 길이를 재었습니다. 물음에 답하세요.

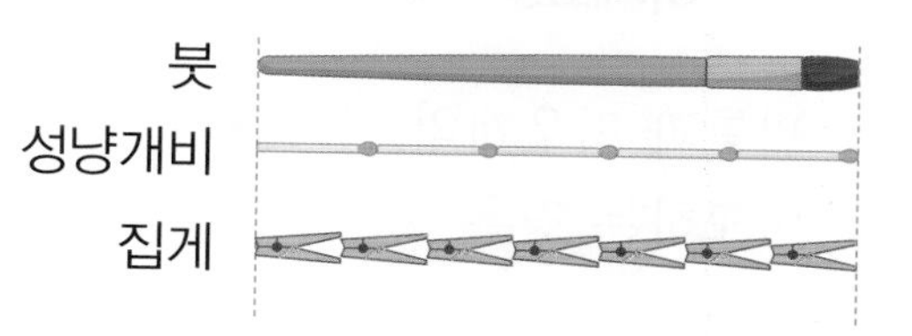

4 붓의 길이는 성냥개비로 몇 번인가요?

(　　　　　　　　)

5 붓의 길이는 집게로 몇 번인가요?

(　　　　　　　　)

6 알맞은 말에 ○표 하세요.

집게로 잰 횟수가 성냥개비로 잰 횟수보다 더 (많습니다 , 적습니다).

7 스케치북의 길이는 뼘으로 몇 번인가요?

(　　　　　　　　)

4 단원 1회

1회 문제 학습

01 직접 맞대어 길이를 비교할 수 없는 경우에 ○표 하세요.

필통과 지우개의 길이를 비교하는 경우	( )
책상의 긴 쪽과 높이의 길이를 비교하는 경우	( )

02 볼펜의 길이가 긴 것부터 차례대로 기호를 써 보세요.

* 정답 55쪽의 종이띠를 활용하세요.

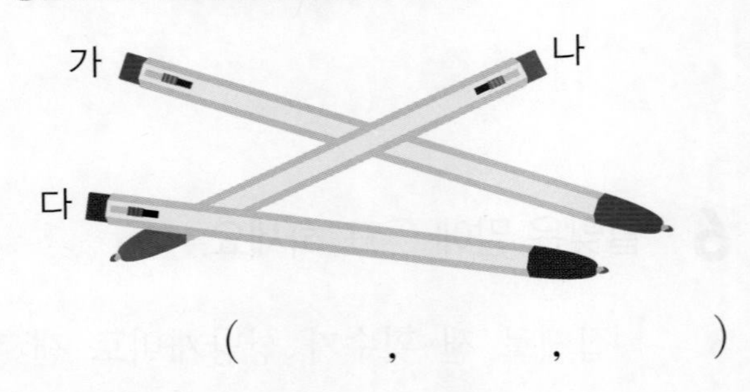

(, ,)

03 놀이 기구를 탈 수 있는 사람을 찾아 ○표 하세요.

* 정답 55쪽의 종이띠를 활용하세요.

( ) ( ) ( )

04 주변의 물건을 단위로 하여 포크의 길이를 재려고 합니다. 우산과 클립 중 단위로 사용하기에 더 알맞은 것을 써 보세요.

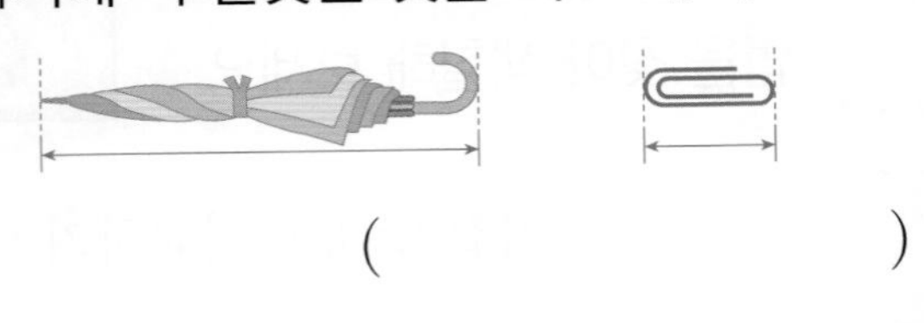

( )

05 여러 가지 단위로 게시판의 긴 쪽의 길이를 재어 보려고 합니다. 가장 적은 횟수로 잴 수 있는 것을 찾아 기호를 써 보세요.

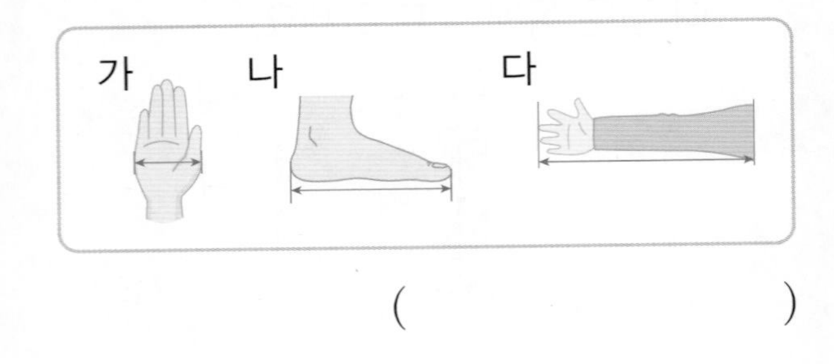

( )

창의형

06 보기 와 같이 집에 있는 물건을 여러 가지 단위로 재어 보세요.

> 보기
>
> 서랍의 짧은 쪽의 길이는
> 연필로 5번쯤입니다.

[ ]의 길이는

[ ](으)로 [ ]번쯤입니다.

07 여러 가지 물건을 단위로 하여 책꽂이의 긴 쪽의 길이를 재었습니다. 잰 횟수가 가장 적은 사람은 누구인가요?

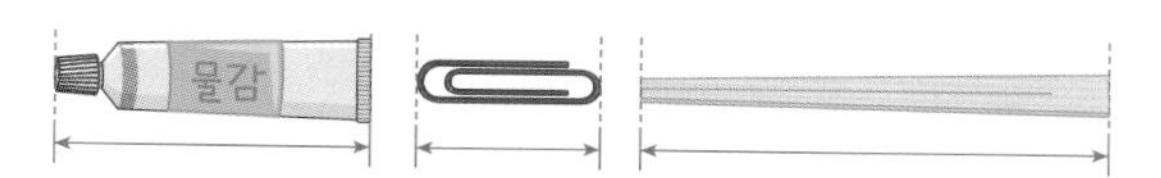

소리: 난 물감으로 길이를 재었어.
로운: 난 클립으로 길이를 재었어.
유정: 난 젓가락으로 길이를 재었어.

(　　　　　　　　)

08 빨대의 길이는 물감으로 몇 번인지 □ 안에 알맞은 수를 써넣으세요.

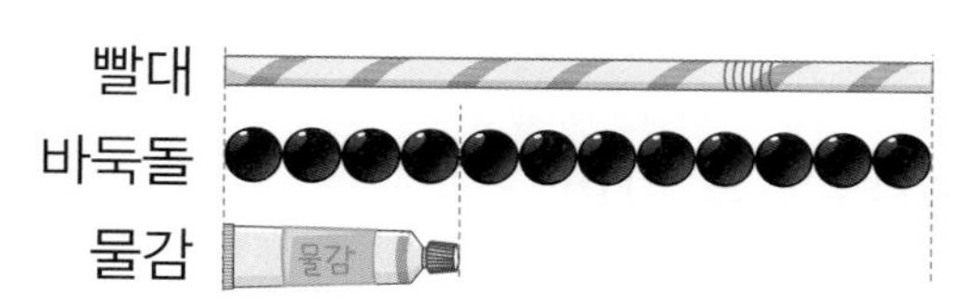

빨대의 길이는 물감으로 □번입니다.

09 더 짧은 끈을 가지고 있는 사람은 누구인가요?

지연: 내 끈은 뼘으로 7번이야.
은호: 내 끈은 칫솔로 7번이야.

(　　　　　　　　)

서술형 문제

10 형광펜으로 두 책상의 높이를 잰 횟수입니다. 두 책상 중 더 높은 책상은 어느 것인지 풀이 과정을 쓰고, 답을 구해 보세요.

가 책상	나 책상
4번	5번

❶ 잰 횟수가 많을수록 길이가 더 (깁니다 , 짧습니다).

❷ 따라서 두 책상 중 더 높은 책상은 (가 , 나) 책상입니다.

11 연필로 두 바지의 길이를 잰 횟수입니다. 두 바지 중 더 짧은 바지는 어느 것인지 풀이 과정을 쓰고, 답을 구해 보세요.

가 바지	나 바지
9번	7번

답

4 단원 1회

학습 결과에 색칠하세요.

2회 개념 학습

학습일 : 월 일

개념 1 I cm

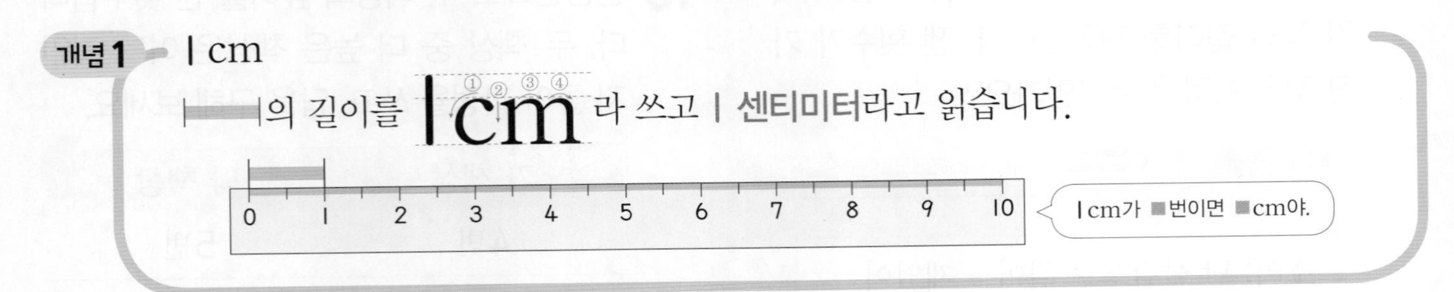

확인 1 길이를 쓰고, 읽어 보세요.

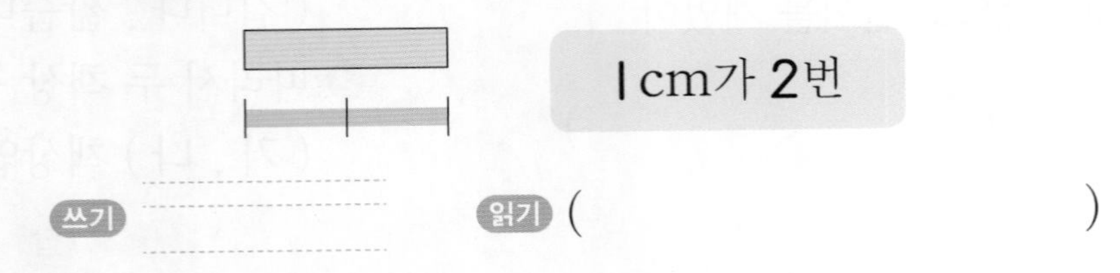

쓰기

읽기 (   )

개념 2 자로 길이를 재는 방법

• 물건의 한쪽 끝을 자의 눈금 0에 맞추어 길이를 재는 방법

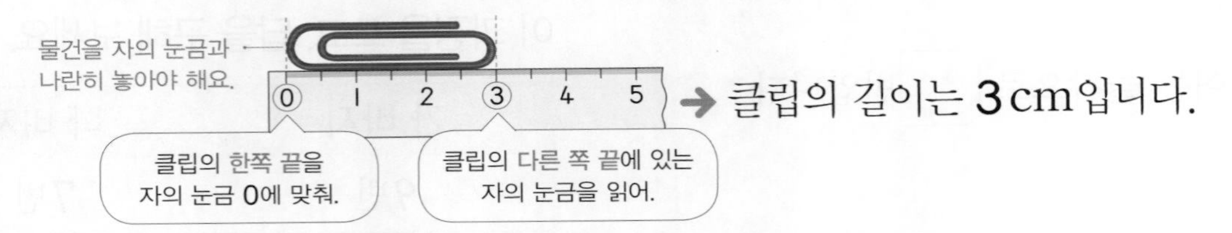

• 물건의 한쪽 끝을 자의 눈금 0에 맞추지 않았을 때 길이를 재는 방법

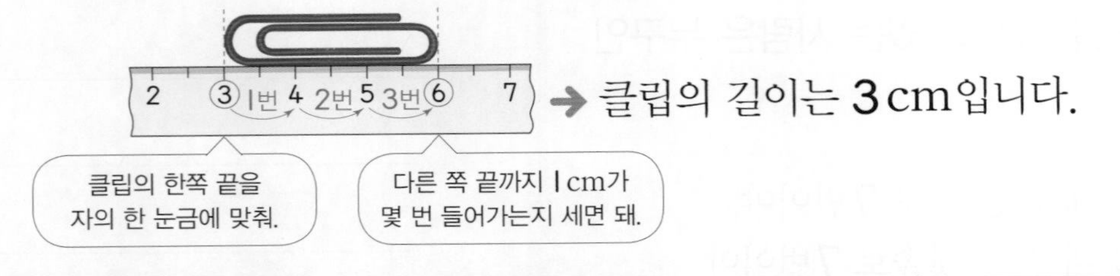

확인 2 자로 길이를 재는 방법으로 옳은 것에 ○표 하세요.

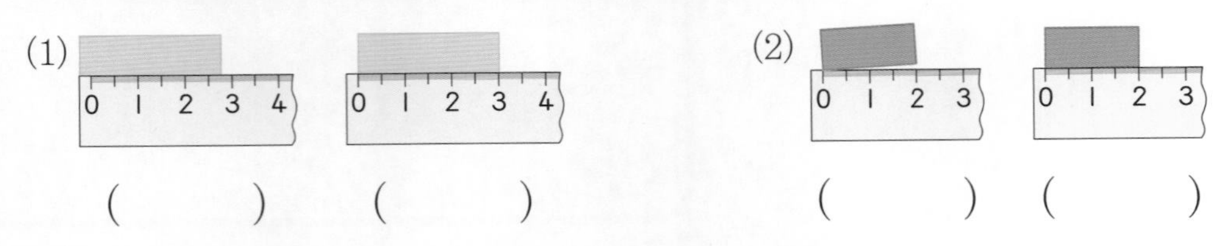

(1) (　　) (　　)　　(2) (　　) (　　)

1 누가 재어도 길이를 똑같이 말할 수 있는 단위에 ○표 하세요.

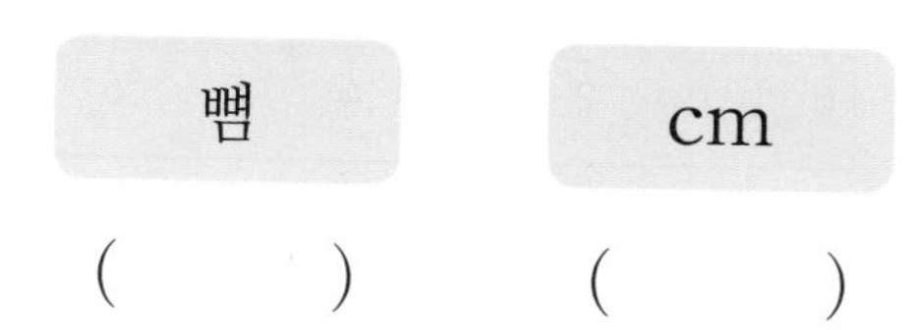

( ) ( )

2 길이를 쓰고, 읽어 보세요.

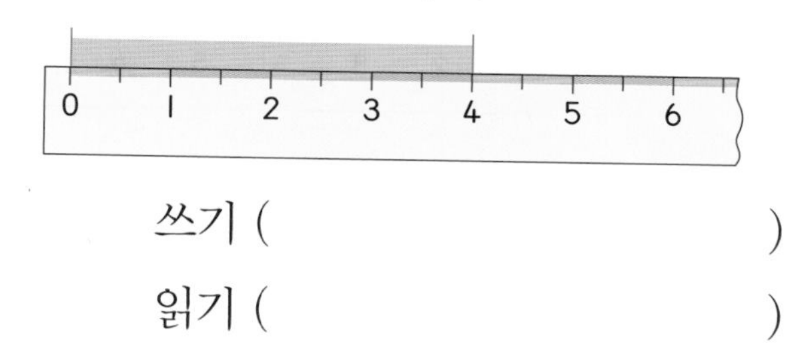

쓰기 ( )

읽기 ( )

3 주어진 길이만큼 점선을 따라 선을 그어 보세요.

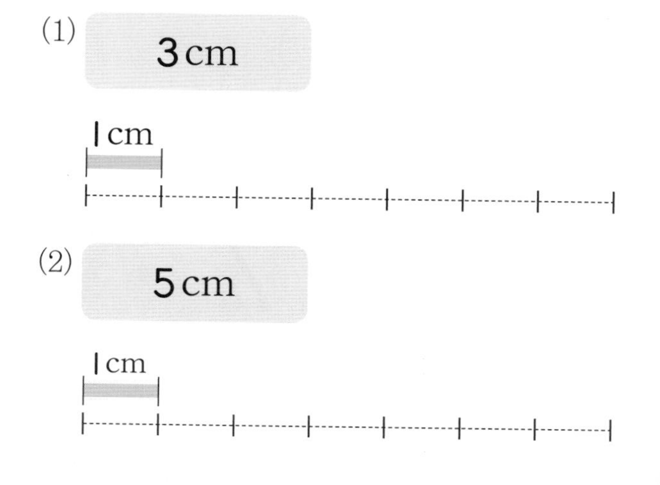

4 못의 길이를 자로 재어 보세요.

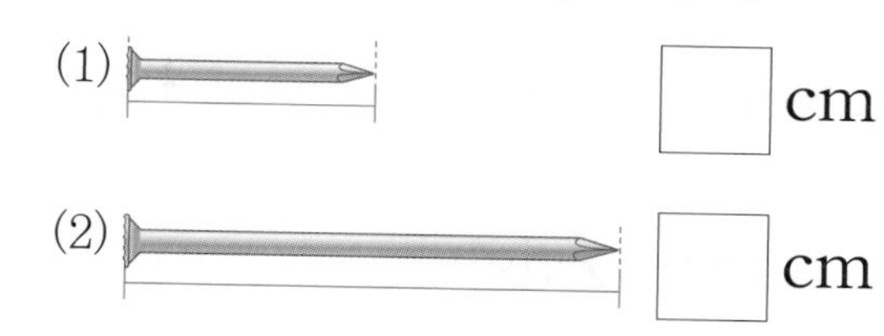

(1) □ cm

(2) □ cm

5 과자의 길이는 몇 cm인지 □ 안에 알맞은 수를 써넣으세요.

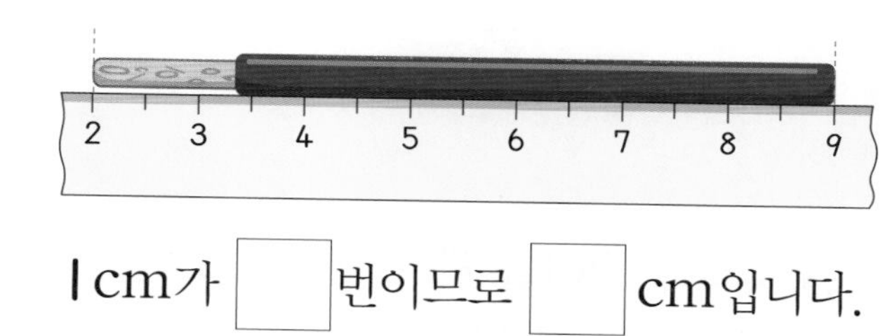

1 cm가 □번이므로 □cm입니다.

6 나타내는 길이가 다른 하나를 찾아 기호를 써 보세요.

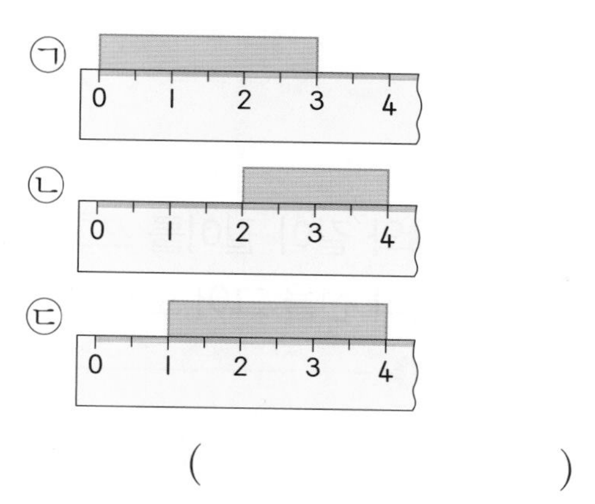

( )

4 단원 2회

2회 문제 학습

01 □ 안에 알맞은 수를 써넣으세요.

(1) 6 cm는 1 cm가 □ 번입니다.

(2) 1 cm가 12번이면 □ cm입니다.

02 더 긴 길이에 색칠해 보세요.

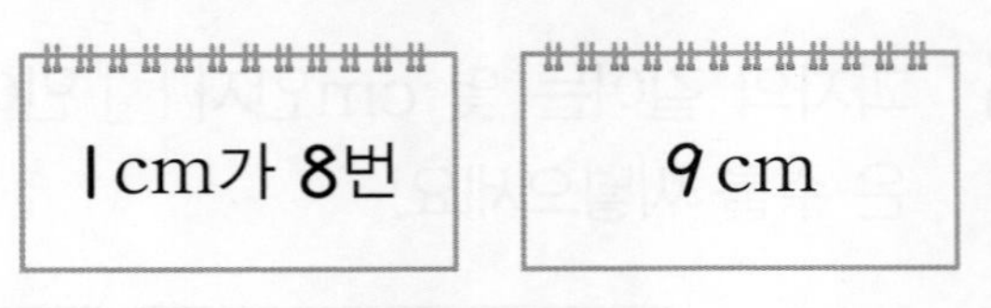

03 밧줄의 길이를 자로 재어 보고 같은 길이끼리 이어 보세요.

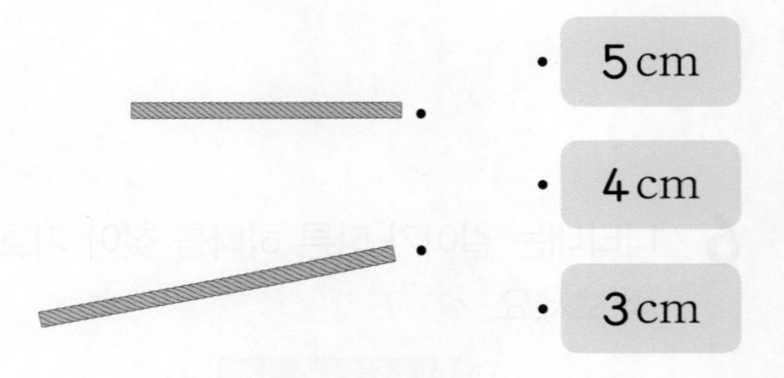

창의형

04 보기 와 같이 길이를 쓰고, 길이만큼 점선을 따라 선을 그어 보세요.

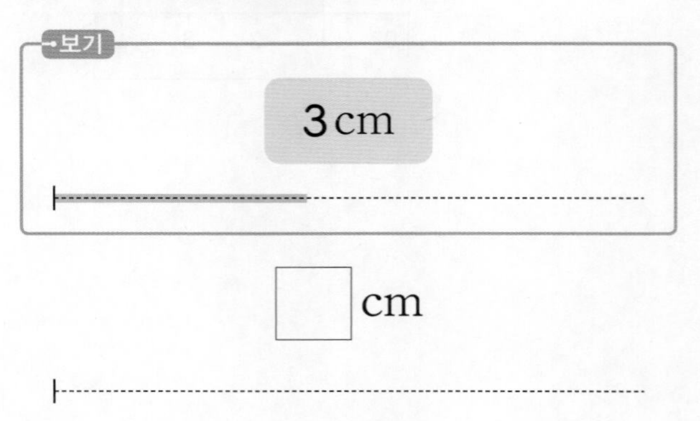

05 핀셋의 길이는 몇 cm인가요?

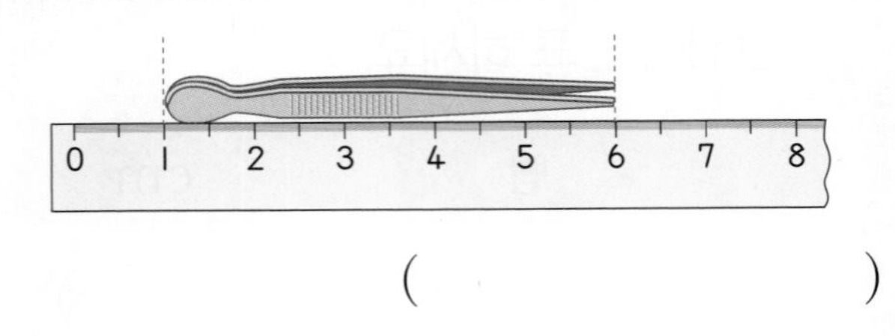

(　　　　　)

06 길이가 더 짧은 것은 어느 것인가요?

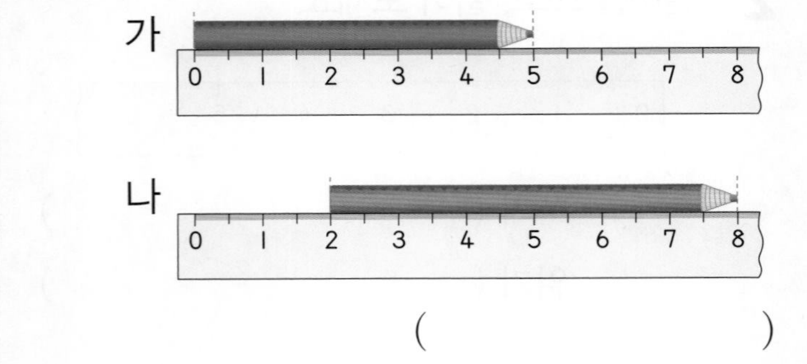

(　　　　　)

디지털 문해력

07 온라인 게시물을 보고 공책의 긴 쪽의 길이는 몇 cm인지 구해 보세요.

(　　　　　)

08 자로 길이를 재어 □ 안에 알맞은 수를 써넣으세요.

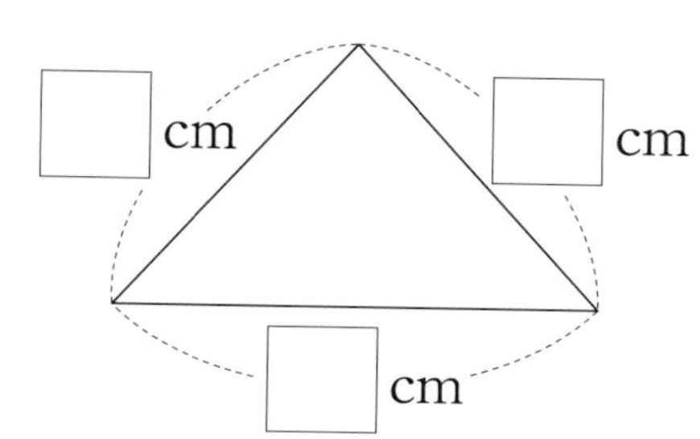

09 가장 작은 사각형의 변의 길이는 모두 1 cm입니다. 달팽이가 빨간색 선을 따라 나뭇잎까지 몇 cm만큼 가야 하는지 구해 보세요.

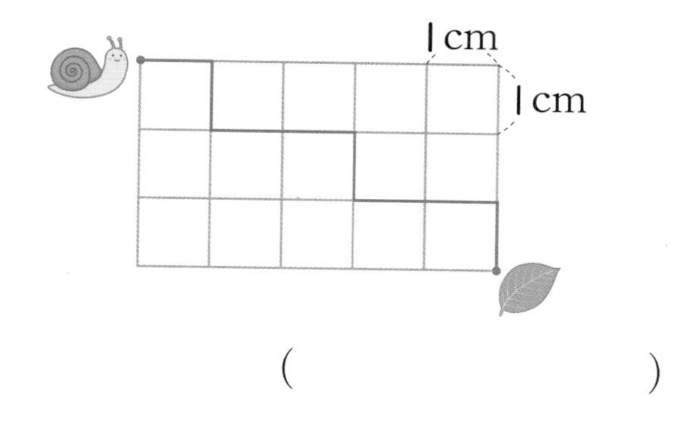

(　　　　　　　　)

10 길이가 1 cm, 2 cm, 3 cm인 막대가 있습니다. 이 막대들을 여러 번 사용하여 서로 다른 방법으로 7 cm를 색칠해 보세요.

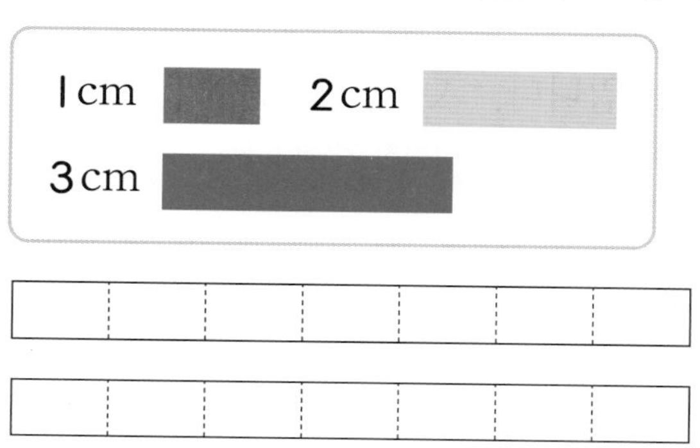

서술형 문제

11 현우가 애벌레의 길이를 잘못 구한 이유를 써 보세요.

이유 5부터 8까지 1 cm가 □ 번이므로 □ cm이기 때문입니다.

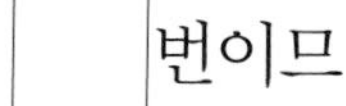

12 소은이가 나뭇잎의 길이를 잘못 구한 이유를 써 보세요.

이유

학습 결과에 색칠하세요.

4 단원 2회

3회 개념 학습

학습일 :　　월　　일

개념 1 길이를 약 몇 cm로 나타내기

길이가 자의 눈금 사이에 있을 때는 눈금과 가까운 쪽에 있는 숫자를 읽으며, 숫자 앞에 **약**을 붙여 말합니다.

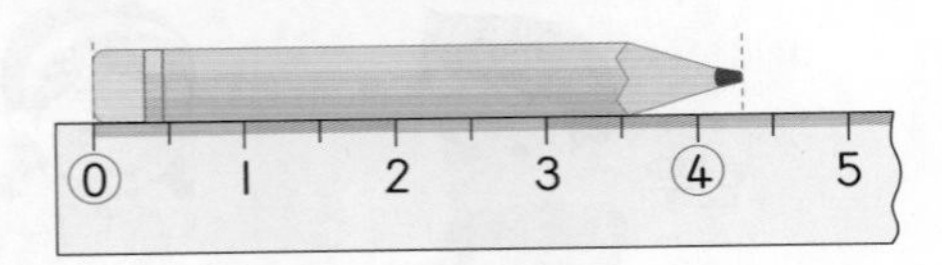

→ 4 cm와 5 cm 사이에 있고
4 cm에 가까우므로 약 4 cm입니다.

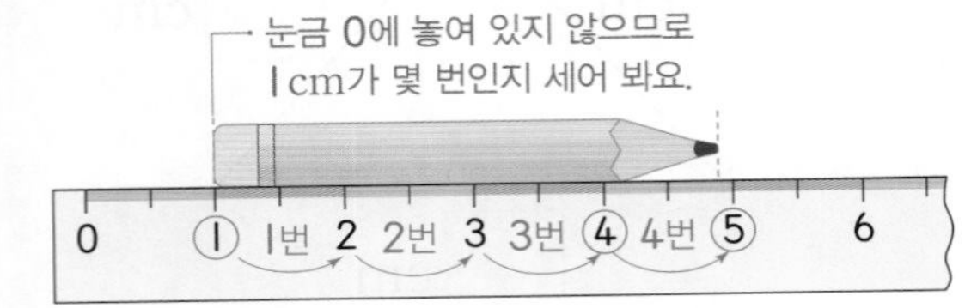

→ 1 cm가 3번과 4번 사이에 있고
4번에 가까우므로 약 4 cm입니다.

확인 1 빨대의 길이를 알아보려고 합니다. 알맞은 수에 ○표 하세요.

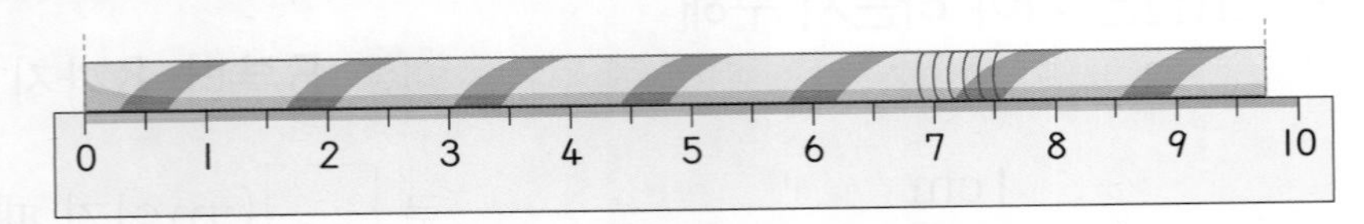

9 cm와 10 cm 사이에 있고 (9 , 10) cm에 가깝습니다.
→ 빨대의 길이는 약 (9 , 10) cm입니다.

개념 2 길이 어림하기

자를 사용하지 않고 물건의 길이가 얼마쯤인지 어림할 수 있습니다.
어림한 길이를 말할 때는 '약 □ cm'라고 합니다.

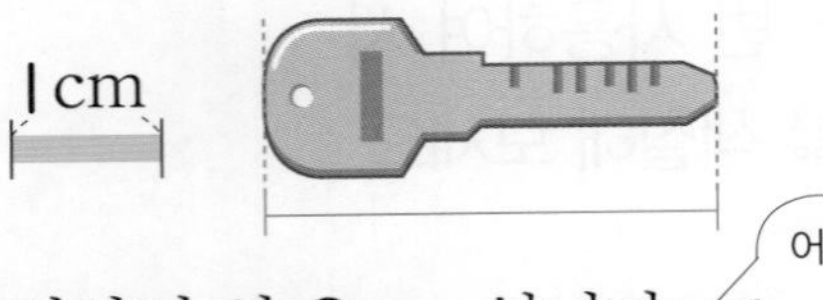

→ 열쇠의 길이를 어림하면 약 3 cm입니다.

어림한 길이와 자로 잰 길이는 다를 수도 있어.

참고 어림한 길이와 자로 잰 길이의 차가 작을수록 실제 길이에 더 가깝게 어림한 것입니다.

확인 2 1 cm를 이용하여 색 테이프의 길이를 어림해 보세요.

(1) 1 cm

약 □ cm

(2) 1 cm

약 □ cm

정답 28쪽

1 옷핀의 길이를 알아보세요.

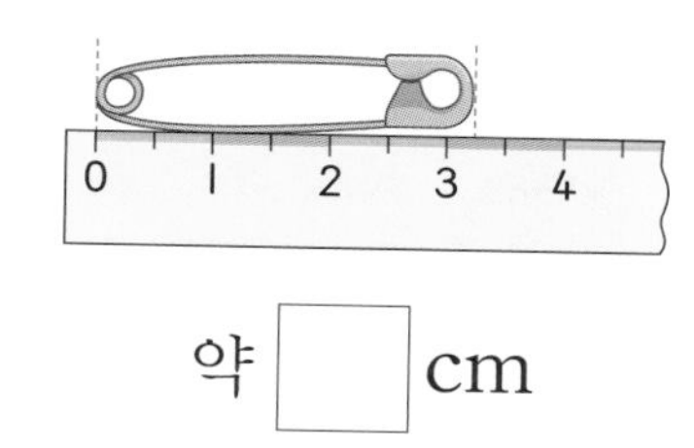

약 □ cm

2 도장의 길이를 알아보려고 합니다. 물음에 답하세요.

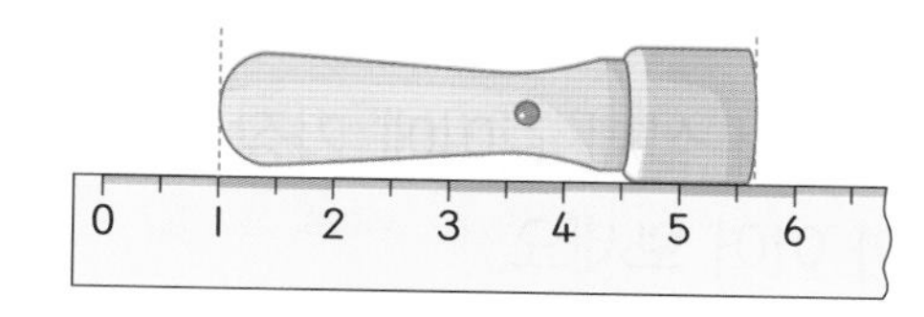

(1) 알맞은 수에 ○표 하세요.

도장의 길이는 1 cm로
(4 , 5)번에 가깝습니다.

(2) 도장의 길이를 써 보세요.

약 □ cm

3 자석의 길이는 약 몇 cm인지 □ 안에 알맞은 수를 써넣으세요.

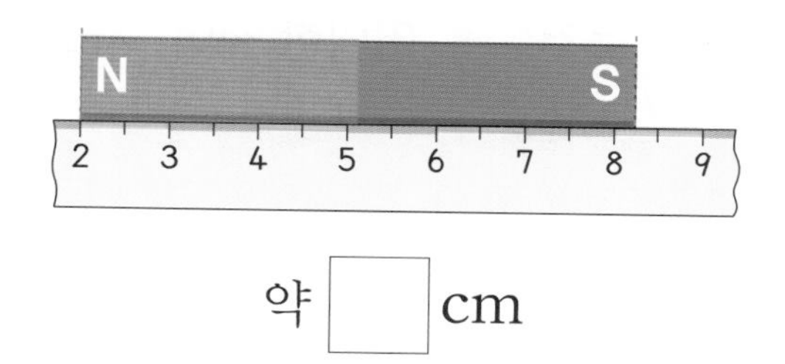

약 □ cm

4 공깃돌의 실제 길이에 가장 가까운 것을 찾아 ○표 하세요.

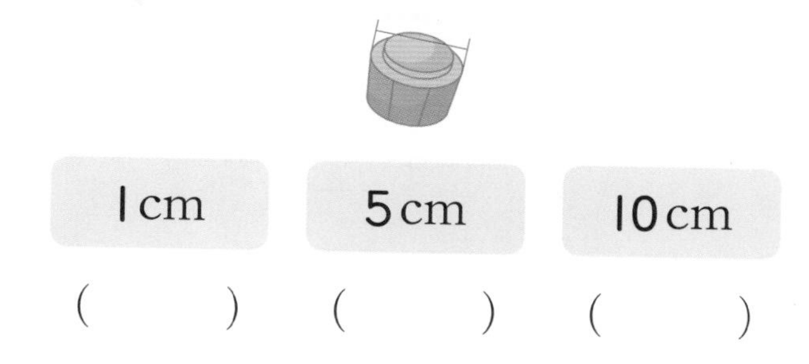

1 cm	5 cm	10 cm
(　　)	(　　)	(　　)

5 1 cm를 이용하여 막대의 길이를 어림하고, 자로 재어 확인해 보세요.

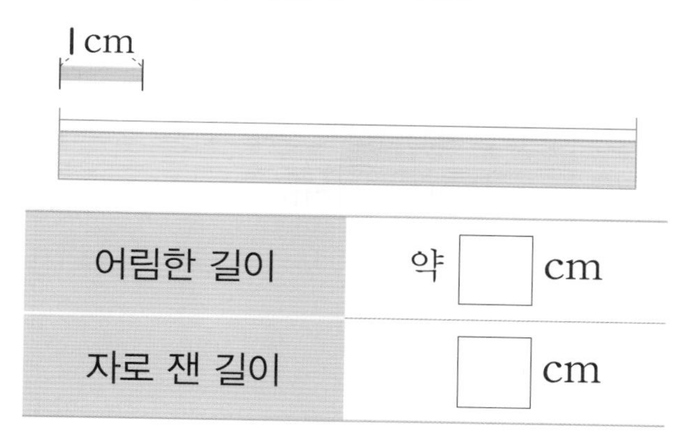

어림한 길이	약 □ cm
자로 잰 길이	□ cm

6 파란색 종이띠를 이용하여 면봉의 길이를 어림하고, 자로 재어 확인해 보세요.

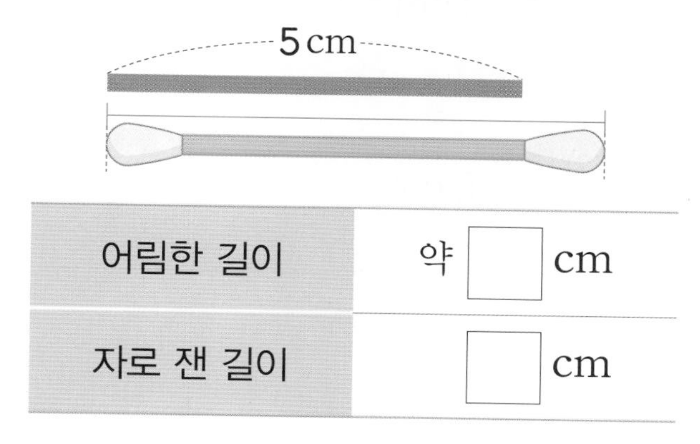

어림한 길이	약 □ cm
자로 잰 길이	□ cm

4 단원 3회

01 자로 머리핀의 길이를 재어 보세요.

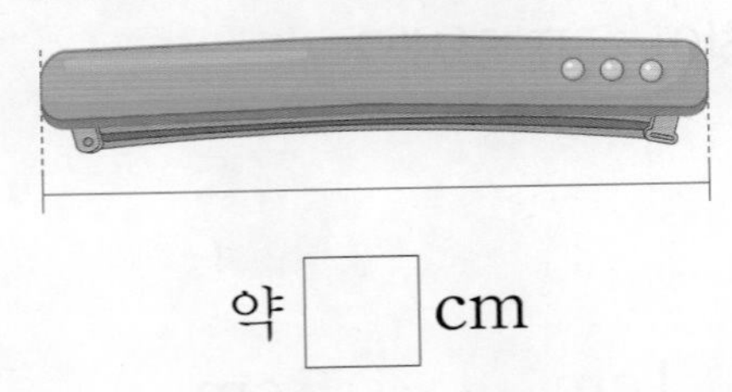

약 ☐ cm

02 자로 길이를 재어 보세요.

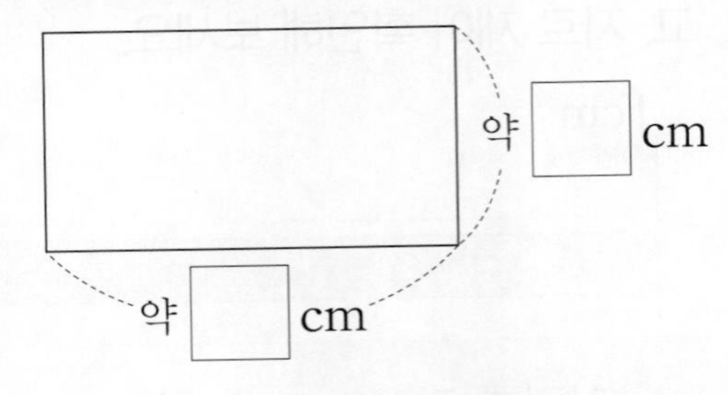

03 주어진 길이를 어림하여 점선을 따라 선을 그어 보세요.

(1) 1 cm

(2) 5 cm

04 사탕의 길이를 어림하고, 자로 재어 확인해 보세요.

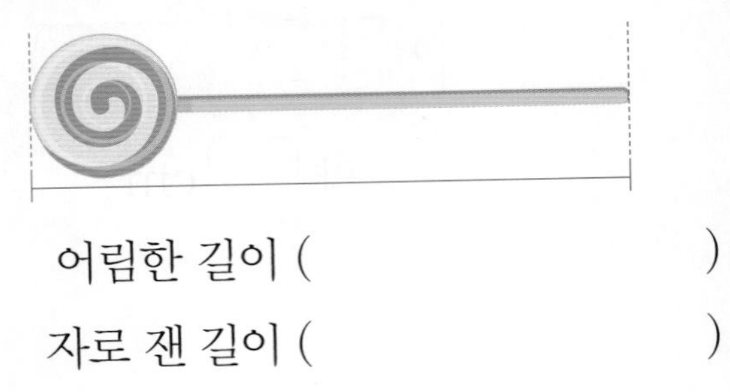

어림한 길이 (　　　　　　)

자로 잰 길이 (　　　　　　)

05 물건의 실제 길이에 가장 가까운 것을 찾아 이어 보세요.

지우개 •　　　• 30 cm

칫솔 •　　　• 5 cm

　　　　　• 15 cm

창의형

06 집에 있는 물건의 길이를 어림하고, 자로 재어 확인해 보세요.

물건	어림한 길이	자로 잰 길이
숟가락		

07 장난감 트럭의 길이를 잘못 말한 사람은 누구인가요?

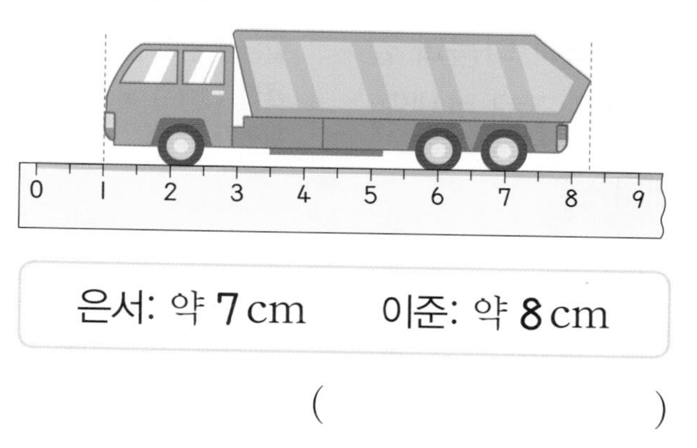

은서: 약 7 cm　　이준: 약 8 cm

(　　　　　　　　)

디지털 문해력

08 온라인 광고에서 실제 길이가 15 cm에 가장 가까운 물건에 ○표 하세요.

09 자를 사용하지 않고 길이가 1 cm, 2 cm, 3 cm인 선을 이용하여 6 cm에 가깝게 선을 그어 보세요.

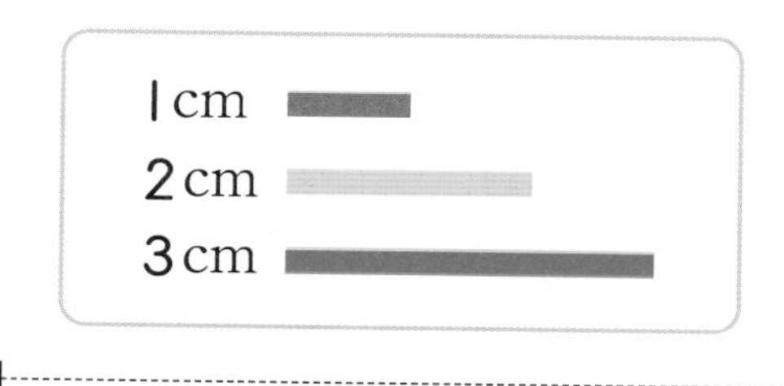

서술형 문제

10 두 머리핀의 길이는 모두 약 5 cm이지만 실제 길이가 조금씩 다른 이유를 써 보세요.

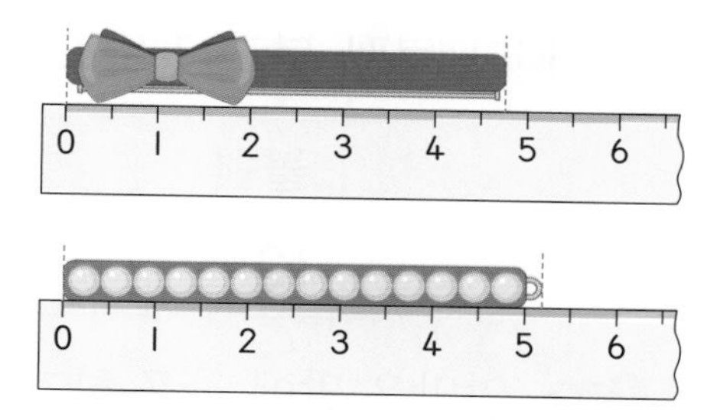

이유 두 머리핀의 길이가 눈금과 눈금 사이에 있으므로 가까운 쪽의 숫자 ☐을/를 읽었기 때문입니다.

11 두 바늘의 길이는 모두 약 4 cm이지만 실제 길이가 조금씩 다른 이유를 써 보세요.

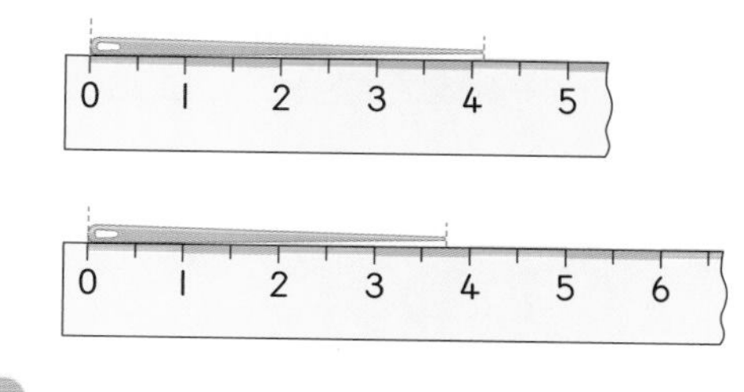

이유

4 단원 3회

학습 결과에 색칠하세요.

4회 응용 학습

학습일 : 월 일

길이를 재는 데 사용한 단위의 길이 비교하기

01 책상의 긴 쪽의 길이를 볼펜, 붓, 크레파스로 재었더니 다음과 같았습니다. 볼펜, 붓, 크레파스 중 길이가 가장 긴 것을 구해 보세요.

볼펜	붓	크레파스
12번	8번	23번

1단계 알맞은 말에 ○표 하기

잰 횟수가 적을수록 단위의 길이가 (깁니다 , 짧습니다).

2단계 볼펜, 붓, 크레파스 중 길이가 가장 긴 것 구하기

( )

문제해결 TIP

같은 물건의 길이를 재는 데 사용한 단위의 길이가 길수록 잰 횟수가 적어요.

02 선생님의 팔의 길이를 지훈, 연수, 민서의 뼘으로 재었더니 다음과 같았습니다. 지훈, 연수, 민서 중 뼘의 길이가 가장 긴 사람은 누구인지 구해 보세요.

지훈	연수	민서
8번	6번	7번

( )

03 교실의 긴 쪽의 길이는 유진이의 걸음으로 20걸음, 민호의 걸음으로 18걸음, 은우의 걸음으로 21걸음입니다. 세 사람 중 한 걸음의 길이가 가장 짧은 사람은 누구인지 구해 보세요.

( )

걸음으로 잰 횟수를 비교했을 때 잰 횟수가 많을수록 한 걸음의 길이가 짧아!

조건을 만족하는 수의 합 구하기

04 ㉠과 ㉡에 알맞은 수의 합을 구해 보세요.

- 1 cm가 5번이면 ㉠ cm입니다.
- 13 cm는 1 cm가 ㉡번입니다.

1단계 ㉠과 ㉡에 알맞은 수 각각 구하기

㉠ (　　　　　　　　)
㉡ (　　　　　　　　)

2단계 ㉠과 ㉡에 알맞은 수의 합 구하기

(　　　　　　　　)

문제해결 TIP

● cm는 1 cm가 ●번이에요.

05 ㉠과 ㉡에 알맞은 수의 합을 구해 보세요.

- 1 cm가 8번이면 ㉠ cm입니다.
- 20 cm는 1 cm가 ㉡번입니다.

(　　　　　　　　)

06 ㉠, ㉡, ㉢에 알맞은 수의 합을 구해 보세요.

4 센티미터는 1 cm가 ㉠번이야.

채아

1 cm가 2번이면 ㉡ cm야.

유준

11 cm는 1 cm가 ㉢번이야.

예나

㉠, ㉡, ㉢에 각각 알맞은 수를 구해 봐. 그리고 세 수의 합을 구하면 돼.

(　　　　　　　　)

0이 아닌 눈금에 있을 때 길이 비교하기

07 길이가 가장 긴 밧줄을 찾아 기호를 써 보세요.

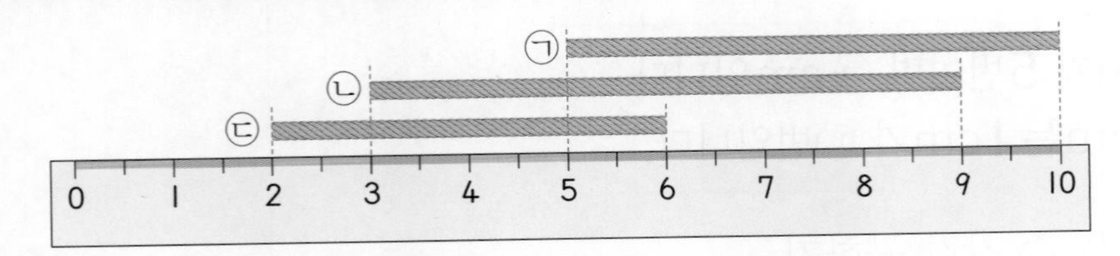

1단계 각 밧줄의 길이 구하기

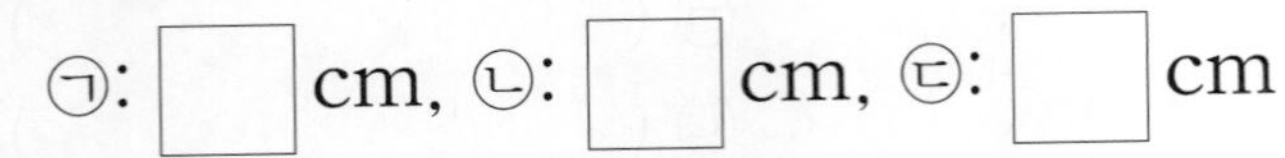
㉠: □ cm, ㉡: □ cm, ㉢: □ cm

2단계 길이가 가장 긴 밧줄의 기호 쓰기

(　　　　　　　)

문제해결 TIP
밧줄의 한쪽 끝이 자의 눈금 0에 있지 않으므로 1 cm가 몇 번인지 세어 길이를 구해요.

08 길이가 가장 짧은 선을 찾아 기호를 써 보세요.

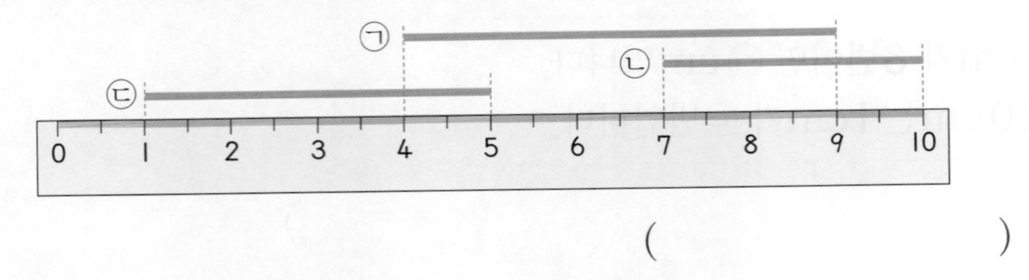

(　　　　　　　)

09 길이가 가장 긴 색 테이프를 찾아 기호를 써 보세요.

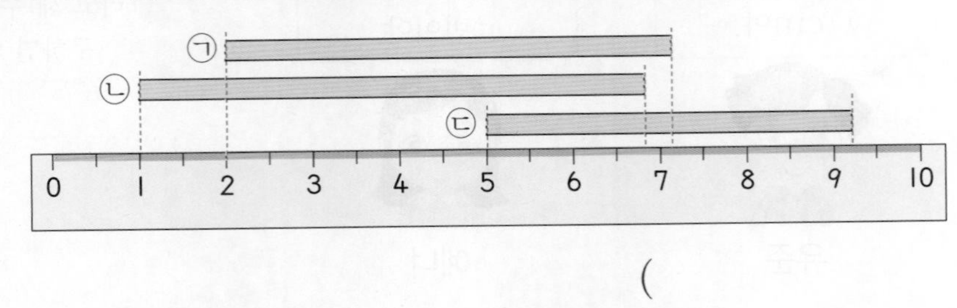

(　　　　　　　)

실제 길이에 더 가깝게 어림한 사람 찾기

10 하준이와 윤서가 3 cm를 어림하여 각자 종이를 잘랐습니다. 자로 재어 3 cm에 더 가깝게 어림한 사람의 이름을 써 보세요.

하준 ▭ 윤서 ▭

1단계 하준이와 윤서가 자른 종이의 길이를 자로 재어 보기

하준 (　　　　　　)

윤서 (　　　　　　)

2단계 3 cm에 더 가깝게 어림한 사람의 이름 쓰기

(　　　　　　)

문제해결 TIP

어림한 길이와 실제 길이의 차가 작을수록 실제 길이에 더 가깝게 어림한 거예요.

4 단원 4회

11 지우와 보민이가 4 cm를 어림하여 각자 종이를 잘랐습니다. 자로 재어 4 cm에 더 가깝게 어림한 사람의 이름을 써 보세요.

지우 ▭ 보민 ▭

(　　　　　　)

12 과자의 길이를 이서는 약 6 cm, 준우는 약 7 cm, 지아는 약 10 cm로 어림했습니다. 과자의 실제 길이에 가장 가깝게 어림한 사람은 누구인지 구해 보세요.

(　　　　　　)

과자의 실제 길이를 자로 재어 어림한 길이와 실제 길이의 차를 생각해 봐.

학습 결과에 색칠하세요.

5회 마무리 평가

○ 학습일 :　　월　　일

01 창문의 길이를 비교하여 더 긴 쪽에 ○표 하세요.

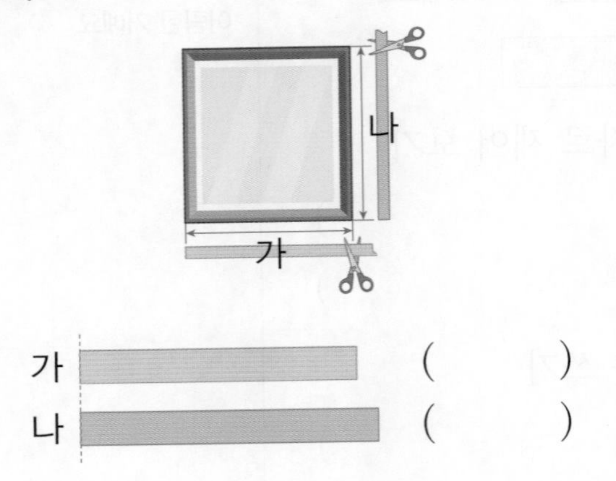

가 (　　　)
나 (　　　)

02 양팔을 벌려서 막대의 길이를 재었습니다. 막대의 길이는 양팔로 몇 번인가요?

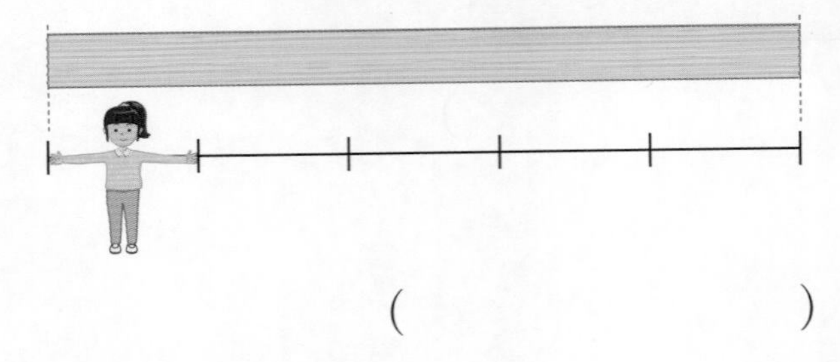

(　　　　　　)

03 1 cm를 바르게 쓴 것은 어느 것인가요?

(　　　)

① 1 Cm　　② 1 Cm
③ 1 Cm　　④ 1 cm
⑤ 1 cm

04 부채의 길이는 몇 cm인가요?

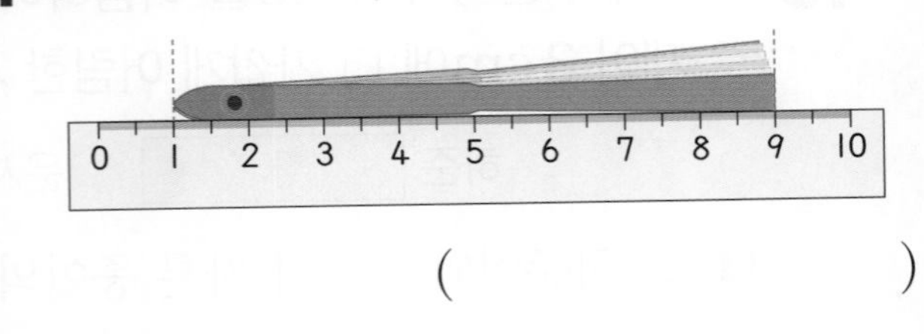

(　　　　　　)

05 붓의 길이는 약 몇 cm인가요?

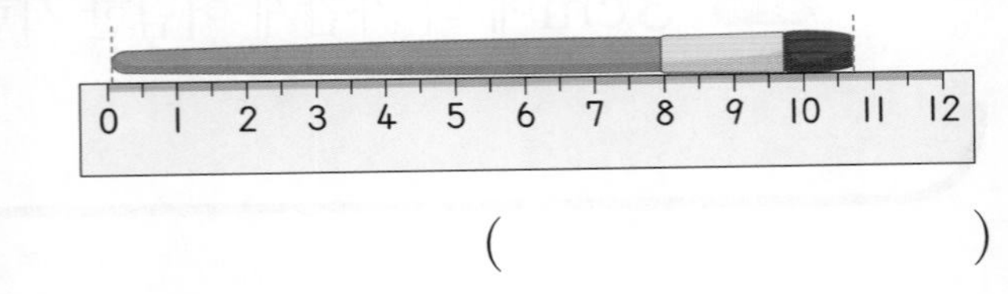

(　　　　　　)

06 이쑤시개의 길이를 어림하고, 자로 재어 확인해 보세요.

어림한 길이 (　　　　　　)
자로 잰 길이 (　　　　　　)

07 선의 길이가 더 긴 것의 기호를 써 보세요.

* 정답 55쪽의 종이띠를 활용하세요.

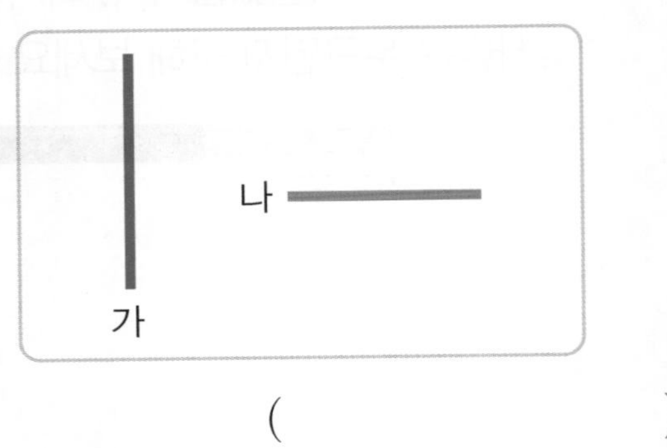

(　　　　　　)

정답 30쪽

08 색연필의 길이가 가장 짧은 것을 찾아 기호를 써 보세요.

* 정답 55쪽의 종이띠를 활용하세요.

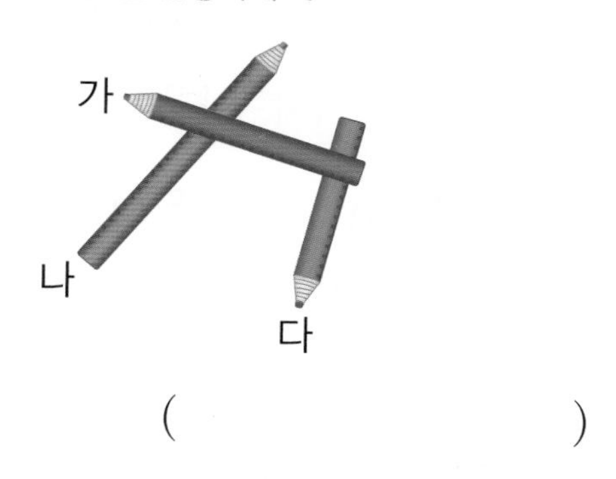

( )

09 주어진 물건을 단위로 하여 우산의 길이를 재었습니다. 잰 횟수가 가장 많은 것을 찾아 기호를 써 보세요.

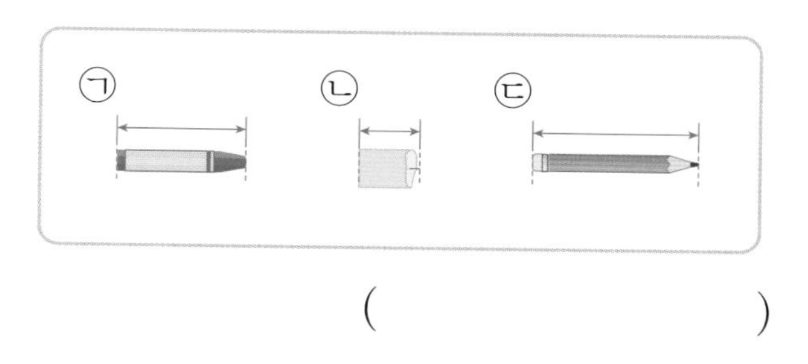

( )

10 블록을 더 높이 쌓은 사람은 누구인가요?

예지: 내가 쌓은 블록의 높이는 포크로 10번이야.
다현: 내가 쌓은 블록의 높이는 클립으로 10번이야.

( )

11 색연필의 길이는 1 cm로 17번입니다. 색연필의 길이는 몇 cm인가요?

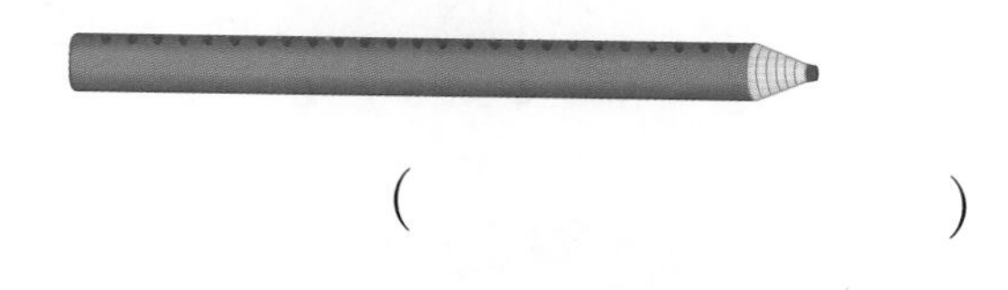

( )

12 길이가 가장 긴 것을 찾아 기호를 써 보세요.

㉠ 9 cm
㉡ 8 센티미터
㉢ 1 cm가 10번

( )

13 자로 길이를 재어 길이가 가장 긴 것을 찾아 기호를 쓰고, 몇 cm인지 써 보세요.

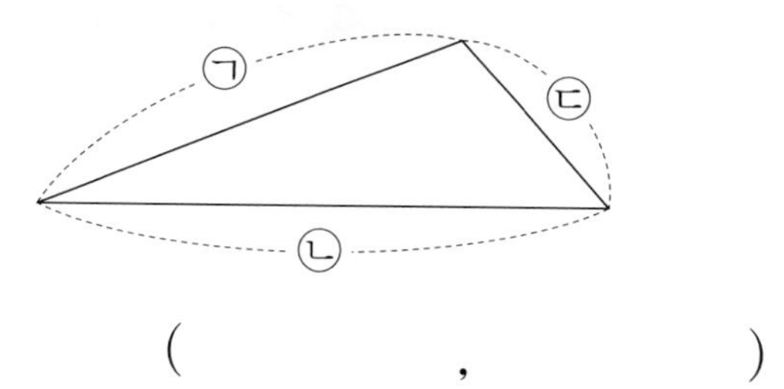

(,)

14 자로 길이를 재어 점과 점 사이의 길이가 3 cm인 선을 모두 찾아 그어 보세요.

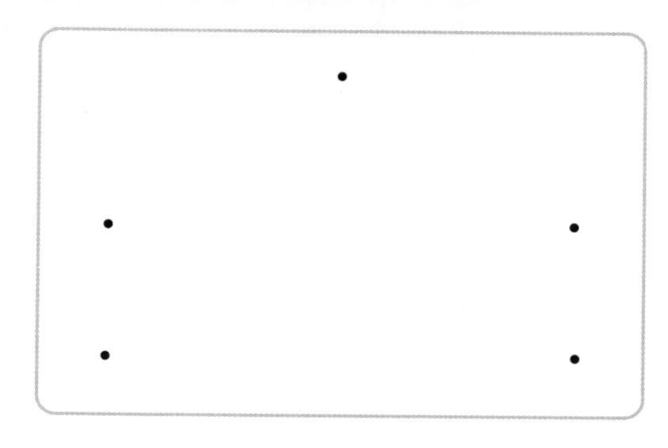

15 지우개의 길이를 알아보고, 비교해 보세요.

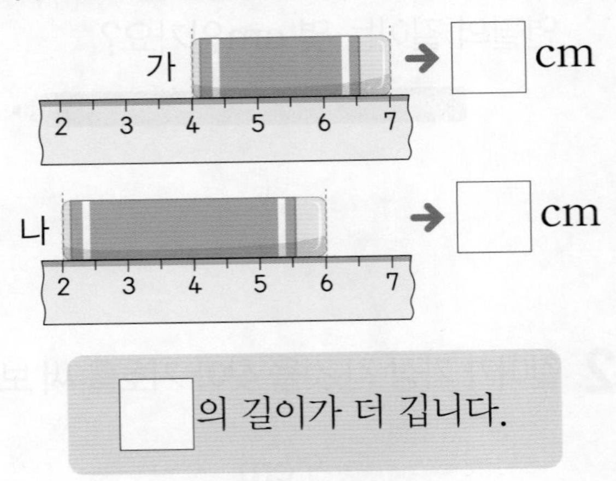

□의 길이가 더 깁니다.

16 연아와 민서 중 길이가 5 cm인 선을 그은 사람은 누구인가요?

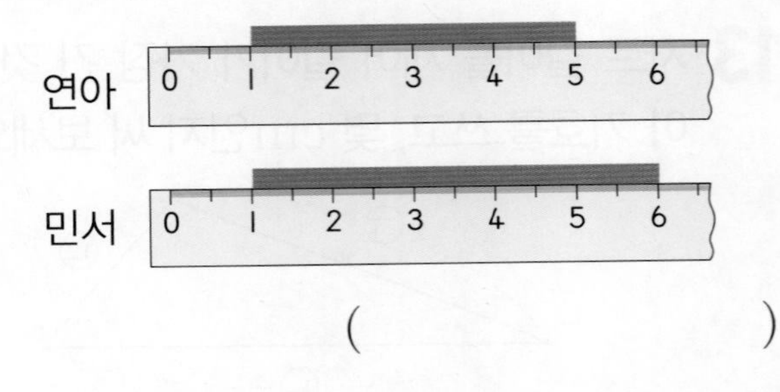

(　　　　　　)

17 칼의 길이는 약 몇 cm인가요?

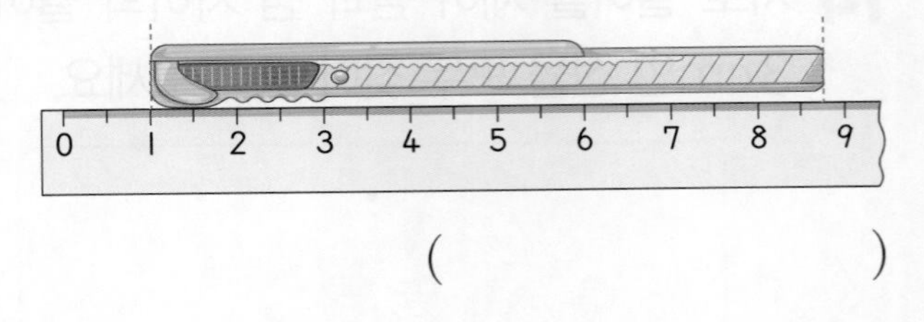

(　　　　　　)

18 □ 안에 알맞은 길이는 어느 것인가요?

(　　　)

초등학교 2학년인 리아의 엄지손가락의 너비는 □입니다.

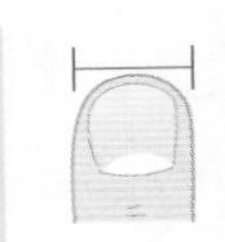

① 1 cm　② 5 cm　③ 10 cm
④ 15 cm　⑤ 20 cm

19 보기 에서 알맞은 길이를 골라 문장을 완성해 보세요.

보기
1 cm　15 cm　25 cm

수학 교과서의 긴 쪽의 길이는 약 □ 입니다.

서술형

20 교탁의 높이를 뼘으로 재었습니다. 도현이와 시우 중 뼘의 길이가 더 짧은 사람은 누구인지 풀이 과정을 쓰고, 답을 구해 보세요.

답

21 물감의 길이는 지우개로 3번입니다. 지우개의 길이가 4 cm일 때 물감의 길이는 몇 cm인지 구해 보세요.

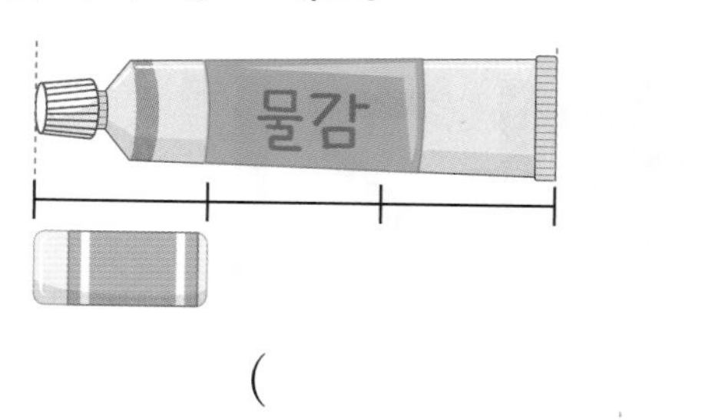

(　　　　　　　　　)

서술형

22 다음과 같이 부러진 자를 이용하여 12 cm를 재는 방법을 설명해 보세요.

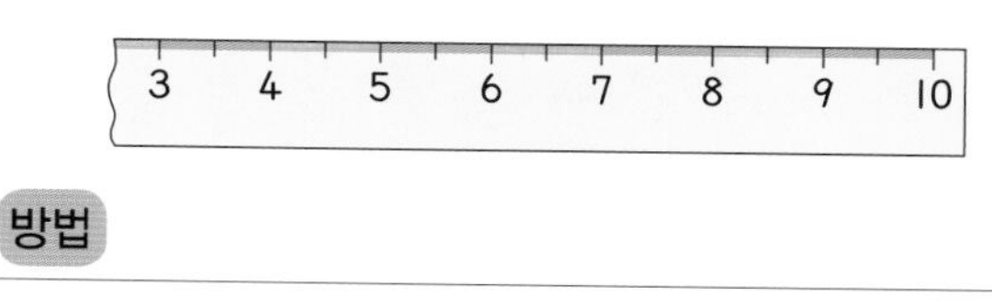

방법

23 열쇠의 길이를 수지는 약 8 cm, 선우는 약 6 cm, 태호는 약 3 cm로 어림했습니다. 열쇠의 실제 길이에 가장 가깝게 어림한 사람은 누구인지 구해 보세요.

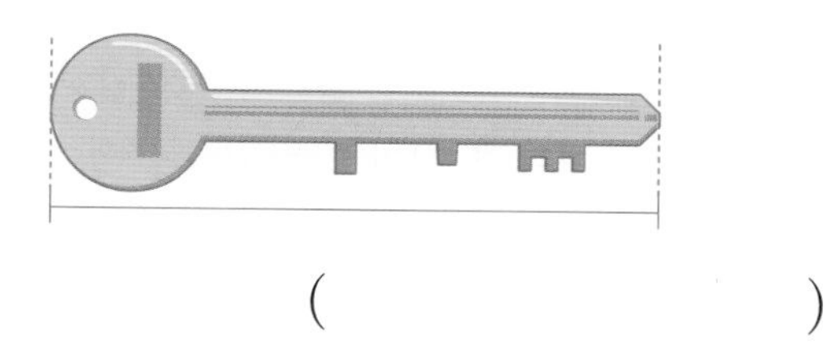

(　　　　　　　　　)

수행 평가

| 24~25 | 영은이와 민주의 대화를 읽고 물음에 답하세요.

24 민주가 가져온 색 테이프의 길이는 영은이가 가져온 색 테이프의 길이보다 짧았습니다. 두 사람 중 더 짧은 연필을 가진 사람은 누구인가요?

(　　　　　　　　　)

25 영은이와 민주의 색 테이프의 길이가 같으려면 민주에게 색 테이프의 길이를 어떤 방법으로 설명하면 좋을지 써 보세요.

4 단원 5회

학습 결과에 색칠하세요.

5 분류하기

이번에 배울 내용

회차	쪽수	학습 내용	학습 주제
1	122~125쪽	개념+문제 학습	분류 기준 정하기 / 기준에 따라 분류하기
2	126~129쪽	개념+문제 학습	분류하고 세어 보기 / 분류한 결과 말하기
3	130~133쪽	응용 학습	
4	134~137쪽	마무리 평가	

문해력을 높이는 **어휘**

분류: 기준에 따라 나누는 것

재활용품을 종이, 유리, 플라스틱 으로 [분][류]했어요.

예상: 앞으로 일어날 일을 미리 생각함

길이 막혀서 [예][상] 시간보다 오래 걸렸어요.

조사: 어떤 내용을 확실히 알기 위해 자세히 살펴보거나 찾아봄

탐정은 발자국을 남긴 범인이 누구인지 [조][사]했어요.

분명하다: 어떤 사실이 틀림이 없이 확실하다.

놀부가 제비의 다리를 일부러 부러뜨린 게 [분][명]해요.

학습일 :　　월　　일

개념 1 분류 기준 정하기

분류할 때는 누가 분류하더라도 결과가 같도록 **분명한 기준**을 정해야 합니다.

└ 분류: 기준에 따라 나누는 것

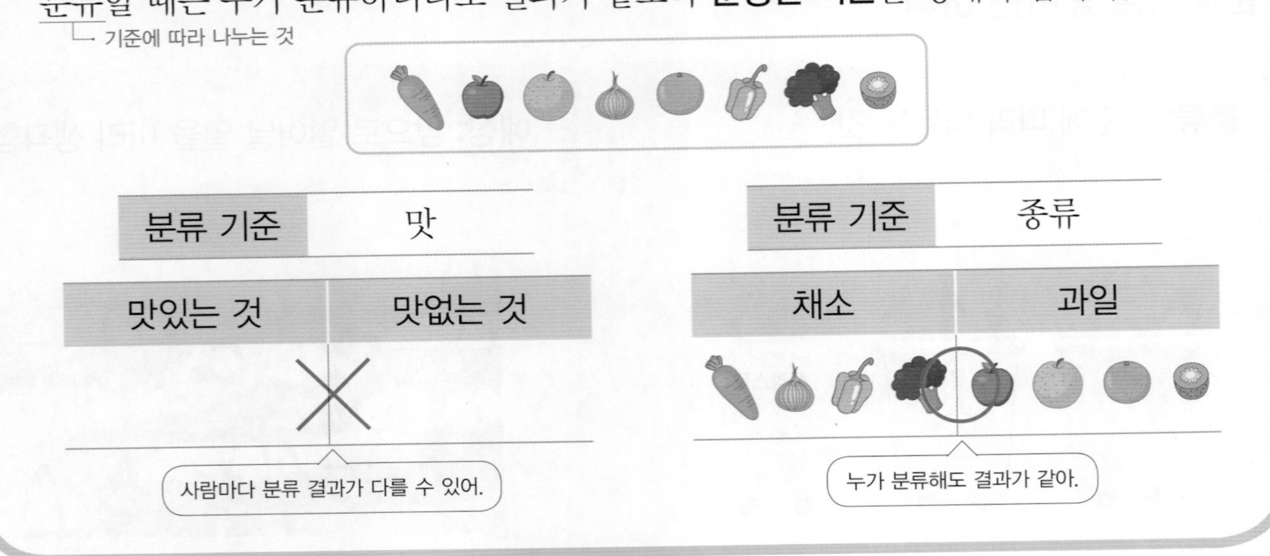

분류 기준	맛

맛있는 것	맛없는 것
╳	

분류 기준	종류

채소	과일

확인 1 분류 기준으로 알맞은 것에 색칠해 보세요.

귀여운 것과 귀엽지 않은 것

하늘을 날 수 있는 것과 날 수 없는 것

개념 2 기준에 따라 분류하기

분류할 때는 색깔, 크기, 모양 등 **분명한 기준**을 정하고 기준에 따라 분류합니다.

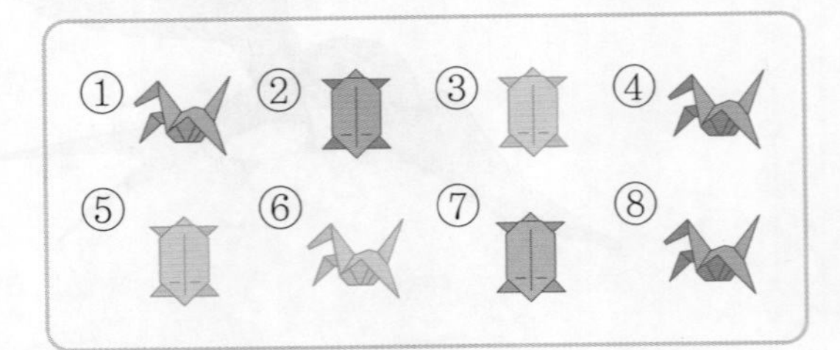

분류 기준	모양

모양	학	거북이
번호	①, ④, ⑥, ⑧	②, ③, ⑤, ⑦

확인 2 위의 색종이로 접은 동물을 색깔에 따라 분류해 보세요.

색깔	■	■	■
번호			

정답 32쪽

1 분류 기준으로 알맞은 것에 ○표 하세요.

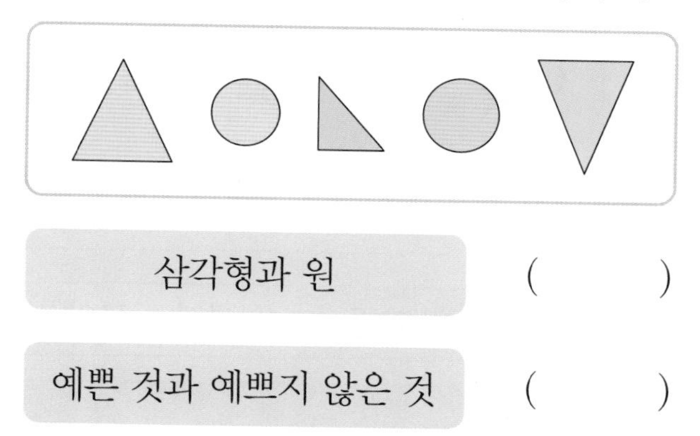

삼각형과 원 (   )

예쁜 것과 예쁘지 않은 것 (   )

2 색깔에 따라 분류할 수 있는 것에 ○표 하세요.

(   ) (   )

3 바퀴의 수에 따라 분류해 보세요.

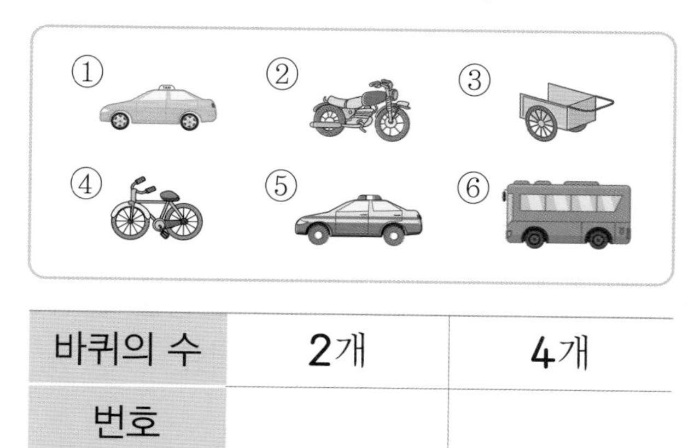

바퀴의 수	2개	4개
번호		

4 모양에 따라 분류해 보세요.

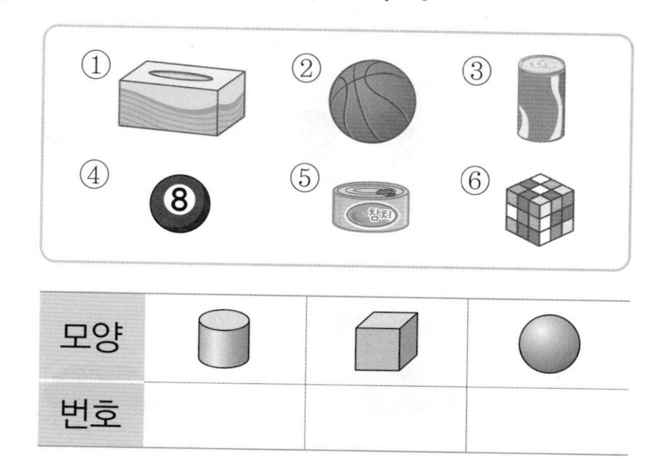

모양			
번호			

5 무늬에 따라 분류해 보세요.

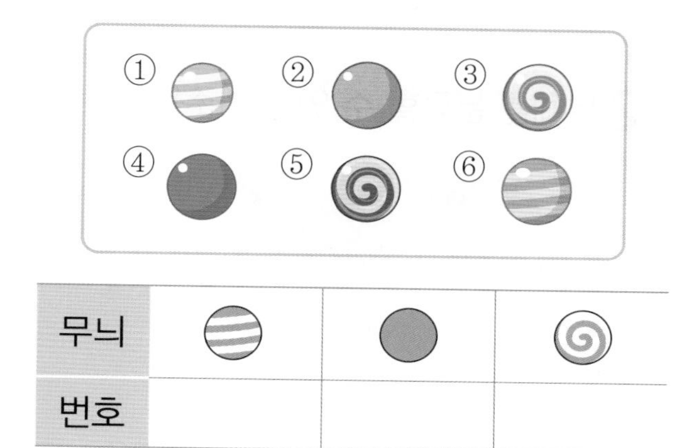

무늬			
번호			

6 잘못 분류한 악기를 찾아 ×표 하세요.

입으로 부는 악기	때리거나 치는 악기	줄로 소리 내는 악기

1회 문제 학습

01 아이스크림을 분류하려고 합니다. 분류 기준을 알맞게 말한 사람은 누구인가요?

(　　　　　　　　)

02 부채를 분류할 수 있는 기준을 써 보세요.

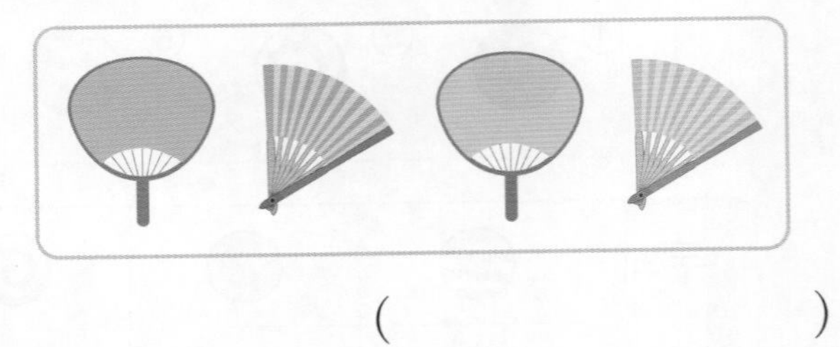

(　　　　　　　　　　　　)

디지털 문해력

03 우유를 분류할 수 있는 기준을 2가지 써 보세요.

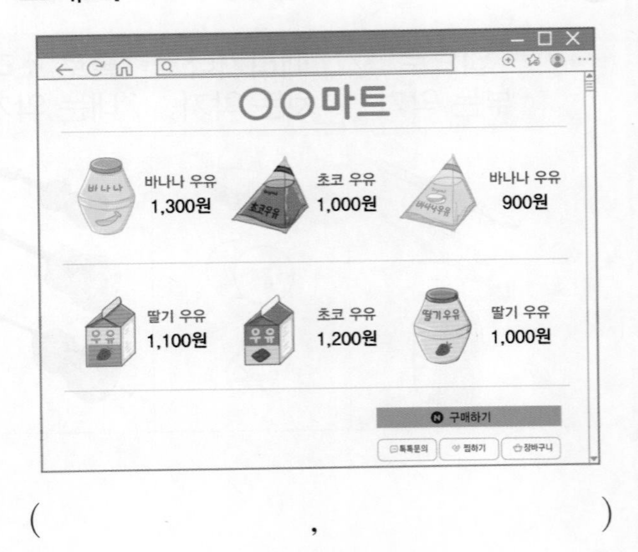

(　　　　　　　　　　,　　　　　　　　　　)

04 기준을 정하여 누름 못을 분류해 보세요.

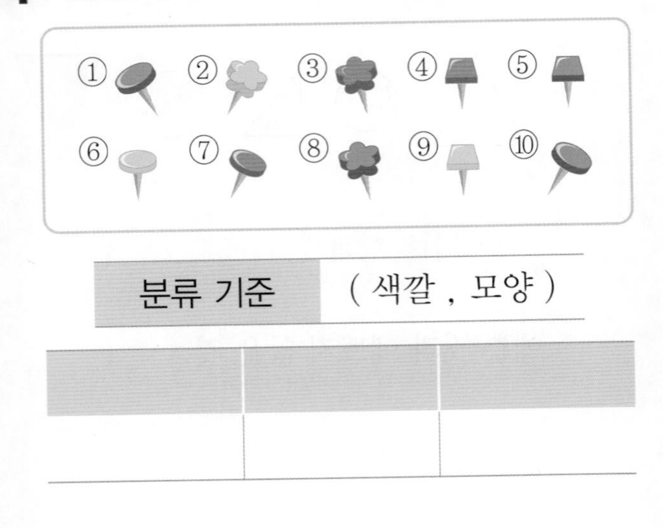

분류 기준	(색깔 , 모양)

| 05~06 | 인형을 보고 물음에 답하세요.

05 인형을 다음과 같이 분류하였습니다. 분류 기준을 써 보세요.

(　　　　　　　　　　　　)

06 05의 분류 기준 외에 인형을 분류할 수 있는 다른 기준을 써 보세요.

(　　　　　　　　　　　　)

정답 32쪽

07 기준에 따라 물건을 알맞게 분류하여 가게를 만들려고 합니다. 가게에 알맞은 물건을 찾아 이어 보세요.

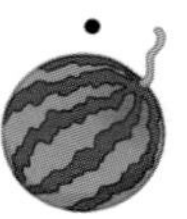

| 08~09 | 깃발을 보고 물음에 답하세요.

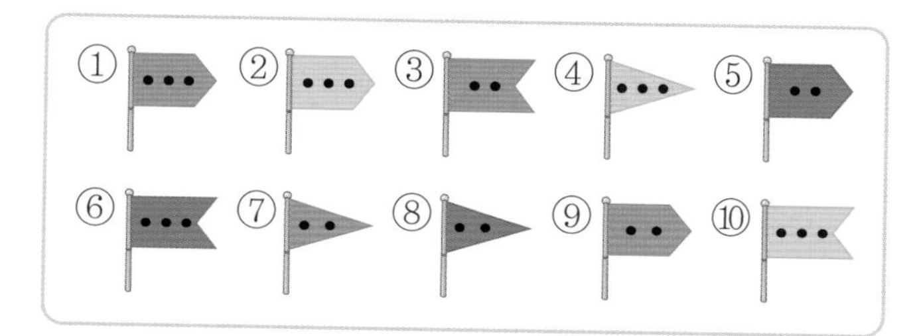

08 점의 수에 따라 깃발을 분류해 보세요.

분류 기준	점의 수

창의형

09 08과 다른 기준을 정하여 깃발을 분류해 보세요.

분류 기준	

* 정한 기준에 맞춰 칸을 나누어 보세요.

서술형 문제

10 음식을 다음과 같이 분류하였습니다. 분류 기준으로 알맞지 않은 이유를 써 보세요.

맛있는 음식		맛없는 음식	
떡볶이	돈가스	순대	우동
김밥	라면	튀김	어묵

이유 맛있는 음식과 맛없는 음식은 사람마다 (같게 , 다르게) 분류할 수 있기 때문입니다.

11 운동을 다음과 같이 분류하였습니다. 분류 기준으로 알맞지 않은 이유를 써 보세요.

재미있는 운동		재미없는 운동	
농구	수영	야구	배구
달리기	축구	스케이팅	양궁

이유

5 단원 1회

학습 결과에 색칠하세요.

2회 개념 학습

학습일 :   월   일

개념 1 분류하고 세어 보기

기준에 따라 분류하고 그 수를 세어 나타냅니다.

분류 기준	활동하는 곳

→ 여러 번 세거나 빠뜨리지 않도록 그림에 ○, ×, ∨ 등을 표시하며 세요.

활동하는 곳	하늘	땅	물
세면서 표시하기	///	///	//
동물의 수(마리)	3	3	2

참고 분류하여 세어 보면 가장 많은 것, 가장 적은 것 등을 쉽게 알 수 있습니다.

확인 1 위의 동물을 다리의 수에 따라 분류하고 그 수를 세어 보세요.

다리의 수	0개	2개	4개
동물의 수(마리)			

개념 2 분류한 결과 말하기

분류 기준	우산의 길이

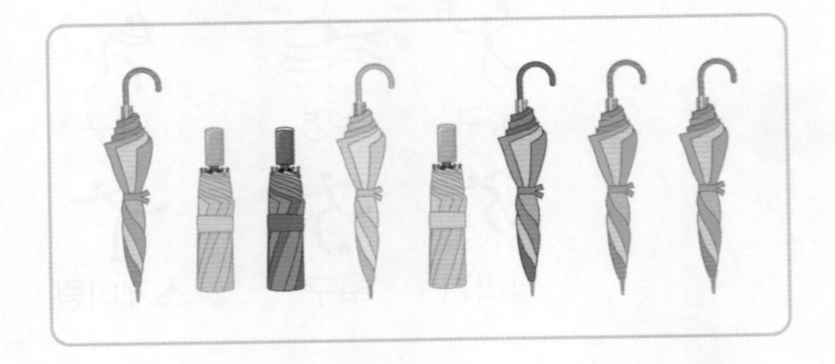

우산의 길이	긴 것	짧은 것
세면서 표시하기	////|	///
우산의 수(개)	5	3

긴 우산이 짧은 우산보다 더 많습니다.

➜ 긴 우산꽂이를 짧은 우산꽂이보다 더 많이 준비하면 좋겠습니다.

확인 2 위의 우산을 색깔에 따라 분류하고, 알맞은 말에 ○표 하세요.

색깔	빨간색	파란색	노란색
우산의 수(개)			

가장 적은 색깔의 우산은
(빨간색 , 파란색 , 노란색) 우산입니다.

| 1~3 | 단추를 분류하려고 합니다. 정해진 기준에 따라 분류하고 그 수를 세어 보세요.

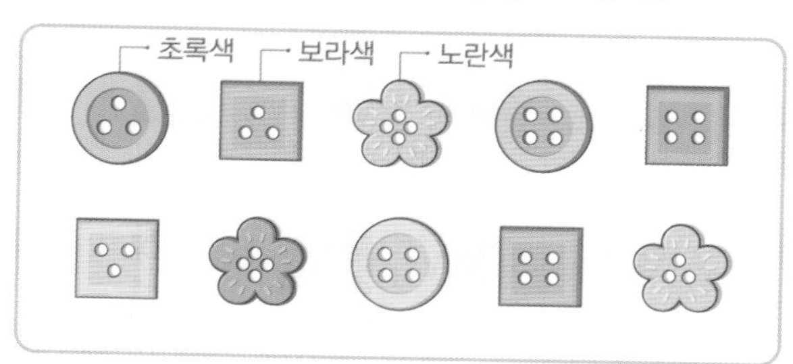

1 색깔에 따라 분류하고 그 수를 세어 보세요.

색깔	초록색	보라색	노란색
세면서 표시하기			
단추 수(개)			

2 모양에 따라 분류하고 그 수를 세어 보세요.

모양	○	□	✿
세면서 표시하기			
단추 수(개)			

3 구멍의 수에 따라 분류하고 그 수를 세어 보세요.

구멍의 수	3개	4개
세면서 표시하기		
단추 수(개)		

| 4~6 | 빵집에서 오늘 하루 동안 팔린 빵입니다. 물음에 답하세요.

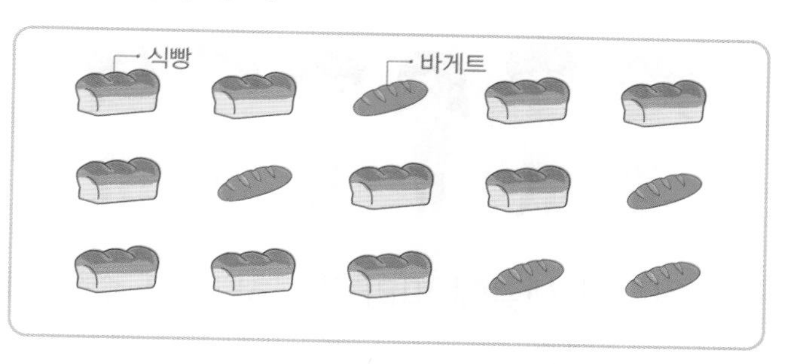

4 정해진 기준에 따라 분류하고 그 수를 세어 보세요.

분류 기준	빵 종류

빵 종류	식빵	바게트
세면서 표시하기		
빵의 수(개)		

5 식빵과 바게트 중 오늘 하루 동안 더 많이 팔린 빵은 어느 것인가요?

( )

6 내일 빵집에서 어떤 종류의 빵을 더 많이 준비하면 좋을까요?

( )

| 01~03 | 학생들의 모습을 보고 기준에 따라 분류해 보세요.

01 윗옷의 색깔에 따라 분류하고 그 수를 세어 보세요.

윗옷의 색깔	흰색	노란색	파란색
세면서 표시하기			
학생 수(명)			

02 □ 안에 알맞은 말을 써넣으세요.

가장 많은 윗옷의 색깔은 □, 가장 적은 윗옷의 색깔은 □입니다.

03 **01**과 다른 기준을 정하여 분류하고 그 수를 세어 보세요.

분류 기준	
□	
학생 수(명)	

* 정한 기준에 맞춰 칸을 나누어 보세요.

| 04~06 | 준오네 반 학생들이 가고 싶어 하는 체험 학습 장소입니다. 물음에 답하세요.

동물원	박물관	동물원	동물원	미술관	동물원
미술관	동물원	동물원	박물관	미술관	동물원

04 장소에 따라 분류하고 그 수를 세어 보세요.

장소	동물원	박물관	미술관
학생 수(명)			

05 체험 학습 장소에 대해 잘못 설명한 것의 기호를 써 보세요.

㉠ 동물원에 가고 싶어 하는 학생은 7명입니다.
㉡ 가장 적은 학생들이 가고 싶어 하는 곳은 미술관입니다.

( )

디지털 문해력

06 준오네 반 누리집에 올라온 게시글입니다. □ 안에 알맞은 장소를 써넣으세요.

체험 학습 장소 안내

가장 많은 학생들이 가고 싶어 하는 체험 학습 장소는 □입니다.

따라서 우리 반은 □으로 체험 학습을 가기로 결정했습니다.

07 은서네 반 학생들이 사용하는 연필입니다. 물음에 답하세요.

(1) 기준을 정하여 연필을 분류하고 그 수를 세어 보세요.

분류 기준	
□	
연필의 수(자루)	

* 정한 기준에 맞춰 칸을 나누어 보세요.

(2) 은서네 반 학생들은 어떤 연필을 가장 많이 사용하고 있나요?

( )

(3) 은서가 문구점 주인에게 전해 줄 편지를 완성해 보세요.

안녕하세요? 우리 반 친구들이
가장 많이 사용하는 연필은
( )입니다.
그래서 ( )을
더 준비해 두시면 좋을 것 같아요.
감사합니다.

서술형 문제

08~09 블록을 보고 물음에 답하세요.

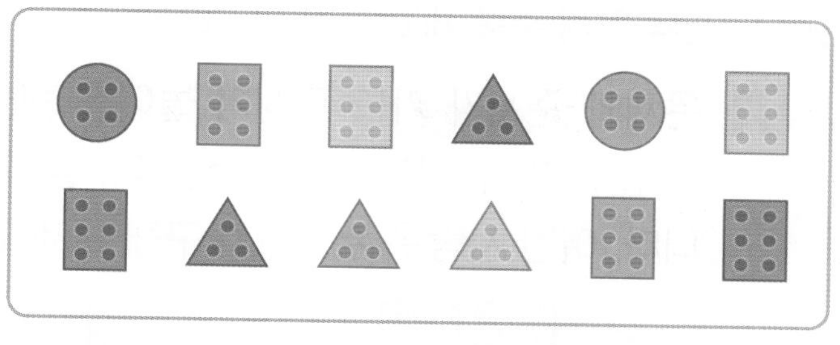

08 가장 많은 모양과 가장 적은 모양의 블록 수의 차는 몇 개인지 풀이 과정을 쓰고, 답을 구해 보세요.

❶ 가장 많은 모양은 (○, □, △), 가장 적은 모양은 (○, □, △)입니다.

❷ 두 모양의 블록 수의 차는 □ − □ = □ (개)입니다.

답

09 가장 많은 색깔과 가장 적은 색깔의 블록 수의 차는 몇 개인지 풀이 과정을 쓰고, 답을 구해 보세요.

답

5 단원 2회

학습 결과에 색칠하세요.

3회 응용 학습

학습일 : 월 일

분류하여 수를 세고 크기 비교하기

01 은채와 준서가 카드 뒤집기 놀이를 했습니다. 카드를 모양에 따라 분류할 때 원이 많으면 은채가, 삼각형이 많으면 준서가 이깁니다. 이긴 사람은 누구인지 구해 보세요.

1단계 카드를 모양에 따라 분류하고 그 수 세어 보기

모양	원	삼각형
카드의 수(장)		

2단계 이긴 사람 구하기

( )

문제해결 TIP

모양에 따라 분류하므로 색깔에 상관없이 모양별로 여러 번 세거나 빠뜨리지 않게 표시를 하며 세요.

02 설아와 기태가 색종이 뒤집기 놀이를 했습니다. 색종이를 색깔에 따라 분류할 때 보라색이 많으면 설아가, 노란색이 많으면 기태가 이깁니다. 이긴 사람은 누구인지 구해 보세요.

( )

03 연수와 다은이가 색종이 뒤집기 놀이를 했습니다. 다은이가 이기려면 마지막 색종이의 색깔은 무슨 색이어야 하는지 구해 보세요.

규칙

색종이를 색깔에 따라 분류할 때 빨간색이 많으면 연수가, 파란색이 많으면 다은이가 이깁니다.

( )

마지막 색종이를 제외하고 색종이를 색깔에 따라 분류해 봐.

분류하여 수를 세고 주어진 결과와 비교하기

04 이름표를 성씨에 따라 분류하고 그 수를 센 것입니다. ●에 알맞은 성씨를 구해 보세요.

박씨	이씨	김씨	박씨	이씨
김씨	이씨	이씨	김씨	박씨
이씨	김씨	이씨	박씨	●

성씨	이름표 수(개)
박씨	5
김씨	4
이씨	6

1단계 박씨가 적힌 이름표의 수 세어 보기

( )

2단계 ●에 알맞은 성씨 구하기

( )

문제해결 TIP

성씨에 따라 분류하여 센 수와 결과를 비교해요.

05 재활용품을 종류에 따라 분류하고 그 수를 센 것입니다. 빈 곳에 알맞은 재활용품은 무엇인지 구해 보세요.

종류	유리병	캔	비닐
재활용품의 수(개)	3	4	2

( )

06 은미네 반 학생들이 좋아하는 도형을 분류하고 그 수를 센 것입니다. 빈칸에 알맞은 도형과 수를 각각 써넣으세요.

사각형	삼각형	원	사각형
삼각형	사각형	원	원
원	삼각형	원	삼각형
삼각형	사각형	삼각형	

도형	학생 수(명)
삼각형	7
사각형	4
원	

도형을 분류하여 센 수와 주어진 결과를 비교하여 빈칸에 알맞은 도형을 구해!

분류하여 수를 세고 합 또는 차 구하기

07 지우네 반 학생들이 가지고 있는 딱지 수입니다. 딱지를 7장 또는 8장 가지고 있는 학생은 모두 몇 명인지 구해 보세요.

9장	7장	5장	6장	5장	8장	7장	5장
7장	8장	9장	7장	8장	6장	5장	9장

1단계 딱지의 수에 따라 분류하고 수 세어 보기

딱지의 수	5장	6장	7장	8장	9장
학생 수(명)					

2단계 딱지를 7장 또는 8장 가지고 있는 학생 수 구하기

( )

문제해결 TIP

딱지 수에 따라 분류하고 수를 세어요.
그리고 7장을 가지고 있는 학생 수와 8장을 가지고 있는 학생 수를 더해요.

08 은지네 반 학생들이 한 달 동안 읽은 책 수입니다. 책을 4권 또는 5권 읽은 학생은 모두 몇 명인지 구해 보세요.

2권	5권	6권	3권	4권	2권	3권	4권
5권	6권	4권	4권	4권	3권	2권	5권

( )

09 예나네 집 근처 건물의 층수입니다. 8층짜리 건물은 4층짜리 건물보다 몇 채 더 많은지 구해 보세요.

먼저 건물 층수에 따라 분류하고 수를 세어 봐!

5층	6층	8층	4층	9층
9층	7층	8층	4층	6층
8층	9층	5층	5층	8층

( )

두 가지 기준에 따라 분류하기

10 노란색이면서 곰 모양 젤리는 모두 몇 개인지 구해 보세요.

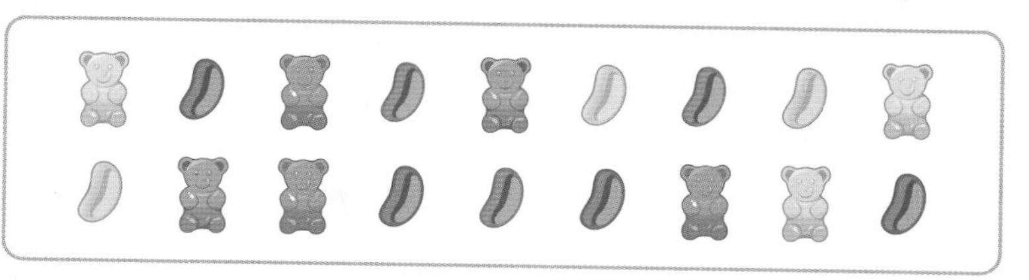

1단계 노란색 젤리의 수 구하기

( )

2단계 노란색 젤리 중 곰 모양 젤리의 수 구하기

( )

문제해결 TIP

먼저 노란색 젤리를 찾고, 그중 곰 모양인 것을 찾아 수를 세어 봐요.

11 줄무늬가 있는 초록색 양말은 모두 몇 개인지 구해 보세요.

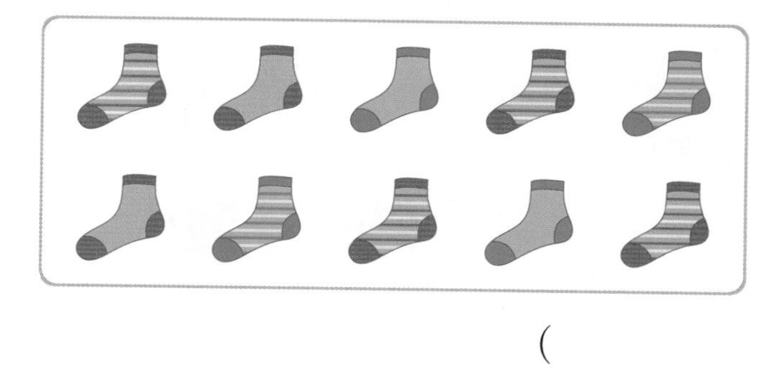

( )

12 ㉠에 들어갈 수의 합을 구해 보세요.

6 10 8 9 7 12 13

	한 자리 수	두 자리 수
홀수	㉠	
짝수		

( )

먼저 한 자리 수와 두 자리 수로 분류하고 다시 홀수와 짝수로 분류해.

학습 결과에 색칠하세요.

4회 마무리 평가

학습일 : 월 일

01 분류 기준으로 알맞지 않은 것에 ×표 하세요.

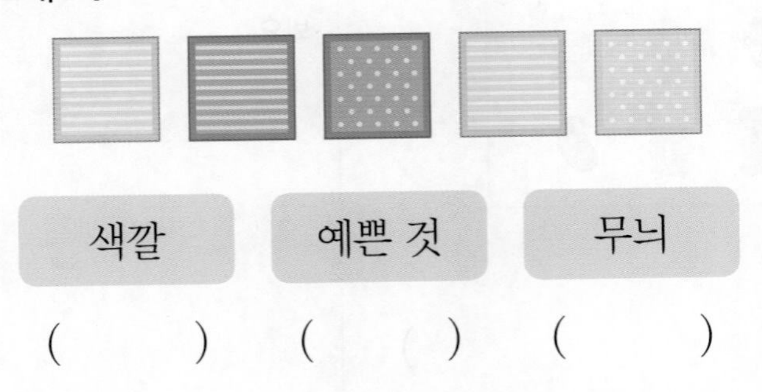

색깔	예쁜 것	무늬
( )	( )	( )

| 02~03 | **민서는 색종이로 여러 가지 도형을 만들었습니다. 물음에 답하세요.**

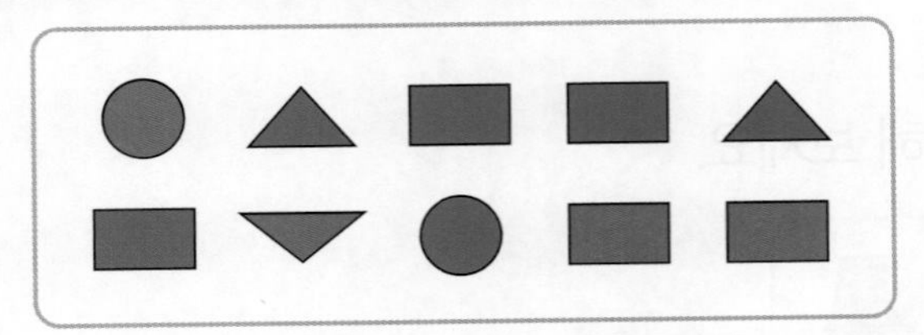

02 색깔에 따라 분류하면 몇 가지로 분류할 수 있는지 구해 보세요.

( )

03 모양에 따라 분류하면 몇 가지로 분류할 수 있는지 구해 보세요.

( )

04 잘못 분류한 돈을 찾아 ×표 하세요.

지폐	10000, 5000, 1000, 10
동전	500, 100, 50

05 시장에서 사온 것을 다음과 같이 분류하였습니다. 분류 기준으로 알맞은 것은 무엇인가요? ( )

① 크기 ② 색깔 ③ 가격
④ 무게 ⑤ 모양

| 06~07 | **화분을 분류하려고 합니다. 물음에 답하세요.**

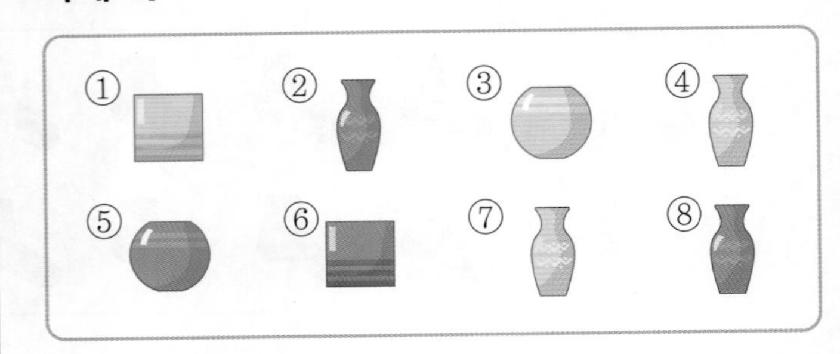

06 색깔에 따라 분류해 보세요.

색깔	노란색	초록색
번호		

07 모양에 따라 분류해 보세요.

모양	□	병 모양	둥근 모양
번호			

정답 35쪽

08 승호가 다음과 같이 도로 표지판을 분류하였습니다. 분류 기준을 써 보세요.

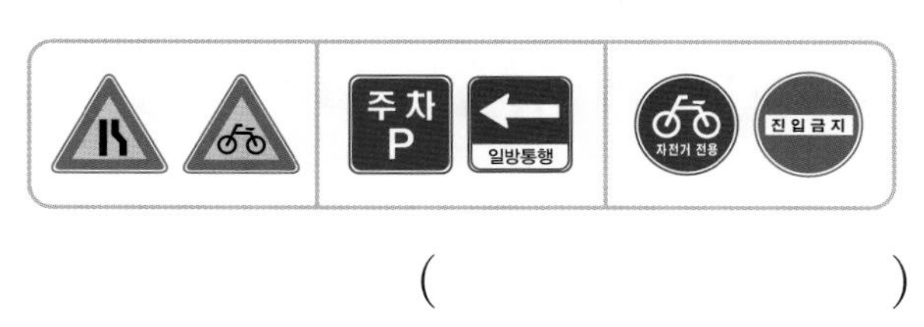

( )

| 09~10 | 자석을 보고 물음에 답하세요.

09 기준을 정하여 자석을 분류해 보세요.

분류 기준	(종류 , 무늬)

10 **09**와 다른 기준을 정하여 자석을 분류해 보세요.

분류 기준	

* 정한 기준에 맞춰 칸을 나누어 보세요.

| 11~14 | 어느 지역의 15일 동안의 날씨입니다. 물음에 답하세요.

1일	2일	3일	4일	5일
6일	7일	8일	9일	10일
11일	12일	13일	14일	15일

: 맑음 : 흐림 : 비

11 날씨에 따라 분류하고 그 수를 세어 보세요.

날씨			
날수(일)			

12 맑은 날, 흐린 날, 비 온 날 중 어떤 날이 가장 많았나요?

( )

13 맑은 날, 흐린 날, 비 온 날 중 어떤 날이 가장 적었나요?

( )

서술형

14 흐린 날은 비 온 날보다 며칠 더 많은지 풀이 과정을 쓰고, 답을 구해 보세요.

답

| 15~17 | 어느 가게에서 오늘 하루 동안 팔린 머리핀입니다. 물음에 답하세요.

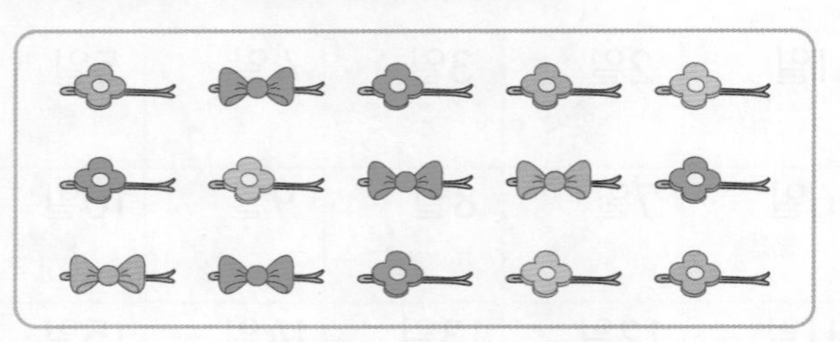

15 모양에 따라 분류하고 그 수를 세어 보세요.

모양	(꽃 모양)	(리본 모양)
세면서 표시하기		
머리핀의 수(개)		

16 색깔에 따라 분류하고 그 수를 세어 보세요.

색깔	빨간색	보라색	노란색
머리핀의 수(개)			

서술형

17 머리핀을 많이 팔기 위해 내일 가게에서는 어떤 머리핀을 더 많이 준비하면 좋을지 설명해 보세요.

설명

| 18~19 | 연아네 반 학생들이 좋아하는 간식입니다. 물음에 답하세요.

빵 치킨 피자 김밥

18 바르게 설명한 것을 찾아 기호를 써 보세요.

㉠ 가장 많은 학생들이 좋아하는 간식은 빵입니다.
㉡ 가장 적은 학생들이 좋아하는 간식은 피자입니다.
㉢ 김밥을 좋아하는 학생은 5명입니다.

(　　　　　　)

19 연아네 반 학생들이 좋아하는 간식을 나누어 주려고 합니다. 가장 많이 준비해야 할 간식은 무엇인가요?

(　　　　　　)

20 승호가 한 달 동안 읽은 책을 종류별로 분류하고 그 수를 세었습니다. 종류별로 읽은 책 수가 비슷하려면 어떤 종류의 책을 더 읽어야 할지 써 보세요.

책 종류	위인전	동화책	과학책
책 수(개)	18	16	5

(　　　　　　)

| 21~23 | 시원이가 가지고 있는 사탕입니다. 물음에 답하세요.

21 사탕을 분류할 수 있는 기준을 2가지 써 보세요.

(,)

22 노란색이면서 ◯ 모양인 사탕은 모두 몇 개인가요?

( )

23 ♡ 모양이면서 파란색인 사탕은 모두 몇 개인가요?

( )

수행 평가

| 24~25 | 유리는 엄마와 함께 백화점에서 쇼핑을 하려고 합니다. 물음에 답하세요.

24 층별 안내도에 따라 사야 할 물건을 층별로 써 보세요.

층수	물건
4층	
3층	
2층	
1층	
지하 1층	

25 유리와 엄마는 지하 2층에 주차를 하고 쇼핑을 하려고 합니다. 물건을 편리하게 살 수 있는 방법을 써 보세요.

5 단원 4회

학습 결과에 색칠하세요.

6 곱셈

이번에 배울 내용

회차	쪽수	학습 내용	학습 주제
1	140~143쪽	개념+문제 학습	여러 가지 방법으로 세어 보기 / 묶어 세어 보기
2	144~147쪽	개념+문제 학습	몇의 몇 배 알기 / 몇의 몇 배로 나타내기
3	148~151쪽	개념+문제 학습	곱셈 알기 / 곱셈식으로 나타내기
4	152~155쪽	응용 학습	
5	156~159쪽	마무리 평가	

문해력을 높이는 **어휘**

묶다: 여럿을 한군데로 모으거나 합치다.

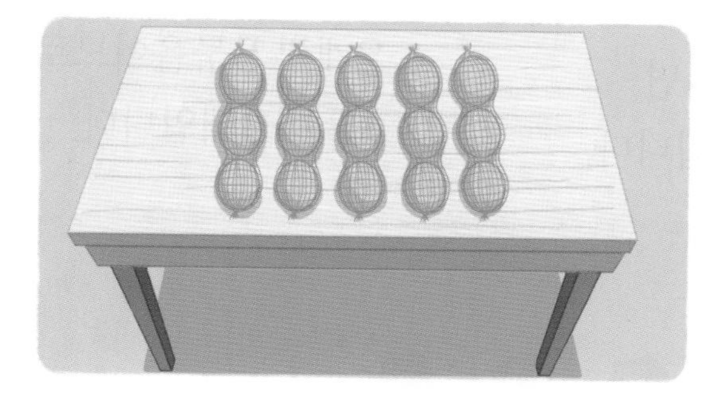

달걀을 3개씩

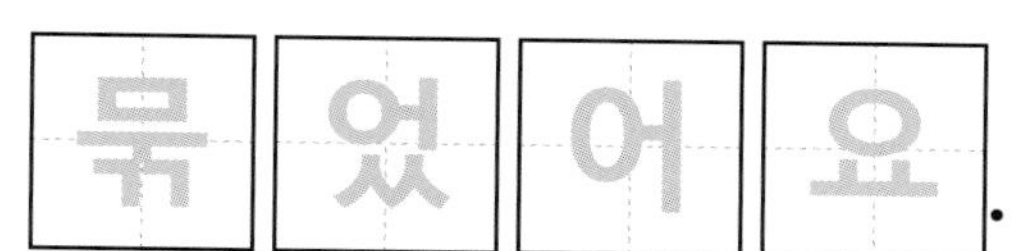

.

배: 일정한 수나 양이 그만큼 반복됨

친구들과 같이 물놀이를 했더니

두 배 로 재밌었어요.

곱셈: × 기호를 사용하여 나타낸 계산

2＋2＋2를 곱셈 으로

나타내면 2×3이에요.

곱: 곱셈의 계산 결과

곱셈식 2×3＝6에서 곱 은

계산 결과인 6이에요.

1회 개념 학습

○ 학습일 :　　월　　일

개념 1 여러 가지 방법으로 세어 보기

• 하나씩 세기

1 2 3 4 5 6 7 8 9 10

→ 사탕을 하나씩 세면 모두 10개입니다.

• 뛰어 세기

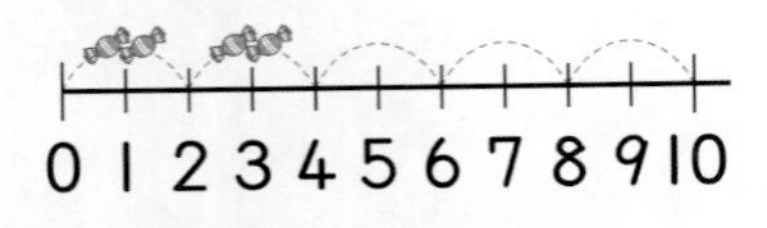

→ 2씩 뛰어 세면 모두 10개입니다.

• 묶어 세기

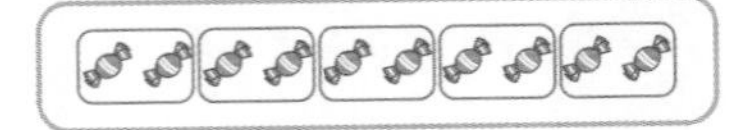

→ 2개씩 5묶음이므로 모두 10개입니다.

확인 1 사자는 모두 몇 마리인지 하나씩 세어 보세요.

| 1 | 2 | 3 | 4 | 5 | | | | |

→ □마리

개념 2 묶어 세어 보기

수를 셀 때 같은 수로 묶어 셀 수 있습니다.

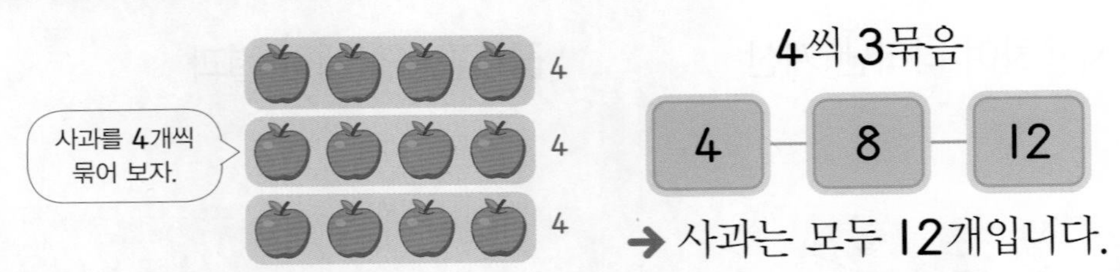

4씩 3묶음

4 — 8 — 12

→ 사과는 모두 12개입니다.

참고 사과를 2개씩 6묶음, 3개씩 4묶음, 6개씩 2묶음으로 묶어 셀 수도 있습니다.
→ 묶어 세는 방법은 달라도 사과는 모두 12개로 전체 수는 같습니다.

확인 2 호박은 모두 몇 개인지 묶어 세어 보세요.

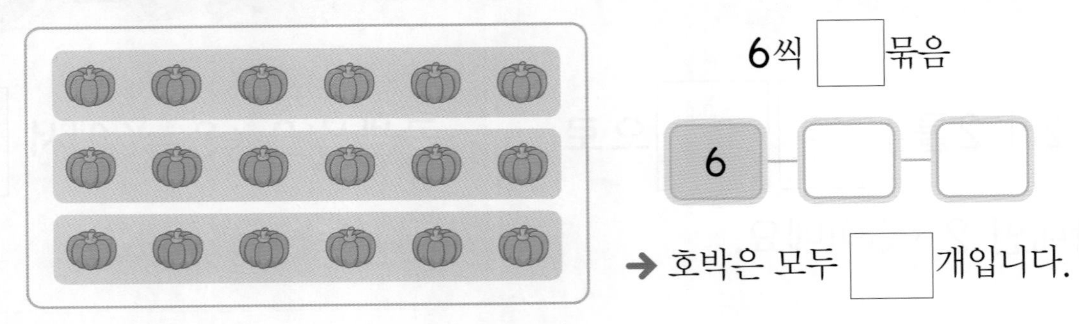

6씩 □묶음

6 — □ — □

→ 호박은 모두 □개입니다.

정답 37쪽

1 그림을 보고 □ 안에 알맞은 수를 써넣으세요.

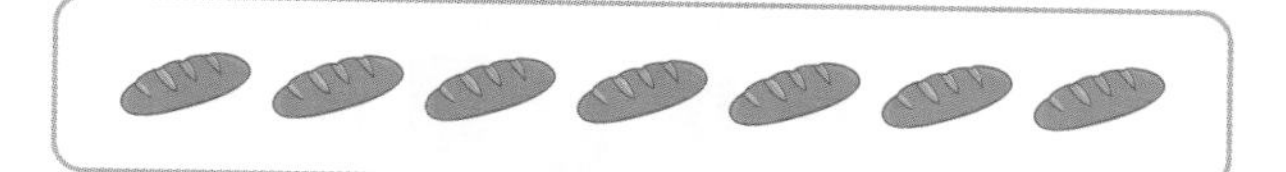

빵을 하나씩 세면

1, 2, 3, □, □, □, □(으)로

모두 □개입니다.

2 비행기는 모두 몇 대인지 2씩 뛰어 세어 보세요.

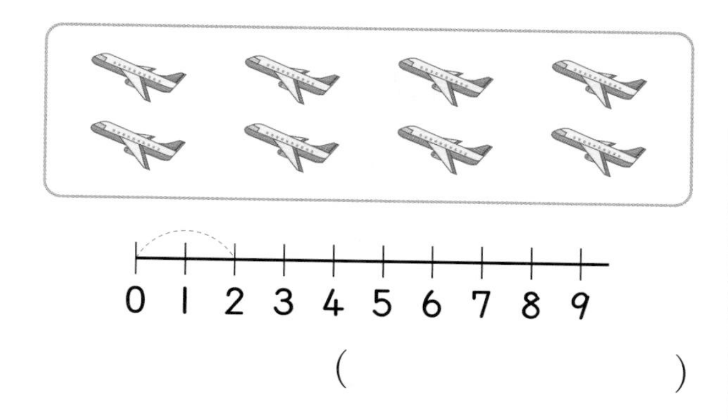

(　　　　　　　)

3 가지는 모두 몇 개인지 4개씩 묶어 세어 보세요.

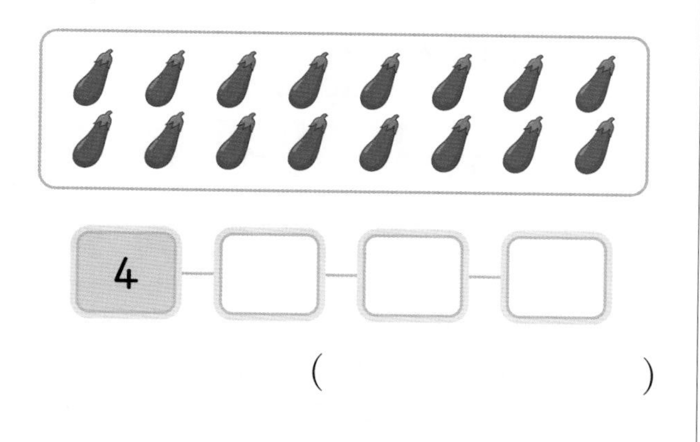

(　　　　　　　)

4 몇 개인지 묶어 세어 보세요.

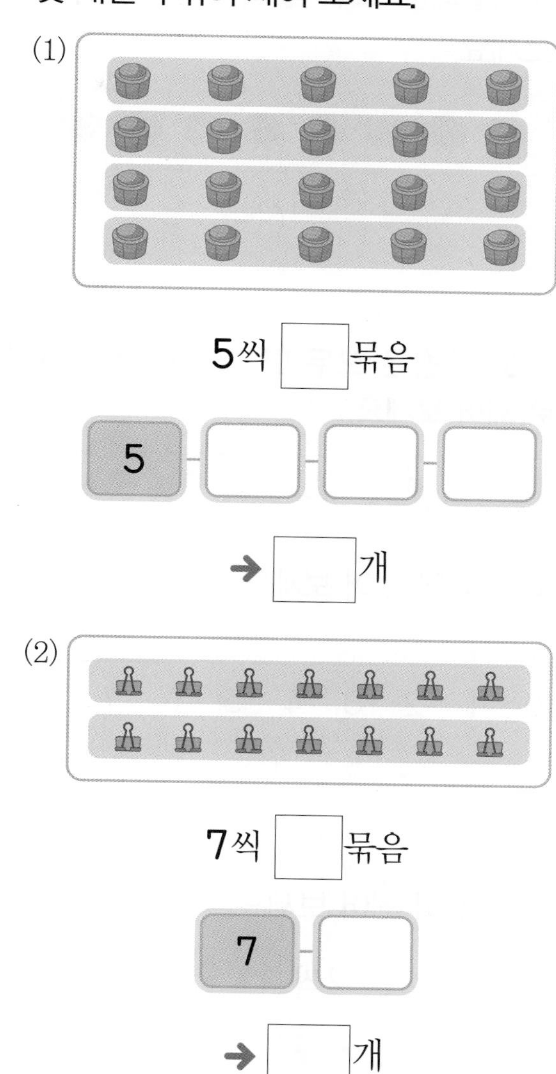

5 자동차는 모두 몇 대인지 3대씩 묶어 보고, □ 안에 알맞은 수를 써넣으세요.

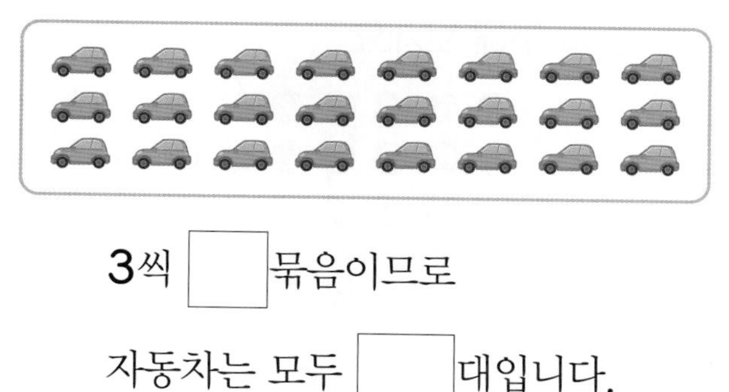

3씩 □묶음이므로

자동차는 모두 □대입니다.

1회 문제 학습

01 무당벌레는 모두 몇 마리인지 하나씩 세어 보세요.

(   )

| 02~03 | 우산은 모두 몇 개인지 여러 가지 방법으로 세어 보세요.

02 4씩 뛰어 세어 보세요.

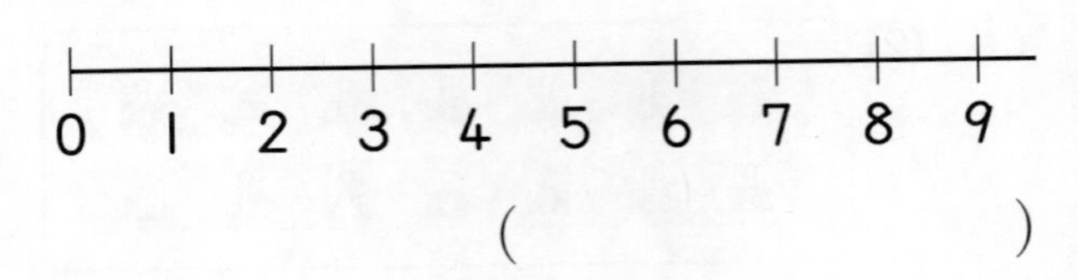

(   )

03 2씩 묶어 세어 보세요.

2씩 □ 묶음

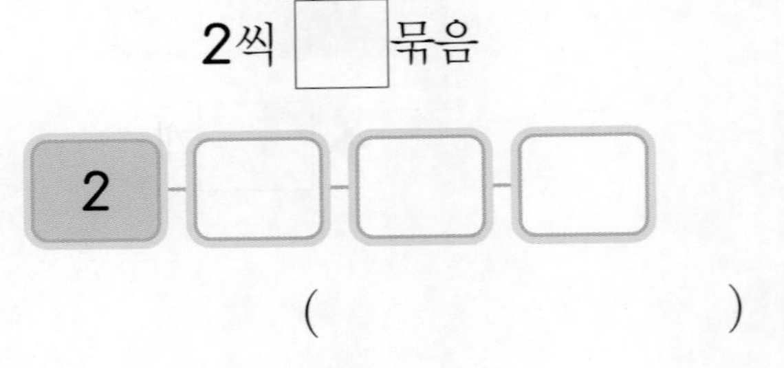

(   )

04 구슬이 몇씩 몇 묶음인지 쓰고, 모두 몇 개인지 구해 보세요.

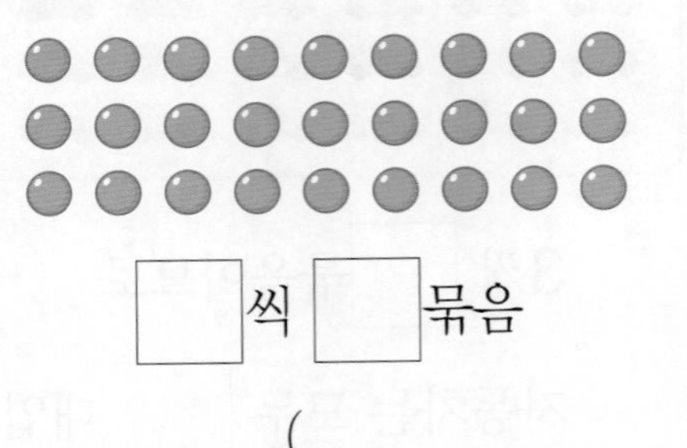

□씩 □묶음

(   )

05 □ 안에 알맞은 수를 써넣으세요.

수이: 3권씩 묶으면 □묶음이네.

세용: 3, 6, □, □, □(으)로 세어 볼 수 있어.

공책은 모두 □권이야.

06 과자는 모두 몇 개인지 2가지 방법으로 묶어 세어 보세요.

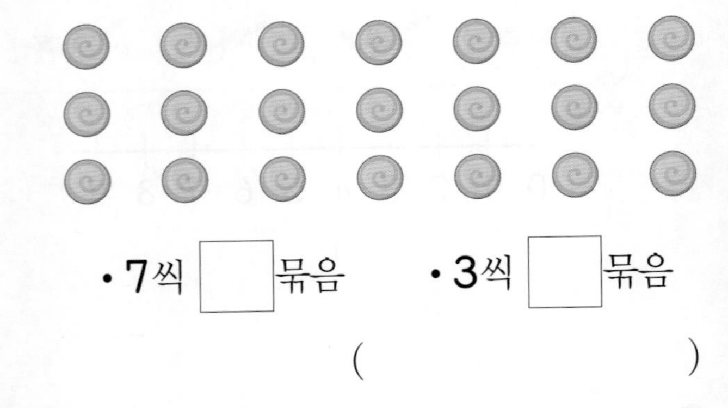

• 7씩 □묶음 • 3씩 □묶음

(   )

07 인형이 12개 있습니다. 바르게 설명한 것의 기호를 써 보세요.

㉠ 인형을 2개씩 묶으면 6묶음이 됩니다.
㉡ 인형의 수는 5씩 2묶음입니다.

(   )

디지털 문해력

08 온라인 게시물을 보고 □ 안에 알맞은 수를 써넣으세요.

창의형

09 그림을 보고 묶어 세어 볼 것에 ○표 하고, □ 안에 알맞은 수를 써넣으세요.

(축구공 , 야구공)의 수를 묶어 세면 □씩 □묶음입니다.

따라서 모두 □개입니다.

서술형 문제

10 유준이의 말이 잘못된 이유를 쓰고, 바르게 고쳐 보세요.

이유 ❶ 참새를 3마리씩 묶으면 9묶음이고 □마리가 남기 때문입니다.

바르게 고치기 ❷ 참새의 수는 4씩 □묶음이야.

11 예나의 말이 잘못된 이유를 쓰고, 바르게 고쳐 보세요.

이유

바르게 고치기

6 단원 1회

학습 결과에 색칠하세요.

2회 개념 학습

○ 학습일 :　　월　　일

개념 1 몇의 몇 배 알기

- 똑같은 수로 묶어 셀 때 묶음의 수를 배라고 합니다.
- 2씩 ■묶음은 2의 ■배입니다.

2씩 1묶음 → 2의 1배

2씩 2묶음 → 2의 2배

2씩 3묶음 → 2의 3배

참고 ㉠씩 ㉡묶음 → ㉠의 ㉡배

확인 1 묶음의 수를 이용하여 몇의 몇 배인지 알아보세요.

4씩 □묶음 → 4의 □배

개념 2 몇의 몇 배로 나타내기

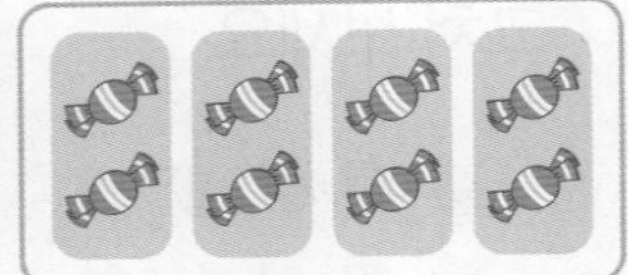

빨간색 사탕의 수는 파란색 사탕 4묶음과 같습니다.

→ 빨간색 사탕의 수는 파란색 사탕의 수의 4배입니다.

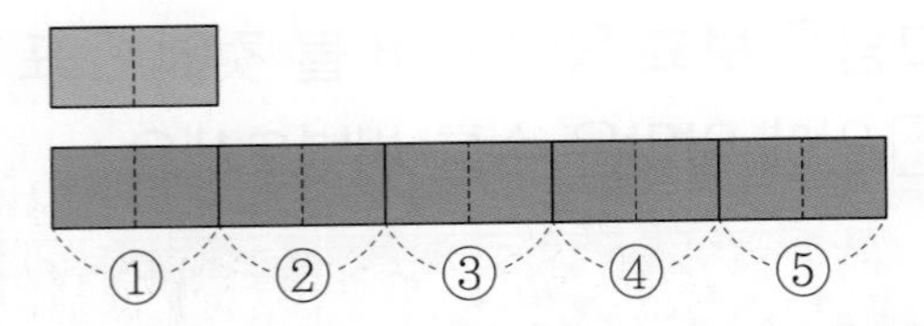

보라색 막대의 길이는 연두색 막대를 5번 이어 붙인 것과 같습니다.

→ 보라색 막대의 길이는 연두색 막대의 길이의 5배입니다.

확인 2 □ 안에 알맞은 수를 써넣으세요.

슬기 

연호 

연호의 젤리 수는 슬기의 젤리 □묶음과 같습니다.

→ 연호의 젤리 수는 슬기의 젤리 수의 □배입니다.

1 그림을 보고 □ 안에 알맞은 수를 써넣으세요.

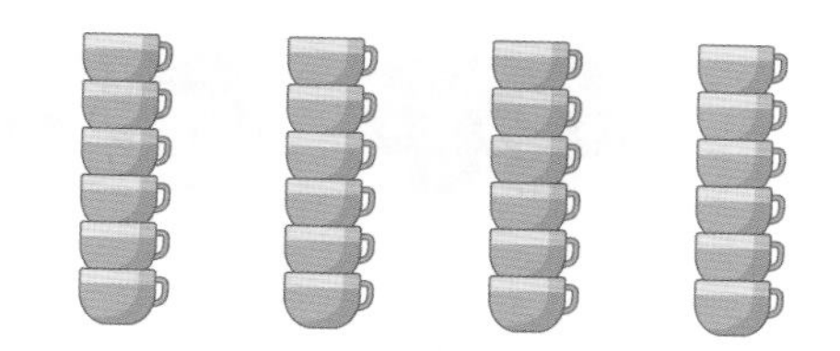

(1) 컵의 수는 6씩 □ 묶음입니다.

(2) 컵의 수는 6의 □ 배입니다.

2 그림을 보고 □ 안에 알맞은 수를 써넣으세요.

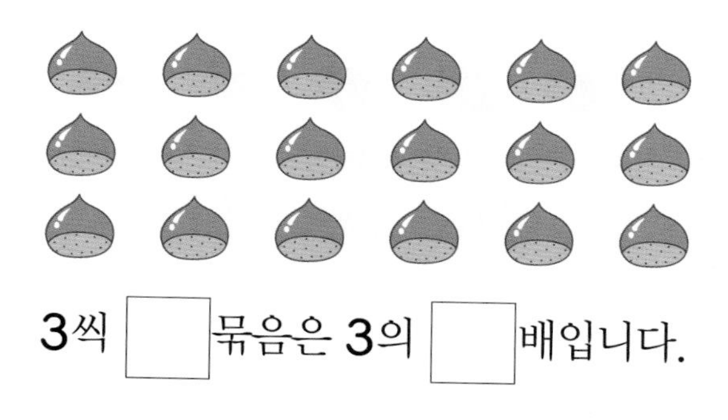

3씩 □ 묶음은 3의 □ 배입니다.

3 그림을 보고 □ 안에 알맞은 수를 써넣으세요.

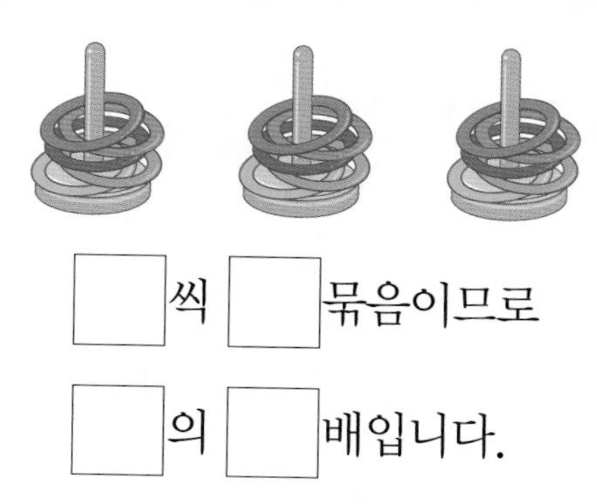

□ 씩 □ 묶음이므로

□ 의 □ 배입니다.

4 그림을 보고 □ 안에 알맞은 수를 써넣으세요.

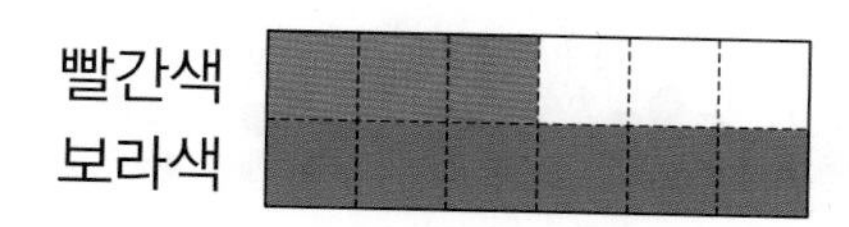

(1) 보라색 막대의 길이는 빨간색 막대를 □ 번 이어 붙인 것과 같습니다.

(2) 보라색 막대의 길이는 빨간색 막대의 길이의 □ 배입니다.

5 시우와 다은이가 가진 지우개의 수는 채아가 가진 지우개의 수의 몇 배인가요?

(1)

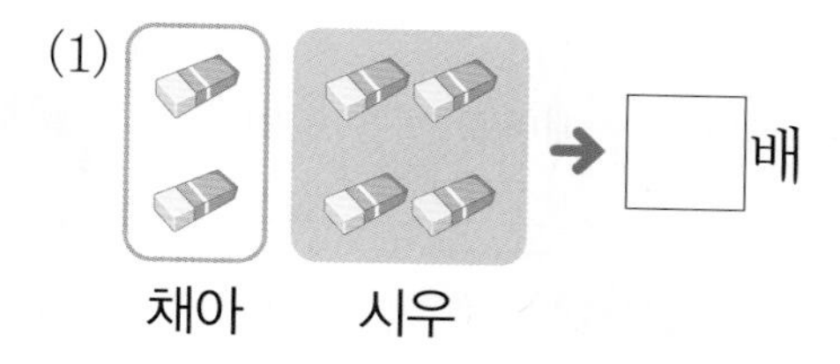

→ □ 배

(2)

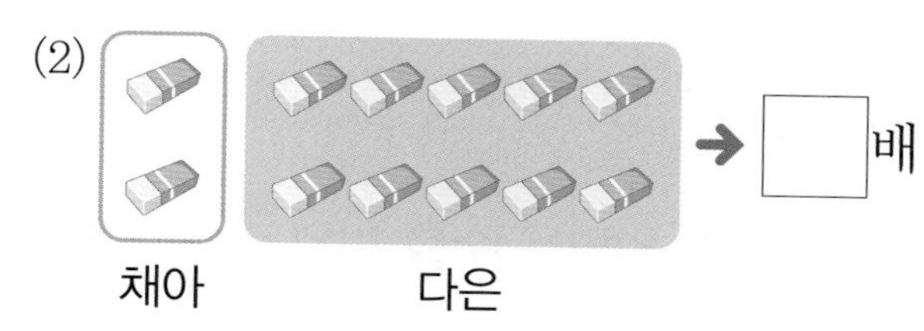

→ □ 배

6 그림을 보고 □ 안에 알맞은 수를 써넣으세요.

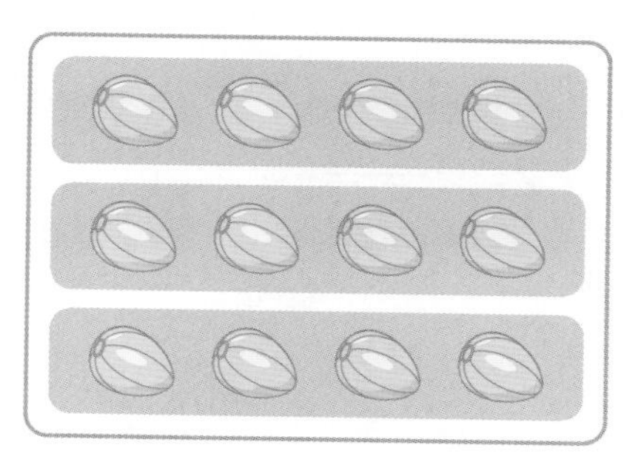

참외의 수는 4의 □ 배입니다.

01 그림을 보고 □ 안에 알맞은 수를 써넣으세요.

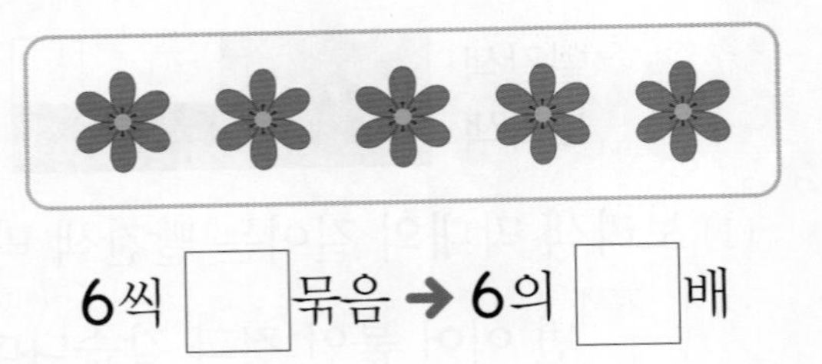

02 □ 안에 알맞은 수를 써넣으세요.

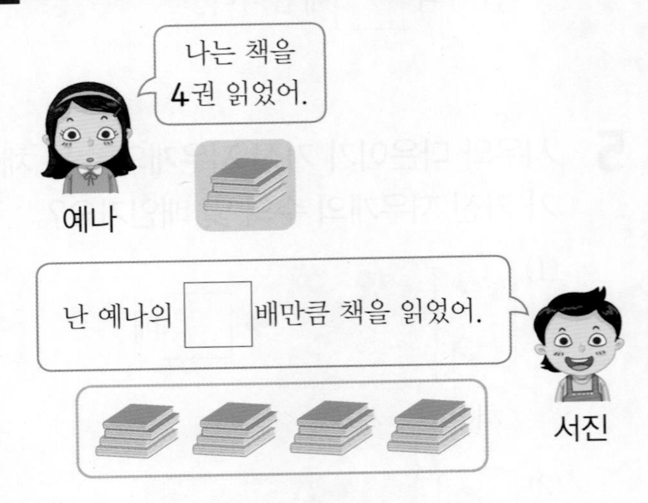

03 □ 안에 알맞은 수를 써넣고, 이어 보세요.

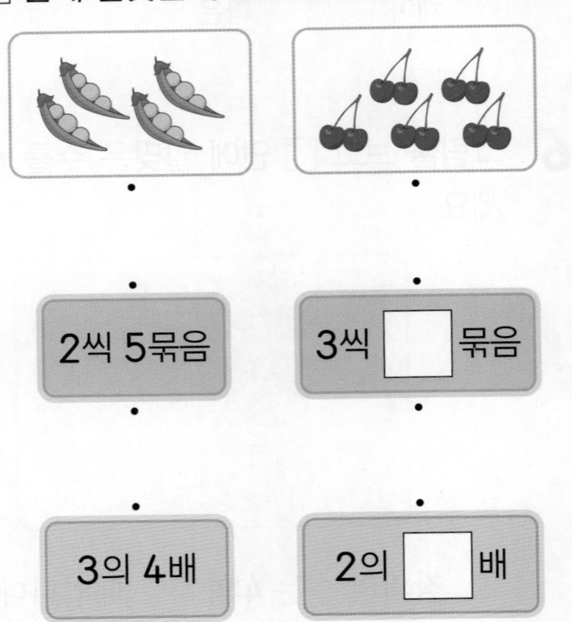

04 도넛의 수를 바르게 나타낸 것에 ○표 하세요.

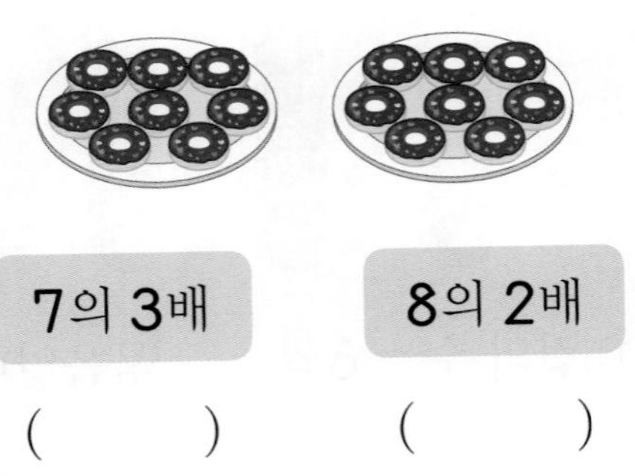

05 모자의 수를 몇의 몇 배로 나타내어 보세요.

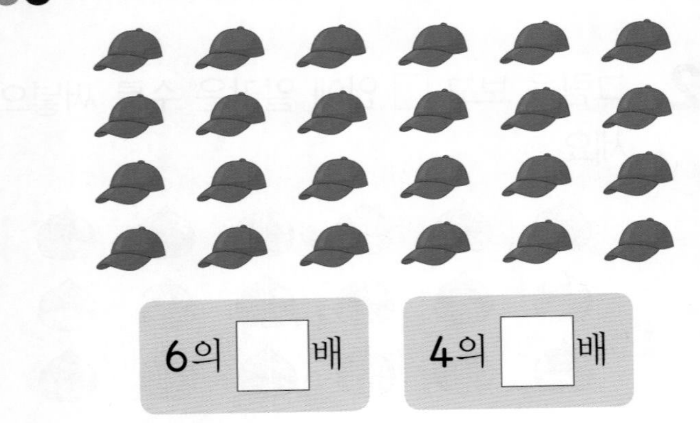

디지털 문해력

06 온라인 뉴스를 보고 파라솔의 수는 튜브의 수의 몇 배인지 구해 보세요.

여름 휴가로 전국 해수욕장에
피서객 발길 이어져

(　　　　　　　　)

07 친구들이 쌓은 연결 모형의 수는 혜지가 쌓은 연결 모형의 수의 몇 배인지 구해 보세요.

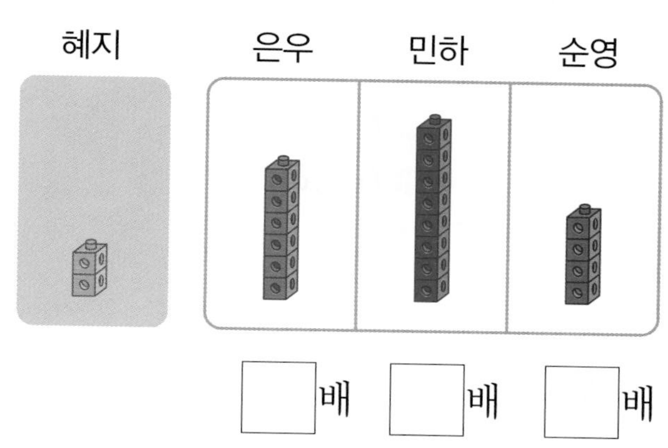

☐배 ☐배 ☐배

08 보라색 막대 길이의 3배만큼 빈 막대를 색칠하고, 색칠한 칸은 모두 몇 칸인지 구해 보세요.

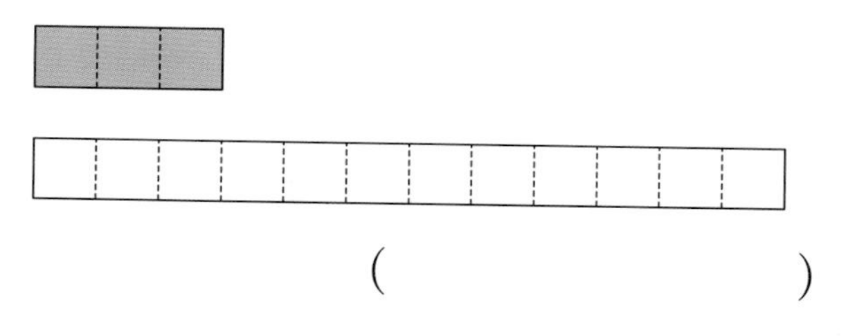

(　　　　　　　)

창의형

09 주변에 있는 물건을 살펴보고 보기 와 같이 몇의 몇 배를 넣어 문장을 만들어 보세요.

보기

교실에 책상이 4의 6배만큼 있습니다.

서술형 문제

10 파란색 막대의 길이는 노란색 막대의 길이의 몇 배인지 풀이 과정을 쓰고, 답을 구해 보세요.

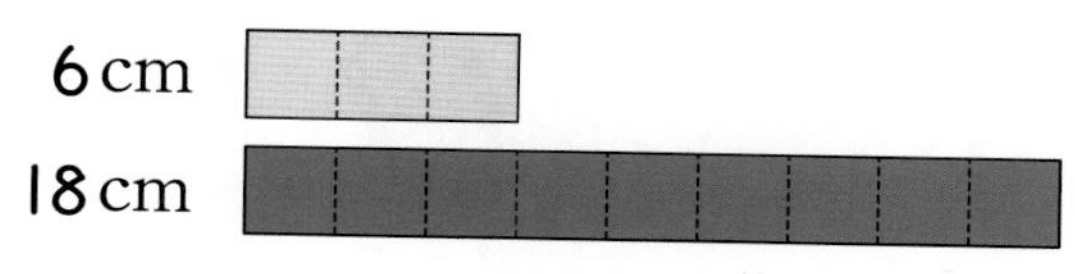

❶ $6+6+6=18$이므로 파란색 막대의 길이는 노란색 막대를 ☐번 이어 붙인 것과 같습니다.

❷ 따라서 파란색 막대의 길이는 노란색 막대의 길이의 ☐배입니다.

답

11 초록색 막대의 길이는 주황색 막대의 길이의 몇 배인지 풀이 과정을 쓰고, 답을 구해 보세요.

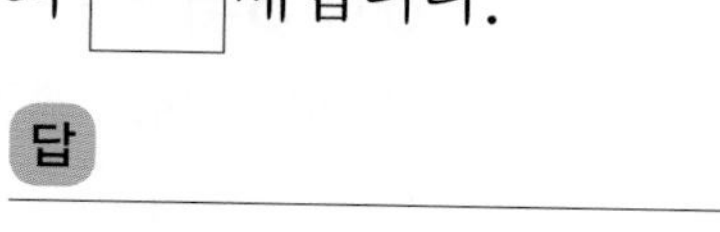

답

6 단원 2회

학습 결과에 색칠하세요.

3회 개념 학습

학습일 : 월 일

개념 1 곱셈 알기

몇씩 몇 묶음, 몇의 몇 배를 '×' 기호를 사용하여 간단히 나타낼 수 있습니다.

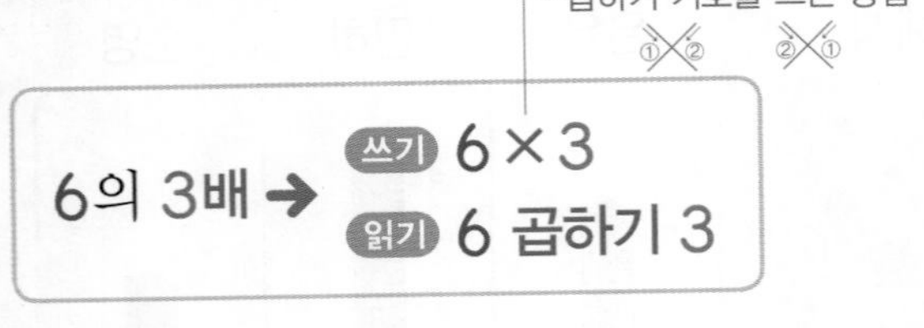

- 6+6+6은 6×3과 같습니다.
- 덧셈식 $6+6+6=18$ 곱셈식 $6\times3=18$
- $6\times3=18$은 6 곱하기 3은 18과 같습니다라고 읽습니다.
- 6과 3의 곱은 18입니다.

참고 ■씩 ▲묶음, ■의 ▲배를 곱셈으로 나타내면 ■×▲입니다.

확인 1 지우개의 수를 곱셈으로 나타내세요.

5의 □배 → □×□

개념 2 곱셈식으로 나타내기

몇의 몇 배인지 구하고, 덧셈식과 곱셈식으로 나타냅니다.

- 2씩 6묶음이므로 2의 6배입니다.
  덧셈식 $2+2+2+2+2+2=12$
  곱셈식 $2\times6=12$

- 6씩 2묶음이므로 6의 2배입니다.
  덧셈식 $6+6=12$
  곱셈식 $6\times2=12$

확인 2 그림을 보고 □ 안에 알맞은 수를 써넣으세요.

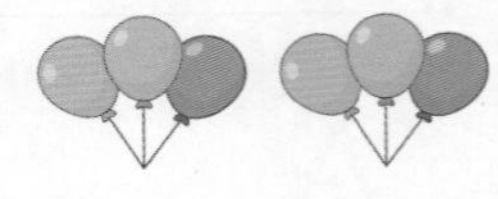

(1) 3씩 □묶음 → 3의 □배

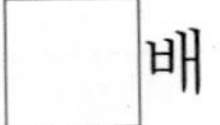

(2) 덧셈식 3+3+3+3=□ 곱셈식 3×□=□

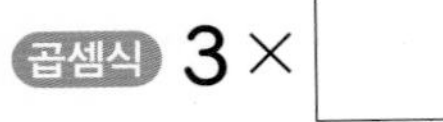

1 그림을 보고 □ 안에 알맞은 수를 써넣으세요.

	4의 1배	4×1
	4의 2배	4×□
	4의 3배	4×□

2 □ 안에 알맞은 수를 써넣으세요.

(1) 3씩 2묶음 → 3의 □배

(2) 3의 □배는 □×□(이)라고 씁니다.

3 그림을 보고 □ 안에 알맞은 수를 써넣으세요.

3+3+3+3+3은
3×□와/과 같습니다.

4 구슬은 모두 몇 개인지 덧셈식과 곱셈식으로 알아보세요.

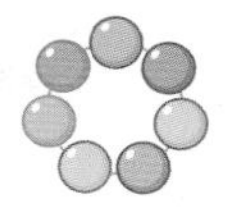 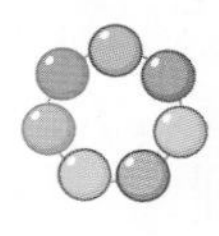 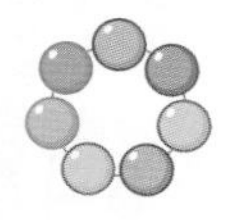

(1) 구슬의 수는 7의 □배입니다.

(2) 덧셈식 7+□+□=□

곱셈식 7×□=□

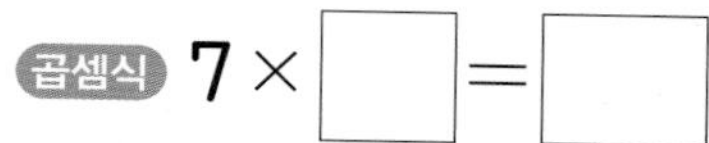

(3) 구슬은 모두 □개입니다.

5 곱셈식으로 나타내어 보세요.

(1) 6 곱하기 7은 42와 같습니다.

□×□=□

(2) 9와 5의 곱은 45입니다.

□×□=□

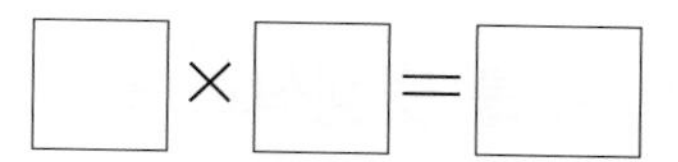

6 오리의 수를 2가지 곱셈식으로 나타내어 보세요.

(1) 2의 □배 → 2×□=□

(2) 7의 □배 → 7×□=□

6 단원 3회

01 관계있는 것끼리 이어 보세요.

5씩 8묶음 •	• 8×4
8의 7배 •	• 5×8
8+8+8+8 •	• 8×7

02 꽃의 수를 곱셈식으로 나타내어 보세요.

□의 □배

곱셈식 ______________________

03 별의 수를 덧셈식과 곱셈식으로 나타내어 보세요.

덧셈식 ______________________

곱셈식 ______________________

04 소율이가 산 달걀은 모두 몇 개인지 곱셈식으로 나타내고, 답을 구해 보세요.

곱셈식 ______________________

( )

05 별의 수를 곱셈식으로 잘못 설명한 것을 찾아 기호를 써 보세요.

㉠ 8×2=16입니다.
㉡ 8+8은 8×2와 같습니다.
㉢ "8×2=16은 2 곱하기 8은 16과 같습니다."라고 읽습니다.
㉣ 8과 2의 곱은 16입니다.

( )

06 컵케이크의 수를 2가지 곱셈식으로 나타내어 보세요.

□×□=□

□×□=□

08 딱지의 수를 몇의 몇 배로 나타내어 보세요.

2의 □배 8의 □배

09 보미가 가진 연결 모형의 수는 준희가 가진 연결 모형의 수의 몇 배인가요?

준희 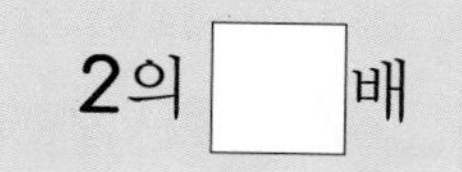

보미 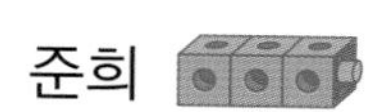

(　　　　　　　)

10 다예는 서아가 먹은 딸기 수의 3배만큼 딸기를 먹었습니다. 다예가 먹은 딸기의 수만큼 ○를 그리고, 몇 개인지 구해 보세요.

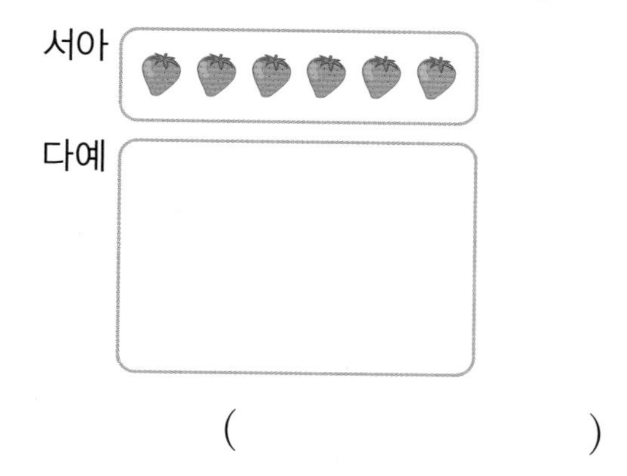

(　　　　　　　)

11 다음 중 나타내는 수가 나머지와 다른 하나는 어느 것인가요? (　　　)

① $8+8+8$　　② 8씩 3묶음
③ 8×3　　④ 8의 3배
⑤ $8+3$

12 복숭아의 수를 덧셈식과 곱셈식으로 나타내어 보세요.

덧셈식 ________________

곱셈식 ________________

13 우유의 수를 잘못 설명한 것을 찾아 기호를 써 보세요.

㉠ $6\times5=30$입니다.
㉡ $6+6+6+6$과 값이 같습니다.
㉢ 6 곱하기 5는 30입니다.

(　　　　　　　)

서술형

14 곱이 다른 하나를 찾아 기호를 쓰려고 합니다. 풀이 과정을 쓰고, 답을 구해 보세요.

㉠ 3씩 6묶음　㉡ 4의 9배　㉢ 6×6

답 ________________

15 과자의 수를 2가지 곱셈식으로 나타내어 보세요.

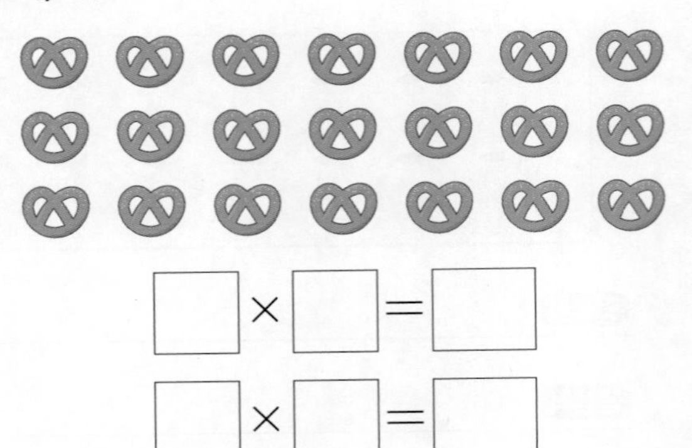

□ × □ = □

□ × □ = □

16 선풍기 한 대에 날개가 3개씩 있습니다. 선풍기 8대에 있는 날개의 수로 알맞은 것에 ○표 하세요.

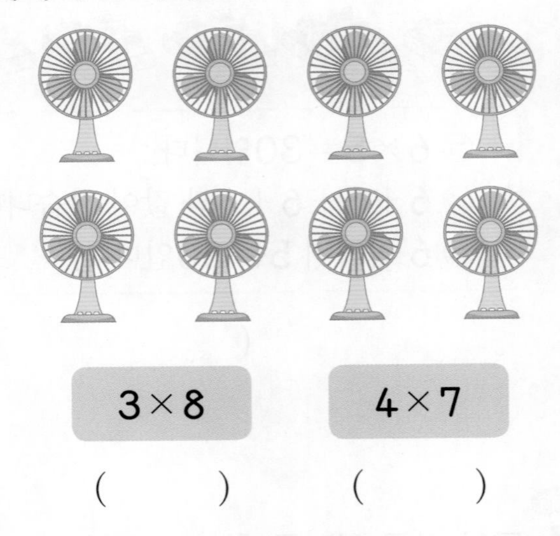

3×8	4×7
(　　)	(　　)

17 요리를 하는 데 바구니에 담긴 감자의 5배만큼을 사용하였습니다. 사용한 감자는 몇 개인가요?

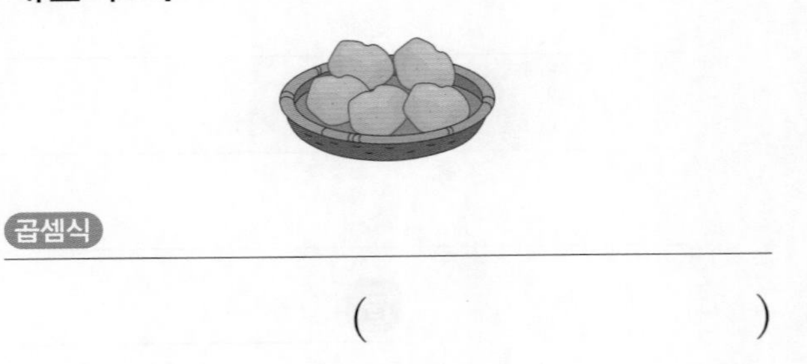

곱셈식 ______________________

(　　　　　　)

18 이서는 색종이 1장으로 작품 1개를 만들었습니다. 이서가 사용한 색종이는 모두 몇 장인가요?

요일	금	토	일
만든 작품			

곱셈식 ______________________

(　　　　　　)

19 성냥개비를 이용하여 오른쪽 그림과 같은 모양을 3개 만들려고 합니다. 필요한 성냥개비는 모두 몇 개인지 구해 보세요.

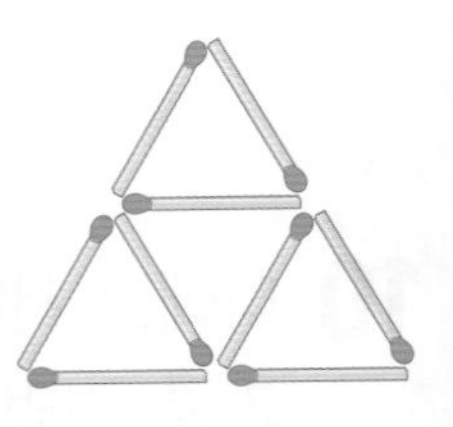

(　　　　　　)

20 꽃 모양이 규칙적으로 그려진 이불입니다. 이불에 그려진 꽃 모양은 모두 몇 개인지 구해 보세요.

7씩 □ 묶음이므로

꽃 모양은 모두 □ 개입니다.

21 초록색 막대의 길이는 노란색 막대의 길이의 몇 배인지 구해 보세요.

7 cm　　42 cm

(　　　　　　　　)

서술형

22 가위가 한 상자에 4개씩 6상자 있습니다. 가위를 모두 꺼내어 한 상자에 3개씩 다시 담으면 몇 상자가 되는지 풀이 과정을 쓰고, 답을 구해 보세요.

답

23 ㉠, ㉡, ㉢이 나타내는 수의 합을 구해 보세요.

㉠ 3씩 7묶음
㉡ 6×4
㉢ 9의 5배

(　　　　　　　　)

수행 평가

| 24~25 | 태주네 학교 운동회에서 이어달리기와 박 터뜨리기를 했습니다. 물음에 답하세요.

24 팀별로 달리기 선수를 3명씩 뽑았습니다. 4개의 팀이 참가할 때 달리기 선수는 모두 몇 명인지 알아보세요.

□의 □배 → $3 \times$ □ $=$ □

(　　　　　　　　)

25 박 터뜨리기에서 사용한 콩 주머니가 백팀은 8개씩 4상자, 청팀은 5개씩 7상자입니다. 백팀과 청팀의 콩 주머니는 각각 몇 개인지 곱셈식으로 나타내어 구하려고 합니다. 풀이 과정을 쓰고, 답을 구해 보세요.

답 백팀:　　　　　　, 청팀:

6 단원 5회

학습 결과에 색칠하세요.

MEMO

동아출판

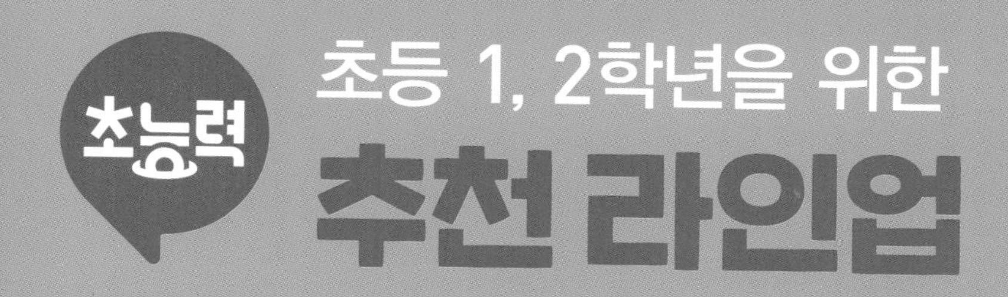

1~2학년 1, 2학기(전 4권)

어휘를 높이는

초능력 맞춤법 + 받아쓰기

- 쉽고 빠르게 배우는 **맞춤법 학습**
- 단계별 낱말과 문장 **바르게 쓰기 연습**
- 학년, 학기별 국어 **교과서 어휘 학습**

➕ 선생님이 불러주는 듣기 자료, 맞춤법 원리 학습 동영상 강의

1~2학년 대상

빠르고 재밌게 배우는

초능력 구구단

- 3회 누적 학습으로 **구구단 완벽 암기**
- 기초부터 활용까지 **3단계 학습**
- 개념을 시각화하여 **직관적 구구단 원리 이해**
- 다양한 유형으로 구구단 **유창성과 적용력 향상**

➕ 구구단송

1~2학년 대상

원리부터 응용까지

초능력 시계·달력

- 초등 1~3학년에 걸쳐 있는 시계 학습을 **한 권으로 완성**
- 기초부터 활용까지 **3단계 학습**
- 개념을 시각화하여 **시계달력 원리를 쉽게 이해**
- 다양한 유형의 **연습 문제와 실생활 문제로 흥미 유발**

➕ 시계·달력 개념 동영상 강의

2022 개정 교육과정

백점

수학 2·1

평가북

- 학교 시험 대비 수준별 **단원 평가**
- 핵심만 모은 **총정리 개념**

평가북 구성과 특징

1 **수준별 단원 평가**가 있습니다.
A단계, B단계 두 가지 난이도로 **단원 평가**를 제공

2 **총정리 개념**이 있습니다.
학습한 내용을 점검하며 마무리할 수 있도록 각 단원의 핵심 개념을 제공

백점 수학 2·1

평가북

차례

단원 평가 A단계 1. 세 자리 수

점수 /

01 □ 안에 알맞은 수를 써넣으세요.

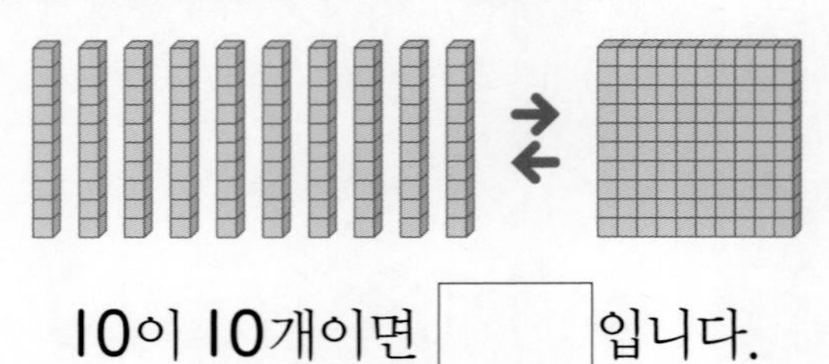

10이 10개이면 □ 입니다.

02 □ 안에 알맞은 수를 써넣으세요.

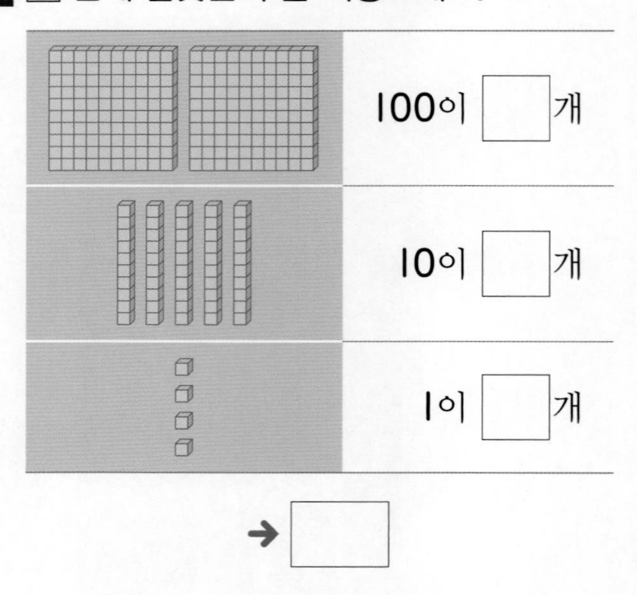

100이 □ 개

10이 □ 개

1이 □ 개

→ □

03 □ 안에 알맞은 수를 써넣으세요.

325
3은 □ 을/를 나타냅니다.
2는 □ 을/를 나타냅니다.
5는 □ 을/를 나타냅니다.

04 1씩 뛰어 세어 보세요.

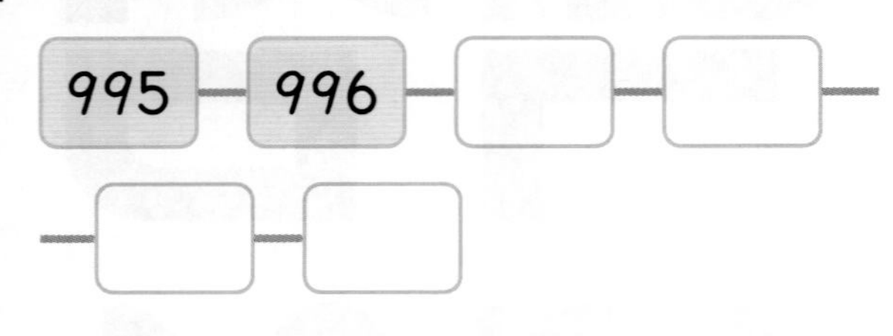

05 빈칸에 알맞은 수를 써넣고, 두 수의 크기를 비교하여 ○ 안에 > 또는 <를 알맞게 써넣으세요.

	백의 자리	십의 자리	일의 자리
546 →			
346 →			

546 ○ 346

06 관계있는 것끼리 이어 보세요.

100이 3개인 수 •	• 800
100이 7개인 수 •	• 300
100이 8개인 수 •	• 700

07 한 상자에 블록이 100개씩 들어 있습니다. 블록은 모두 몇 개인지 구해 보세요.

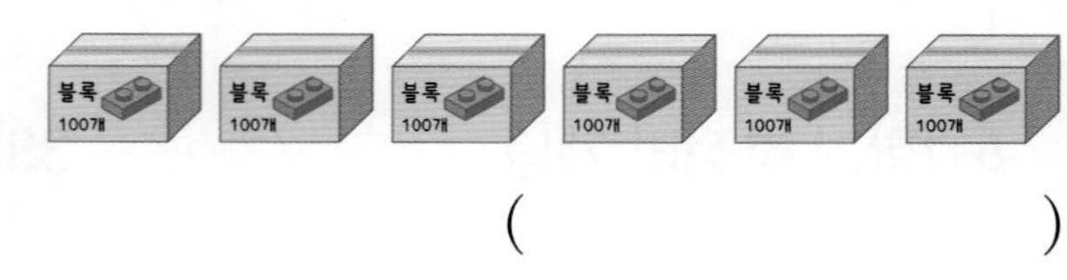

(　　　　　　)

08 수 모형이 나타내는 수를 써 보세요.

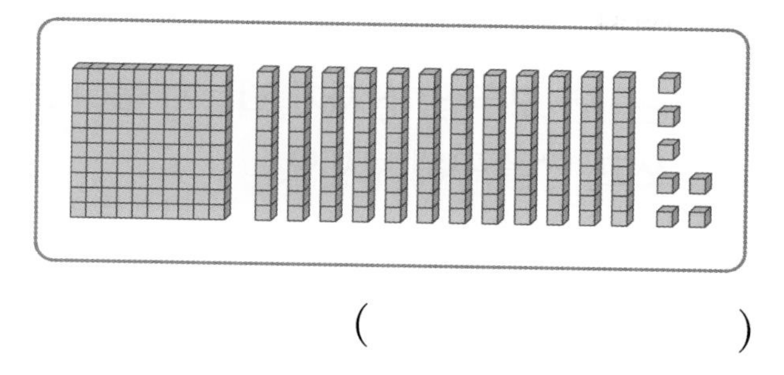

(　　　　　　　)

09 수를 바르게 읽은 것을 찾아 기호를 써 보세요.

㉠ 509 → 오백영구
㉡ 529 → 오백이십구
㉢ 520 → 오백이십영

(　　　　　　　)

10 수를 보고 빈칸에 알맞은 수를 써넣으세요.

526

	백의 자리	십의 자리	일의 자리
숫자			
나타내는 수			

11 숫자 6이 60을 나타내는 수에 ○표 하세요.

625　　268

(　　)　(　　)

12 다음 수에서 ㉠과 ㉡이 나타내는 수를 각각 써 보세요.

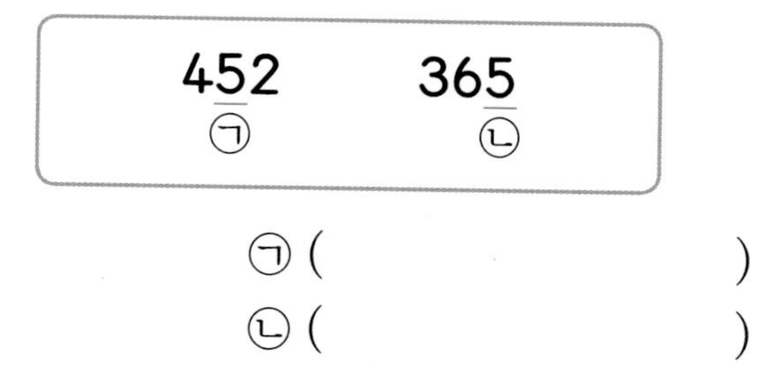

㉠ (　　　　　　　)
㉡ (　　　　　　　)

13 뛰어 세는 규칙을 찾아 □ 안에 알맞은 수를 써넣으세요.

795 - 785 - 775 - 765 -
- 755 - 745 - 735 - 725

→ □씩 거꾸로 뛰어 세었습니다.

14 다음 수에서 1씩 5번 뛰어 센 수를 써 보세요.

이백칠십삼

(　　　　　　　)

1 단원

서술형

15 수지가 매일 100원씩 모아 공책을 한 권 사려고 합니다. 공책을 사려면 며칠 동안 돈을 모아야 하는지 풀이 과정을 쓰고, 답을 구해 보세요.

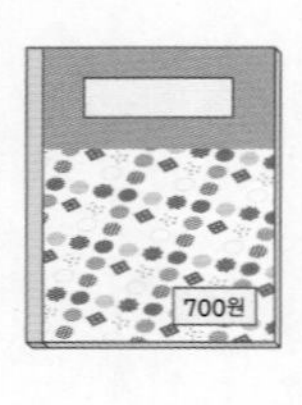

답

16 두 수의 크기를 잘못 비교한 것을 찾아 기호를 써 보세요.

㉠ 102 < 210	㉡ 346 > 364
㉢ 625 > 563	㉣ 704 < 706

( )

17 3장의 수 카드를 한 번씩만 사용하여 세 자리 수를 만들려고 합니다. 만들 수 있는 세 자리 수 중 가장 큰 수와 가장 작은 수를 차례대로 구해 보세요.

2 3  5

(,)

서술형

18 한 봉지에 10개씩 들어 있는 귤이 80봉지 있습니다. 이 귤을 한 상자에 100개씩 담는다면 모두 몇 상자가 되는지 풀이 과정을 쓰고, 답을 구해 보세요.

답

19 조건 을 만족하는 수는 모두 몇 개인지 구해 보세요.

조건
- 백의 자리 숫자가 7인 세 자리 수입니다.
- 703보다 작습니다.

( )

20 1부터 9까지의 수 중 □ 안에 들어갈 수 있는 수를 모두 써 보세요.

635 < □20

( )

● 정답 44쪽

점수 ／

01 □ 안에 알맞은 수를 써넣으세요.

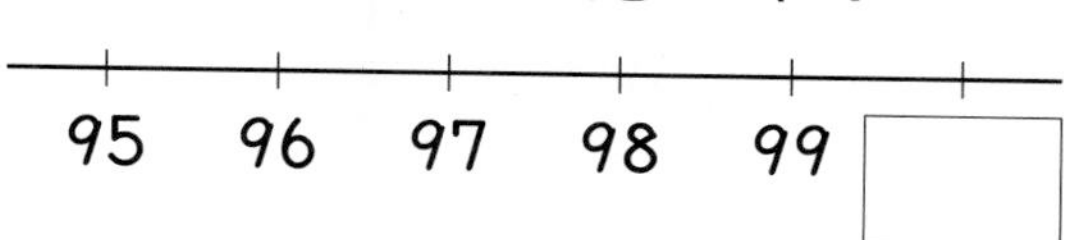

99보다 1만큼 더 큰 수는 □입니다.

02 수 모형이 나타내는 수를 써 보세요.

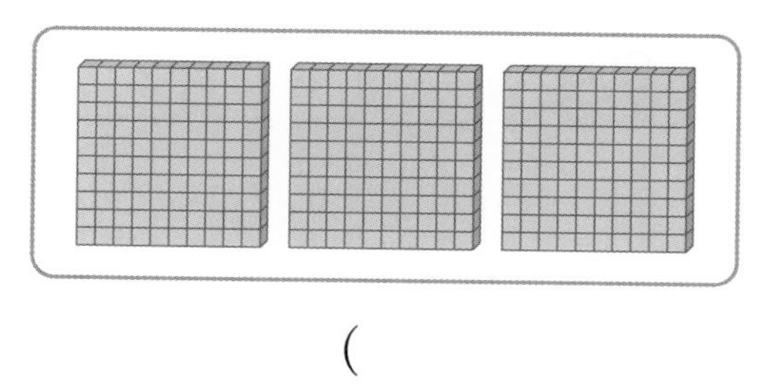

(　　　　　　　　)

03 빈칸에 알맞은 숫자를 써넣으세요.

삼백구십사

백의 자리	십의 자리	일의 자리

04 보기 와 같이 각 자리의 숫자가 나타내는 수의 합으로 나타내어 보세요.

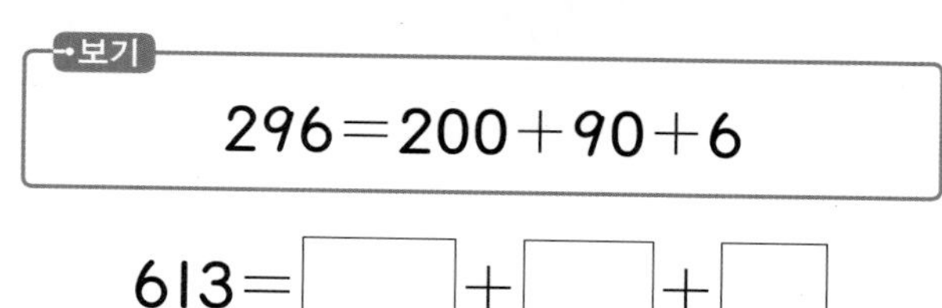
보기

296=200+90+6

613=□+□+□

1 단원

05 두 수의 크기를 비교하여 ○ 안에 > 또는 <를 알맞게 써넣으세요.

456 ○ 756

06 100에 대한 설명으로 잘못된 것은 어느 것인가요? (　　　)

① 10이 10개인 수입니다.
② 99보다 1만큼 더 큰 수입니다.
③ 90보다 1만큼 더 큰 수입니다.
④ 70보다 30만큼 더 큰 수입니다.
⑤ 십 모형 10개로 나타낼 수 있습니다.

07 세희는 색종이로 꽃을 100개 접으려고 합니다. 지금까지 60개를 접었다면 몇 개를 더 접어야 하는지 구해 보세요.

(　　　　　　　　)

08 색종이는 모두 몇 장인지 구해 보세요.

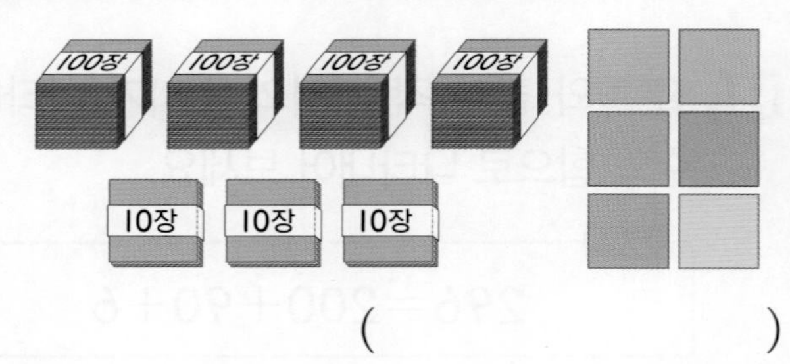

( )

09 백의 자리 숫자가 5, 십의 자리 숫자가 9, 일의 자리 숫자가 2인 세 자리 수를 쓰고, 읽어 보세요.

쓰기 ( )

읽기 ( )

10 숫자 3이 300을 나타내는 수를 모두 찾아 ○표 하세요.

136	352	932
308	376	683

11 수에 대한 설명 중 잘못 말한 사람을 찾아 이름을 써 보세요.

혜주: 425에서 4는 400을 나타내.
시우: 506에서 6은 일의 자리 숫자야.
서진: 222에서 2가 나타내는 수는 모두 같아.

( )

12 뛰어 세는 규칙을 찾아 빈칸에 알맞은 수를 써넣고, □ 안에 알맞은 수를 써넣으세요.

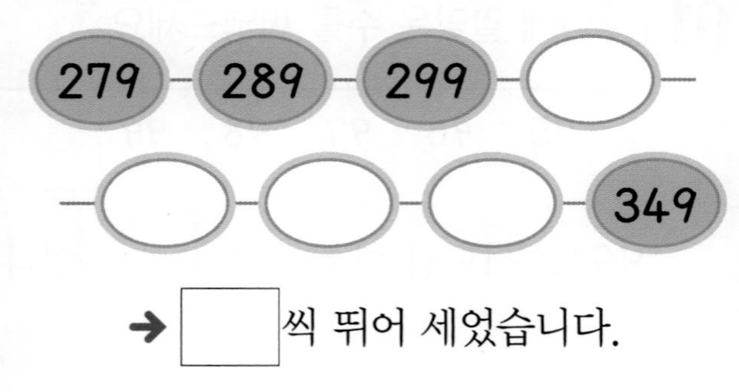

➔ □씩 뛰어 세었습니다.

13 100씩 거꾸로 뛰어 세어 보세요.

900 - □ - □ - □ - □

서술형

14 다음 수에서 100씩 4번 뛰어 센 수는 얼마인지 풀이 과정을 쓰고, 답을 구해 보세요.

100이 3개, 10이 5개, 1이 4개인 수

답

15 세 자리 수의 일의 자리 숫자가 보이지 않습니다. 두 수의 크기를 비교하여 ○ 안에 > 또는 <를 알맞게 써넣으세요.

20▓ 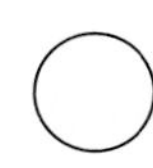 25▓

16 수의 크기를 비교하여 큰 수부터 차례대로 써 보세요.

652　　579　　634

(　　　　,　　　　,　　　　)

17 4장의 수 카드 중 3장을 골라 한 번씩만 사용하여 세 자리 수를 만들려고 합니다. 가장 큰 수와 가장 작은 수를 각각 만들어 보세요.

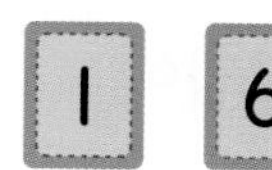

가장 큰 수 (　　　　　　)

가장 작은 수 (　　　　　　)

18 다음 수를 써 보세요.

100이 6개, 10이 15개, 1이 8개인 수

(　　　　　　)

서술형

19 어떤 수보다 10만큼 더 큰 수는 375입니다. 어떤 수보다 100만큼 더 큰 수는 얼마인지 풀이 과정을 쓰고, 답을 구해 보세요.

답

20 설명하는 세 자리 수를 구해 보세요.

- 백의 자리 수는 3보다 크고 5보다 작습니다.
- 십의 자리 숫자는 20을 나타냅니다.
- 일의 자리 수는 4보다 작은 짝수입니다.

(　　　　　　)

1 단원

점수

01 점 3개를 이어 삼각형을 그려 보세요.

02 변에는 ×표, 꼭짓점에는 ○표 하세요.

03 원을 본뜰 수 있는 물건을 모두 찾아 ○표 하세요.

( ) ( ) ( )

04 칠교 조각을 이용하여 만든 모양입니다. 이용한 삼각형과 사각형 조각은 각각 몇 개인지 구해 보세요.

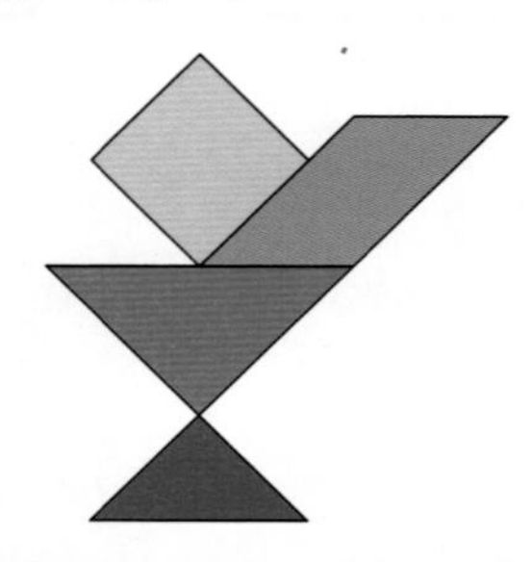

삼각형 조각	사각형 조각
□개	□개

05 쌓기나무 4개로 만든 모양에 ○표 하세요.

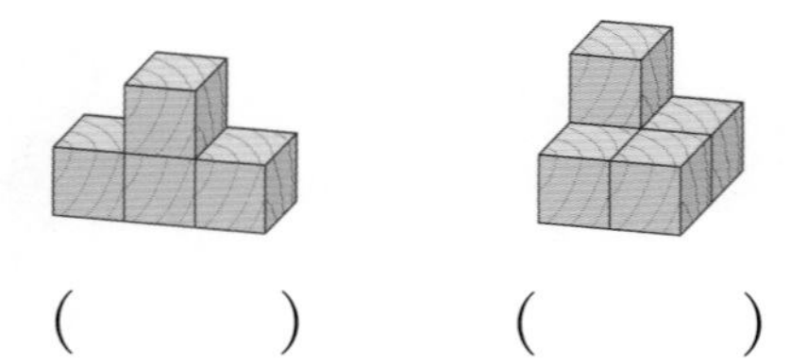

( ) ( )

06 □ 안에 알맞은 수를 써넣으세요.

삼각형은
변이 □개, 꼭짓점이 □개입니다.

07 서로 다른 삼각형을 2개 그려 보세요.

08 설명을 모두 만족하는 도형의 이름을 써 보세요.

- 곧은 선으로 둘러싸인 도형입니다.
- 변이 4개, 꼭짓점이 4개입니다.

(　　　　　　　　　　)

09 사각형을 그리려고 합니다. 나머지 한 꼭짓점이 될 수 없는 것을 찾아 기호를 써 보세요.

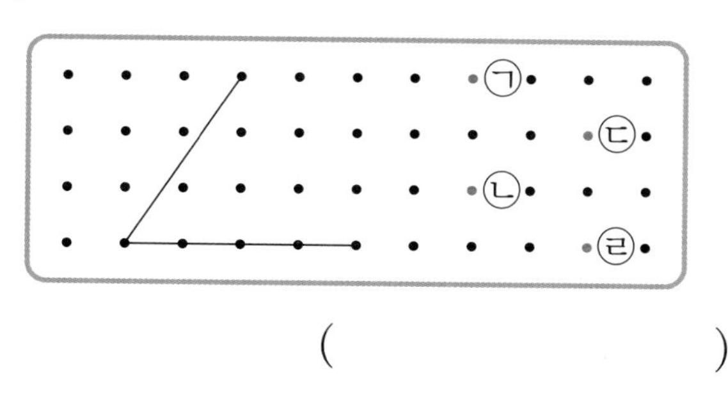

(　　　　　　　　　　)

10 원은 모두 몇 개인지 구해 보세요.

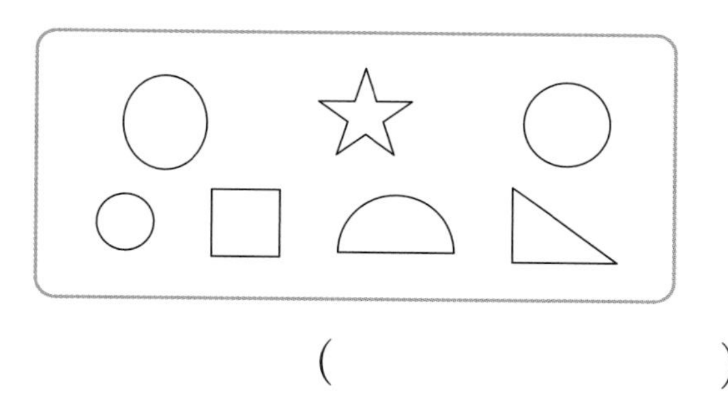

(　　　　　　　　　　)

서술형

11 주어진 그림이 원이 아닌 이유를 써 보세요.

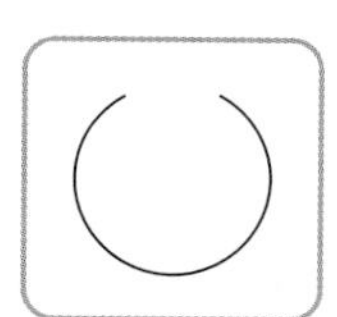

이유

| 12~14 | **칠교판을 보고 물음에 답하세요.**

＊정답 55쪽의 칠교판을 활용하세요.

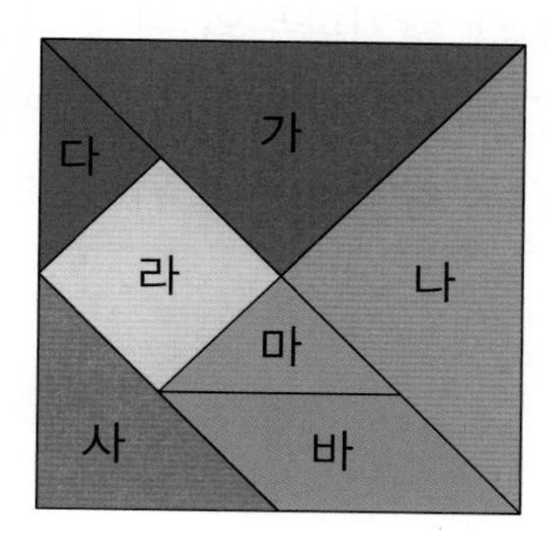

12 칠교 조각 중 삼각형은 사각형보다 몇 개 더 많은지 구해 보세요.

(　　　　　　　　　　)

13 칠교 조각 마, 사 2개를 이용하여 주어진 모양을 만들어 보세요.

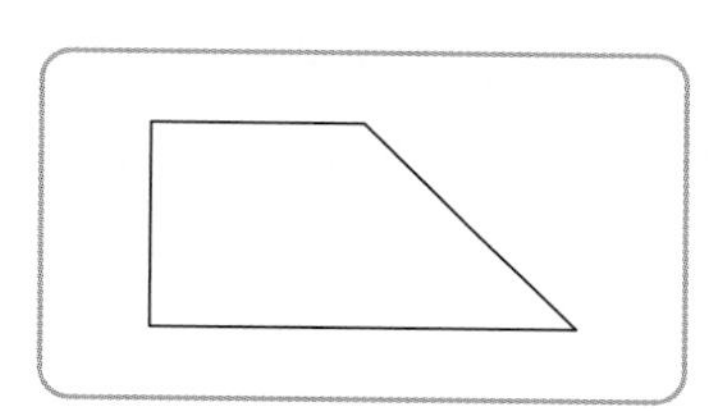

14 칠교 조각 다, 마, 바 3개를 이용하여 만들 수 없는 것의 기호를 써 보세요.

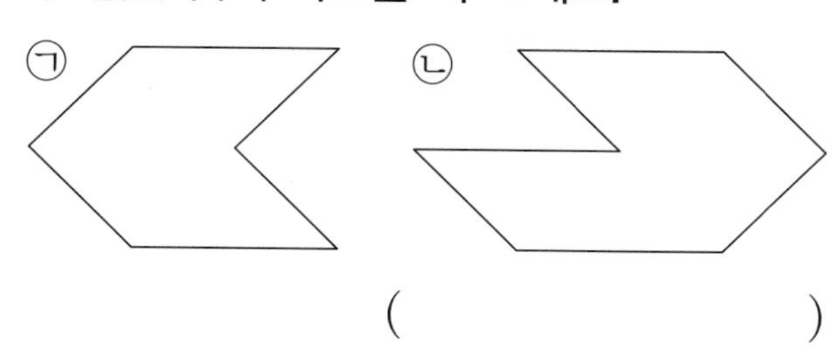

(　　　　　　　　　　)

2 단원

15 설명에 맞게 쌓기나무를 색칠해 보세요.

• 빨간색 쌓기나무의 뒤에 파란색
• 빨간색 쌓기나무의 오른쪽에 노란색
• 빨간색 쌓기나무의 위에 초록색

16 쌓기나무로 쌓은 모양에 대한 설명입니다. 알맞은 말에 ○표 하세요.

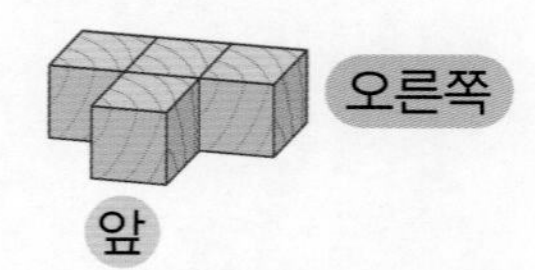

쌓기나무 3개가 옆으로 나란히 있고, 가운데 쌓기나무의 (위 , 앞 , 뒤)에 쌓기나무 1개가 있습니다.

서술형

17 ㉠과 ㉡에 알맞은 수의 합은 얼마인지 풀이 과정을 쓰고, 답을 구해 보세요.

• 삼각형은 변이 ㉠개입니다.
• 사각형은 삼각형보다 꼭짓점이 ㉡개 더 많습니다.

18 원에 대하여 잘못 설명한 것을 찾아 기호를 써 보세요.

㉠ 동그란 모양입니다.
㉡ 굽은 선으로 둘러싸여 있습니다.
㉢ 크기와 모양이 서로 다릅니다.

( )

19 쌓기나무로 쌓은 모양을 바르게 설명한 사람의 이름을 써 보세요.

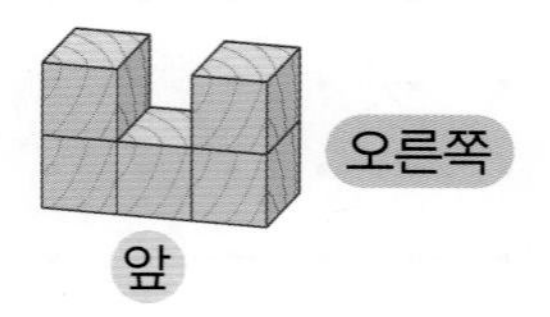

( )

20 왼쪽 모양에서 쌓기나무 1개를 옮겨 오른쪽과 똑같은 모양을 만들려고 합니다. 옮겨야 할 쌓기나무의 기호를 써 보세요.

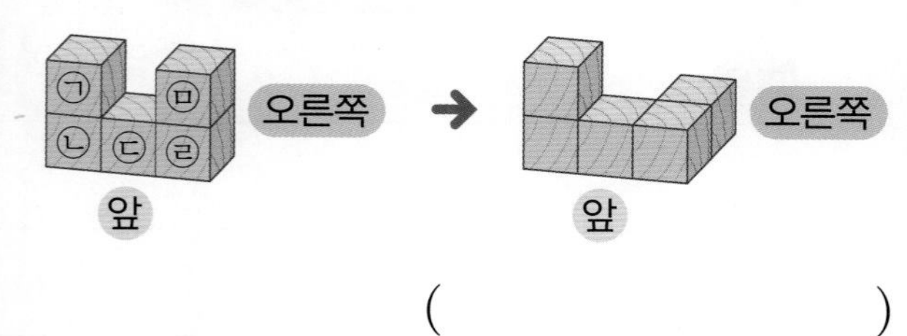

( )

단원 평가 B단계 2. 여러 가지 도형

점수 /

01 □ 안에 알맞은 말을 써넣으세요.

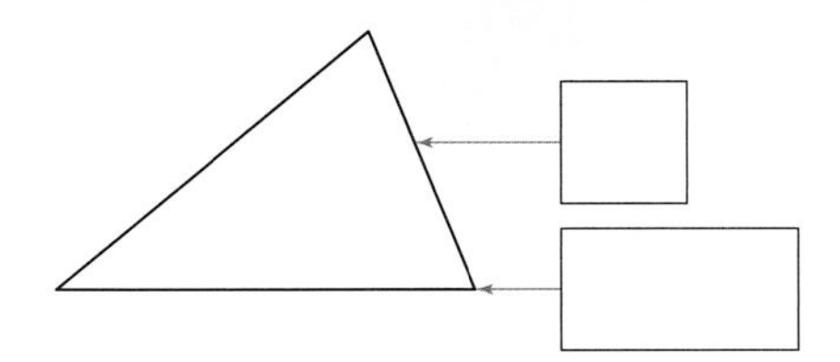

02 사각형의 변과 꼭짓점은 각각 몇 개인가요?

변 (　　　　　　)

꼭짓점 (　　　　　　)

03 변과 꼭짓점이 없는 도형은 어느 것인가요?

(　　　)

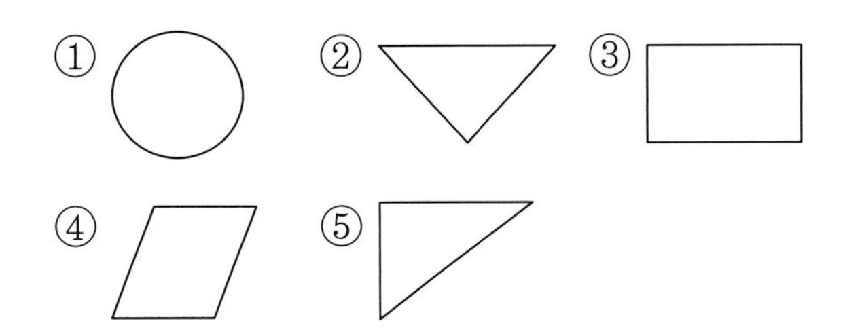

04 칠교 조각에서 찾을 수 있는 도형을 모두 찾아 ○표 하세요.

삼각형	사각형	원
(　　)	(　　)	(　　)

05 빨간색 쌓기나무의 왼쪽에 있는 쌓기나무를 찾아 노란색으로 색칠해 보세요.

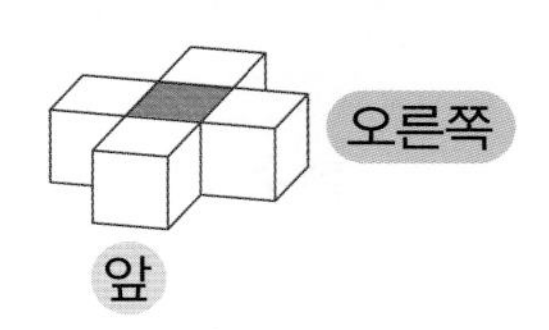

06 주어진 모양을 쌓는 데 사용한 쌓기나무는 몇 개인지 구해 보세요.

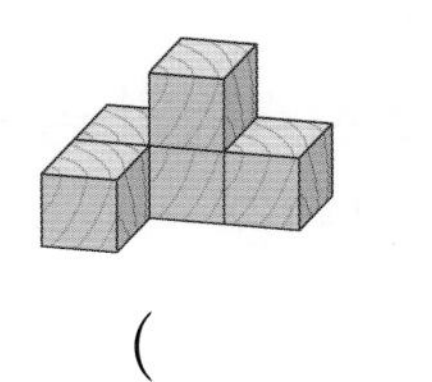

(　　　　　　)

07 □ 안에 알맞은 수를 써넣으세요.

도형	삼각형	사각형
변	□개	□개
꼭짓점	□개	□개

서술형

08 예나가 그린 도형의 특징을 2가지 써 보세요.

특징 1

특징 2

09 사각형을 바르게 그린 사람을 찾아 이름을 써 보세요.

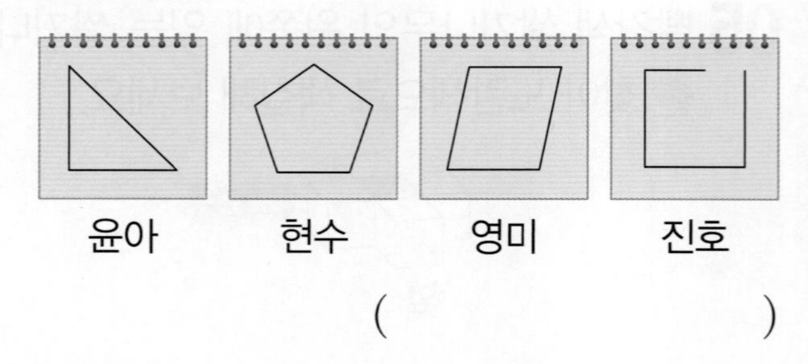

( )

10 삼각형과 사각형의 공통점을 모두 찾아 기호를 써 보세요.

㉠ 곧은 선으로 둘러싸여 있습니다.
㉡ 꼭짓점이 있습니다.
㉢ 변의 수가 같습니다.

( )

11 원을 모두 찾아 원 안에 있는 수의 합을 구해 보세요.

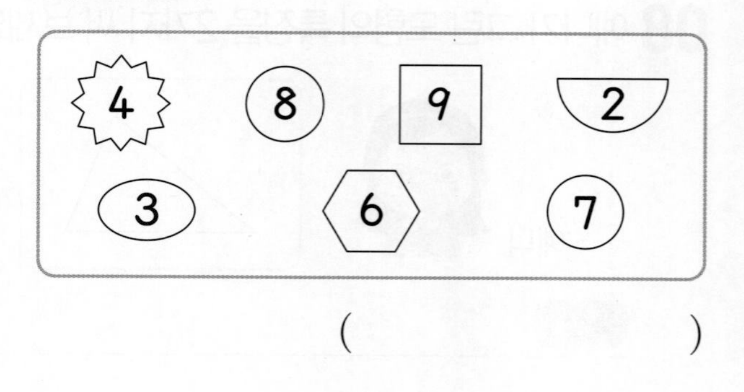

( )

| 12~14 | 칠교판을 보고 물음에 답하세요.

* 정답 55쪽의 칠교판을 활용하세요.

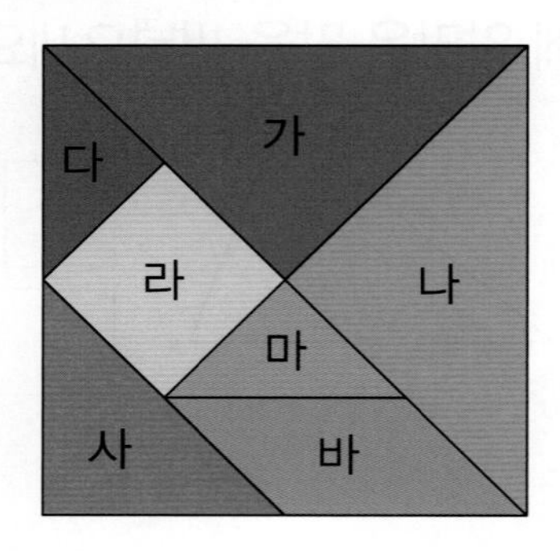

12 칠교 조각 다, 라, 마, 사 4개를 이용하여 주어진 모양을 만들어 보세요.

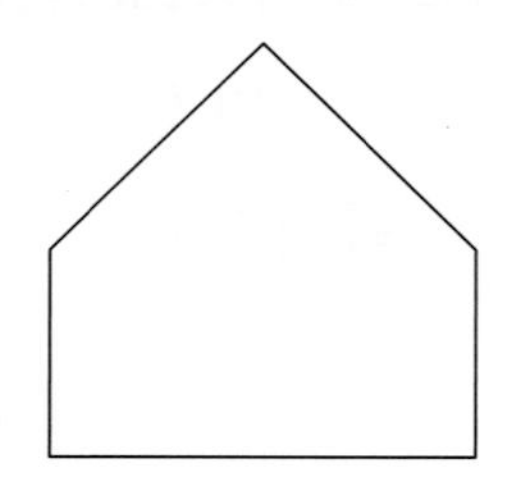

13 칠교 조각을 모두 이용하여 토끼 모양을 완성해 보세요.

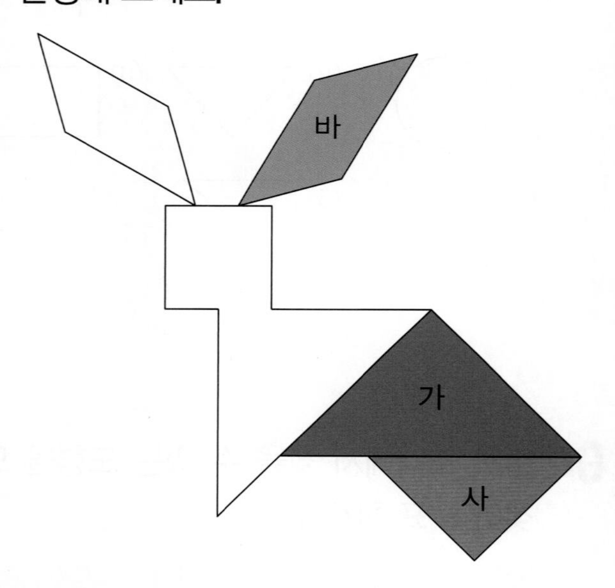

14 주어진 칠교 조각 3개로 삼각형을 만들 수 없는 것에 ×표 하세요.

다, 라, 마	라, 마, 바
( )	( )

15 설명에 맞게 쌓은 모양에 ○표 하세요.

> 쌓기나무 3개가 옆으로 나란히 있고, 맨 왼쪽과 맨 오른쪽 쌓기나무 앞에 쌓기나무가 1개씩 있습니다.

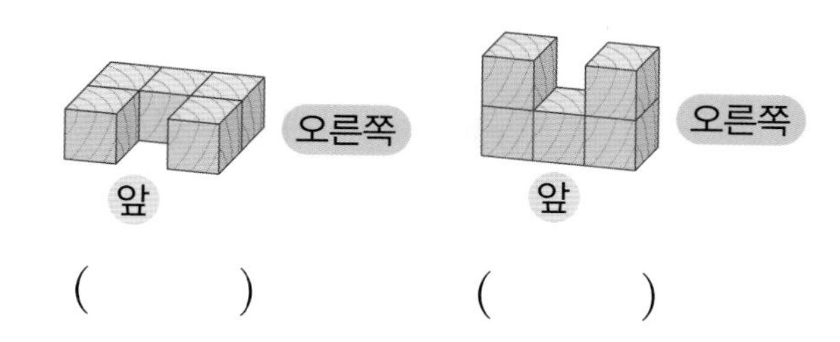

(　　　)　　　(　　　)

16 쌓기나무 5개로 만들 수 <u>없는</u> 모양은 어느 것인가요? (　　　)

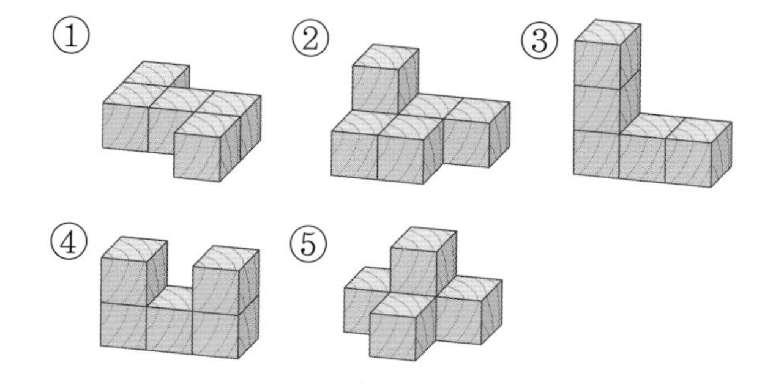

17 원은 삼각형보다 몇 개 더 많은지 구해 보세요.

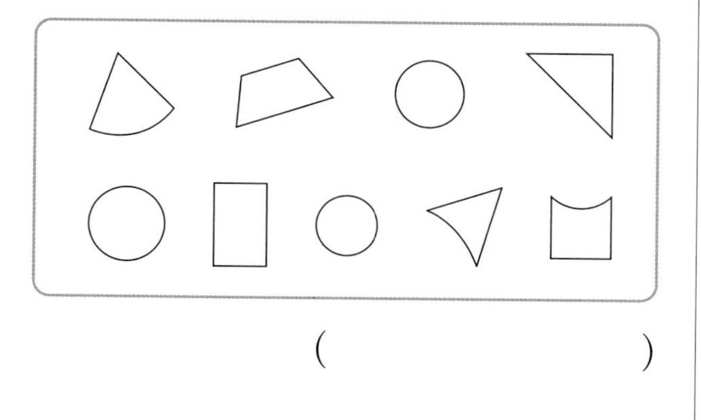

(　　　　　　　　)

18 설명에 맞게 주어진 선을 한 변으로 하는 도형을 그려 보세요.

> • 삼각형입니다.
> • 도형의 안쪽에 점이 4개 있습니다.

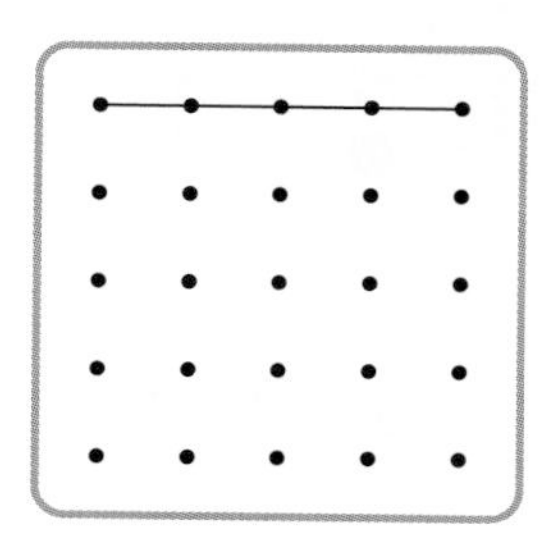

서술형

19 쌓기나무 6개로 쌓은 모양입니다. 쌓은 모양을 설명해 보세요.

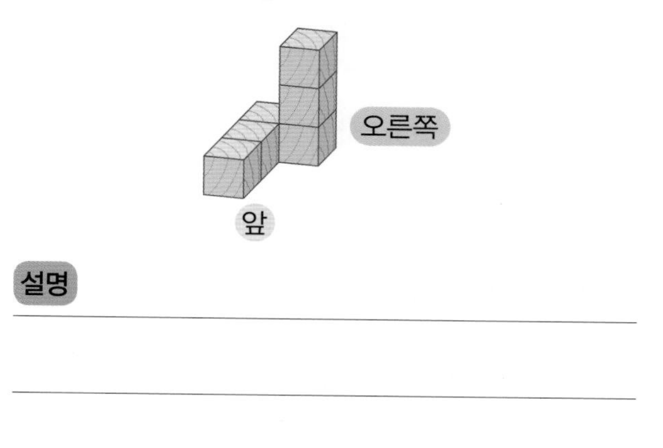

설명

20 쌓기나무로 쌓은 모양에 대한 설명입니다. 틀린 부분을 찾아 기호를 쓰고, 바르게 고쳐 보세요.

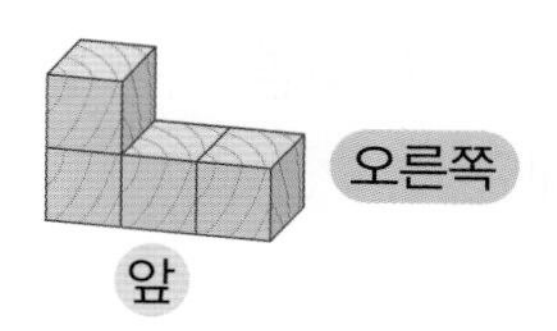

> 1층에 쌓기나무 ㉠ <u>3개</u>가 나란히 있고, 맨 ㉡ <u>오른쪽</u> 쌓기나무 위에 쌓기나무가 ㉢ <u>1개</u> 있습니다.

(　　　　　,　　　　　)

2 단원

단원 평가 A단계

3. 덧셈과 뺄셈

점수 /

01 그림을 보고 덧셈을 해 보세요.

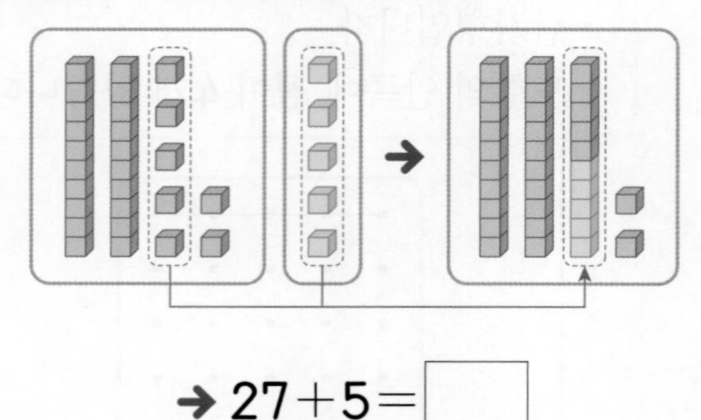

→ 27+5=□

02 두 수의 차를 빈칸에 써넣으세요.

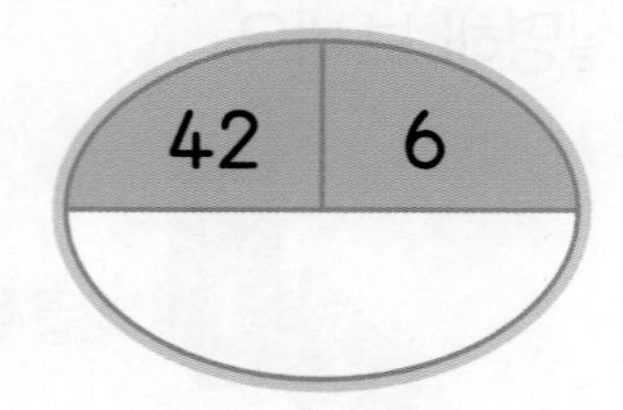

03 □ 안에 알맞은 수를 써넣으세요.

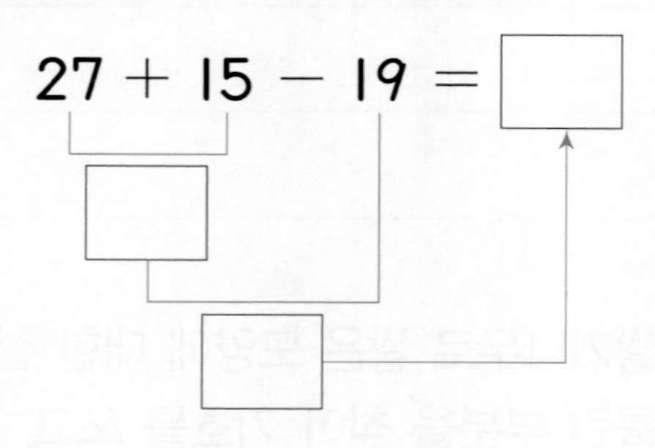

04 그림을 보고 덧셈식을 뺄셈식으로 나타내어 보세요.

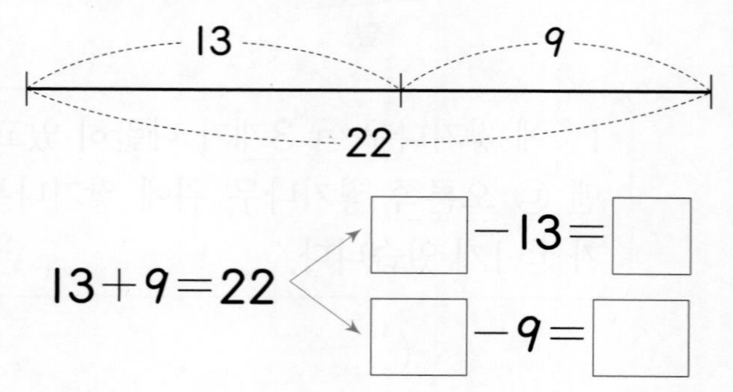

05 □ 안에 알맞은 수를 써넣으세요.

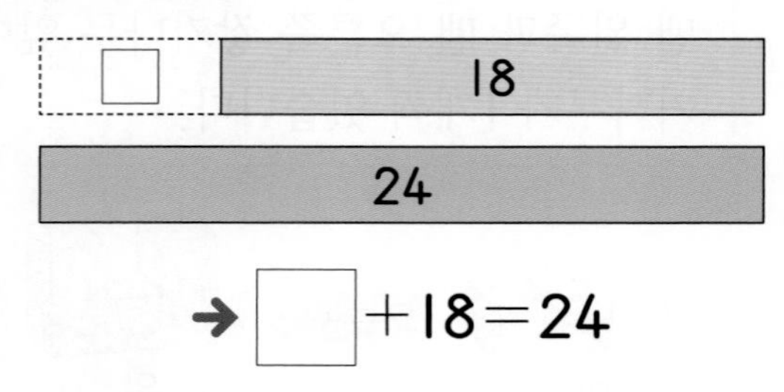

→ □+18=24

06 계산 결과를 찾아 이어 보세요.

27+19 •   • 62

34+38 •   • 72

47+15 •   • 46

07 두 수의 합이 가장 큰 것을 찾아 ○표 하세요.

25+48	26+26	29+31
(　　)	(　　)	(　　)

08 색종이를 예원이는 58장 모았고, 은별이는 68장 모았습니다. 두 사람이 모은 색종이는 모두 몇 장인가요?

(　　　　　　)

09 화살 두 개를 던져 맞힌 두 수의 차가 47입니다. 맞힌 두 수에 ○표 하세요.

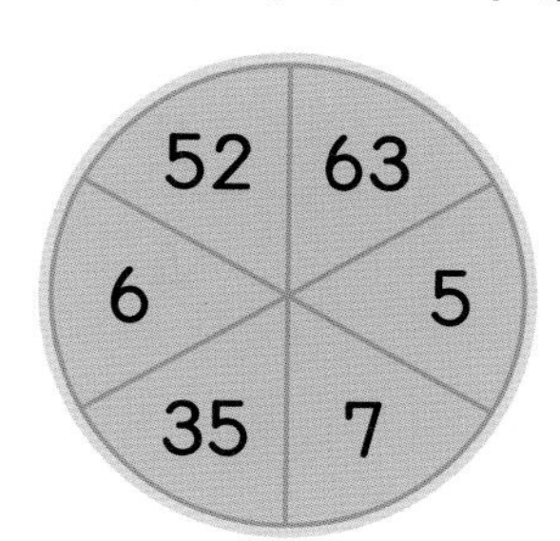

10 공원에 비둘기가 40마리 있었습니다. 이 중에서 37마리가 날아갔다면 공원에 남아 있는 비둘기는 몇 마리일까요?

( )

11 빈칸에 들어갈 수는 왼쪽 선으로 연결된 두 수의 차입니다. 빈칸에 알맞은 수를 써넣으세요.

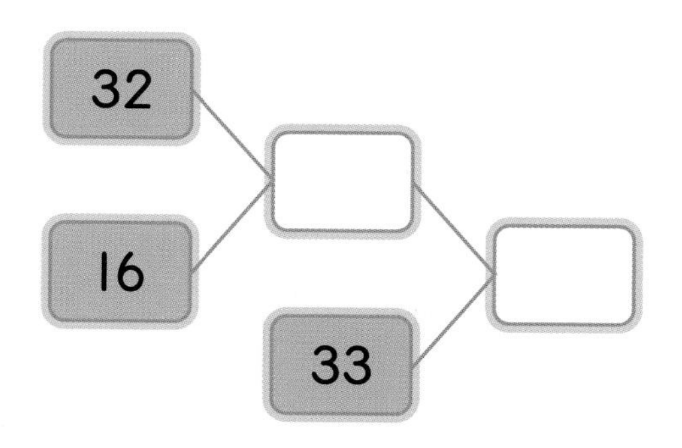

서술형

12 줄넘기를 지현이는 64번 했고, 영훈이는 81번 했습니다. 줄넘기를 누가 몇 번 더 많이 했는지 풀이 과정을 쓰고, 답을 구해 보세요.

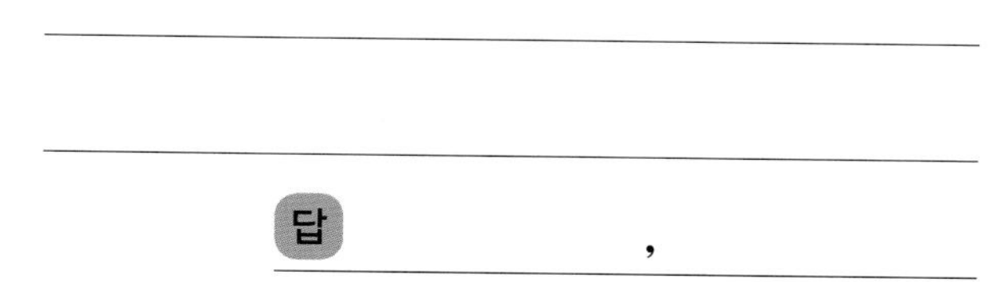

답 ,

13 냉장고에 달걀이 25개 있었습니다. 어머니께서 요리하는 데 달걀 16개를 사용했고, 시장에서 달걀 5개를 사 오셨습니다. 현재 달걀은 몇 개인지 구해 보세요.

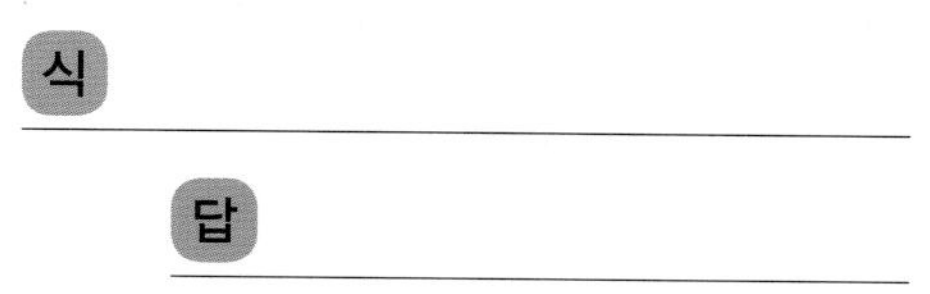

14 뺄셈식을 덧셈식으로 나타내어 보세요.

$76-19=57$

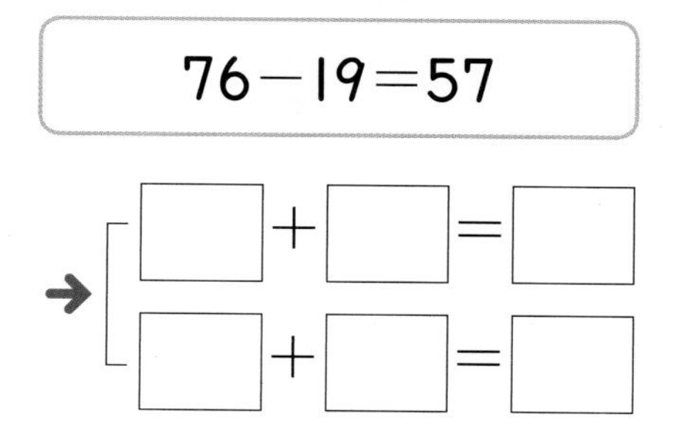

3 단원

15 덧셈식 $33+19=52$를 뺄셈식으로 바르게 나타낸 것을 모두 찾아 색칠해 보세요.

$19+52=71$	$52-33=19$
$33-19=14$	$52-19=33$

16 □ 안에 알맞은 수를 써넣으세요.

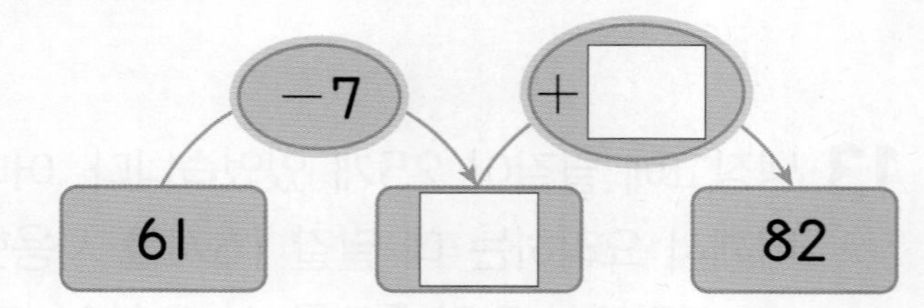

17 4장의 수 카드 중 2장을 골라 한 번씩 사용하여 두 자리 수를 만들려고 합니다. 만들 수 있는 가장 큰 수와 가장 작은 수의 합을 구해 보세요.

5 3 7 9

(　　　　　　　)

18 □ 안에 알맞은 수를 써넣으세요.

$$\begin{array}{r} \square\,2 \\ -\;2\,5 \\ \hline 4\,\square \end{array}$$

19 □ 안에 들어갈 수 있는 수는 모두 몇 개인지 구해 보세요.

$40<\square<81-37$

(　　　　　　　)

서술형

20 □의 값이 가장 큰 것을 찾아 기호를 쓰려고 합니다. 풀이 과정을 쓰고, 답을 구해 보세요.

㉠ $35+\square=52$
㉡ $\square-9=7$
㉢ $30-\square=18$

답

• 정답 48쪽

점수 /

01 덧셈을 해 보세요.

$$\begin{array}{r} 44 \\ +\ \ 8 \\ \hline \end{array}$$

02 다음 계산에서 □ 안의 숫자 1이 실제로 나타내는 수를 구해 보세요.

$$\begin{array}{r} \boxed{1}\ \ \\ 27 \\ +\ 36 \\ \hline 63 \end{array}$$

(　　　　　　　　)

03 두 수의 차를 구해 보세요.

49	71

(　　　　　　　　)

04 계산을 해 보세요.

$63-25+9$

05 뺄셈식을 덧셈식으로 나타내어 보세요.

$56-9=47$ → $9+\square=\square$, $\square+9=\square$

06 빈칸에 알맞은 수를 써넣으세요.

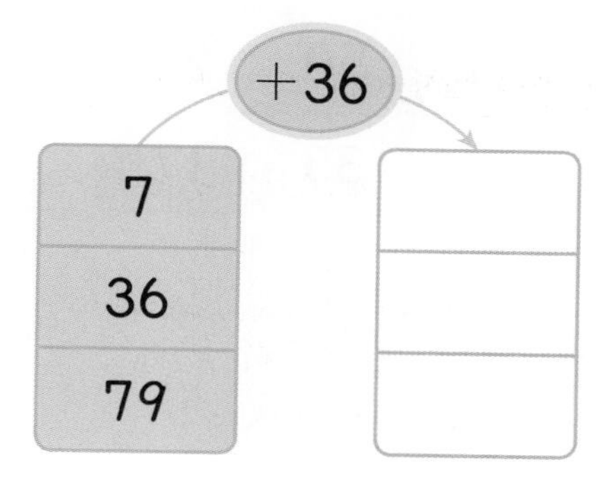

07 계산에서 잘못된 곳을 찾아 바르게 고쳐 보세요.

$$\begin{array}{r} 49 \\ +\ 28 \\ \hline 67 \end{array} \rightarrow \begin{array}{r} 49 \\ +\ 28 \\ \hline \end{array}$$

3 단원

08 현아는 책을 지난달에 28권 읽었고, 이번 달에는 지난달보다 5권 더 많이 읽었습니다. 현아가 지난달과 이번 달에 읽은 책은 모두 몇 권인가요?

( )

09 성냥개비를 사용하여 식을 만들었습니다. 바른 계산이 되도록 성냥개비 한 개를 ×로 지워 보세요.

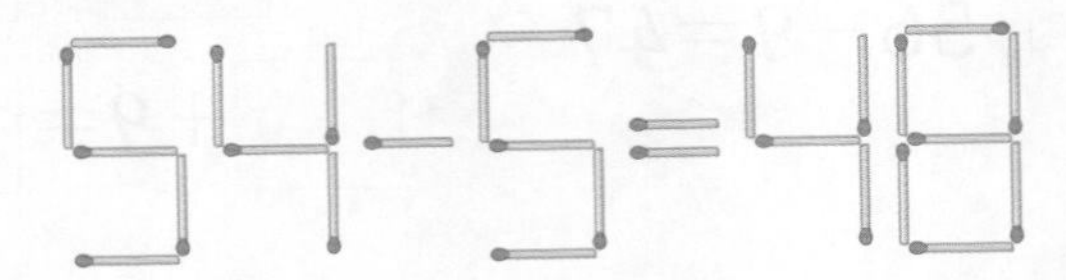

10 빈칸에 알맞은 수를 써넣으세요.

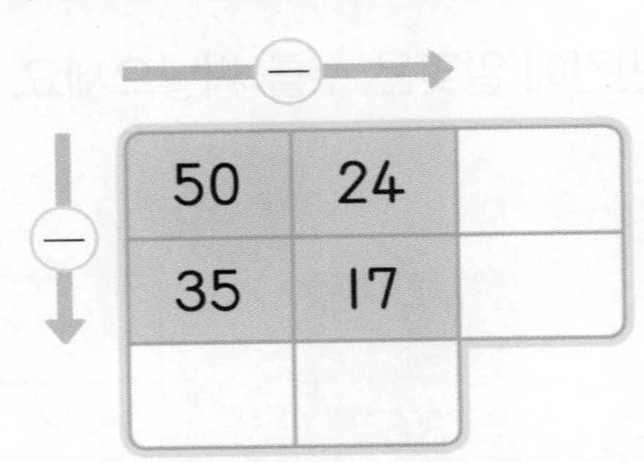

11 같은 선 위의 양쪽 끝에 있는 두 수의 차를 가운데에 쓴 것입니다. ★에 알맞은 수를 구해 보세요.

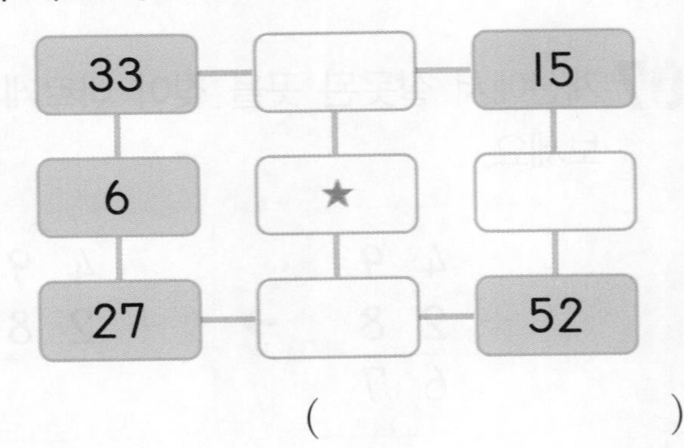

( )

서술형

12 구슬을 더 많이 가지고 있는 사람은 누구인지 풀이 과정을 쓰고, 답을 구해 보세요.

혜수: 구슬을 16개 가지고 있었는데 언니가 17개를 더 줬어.
영민: 구슬을 45개 가지고 있었는데 구슬치기에서 19개를 잃었어.

답

13 크기를 비교하여 ○ 안에 >, =, <를 알맞게 써넣으세요.

14 계산 결과에 알맞은 글자를 차례대로 찾아 암호를 완성해 보세요.

23−5+7 ①

35−8+5 ②

15+7−3 ③

52+9−4 ④

계산 결과	19	25	32	45	57
글자	상	수	미	술	관

암호 ① ② ③ ④

15 □의 값이 더 큰 것의 기호를 써 보세요.

㉠ 26＋□＝55
㉡ 51－□＝18

(　　　　　　　　)

16 농장에 닭이 32마리 있었는데 몇 마리를 더 데려와서 47마리가 되었습니다. 더 데려온 닭의 수를 □로 하여 덧셈식을 만들고, □의 값을 구해 보세요.

식 ________________

(　　　　　　　　)

17 ●＋★을 구해 보세요.

	●	5
＋	6	★
1	6	3

(　　　　　　　　)

18 수 카드 2장을 골라 두 자리 수를 만들어 82에서 빼려고 합니다. 계산 결과가 가장 작은 수가 되도록 뺄셈식을 쓰고, 계산해 보세요.

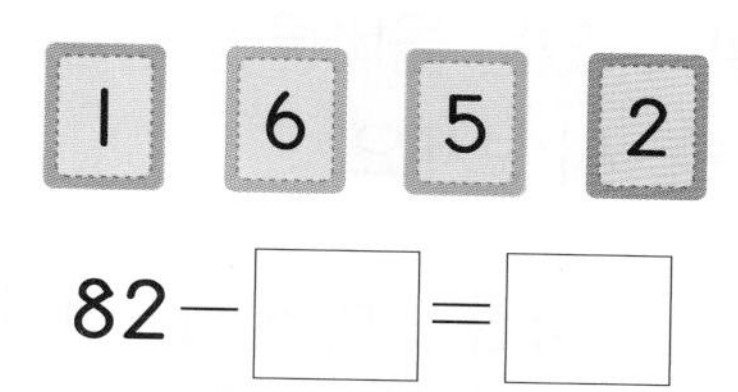

82－□＝□

19 세 수를 이용하여 덧셈식을 만들고, 뺄셈식으로 나타내어 보세요.

14　23　9

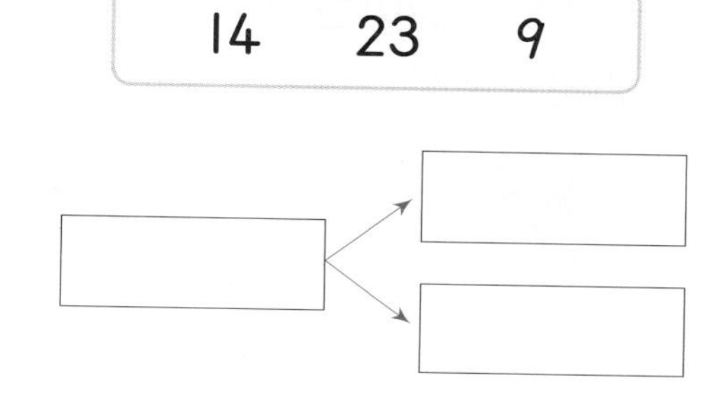

서술형

20 어떤 수에서 27을 빼야 할 것을 잘못하여 더했더니 71이 되었습니다. 바르게 계산한 값은 얼마인지 풀이 과정을 쓰고, 답을 구해 보세요.

____

____

____

____

답 ________________

3 단원

단원 평가 A단계 4. 길이 재기

점수 /

01 동화책의 긴 쪽과 짧은 쪽의 길이를 비교하려고 합니다. 길이를 비교할 수 있는 올바른 방법을 찾아 기호를 써 보세요.

㉠ 직접 맞대어 비교하기
㉡ 종이띠를 이용하여 비교하기

(　　　　　　　)

02 크레파스의 길이는 엄지손가락의 너비로 몇 번인가요?

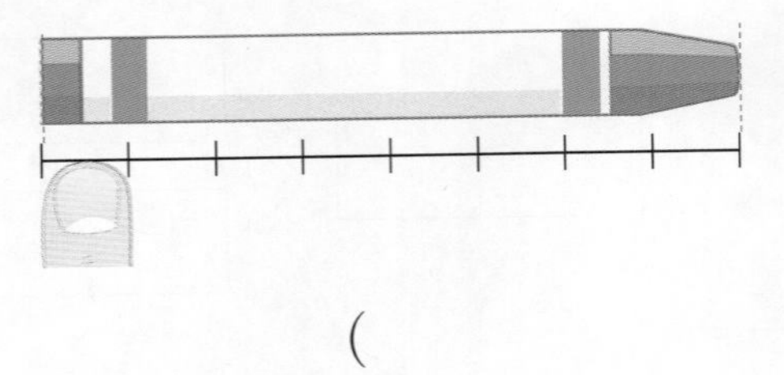

(　　　　　　　)

03 □ 안에 알맞은 수를 써넣으세요.

7 cm는 1 cm가 □ 번입니다.

04 빨간색 선의 길이는 몇 cm인가요?

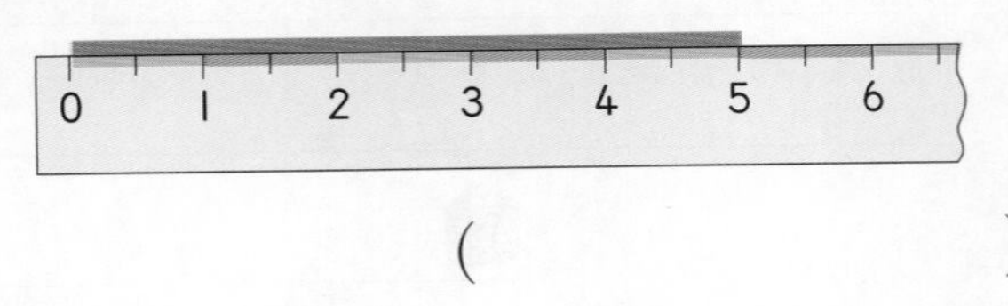

(　　　　　　　)

05 못의 길이를 어림하고, 자로 재어 확인해 보세요.

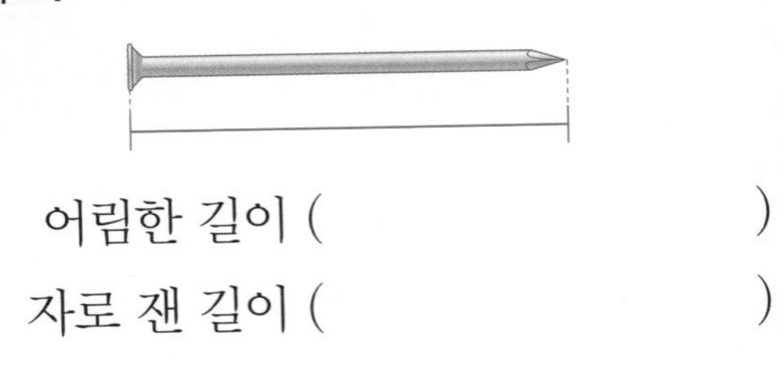

어림한 길이 (　　　　　　　)

자로 잰 길이 (　　　　　　　)

06 털실의 길이를 비교해 보세요.

* 정답 55쪽의 종이띠 를 활용하세요.

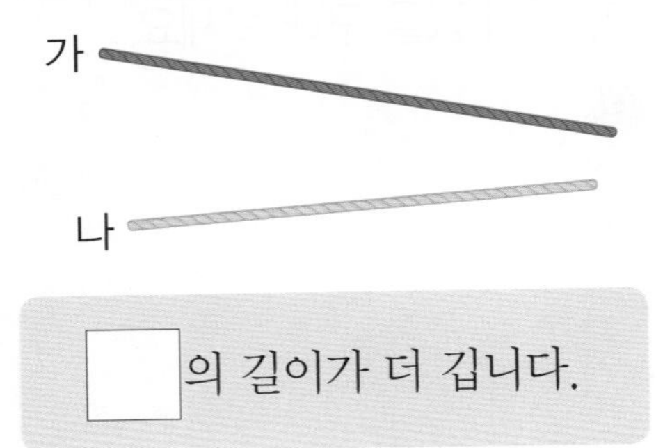

□의 길이가 더 깁니다.

07 오른쪽 교통카드의 긴 쪽의 길이를 재려고 합니다. 단위로 사용할 수 있는 것을 모두 고르세요. (　　　　)

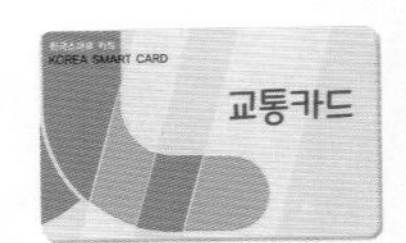

① 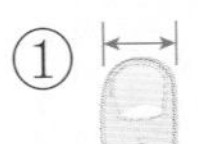

② 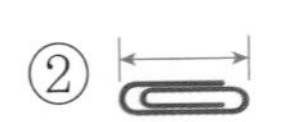
③ 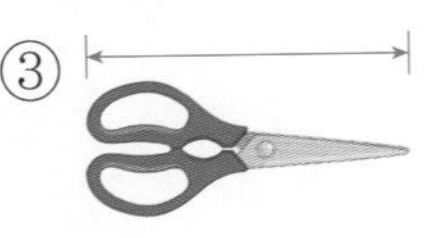
④ 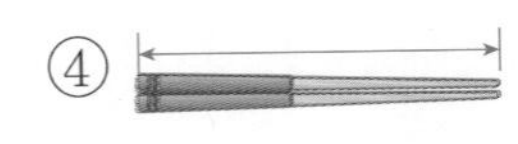
⑤ 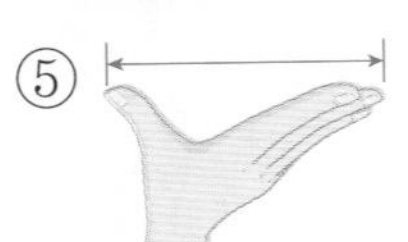

08 선우와 정호가 시소에서 미끄럼틀까지의 거리를 걸음으로 재었습니다. 두 사람 중 한 걸음의 길이가 더 짧은 사람은 누구인가요?

- 선우의 걸음으로 5걸음
- 정호의 걸음으로 3걸음

( )

서술형

09 더 긴 길이를 말한 사람은 누구인지 풀이 과정을 쓰고, 답을 구해 보세요.

답

10 초록색 선의 길이를 찾아 이어 보세요.

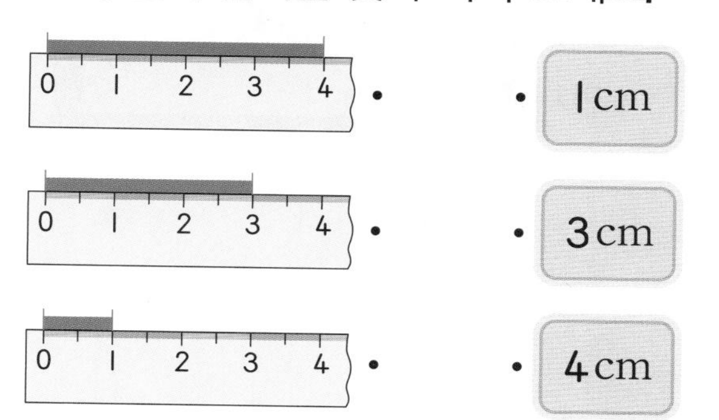

- 1 cm
- 3 cm
- 4 cm

11 자로 길이를 재어 보세요.

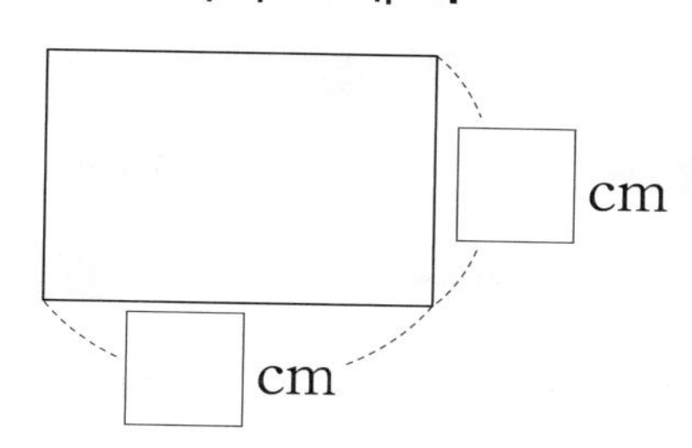

12 연필의 길이는 몇 cm인가요?

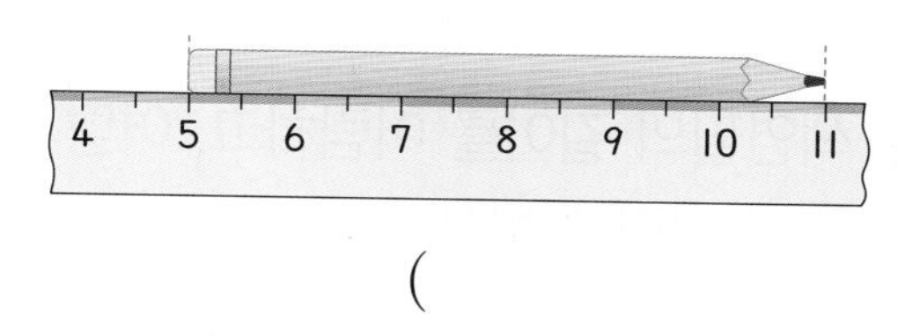

( )

13 사탕의 길이를 써 보세요.

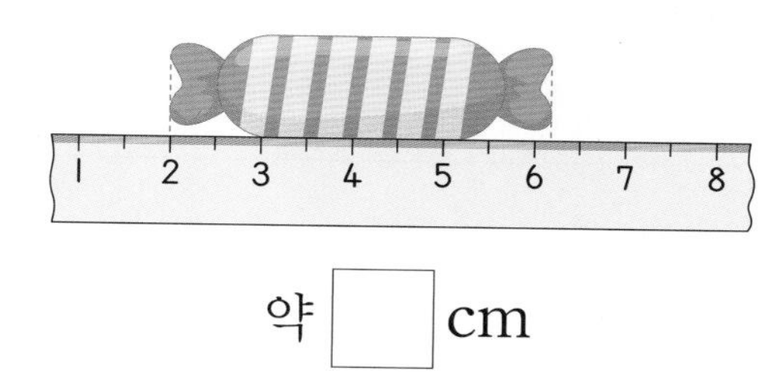

약 □ cm

14 길이가 더 짧은 빨대를 찾아 기호를 써 보세요.

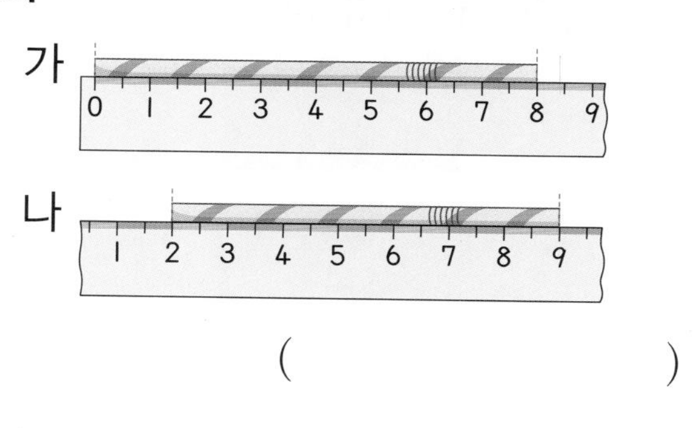

( )

15 볼펜의 길이를 자로 재어 보고 길이가 같은 볼펜을 모두 찾아 ○표 하세요.

( )

( )

( )

서술형

16 색연필의 길이를 어림하고, 어떻게 어림했는지 설명해 보세요.

어림한 길이

설명

17 빨간색 털실의 길이는 4 cm입니다. 빨간색 털실을 이용하여 파란색 털실의 길이는 약 몇 cm인지 어림해 보세요.

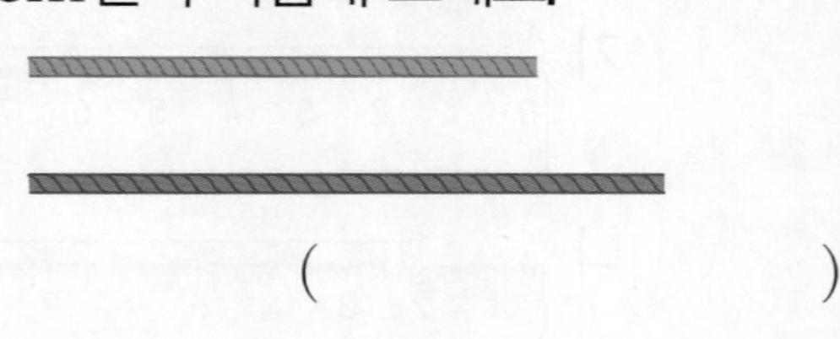

( )

18 옷걸이로 여러 가지 물건의 긴 쪽의 길이를 잰 횟수입니다. 길이가 가장 긴 물건은 무엇인가요?

식탁	책상	서랍장
6번	9번	5번

( )

19 한 변의 길이가 모두 1 cm로 같은 사각형 5개를 겹치지 않게 이어 붙였습니다. 빨간색 선의 길이는 모두 몇 cm인가요?

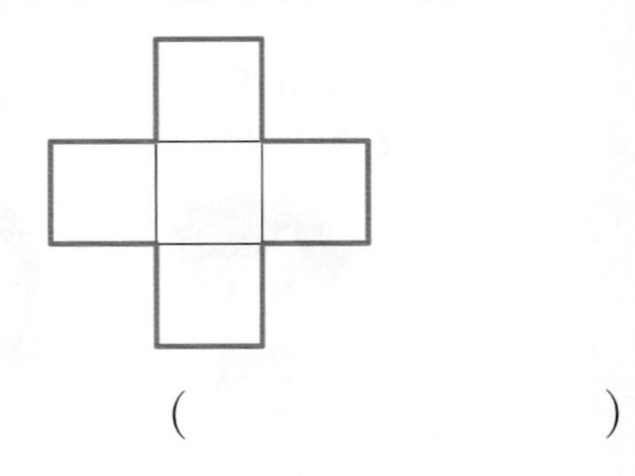

( )

20 민재와 채은이가 액자의 짧은 쪽의 길이를 어림했습니다. 액자의 짧은 쪽의 길이가 13 cm일 때 더 가깝게 어림한 사람은 누구인가요?

( )

● 정답 50쪽

단원 평가 B단계 4. 길이 재기

점수

01 수첩의 길이를 종이띠로 비교했습니다. 더 짧은 것의 기호를 써 보세요.

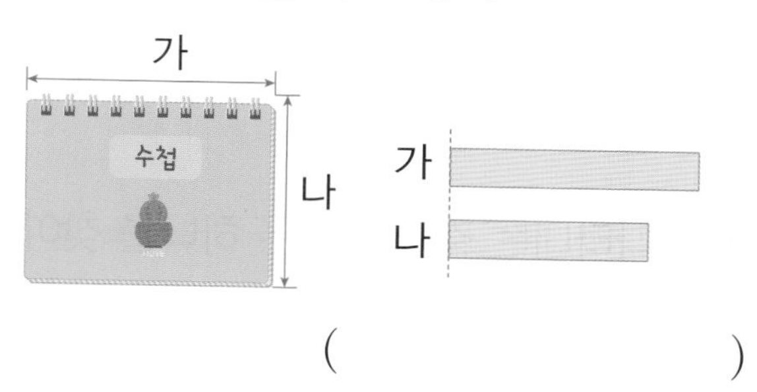

( )

02 색 테이프를 단위로 붓의 길이를 재었습니다. 붓의 길이는 초록색 테이프와 노란색 테이프로 각각 몇 번인가요?

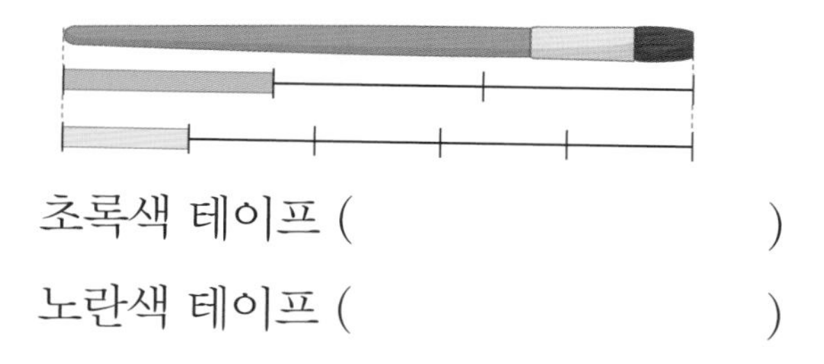

초록색 테이프 ( )

노란색 테이프 ( )

03 점선을 따라 4 cm인 선을 그어 보세요.

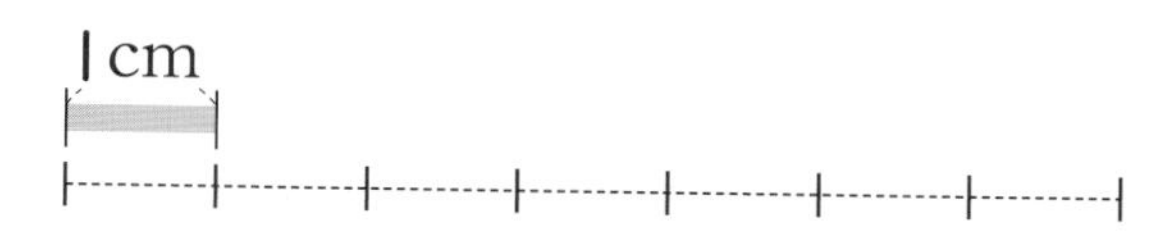

04 크레파스의 길이를 써 보세요.

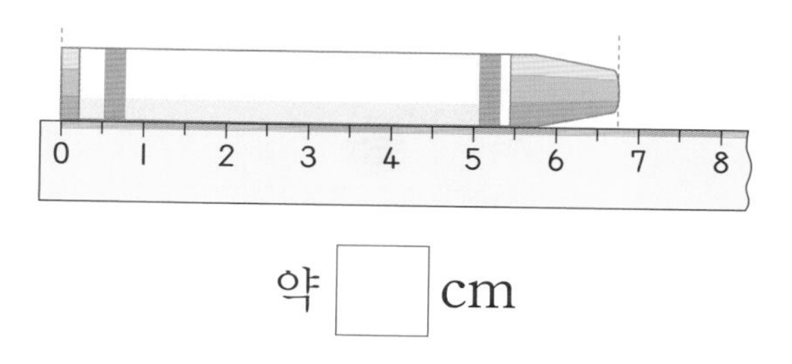

약 □ cm

05 물감의 길이를 어림하고, 자로 재어 확인해 보세요.

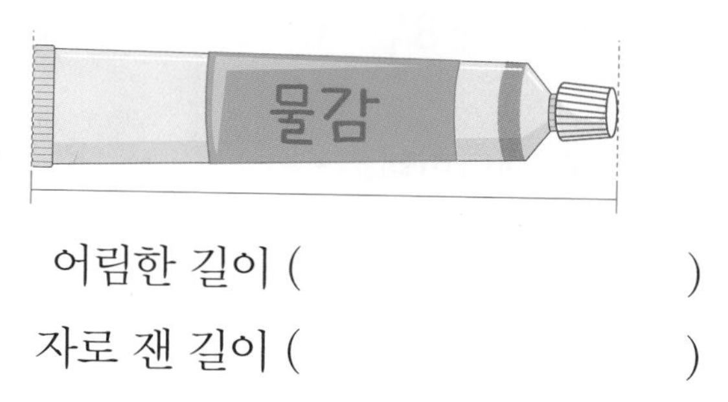

어림한 길이 ( )

자로 잰 길이 ( )

06 길이가 더 긴 것을 찾아 기호를 써 보세요.

* 정답 55쪽의 종이띠를 활용하세요.

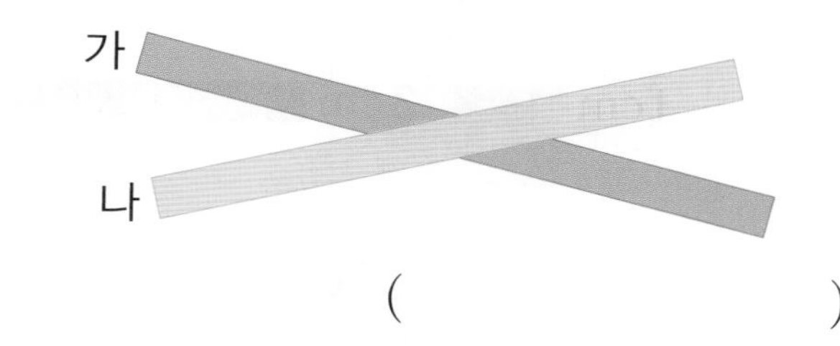

( )

07 여러 가지 단위로 침대의 짧은 쪽의 길이를 재었습니다. 잰 횟수가 가장 적은 것은 어느 것인가요? ( )

① 뼘 ② 우산 ③ 공깃돌
④ 클립 ⑤ 지우개

08 막대의 길이는 지우개로 몇 번인가요?

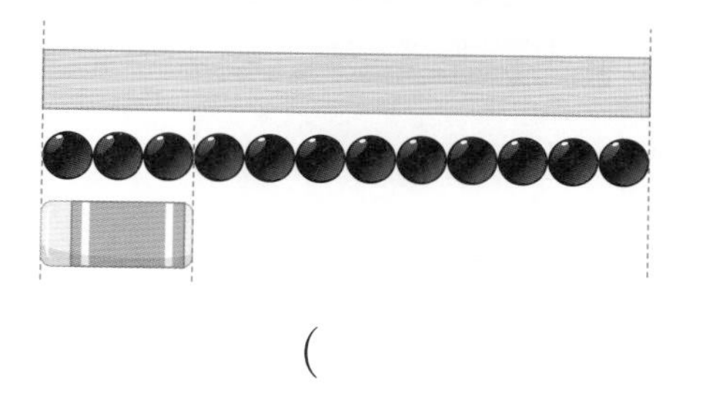

( )

4 단원

09 같은 길이끼리 이어 보세요.

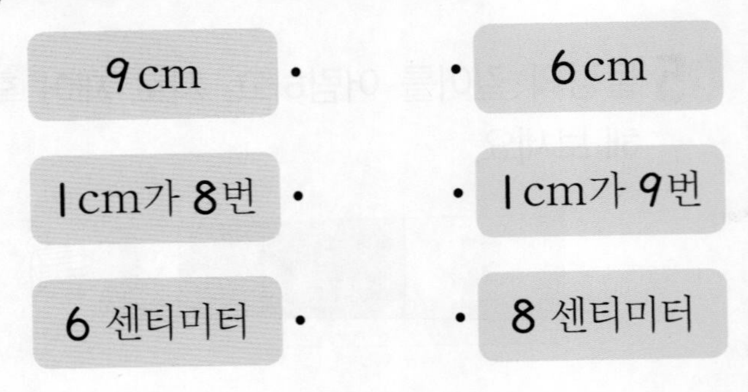

10 길이가 1 cm, 3 cm인 막대가 있습니다. 이 막대를 여러 번 사용하여 5 cm를 색칠해 보세요.

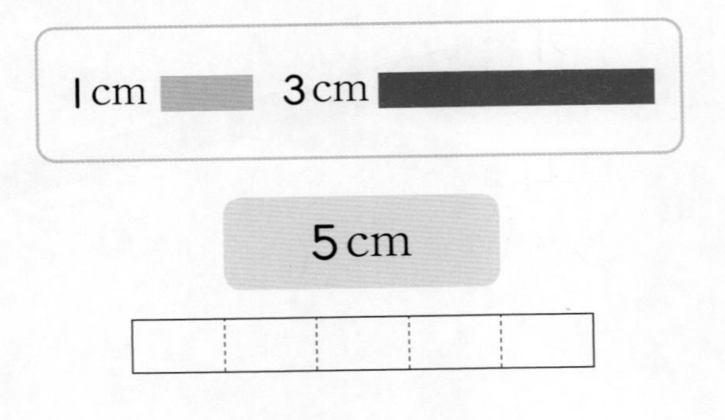

11 수수깡의 길이가 6 cm인 것은 어느 것인가요? (　　　)

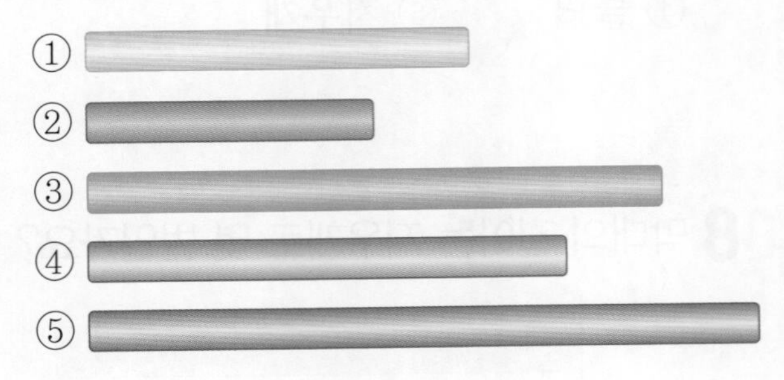

12 펜 뚜껑의 길이는 몇 cm인가요?

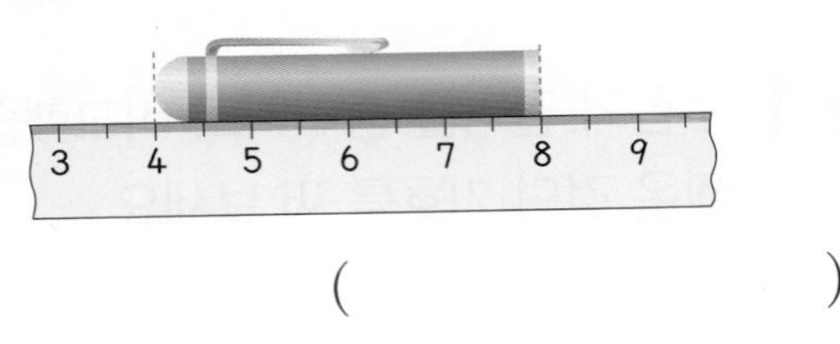

(　　　　　　)

13 나타내는 길이가 다른 하나를 찾아 기호를 써 보세요.

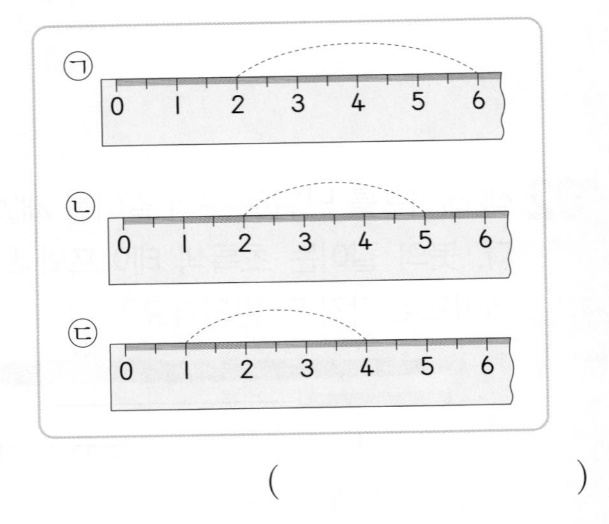

(　　　　　　)

서술형

14 리본의 길이를 설아는 약 4 cm, 현지는 약 5 cm라고 재었습니다. 길이를 바르게 잰 사람은 누구인지 풀이 과정을 쓰고, 답을 구해 보세요.

0 1 2 3 4 5 6

답

15 강아지가 있는 곳에서 가장 먼 곳에 있는 채소는 어느 것인가요?

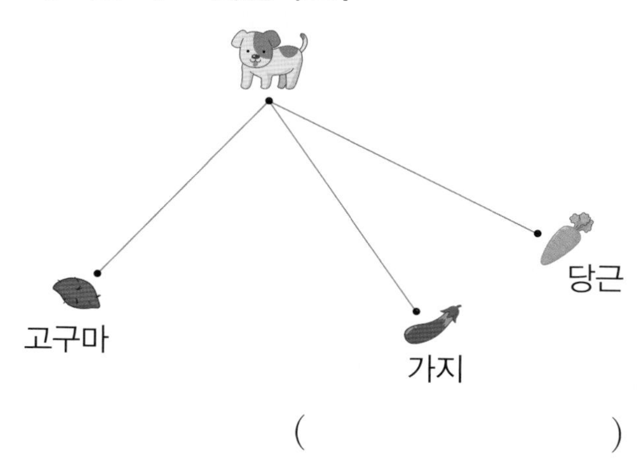

( )

16 보기 에서 알맞은 길이를 골라 문장을 완성해 보세요.

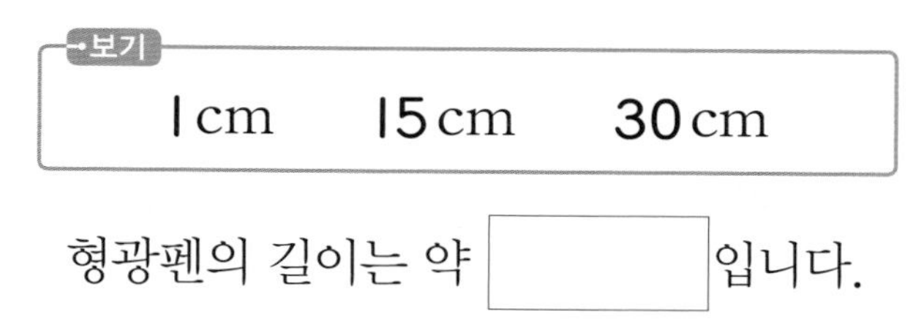

형광펜의 길이는 약 ☐ 입니다.

17 컵의 높이가 10 cm일 때 물의 높이를 어림해 보세요.

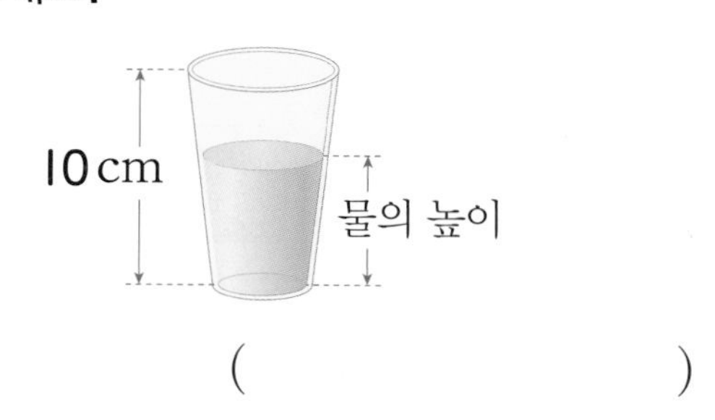

( )

서술형

18 지희가 뼘을 단위로 우산의 길이를 재었습니다. 지희의 한 뼘의 길이가 12 cm일 때, 우산의 길이는 몇 cm인지 풀이 과정을 쓰고, 답을 구해 보세요.

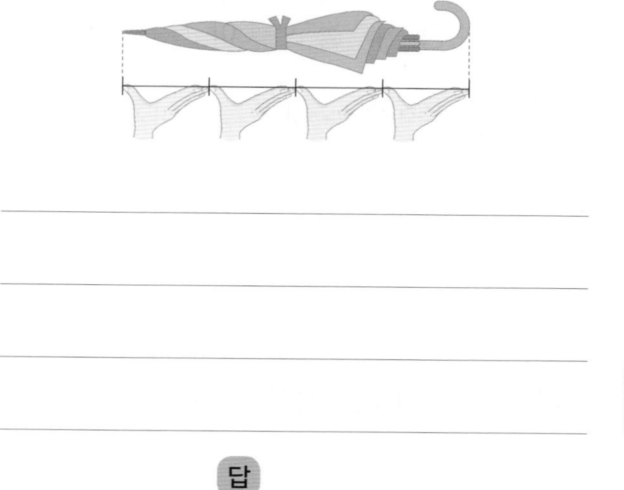

답

19 두 리본 ㉠과 ㉡을 겹치지 않게 한 줄로 길게 이으면 전체 길이는 몇 cm일까요?

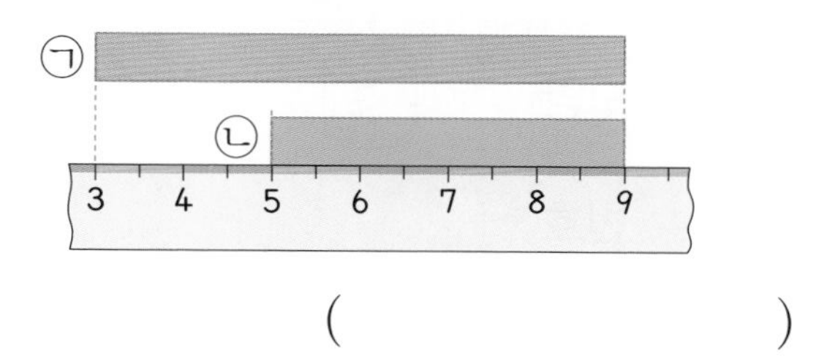

( )

20 과자의 길이를 연아는 약 6 cm, 이서는 약 9 cm라고 어림했습니다. 과자의 실제 길이에 더 가깝게 어림한 사람은 누구인가요?

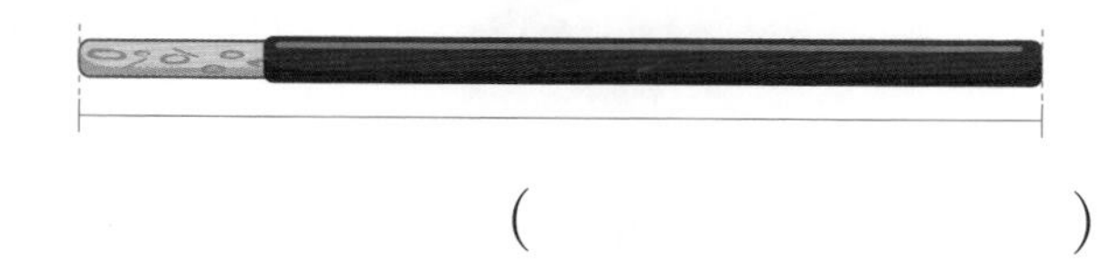

( )

단원 평가 A단계

5. 분류하기

점수 /

01 분류 기준으로 알맞은 것에 색칠해 보세요.

좋아하는 것과 좋아하지 않는 것

공을 사용하는 것과 아닌 것

02 모양에 따라 분류해 보세요.

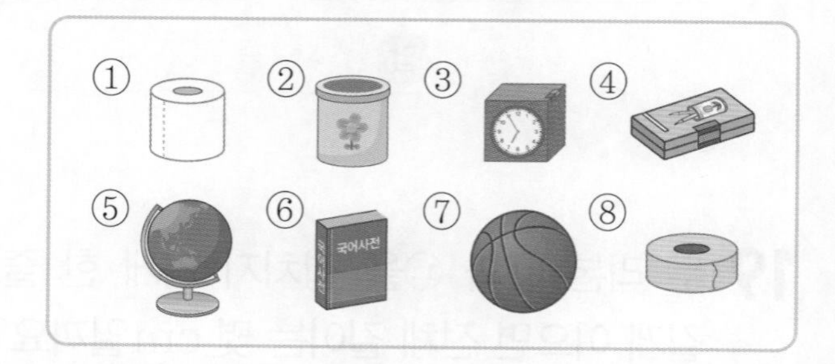

모양			
번호			

03 색깔에 따라 분류해 보세요.

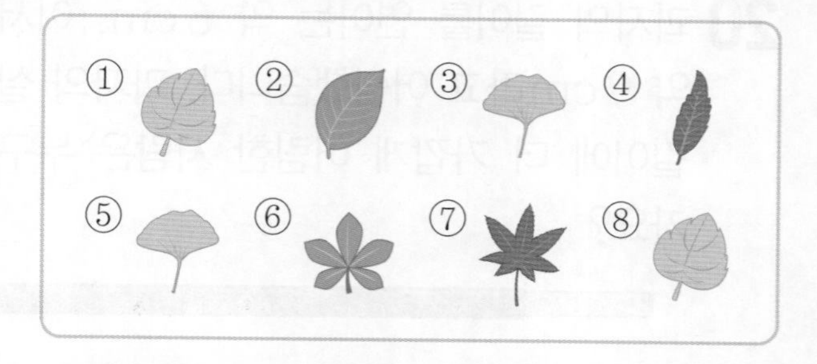

색깔	노란색	초록색	빨간색
번호			

| 04~05 | 도미노를 보고 물음에 답하세요.

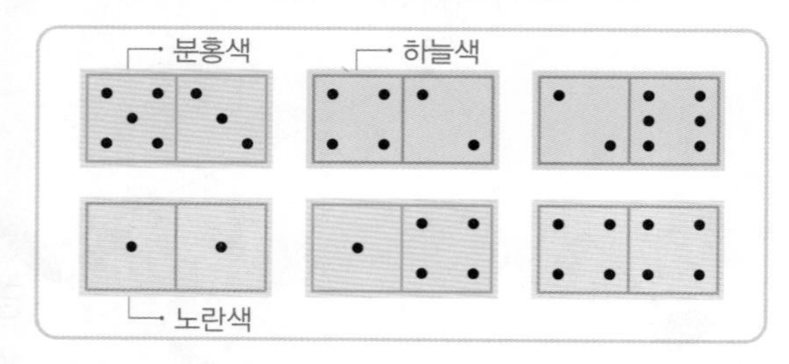

04 색깔에 따라 분류하고 그 수를 세어 보세요.

색깔	분홍색	하늘색	노란색
세면서 표시하기			
도미노 수(개)			

05 양쪽 점의 수에 따라 분류하고 그 수를 세어 보세요.

양쪽 점의 수	같은 것	다른 것
세면서 표시하기		
도미노 수(개)		

06 책을 분류하려고 합니다. 바르게 분류한 사람은 누구인가요?

여름 2-1 | 백설 공주 | 어린 왕자 | 수학 2-1 | 국어 2-1 | 피터팬

- 선아: 재미있는 책과 재미없는 책으로 분류해요.
- 도현: 이야기 책과 교과서로 분류해요.

(　　　　　　　　)

07 기준에 따라 분류하였습니다. 분류 기준을 써 보세요.

(　　　　　　　　　　　　　　)

08 잘못 분류한 신발을 찾아 □ 안에 알맞게 써넣으세요.

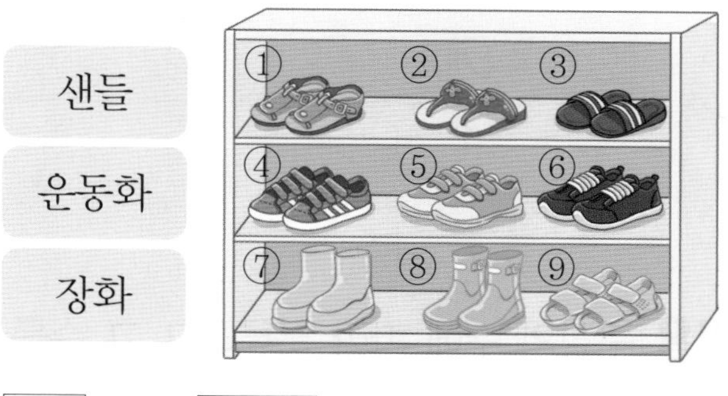

□ 을/를 □ 칸으로 옮겨야 합니다.

09 기준을 정하여 초콜릿을 분류해 보세요.

분류 기준	

* 정한 기준에 맞춰 칸을 나누어 보세요.

| 10~13 | 카드를 보고 물음에 답하세요.

10 종류에 따라 분류해 보세요.

종류	한글	숫자
카드		

11 색깔에 따라 분류하면 몇 가지로 분류할 수 있을까요?

(　　　　　　　　)

12 색깔에 따라 분류하고 그 수를 세어 보세요.

색깔	
카드 수(장)	

* 정한 기준에 맞춰 칸을 나누어 보세요.

서술형

13 한글 카드와 숫자 카드 중 더 많은 것은 어느 것인지 풀이 과정을 쓰고, 답을 구해 보세요.

답

| 14~16 | 서연이네 반 학생들이 좋아하는 간식입니다. 물음에 답하세요.

14 간식을 종류에 따라 분류하고 그 수를 세어 보세요.

종류	떡볶이	햄버거	떡	도넛
학생 수(명)				

15 서연이네 반 학생은 모두 몇 명인가요?

( )

서술형

16 서연이네 반 선생님이 한 가지 종류의 간식을 준비하려고 합니다. 어떤 간식을 준비하면 좋을지 쓰고, 그 이유를 써 보세요.

간식

이유

| 17~20 | 윤주가 가지고 있는 단추입니다. 물음에 답하세요.

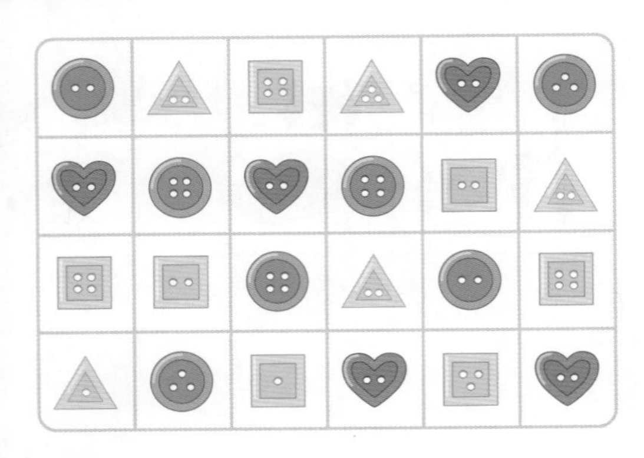

17 모양에 따라 분류하고 그 수를 세어 보세요.

모양				
단추 수(개)				

18 구멍의 수에 따라 분류하고 그 수를 세어 보세요.

구멍의 수	1개	2개	3개	4개
단추 수(개)				

19 모양이면서 구멍이 4개인 단추는 몇 개인가요?

( )

20 구멍이 2개이면서 모양인 단추는 몇 개인가요?

( )

단원 평가 B단계 5. 분류하기

점수 /

01 분류 기준으로 알맞은 것에 모두 ○표 하세요.

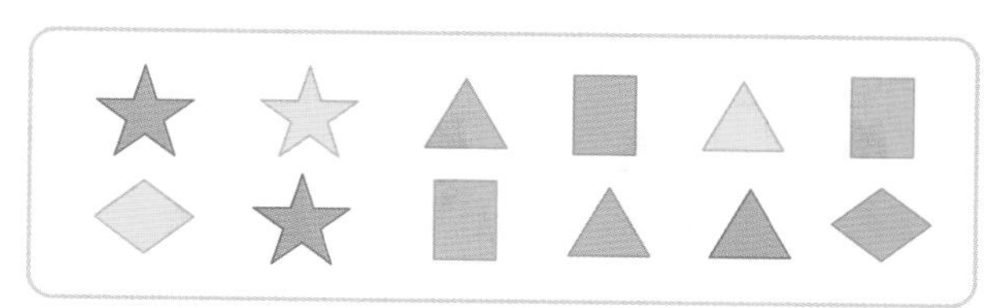

모양	크기	색깔
( )	( )	( )

| 02~03 | 여러 가지 탈것입니다. 물음에 답하세요.

02 움직이는 장소에 따라 분류해 보세요.

움직이는 장소	하늘	땅	물
번호			

03 바퀴의 수에 따라 분류해 보세요

바퀴의 수	0개	2개	4개
번호			

| 04~05 | 칠교판을 보고 물음에 답하세요.

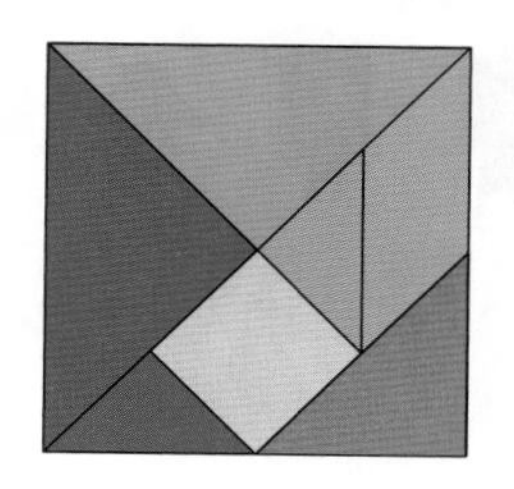

04 칠교 조각을 모양에 따라 분류하고 그 수를 세어 보세요.

모양	삼각형	사각형
조각의 수(개)		

05 어떤 모양이 더 많은가요?

(   )

06 기준에 따라 여러 가지 약을 분류하였습니다. 분류한 기준을 써 보세요.

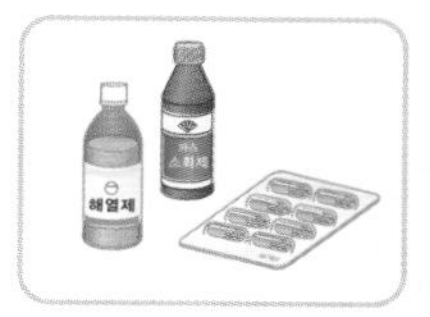

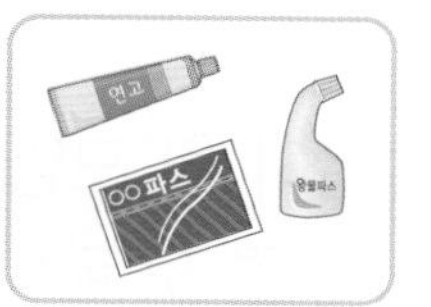

(   )

07 우산을 2개의 우산꽂이에 정리하려고 할 때 우산을 분류할 수 있는 기준을 써 보세요.

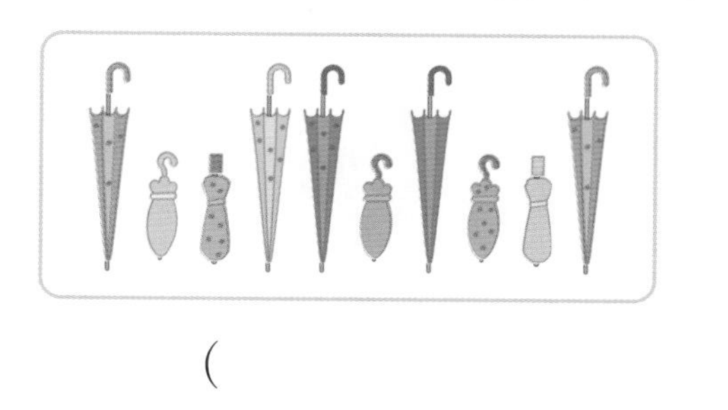

(   )

5 단원

| 08~10 | 도깨비 인형입니다. 물음에 답하세요.

08 뿔의 수에 따라 분류하고 그 수를 세어 보세요.

뿔의 수	1개	2개	3개
인형 수(개)			

09 눈의 수에 따라 분류하고 그 수를 세어 보세요.

눈의 수	1개	2개	3개	4개
인형 수(개)				

서술형

10 얼굴이 원 모양인 도깨비 인형에 있는 뿔의 수를 모두 더하면 몇 개인지 풀이 과정을 쓰고, 답을 구해 보세요.

답

| 11~14 | 민규네 반 학생들이 존경하는 인물입니다. 물음에 답하세요.

안중근	유관순	세종대왕	유관순	세종대왕
세종대왕	신사임당	세종대왕	안중근	유관순

11 존경하는 인물에 따라 분류하고 그 수를 세어 보세요.

인물	안중근	유관순	세종대왕	신사임당
학생 수(명)				

12 신사임당을 존경하는 학생은 몇 명인가요?

( )

13 가장 많은 학생들이 존경하는 인물은 누구인가요?

( )

14 가장 많은 학생들이 존경하는 인물부터 차례대로 써 보세요.

(, , ,)

정답 52쪽

| 15~16 | 설아의 옷장에 있는 옷입니다. 물음에 답하세요.

서술형

15 옷을 어떻게 분류하면 좋을지 설명해 보세요.

설명

16 색깔에 따라 분류한 옷을 입는 위치에 따라 분류하고 그 수를 세어 보세요.

	분홍색	파란색	초록색
윗옷(개)			
아래옷(개)			

17 구슬을 색깔에 따라 분류하여 크기가 다른 세 개의 상자에 나누어 담으려고 합니다. 가장 작은 상자에 어떤 색의 구슬을 담는 것이 좋을지 써 보세요.

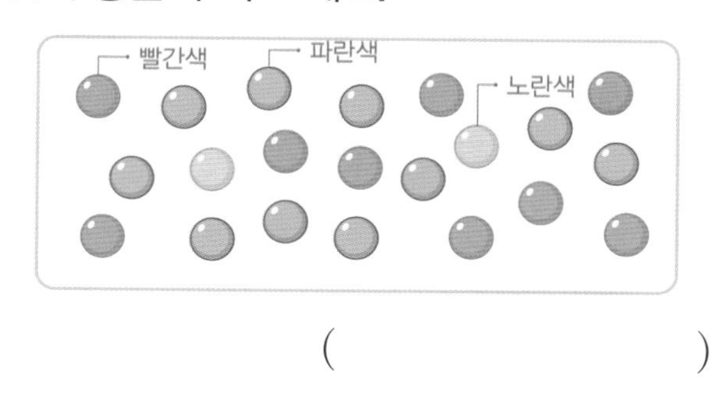

(　　　　　　　　　)

| 18~20 | 현서네 반 학생들입니다. 물음에 답하세요.

18 안경을 쓴 학생과 쓰지 않은 학생은 각각 몇 명인가요?

안경을 쓴 학생 (　　　　　　　　　)

안경을 쓰지 않은 학생 (　　　　　　　　　)

19 모자를 쓴 학생은 모자를 쓰지 않은 학생보다 몇 명 더 많은가요?

(　　　　　　　　　)

20 학생들을 나누어 모둠을 만들려고 합니다. 분류 기준으로 알맞은 것의 기호를 써 보세요.

㉠ 키가 큰 학생과 작은 학생
㉡ 남학생과 여학생

(　　　　　　　　　)

5 단원

단원 평가 A단계 6. 곱셈

점수

01 당근은 모두 몇 개인지 하나씩 세어 보세요.

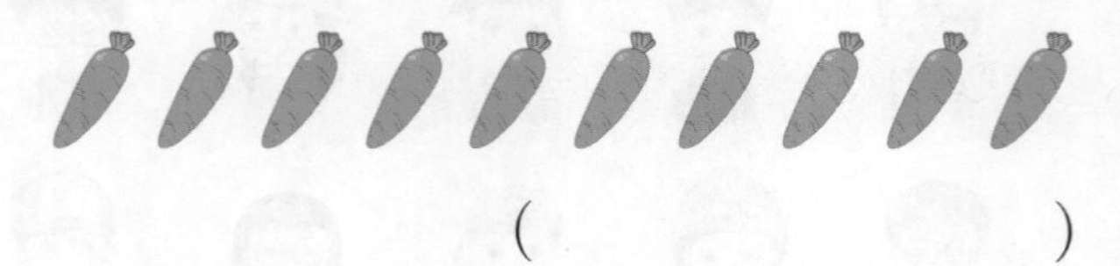

(　　　　　)

02 공깃돌은 모두 몇 개인지 5씩 뛰어 세어 보세요.

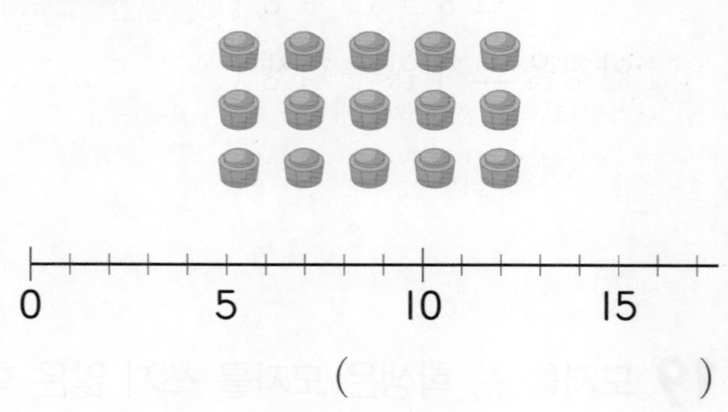

(　　　　　)

03 귤은 모두 몇 개인지 2개씩 묶어 보고, 세어 보세요.

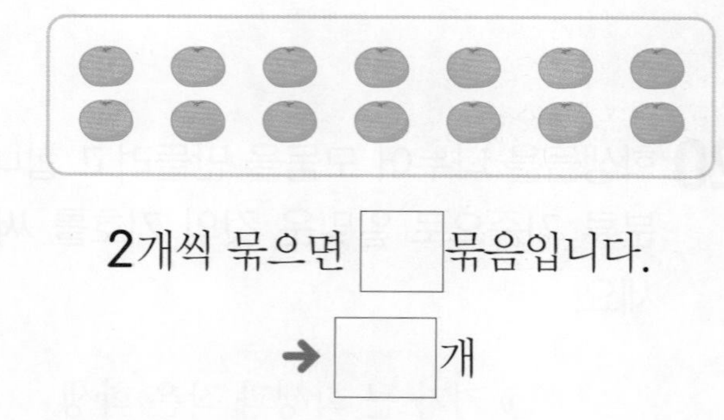

2개씩 묶으면 □ 묶음입니다.

➔ □ 개

04 □ 안에 알맞은 수를 써넣으세요.

6씩 4묶음 ➔ □ 의 □ 배

05 곱셈식으로 나타내어 보세요.

4 곱하기 8은 32와 같습니다.

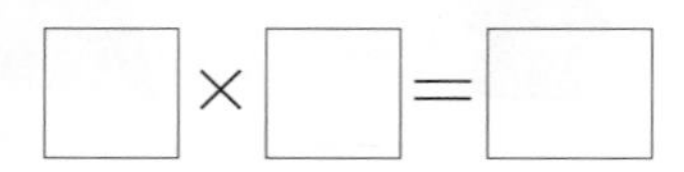

□ × □ = □

06 구슬은 모두 몇 개인지 2가지 방법으로 묶어 세어 보세요.

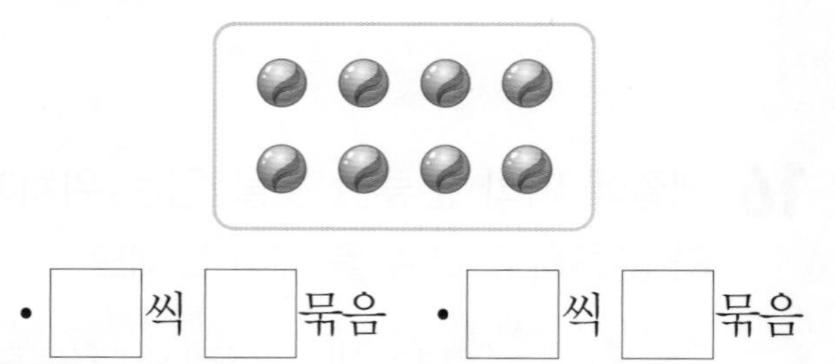

• □ 씩 □ 묶음 • □ 씩 □ 묶음

서술형

07 채아의 말이 잘못된 이유를 쓰고, 바르게 고쳐 보세요.

이유

바르게 고치기

08 빨간색 사과의 수는 초록색 사과의 수의 몇 배인가요?

(　　　　　　　　)

09 연두색 막대 길이의 3배만큼 빈 막대를 색칠해 보세요.

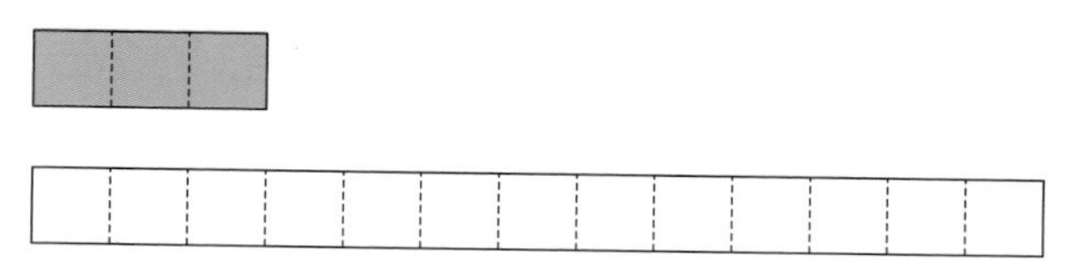

10 관계있는 것끼리 이어 보세요.

3씩 5묶음 •	• 6×3
5씩 6묶음 •	• 3×5
$6+6+6$ •	• 5×6

11 덧셈식을 곱셈식으로 바르게 나타내어 보세요.

$$3+3+3+3+3+3=18$$

$3\times\square=\square$

12 그림을 보고 □ 안에 알맞은 수를 써넣으세요.

그림	곱셈식
✋	5×1
✋ ✋	$5\times\square$
✋ ✋ ✋	$5\times\square$

13 문어 다리의 수를 곱셈식으로 나타내어 보세요.

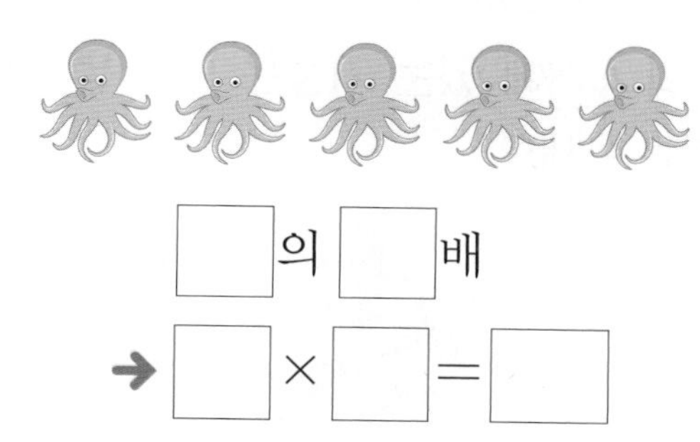

□의 □배

➜ $\square\times\square=\square$

14 곱이 더 큰 것을 말한 사람은 누구인가요?

(　　　　　　　　)

15 우유의 수를 2가지 곱셈식으로 나타내어 보세요.

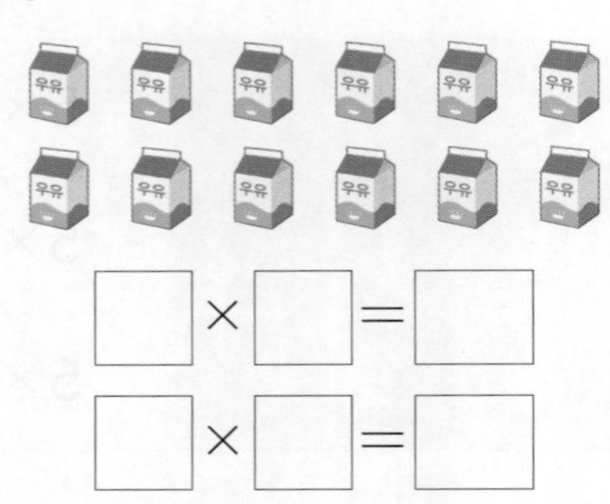

16 한 울타리에 기둥이 7개씩 있습니다. 울타리 4개에 있는 기둥은 모두 몇 개인지 구해 보세요.

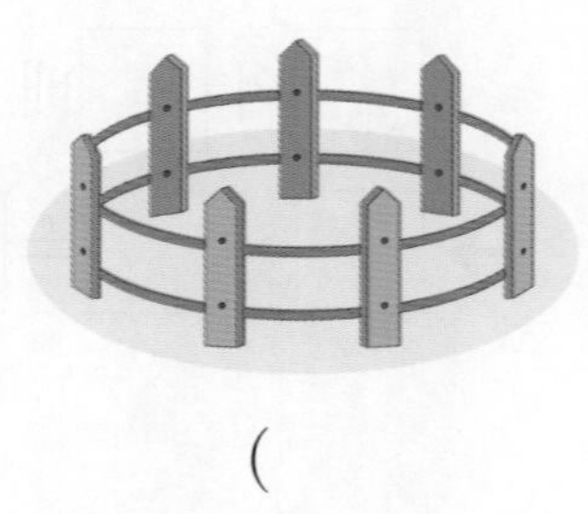

(　　　　　　　　)

17 도진이의 나이는 8살입니다. 삼촌의 나이는 도진이의 나이의 3배입니다. 삼촌의 나이는 몇 살인지 구해 보세요.

(　　　　　　　　)

18 성냥개비를 이용하여 그림과 같은 모양을 4개 만들려고 합니다. 필요한 성냥개비는 모두 몇 개인지 구해 보세요.

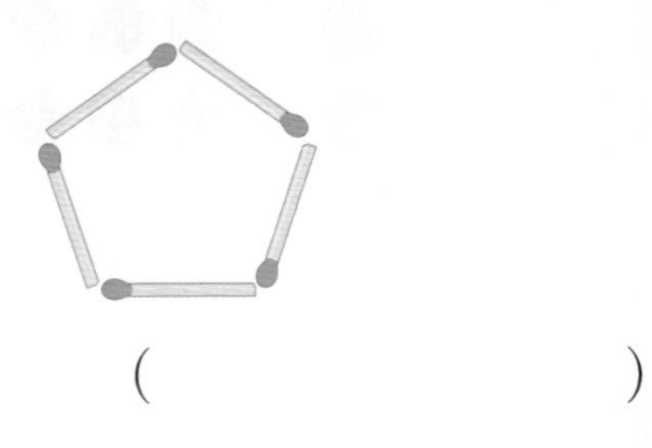

(　　　　　　　　)

서술형

19 딱지를 민지는 9장씩 5묶음, 연주는 8장씩 6묶음 가지고 있습니다. 딱지를 더 많이 가지고 있는 사람은 누구인지 풀이 과정을 쓰고, 답을 구해 보세요.

답

20 한 봉지에 4개씩 들어 있는 과자가 6봉지 있습니다. 이 과자를 모두 꺼내어 한 봉지에 3개씩 다시 담으면 몇 봉지가 되는지 구해 보세요.

(　　　　　　　　)

단원 평가 B단계 6. 곱셈

점수 /

01 퍼즐 조각이 모두 몇 개인지 3씩 뛰어 세어 보세요.

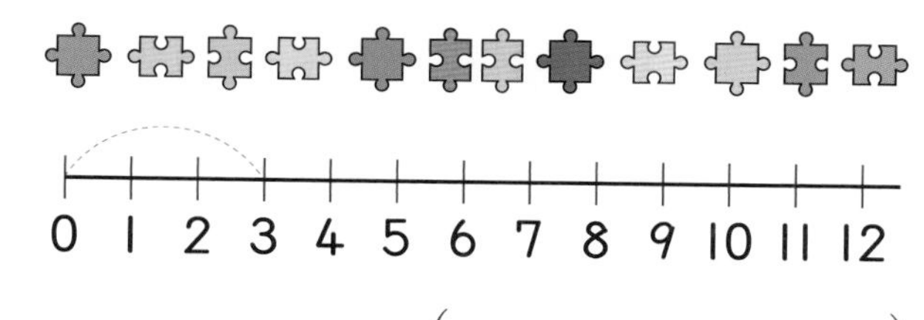

( )

02 자동차는 모두 몇 대인지 묶어 세어 보세요.

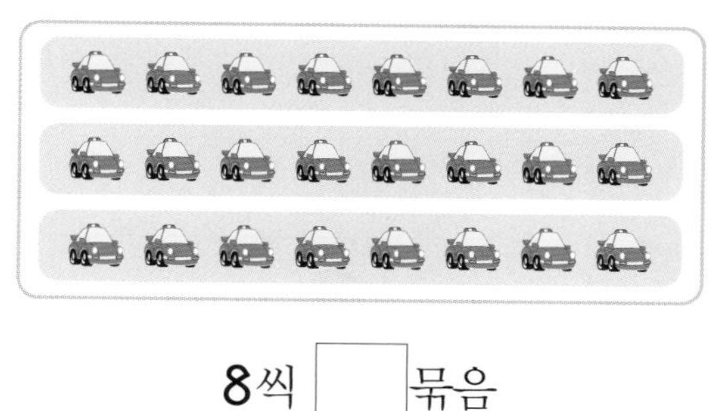

8씩 □ 묶음

→ □ 대

03 그림을 보고 □ 안에 알맞은 수를 써넣으세요.

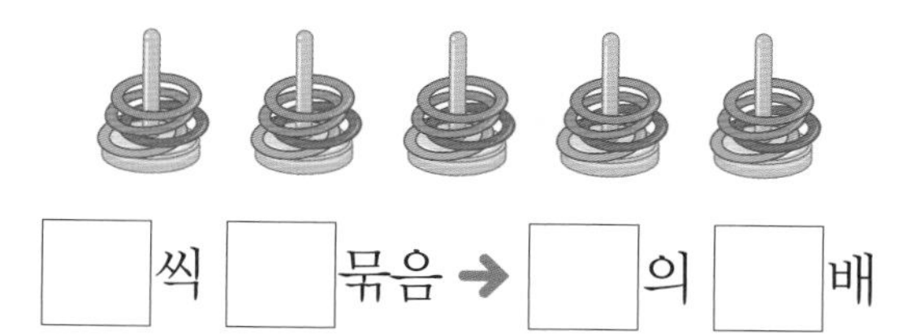

□ 씩 □ 묶음 → □ 의 □ 배

04 □ 안에 알맞은 수를 써넣으세요.

$7+7+7+7+7+7$은

$7 \times$ □ 와/과 같습니다.

05 그림을 보고 □ 안에 알맞은 수를 써넣으세요.

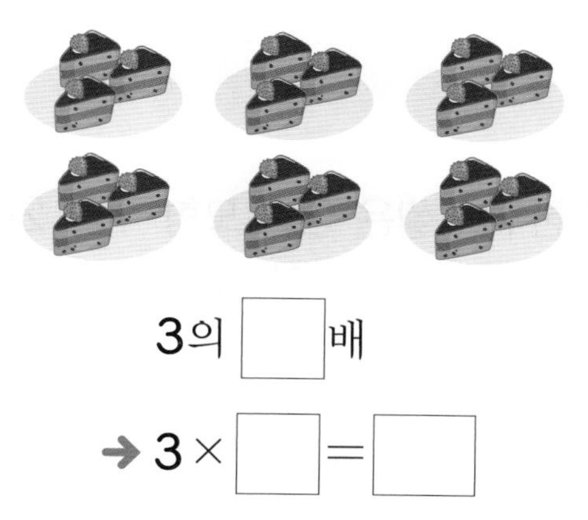

3의 □ 배

→ $3 \times$ □ $=$ □

06 공을 바르게 묶어 센 것을 모두 찾아 ○표 하세요.

2개씩 9묶음	4개씩 4묶음	6개씩 3묶음
( )	( )	( )

07 그림을 보고 바르게 설명한 것을 찾아 기호를 써 보세요.

㉠ 모자의 수는 3씩 5묶음입니다.
㉡ 모자의 수는 4씩 4묶음입니다.
㉢ 모자의 수는 5씩 뛰어 세어 5, 10, 15로 셀 수 있습니다.

( )

08 도넛의 수의 4배만큼 ○를 그려 보세요.

09 현주가 쌓은 연결 모형 수의 2배만큼 쌓은 사람은 누구인가요?

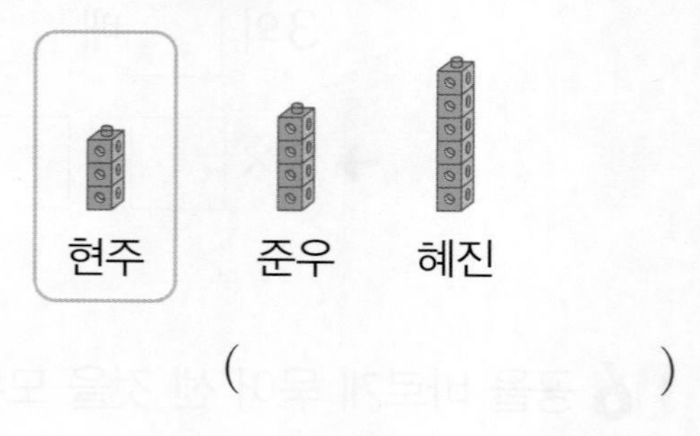

( )

10 □ 안에 알맞은 수를 써넣으세요.

• 4씩 □ 묶음 ➔ 4의 □배

• 4의 □배는 □ × □(이)라고 씁니다.

11 다음 중 나타내는 수가 나머지와 다른 하나는 어느 것인가요? ( )

① 9의 3배 ② 9씩 3묶음

③ $9 \times 9 \times 9$ ④ 9×3

⑤ $9 + 9 + 9$

서술형

12 과자의 수를 나타낼 수 있는 곱셈은 모두 몇 개인지 풀이 과정을 쓰고, 답을 구해 보세요.

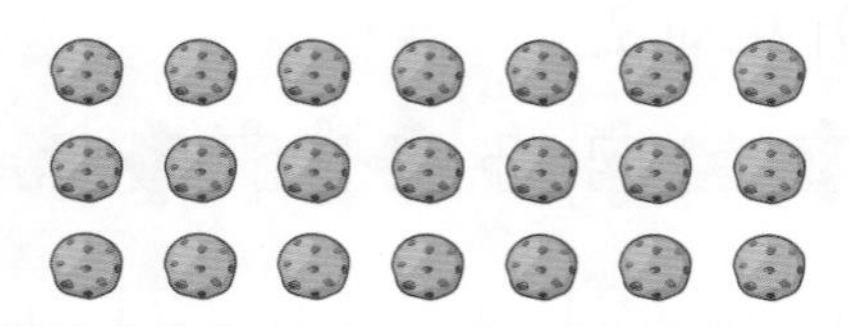

3×7	4×6	6×4
7×3	6×3	7×4

답

13 꽃의 수를 덧셈식과 곱셈식으로 나타내어 보세요.

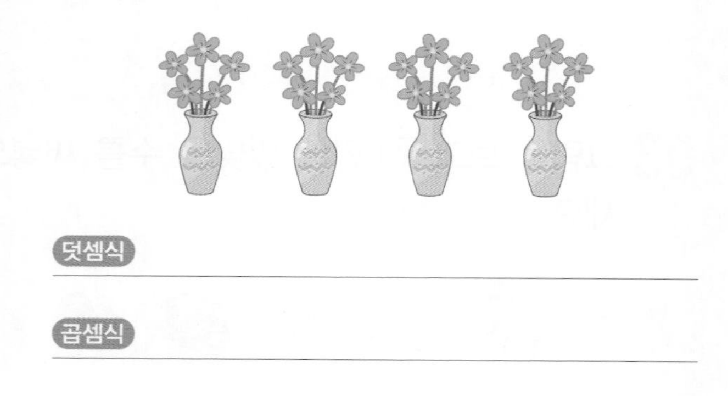

덧셈식

곱셈식

14 곱이 다른 하나를 찾아 △표 하세요.

3×5	8씩 2묶음	4의 4배
( )	( )	( )

15 지호는 쌓기나무를 오른쪽 쌓기나무 수의 7배만큼 쌓으려고 합니다. 쌓으려고 하는 쌓기나무는 모두 몇 개인지 구해 보세요.

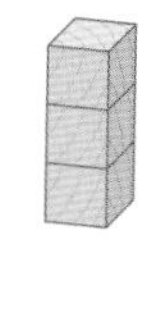

(　　　　　　　　)

16 상자에 햄버거가 9개씩 3줄 들어 있었습니다. 그중 5개를 먹었다면 남은 햄버거는 몇 개인지 구해 보세요.

(　　　　　　　　)

17 유정이의 계획과 실천표입니다. 유정이가 계획을 실천한 날에 읽은 속담은 몇 문장인지 구해 보세요.

계획: 하루에 속담 8문장씩 읽기

요일	월	화	수	목	금
실천	○	×	○	×	○

(　　　　　　　　)

18 한 교실에 빗자루가 6개씩 있습니다. 예솔이네 학교 2학년 교실에 있는 빗자루가 모두 24개라면 예솔이네 학교 2학년은 몇 반까지 있는지 구해 보세요.

(　　　　　　　　)

서술형

19 7의 4배는 3의 6배보다 얼마만큼 더 큰지 풀이 과정을 쓰고, 답을 구해 보세요.

답

20 채원이는 5점짜리 과녁을 3번, 3점짜리 과녁을 2번 맞혔습니다. 채원이가 얻은 점수는 모두 몇 점인지 구해 보세요.

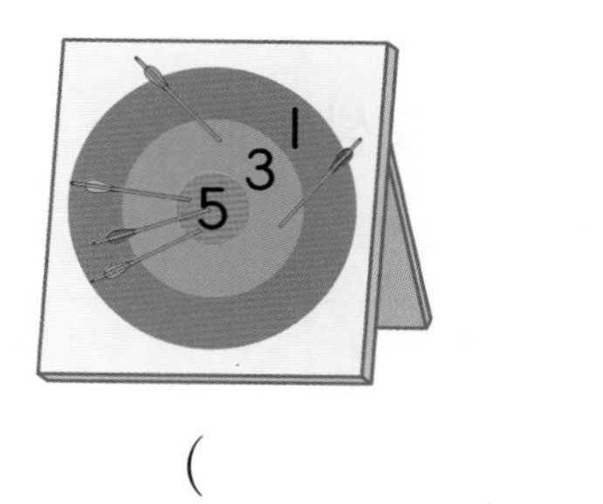

(　　　　　　　　)

6 단원

1학기

총정리 개념

1단원 세 자리 수

백 모형	십 모형	일 모형
100이 4개	10이 8개	1이 3개
4	8	3

백의 자리 숫자 4는 400을 나타내.

십의 자리 숫자 8은 80을 나타내.

일의 자리 숫자 3은 3을 나타내.

→ $483=400+80+3$

다음에 배워요
- 천, 몇천
- 네 자리 수 쓰고 읽기
- 각 자리의 숫자가 나타내는 값
- 네 자리 수의 크기 비교하기

2단원 여러 가지 도형

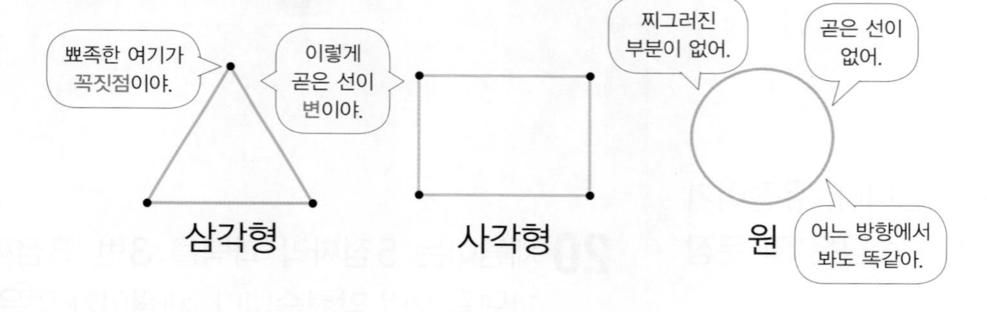

다음에 배워요
- 직각삼각형
- 직사각형
- 정사각형

3단원 덧셈과 뺄셈

• 덧셈

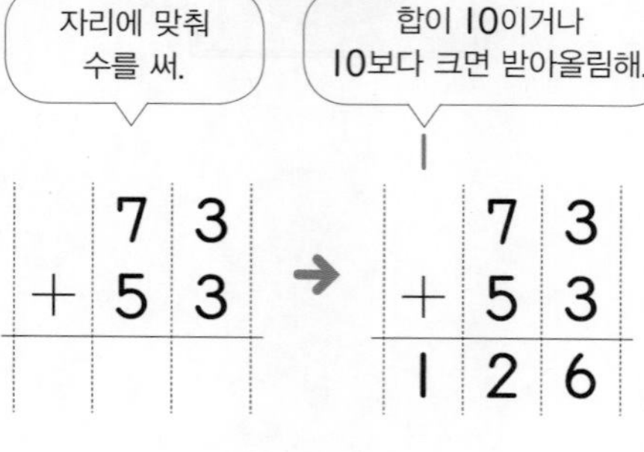

• 뺄셈

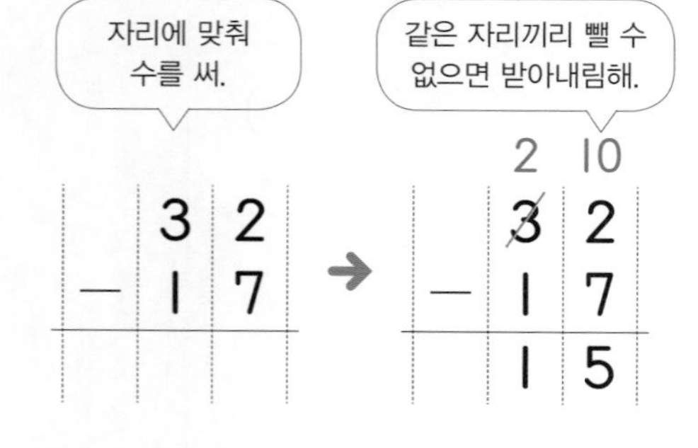

다음에 배워요
- 세 자리 수의 덧셈과 뺄셈

4단원 길이 재기

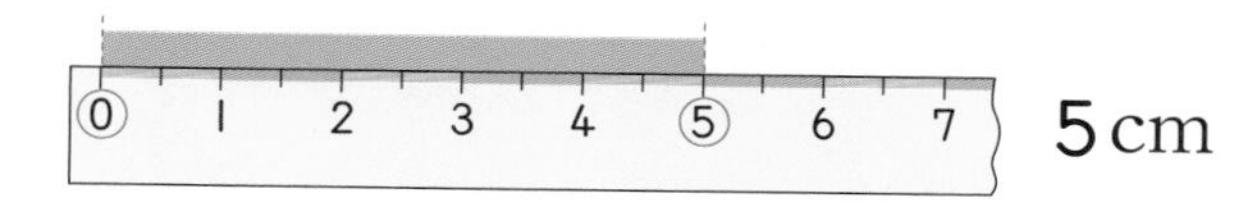

5 cm

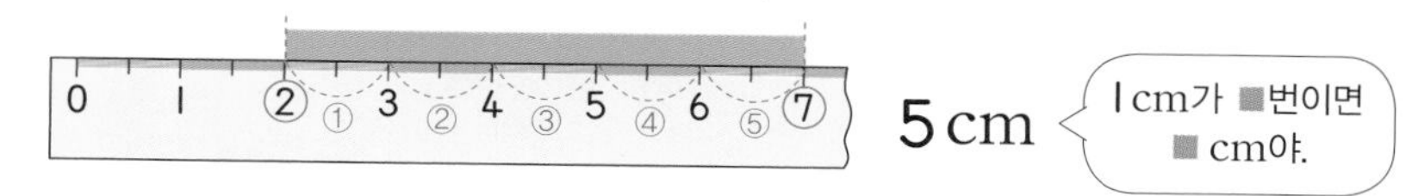

5 cm

1 cm가 ■번이면 ■ cm야.

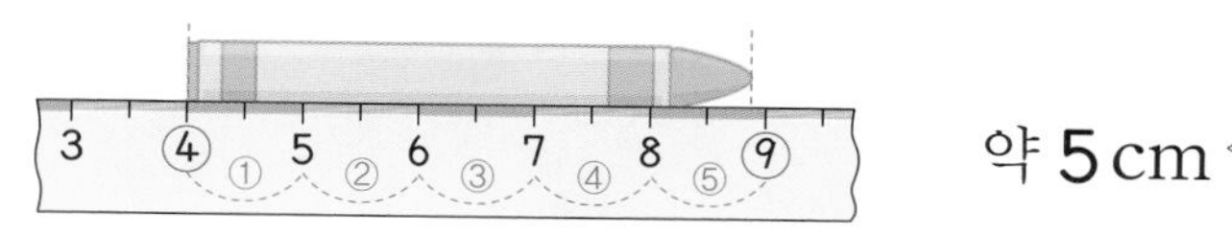

약 5 cm

1 cm가 ■번에 가까우면 약 ■ cm야.

1 cm가 ■번 → ■ cm

다음에 배워요

- 1 m
- 길이 어림하기
- 길이의 덧셈과 뺄셈

5단원 분류하기

분류 기준	활동하는 곳

분명한 기준

땅	하늘

다음에 배워요

- 표로 나타내기
- 그래프로 나타내기

6단원 곱셈

4의 3배 → 쓰기 4×3 / 읽기 4 곱하기 3

- $4+4+4$는 4×3과 같습니다.
- $4+4+4=12$, $4 \times 3=12$
- 4 곱하기 3은 12와 같습니다.
- 4와 3의 곱은 12입니다.

다음에 배워요

- 곱셈구구

평가북

백점 수학 2·1

초등학교 학년 반 번 이름

백점

수학 2·1

해설북

- 한눈에 보이는 **정확한 답**
- 한번에 이해되는 **자세한 풀이**

모바일
빠른 정답

차례

백점 수학 빠른 정답

QR코드를 찍으면 **정답과 풀이**를 쉽고 빠르게 확인할 수 있습니다.

모바일
빠른 정답

1. 세 자리 수

1회 개념 학습 6~7쪽

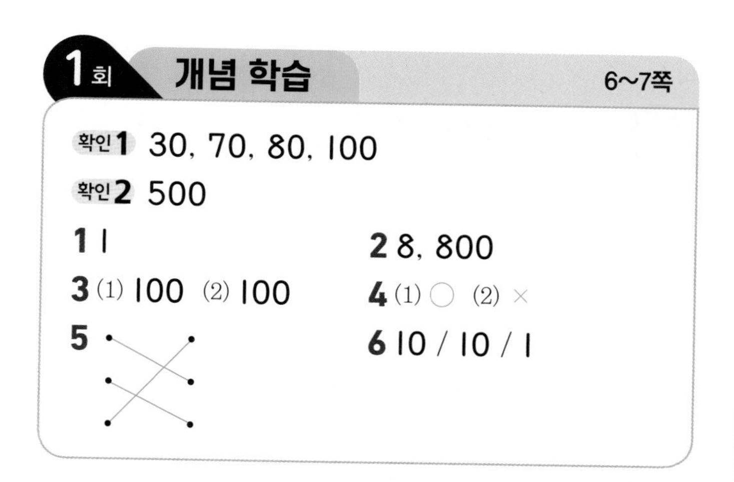

확인 1 30, 70, 80, 100
확인 2 500
1 1　　2 8, 800
3 (1) 100 (2) 100　　4 (1) ○ (2) ×
5 (선 잇기)　　6 10 / 10 / 1

1 십 모형 9개와 일 모형 9개에서 일 모형 1개가 더 있으면 백 모형 1개가 됩니다.
따라서 99보다 1만큼 더 큰 수는 100입니다.

2 (100)이 8개이면 800입니다.

3 (1) 99보다 1만큼 더 큰 수는 100입니다.
(2) 90보다 10만큼 더 큰 수는 100입니다.

4 (2) 300은 100이 3개인 수입니다.

5 400은 사백, 600은 육백, 900은 구백이라고 읽습니다.

6 • 100은 90보다 10만큼 더 큰 수입니다.
• 100은 10이 10개인 수입니다.
• 100은 99보다 1만큼 더 큰 수입니다.

1회 문제 학습 8~9쪽

01 9, 10 / 100　　**02** 30
03 400
04 200, 400, 600, 800
05 (1) 2 (2) 700, 100　　**06** ㉡
07 예 300 / (100) (100) (100) (100) / (10) (10) (10) (10) (10) (10) (10) (10) (10) (10)
08 80, 90, 100 / 80, 100
09 (1) 600 (2) 100
10 ❶ 10 ❷ 100, 100　　답 100개
11 ❶ 병은 모두 5개입니다.
❷ 100이 5개이면 500이므로 구슬은 모두 500개입니다.　　답 500개

01 십 모형이 9개, 일 모형이 10개이면 100입니다.

02 70에서 10만큼 3번 가면 100이므로 100은 70보다 30만큼 더 큰 수입니다.

03 (10) 10개는 (100) 1개와 같습니다.
(100)이 4개이면 400입니다.

04 몇백을 수직선에 나타내면 다음과 같습니다.

0 100 200 300 400 500 600 700 800 900

05 (1) 200은 100이 2개인 수입니다.
(2) 칠백은 700이고, 100이 7개인 수입니다.

06 주어진 수 모형은 백 모형이 2개이고 십 모형이 더 있으므로 200보다 크고, 300보다 작습니다.
따라서 바르게 설명한 것은 ㉡입니다.

07 300을 나타내려면 (100)을 3개 묶거나 (100) 2개와 (10) 10개를 묶습니다.

참고 10을 10개 묶으면 100입니다.

[평가 기준] 나타내고 싶은 몇백을 쓰고, 알맞게 묶은 경우 모두 정답으로 인정합니다.

08 90보다 10만큼 더 작은 수는 90보다 ⑩이 1개 더 적은 80이고, 90보다 10만큼 더 큰 수는 90보다 ⑩이 1개 더 많은 100입니다.

09 (1) 200은 100이 2개, 500은 100이 5개, 600은 100이 6개입니다.
➔ 500에 더 가까운 수는 600입니다.
(2) 100은 100이 1개, 300은 100이 3개, 900은 100이 9개입니다.
➔ 300에 더 가까운 수는 100입니다.

10

채점 기준			
	❶ 접시는 모두 몇 개인지 센 경우	2점	5점
	❷ 사탕은 모두 몇 개인지 구한 경우	3점	

11

채점 기준			
	❶ 병은 모두 몇 개인지 센 경우	2점	5점
	❷ 구슬은 모두 몇 개인지 구한 경우	3점	

2회 개념 학습 10~11쪽

확인 1 413
확인 2 (1) 팔백오십 (2) 602
1 2, 5, 7 / 257 2 (1) 칠백사 (2) 640
3 589 4 ( )( )(○)
5 4, 2 6 ( )( )(○)

1 100이 2개, 10이 5개, 1이 7개이면 257입니다.

2 (1) 704는 칠백사라고 읽습니다.
(2) 육백사십은 640으로 씁니다.
주의 (1) 숫자가 0인 자리는 읽지 않습니다.
(2) 읽은 것을 수로 쓸 때 읽지 않은 자리에 0을 씁니다.

3 100이 5개, 10이 8개, 1이 9개이면 589입니다.

4 100이 3개, 10이 2개, 1이 3개이면 323입니다.

5 472는 100이 4개, 10이 7개, 1이 2개인 수입니다.

6 ⑩⓪이 3개, ①이 9개이면 309입니다.
309는 삼백구라고 읽습니다.

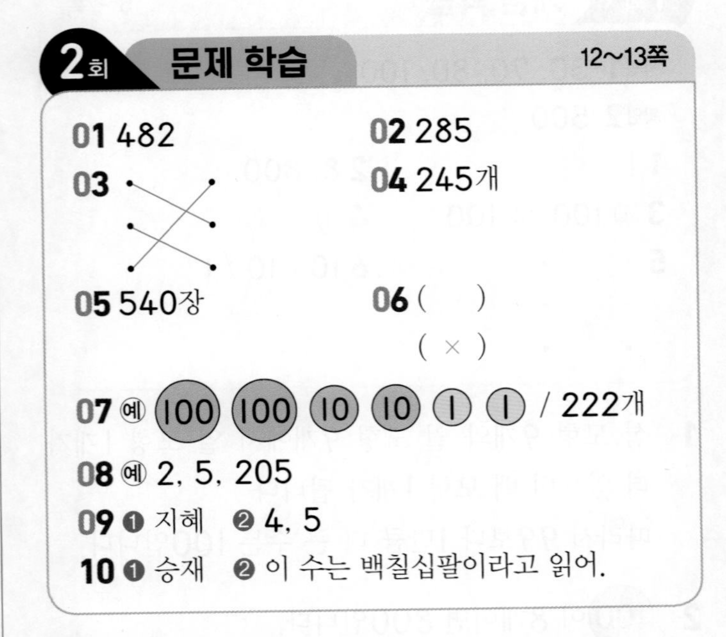
2회 문제 학습 12~13쪽

01 482 02 285
03 (선 잇기) 04 245개
05 540장 06 ( ) (×)
07 예 ⑩⓪ ⑩⓪ ⑩ ⑩ ① ① / 222개
08 예 2, 5, 205
09 ❶ 지혜 ❷ 4, 5
10 ❶ 승재 ❷ 이 수는 백칠십팔이라고 읽어.

01 100이 4개, 10이 8개, 1이 2개이면 482입니다.

02 백 모형이 2개, 십 모형이 8개, 일 모형이 5개이면 285입니다.

03 • 583은 오백팔십삼이라고 읽습니다.
• 835는 팔백삼십오라고 읽습니다.
• 358은 삼백오십팔이라고 읽습니다.

04 100이 2개, 10이 4개, 1이 5개이면 245입니다.
따라서 사탕은 모두 245개입니다.

05 10이 14개이면 100이 1개, 10이 4개인 것과 같습니다.
따라서 100이 5개, 10이 4개인 수와 같으므로 540입니다.
➔ 색종이는 모두 540장입니다.

06 • 736은 칠백삼십육이라고 읽습니다.
• 736은 100이 7개, 10이 3개, 1이 6개인 수입니다.

07 (100)이 2개, (10)이 2개, (1)이 2개이면 222입니다.
따라서 필요한 도장은 222개입니다.

08 머리띠 2개를 사는 데 필요한 도장은 200개, 지우개 5개를 사는 데 필요한 도장은 5개입니다.
따라서 필요한 도장은 205개입니다.

09

채점 기준			
	❶ 잘못 말한 사람의 이름을 쓴 경우	3점	5점
	❷ 바르게 고쳐 쓴 경우	2점	

10

채점 기준			
	❶ 잘못 말한 사람의 이름을 쓴 경우	3점	5점
	❷ 바르게 고쳐 쓴 경우	2점	

참고 100이 1개, 10이 7개, 1이 8개이므로 178입니다.

3 이백칠십오를 수로 쓰면 275입니다.
275에서 백의 자리 숫자는 2, 십의 자리 숫자는 7, 일의 자리 숫자는 5입니다.

4

793	백의 자리	십의 자리	일의 자리
숫자	7	9	3
나타내는 수	700	90	3

5 (1) 5는 일의 자리 숫자이므로 5를 나타냅니다.
(2) 5는 백의 자리 숫자이므로 500을 나타냅니다.

6 9가 나타내는 수를 각각 알아봅니다.
279 → 9, 490 → 90, 953 → 900

3회 개념 학습 14~15쪽

확인 1 (위에서부터) 3, 6 / 30, 6 / 500, 30, 6
확인 2 (1) 5, 500 (2) 5, 5
1 6, 1, 5
2 예 (100)(100)(100)(100)(100)(100) (10)(10)(10)(10)(10)(10)(10) (1)(1)(1)(1)(1)(1)(1)(1)(1) / 100, 40, 3
3 2, 7, 5
4 (1) 7, 700 (2) 9, 90 (3) 3, 3
5 (1) 5 (2) 500
6 490

1 615에서 백의 자리 숫자는 6, 십의 자리 숫자는 1, 일의 자리 숫자는 5입니다.

2 143에서 백의 자리 숫자 1은 100을, 십의 자리 숫자 4는 40을, 일의 자리 숫자 3은 3을 나타냅니다. → 143=100+40+3

3회 문제 학습 16~17쪽

01 700, 90, 8
02 (1) 70 (2) 600
03 예 846, 800, 40, 6
04 500, 5
05 ②
06 180
07

08 2개
09 건, 강, 하, 자
10 ❶ 2, 6, 5 ❷ 265 답 265
11 ❶ 백의 자리 숫자는 7, 십의 자리 숫자는 0, 일의 자리 숫자는 2입니다.
❷ 따라서 설명하는 세 자리 수는 702입니다. 답 702

01 798에서
- 7은 백의 자리 숫자이므로 700을 나타냅니다.
- 9는 십의 자리 숫자이므로 90을 나타냅니다.
- 8은 일의 자리 숫자이므로 8을 나타냅니다.

02 (1) 279에서 밑줄 친 숫자 7은 십의 자리 숫자이므로 70을 나타냅니다.
(2) 693에서 밑줄 친 숫자 6은 백의 자리 숫자이므로 600을 나타냅니다.

03 846에서 백의 자리 숫자 8은 800을, 십의 자리 숫자 4는 40을, 일의 자리 숫자 6은 6을 나타냅니다. ➔ 846=800+40+6

참고 세 자리 수 ■▲●를 각 자리의 숫자가 나타내는 수의 합으로 나타내면 ■00+▲0+●입니다.

04 ㉠은 백의 자리 숫자이므로 500을, ㉡은 일의 자리 숫자이므로 5를 나타냅니다.

05 • ① 629, ③ 649, ④ 657, ⑤ 603에서 숫자 6은 백의 자리 숫자이므로 600을 나타냅니다.
• ② 463에서 숫자 6은 십의 자리 숫자이므로 60을 나타냅니다.

06 경민이가 살 신발의 크기는 십의 자리 숫자가 8인 180입니다.

07 밑줄 친 숫자 4는 십의 자리 숫자이므로 40을 나타냅니다.
따라서 ⑩ 4개에 ○표 합니다.

08 십의 자리 숫자를 각각 알아봅니다.
423 ➔ 2, 254 ➔ 5, 582 ➔ 8,
272 ➔ 7, 129 ➔ 2
따라서 십의 자리 숫자가 2인 수는 423, 129로 모두 2개입니다.

09 ① 371에서 숫자 7은 70을 나타냅니다. ➔ 건
② 357에서 숫자 7은 7을 나타냅니다. ➔ 강
③ 635에서 숫자 3은 30을 나타냅니다. ➔ 하
④ 349에서 숫자 3은 300을 나타냅니다. ➔ 자

10

채점 기준			
	❶ 채아가 만든 세 자리 수의 각 자리 숫자를 구한 경우	3점	5점
	❷ 채아가 만든 세 자리 수를 구한 경우	2점	

11

채점 기준			
	❶ 설명하는 세 자리 수의 각 자리 숫자를 구한 경우	3점	5점
	❷ 설명하는 세 자리 수를 구한 경우	2점	

4회 개념 학습 18~19쪽

확인1 325, 327　확인2 6, 4, 0 / <
1 700, 800　2 653, 663, 673
3 (1) 1000 (2) 천　4 100
5 (1) > (2) <　6 1000
7 (위에서부터) 6, 5, 7 / 5, 8, 3 / 657, 583

1 100씩 뛰어 세면 백의 자리 수가 1씩 커집니다.

2 10씩 뛰어 세면 십의 자리 수가 1씩 커집니다.

3 999보다 1만큼 더 큰 수는 1000이고, 천이라고 읽습니다.

4 백의 자리 수가 1씩 커지므로 100씩 뛰어 센 것입니다.

5 (1) 백의 자리 수를 비교하면 3>2입니다.
➔ 376>246
(2) 백의 자리, 십의 자리 수가 같으므로 일의 자리 수를 비교하면 4<6입니다.
➔ 404<406

6 일의 자리 수가 1씩 커지므로 1씩 뛰어 세었습니다.
➔ ㉠은 999보다 1만큼 더 큰 수이므로 1000입니다.

7 • 백의 자리 수를 비교하면 5<6입니다.
➔ 가장 작은 수는 583입니다.
• 651과 657은 백의 자리, 십의 자리 수가 같으므로 일의 자리 수를 비교하면 7>1입니다.
➔ 가장 큰 수는 657입니다.

4회 문제 학습 20~21쪽

01 798, 799, 800, 801 / 1

02

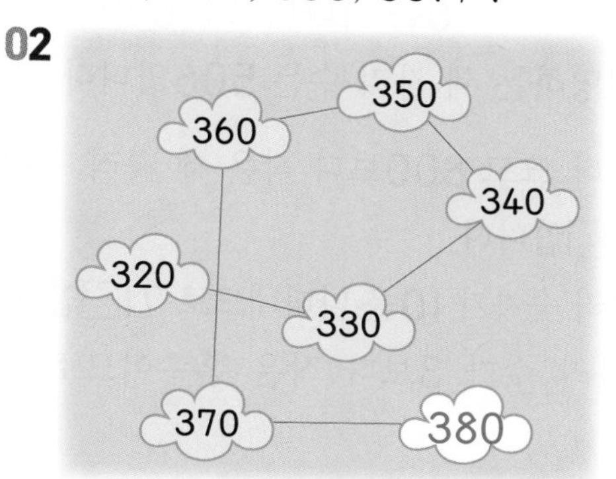

03 (1)

709	730	274

(2)

453	475	516

04 5, 6, 7, 8, 9 **05** 500, 600, 700

06 307, 297, 287 **07** 500, 400, 300

08 477

09 (1) 예 6, 8, 3 (2) 예 863, 368

10 403, 351, 327

11 ❶ 십, < ❷ 소미 답 소미

12 ❶ 174와 157의 백의 자리 수가 같으므로 십의 자리 수를 비교합니다. ➔ 174 > 157

❷ 따라서 귤을 더 많이 판 사람은 유준이입니다.

답 유준

01 일의 자리 수가 1씩 커지므로 1씩 뛰어 센 것입니다.

➔ 795 − 796 − 797 − 798 − 799 − 800 − 801 − 802

02 10씩 뛰어 세면 십의 자리 수가 1씩 커집니다.

➔ 320 − 330 − 340 − 350 − 360 − 370 − 380

03 (1) • 백의 자리 수를 비교하면 7 > 2입니다.

➔ 가장 작은 수는 274입니다.

• 709와 730의 십의 자리 수를 비교하면 0 < 3입니다. ➔ 가장 큰 수는 730입니다.

(2) • 백의 자리 수를 비교하면 5 > 4입니다.

➔ 가장 큰 수는 516입니다.

• 453과 475의 십의 자리 수를 비교하면 5 < 7입니다.

➔ 가장 작은 수는 453입니다.

04 51□와 514의 백의 자리, 십의 자리 수가 같으므로 일의 자리 수를 비교해야 합니다.

➔ □ > 4이므로 □ 안에 들어갈 수 있는 수는 5, 6, 7, 8, 9입니다.

05 100씩 뛰어 세면 백의 자리 수가 1씩 커집니다.

➔ 300 − 400 − 500 − 600 − 700

06 10씩 거꾸로 뛰어 세면 십의 자리 수가 1씩 작아집니다. ➔ 327 − 317 − 307 − 297 − 287

07 • 수 카드 중 450보다 큰 수는 500입니다.

• 남은 수 카드 300과 400 중 350보다 큰 수는 400입니다.

• 남은 수 카드 300은 250보다 큽니다.

참고 수 카드를 한 번씩만 사용해야 하므로 350 < 500, 250 < 400, 250 < 500을 쓰면 다른 □ 안에 알맞은 수를 써넣을 수 없습니다.

08 100이 4개, 10이 7개, 1이 2개인 수는 472입니다.

➔ 472 − 473 − 474 − 475 − 476 − 477

09 • 가장 큰 수: 고른 세 수를 가장 큰 수부터 차례대로 씁니다.

• 가장 작은 수: 고른 세 수를 가장 작은 수부터 차례대로 씁니다.

10 • 351, 403, 327의 백의 자리 수를 비교하면 4 > 3입니다. ➔ 가장 큰 수는 403입니다.

• 351과 327의 십의 자리 수를 비교하면 5 > 2입니다. ➔ 가장 작은 수는 327입니다.

따라서 큰 수부터 차례대로 쓰면 403, 351, 327입니다.

11

채점 기준			
	❶ 125와 140의 크기를 비교한 경우	3점	5점
	❷ 책을 더 적게 읽은 사람은 누구인지 구한 경우	2점	

12

채점 기준			
	❶ 174와 157의 크기를 비교한 경우	3점	5점
	❷ 귤을 더 많이 딴 사람은 누구인지 구한 경우	2점	

5회 응용 학습 22~25쪽

01 1단계 40 2단계 40쪽
02 20장 03 70원
04 1단계 5, 3, 9 2단계 539
05 506 06 711
07 1단계 558 2단계 658
08 372 09 673
10 1단계 0, 5, 9 2단계 509
11 864 12 752, 125

01 1단계 60에서 10씩 4번 뛰어 세면 100이므로 100은 60보다 40만큼 더 큰 수입니다.
2단계 따라서 앞으로 40쪽을 더 읽어야 합니다.

02 80에서 10씩 2번 뛰어 세면 100이므로 100은 80보다 20만큼 더 큰 수입니다.
따라서 앞으로 20장을 더 모아야 합니다.

03 100은 30보다 70만큼 더 큰 수이므로 재현이가 모은 돈이 100원이 되려면 70원이 더 필요합니다.

04 1단계 • 백의 자리 숫자: 4보다 크고 6보다 작으므로 5입니다.
• 십의 자리 숫자: 30을 나타내므로 3입니다.
• 일의 자리 숫자: 9를 나타내므로 9입니다.
2단계 따라서 설명하는 세 자리 수는 539입니다.

05 • 백의 자리 숫자: 500을 나타내므로 5입니다.
• 십의 자리 숫자: 1보다 작으므로 0입니다.
• 일의 자리 숫자: 6을 나타내므로 6입니다.
따라서 설명하는 세 자리 수는 506입니다.

06 • 700보다 크고 800보다 작은 세 자리 수이므로 7□□입니다.
• 십의 자리 숫자가 10을 나타내므로 71□입니다.
• 일의 자리 수가 3보다 작은 홀수이므로 711입니다.

07 1단계 어떤 수는 568보다 10만큼 더 작은 수이므로 568에서 10씩 거꾸로 1번 뛰어 센 수입니다. → 568－558
2단계 558보다 100만큼 더 큰 수는 558에서 100씩 1번 뛰어 센 수이므로 558－658입니다.

08 어떤 수는 462보다 100만큼 더 작은 수이므로 462에서 100씩 거꾸로 1번 뛰어 센 수입니다.
→ 462－362
따라서 362보다 10만큼 더 큰 수는 362에서 10씩 1번 뛰어 센 수이므로 362－372입니다.

09 • ★은 763보다 10만큼 더 큰 수이므로 763에서 10씩 1번 뛰어 센 수입니다.
→ 763－773
• 773보다 100만큼 더 작은 수는 773에서 100씩 거꾸로 1번 뛰어 센 수이므로 773－673입니다.

10 2단계 백의 자리에 0은 올 수 없으므로 둘째로 작은 수인 5를 백의 자리에 놓아야 합니다.

11 수의 크기를 비교하면 8>6>4이므로 백의 자리에 가장 큰 수인 8, 십의 자리에 둘째로 큰 수인 6, 일의 자리에 남은 수인 4를 놓아야 합니다.

12 수의 크기를 비교하면 7>5>2>1입니다.
따라서 만들 수 있는 세 자리 수 중 가장 큰 수는 752이고, 가장 작은 수는 125입니다.

6회 마무리 평가 26~29쪽

01 100, 백

02 (선 잇기)

03 ( ) (○) ( )

04 (위에서부터) 9, 3, 2 / 900, 30, 2

05 276, 286, 296

06 >

07 예나

08 953장

09 456

10 234, 854, 604

11 ②, ③

12 ❶ 숫자 9가 나타내는 수를 각각 알아봅니다.
㉠ 392 → 90 ㉡ 589 → 9
㉢ 698 → 90 ㉣ 904 → 900
❷ 따라서 숫자 9가 나타내는 수가 가장 큰 것은 ㉣입니다.
답 ㉣

13 (위에서부터) 224, 225 / 227, 228, 230

14 375

15 9일

16 925

17 576

18 ㉠

19 윤후

20 <

21 ❶ • 백의 자리 숫자가 3, 일의 자리 숫자가 7인 세 자리 수는 3□7입니다.
• 337보다 작은 3□7은 307, 317, 327입니다.
❷ 따라서 조건을 만족하는 수는 모두 3개입니다.
답 3개

22 7, 8, 9

23 205

24 728

25 ❶ 2월의 비밀번호는 5월의 비밀번호인 688에서 100씩 거꾸로 3번 뛰어 세어 구합니다.
❷ 따라서 688－588－488－388이므로 2월의 비밀번호는 388입니다.
답 388

01 10이 10개이면 100이고, 백이라고 읽습니다.

02 200은 이백, 500은 오백, 800은 팔백이라고 읽습니다.

03 100이 9개, 10이 2개, 1이 3개인 수는 923입니다.

04 • 백의 자리 숫자는 9이고, 900을 나타냅니다.
• 십의 자리 숫자는 3이고, 30을 나타냅니다.
• 일의 자리 숫자는 2이고, 2를 나타냅니다.

05 10씩 뛰어 세면 십의 자리 수가 1씩 커집니다.

06 백의 자리 수가 7로 같으므로 십의 자리 수를 비교하면 1>0입니다. → 712>702

07 803은 팔백삼이라고 읽습니다.

08 100이 9개, 10이 5개, 1이 3개이면 953입니다.
따라서 메모지는 모두 953장입니다.

09 십 모형 15개는 백 모형 1개, 십 모형 5개와 같습니다.
따라서 수 모형이 나타내는 수는 백 모형이 4개, 십 모형이 5개, 일 모형이 6개인 것과 같으므로 456입니다.

10 일의 자리 숫자를 각각 알아봅니다.
346 → 6, 435 → 5, 234 → 4,
854 → 4, 480 → 0, 604 → 4

11 숫자 7이 나타내는 수는 다음과 같습니다.
① 7 ② 70 ③ 700 ④ 7 ⑤ 70

12

채점 기준			
	❶ 숫자 9가 나타내는 수를 각각 구한 경우	3점	4점
	❷ 숫자 9가 나타내는 수가 가장 큰 것을 찾아 기호를 쓴 경우	1점	

13 일의 자리 수가 1씩 커지므로 1씩 뛰어 세는 규칙입니다.

14 십의 자리 수가 1씩 작아지므로 10씩 거꾸로 뛰어 세는 규칙입니다.
→ 435－425－415－405－395－385－375

15 0에서 100씩 9번 뛰어 세면 900입니다.
따라서 900원을 모으려면 9일 동안 저금해야 합니다.

개념북 1 단원

16 100이 8개, 10이 8개, 1이 5개이면 885입니다.
885에서 10씩 4번 뛰어 세면
885－895－905－915－925입니다.

17 ・538, 576, 499의 백의 자리 수를 비교하면 5>4입니다. ➔ 가장 작은 수는 499입니다.
・538과 576의 십의 자리 수를 비교하면 3<7입니다. ➔ 가장 큰 수는 576입니다.

18 ㉠ 100이 7개, 10이 5개인 수는 750입니다.
㉡ 10이 70개인 수는 700입니다.
➔ 750>700이므로 더 큰 수는 ㉠입니다.

19 217과 198의 백의 자리 수를 비교하면 2>1입니다. ➔ 217>198
따라서 종이배를 더 많이 접은 사람은 윤후입니다.

20 두 수의 백의 자리 수가 같으므로 십의 자리 수를 비교해야 합니다.
➔ 6<9이므로 일의 자리 수와 상관없이 오른쪽 수가 더 큽니다.

21

채점 기준			
	❶ 조건을 만족하는 수를 모두 구한 경우	3점	4점
	❷ 조건을 만족하는 수는 모두 몇 개인지 구한 경우	1점	

22 백의 자리 수를 비교하면 6<□이고 십의 자리 수를 비교하면 8>2이므로 □ 안에 들어갈 수 있는 수는 6보다 큰 7, 8, 9입니다.

23 수의 크기를 비교하면 0<2<5이고 백의 자리에 0이 올 수 없으므로 백의 자리 숫자는 2입니다.
남은 수 0과 5를 작은 수부터 차례대로 쓰면 만들 수 있는 세 자리 수 중 가장 작은 수는 205입니다.

24 688부터 10씩 4번 뛰어 셉니다.
➔ 688－698－708－718－728

25

채점 기준			
	❶ 2월의 비밀번호를 구하는 방법을 설명한 경우	2점	4점
	❷ 2월의 비밀번호를 구한 경우	2점	

2. 여러 가지 도형

1회 개념 학습 32~33쪽

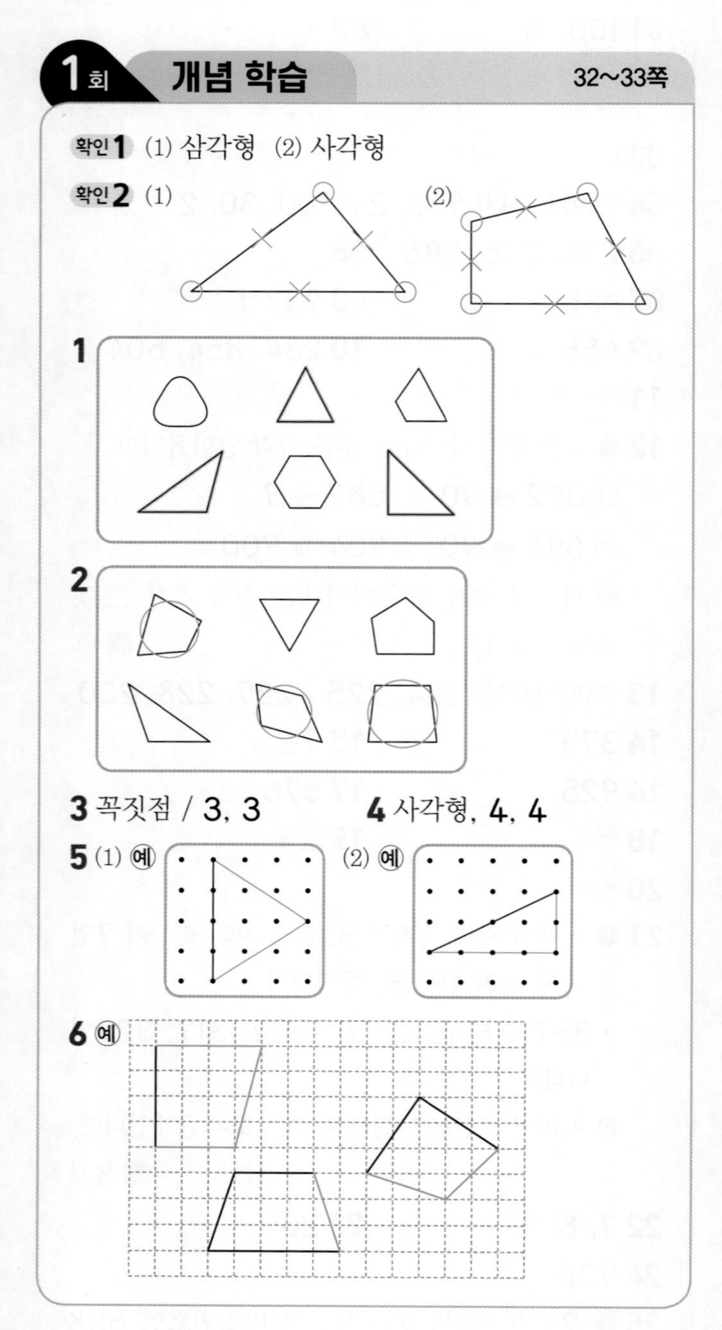

1 곧은 선 3개로 둘러싸인 도형을 모두 찾습니다.

2 곧은 선 4개로 둘러싸인 도형을 모두 찾습니다.

3 두 곧은 선이 만나는 점을 꼭짓점이라고 합니다.
삼각형은 변이 3개, 꼭짓점이 3개입니다.

4 곧은 선 4개로 둘러싸인 도형이므로 사각형입니다.
➔ 사각형은 변이 4개, 꼭짓점이 4개입니다.

5 나머지 1개의 꼭짓점을 정하여 점과 점을 곧은 선으로 이어 삼각형을 각각 그려 봅니다.

6 주어진 선을 변으로 하는 사각형을 각각 그려 봅니다.

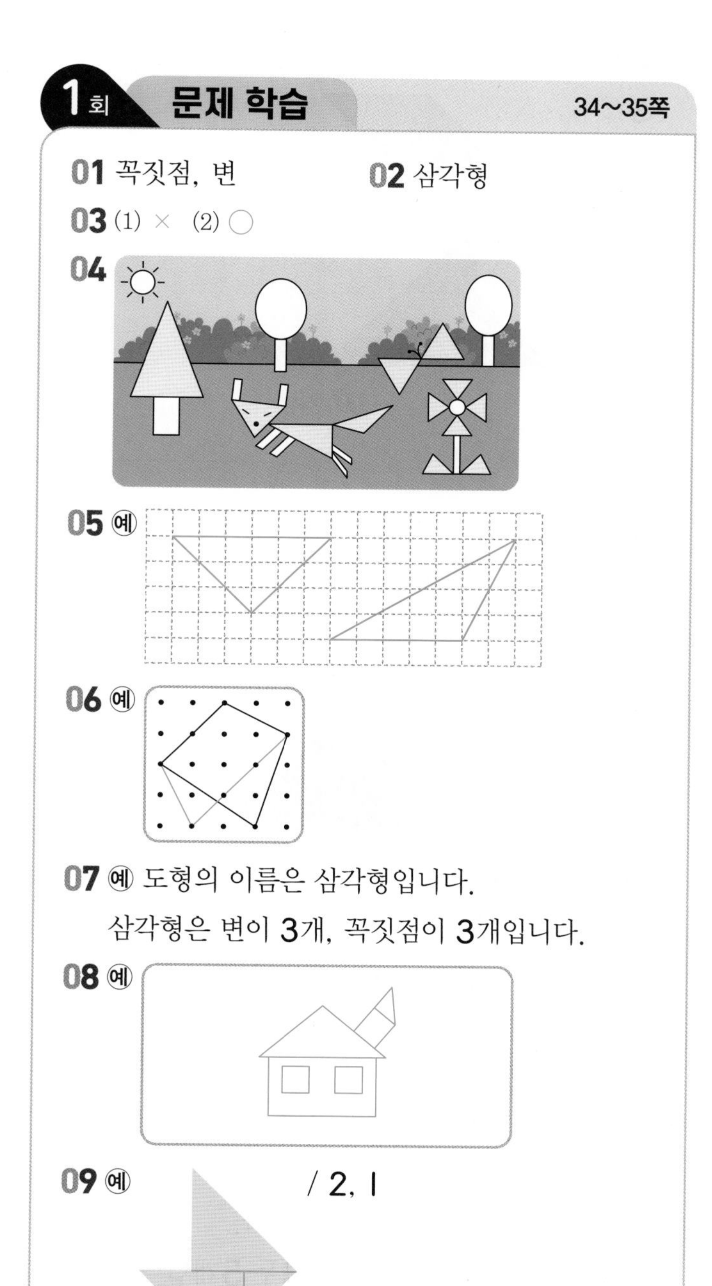

1회 문제 학습 34~35쪽

01 꼭짓점, 변 **02** 삼각형

03 (1) × (2) ○

04

05 예

06 예

07 예 도형의 이름은 삼각형입니다.
삼각형은 변이 3개, 꼭짓점이 3개입니다.

08 예

09 예 / 2, 1

10 8개 **11** 3

12 예 사각형은 곧은 선 4개로 둘러싸인 도형인데 주어진 그림은 둘러싸여 있지 않기 때문입니다.

01 곧은 선은 변, 두 곧은 선이 만나는 점은 꼭짓점입니다.

02 곧은 선 3개로 둘러싸인 도형이므로 삼각형입니다.

03 연주가 그린 도형은 사각형입니다.
(1) 사각형은 곧은 선으로 둘러싸여 있습니다.
(2) 사각형은 뾰족한 부분이 4군데 있습니다.

04 곧은 선 3개로 둘러싸인 크고 작은 도형을 모두 찾아 색칠합니다.

05 꼭짓점 3개를 정하여 점과 점 사이를 곧은 선으로 이어 삼각형을 각각 그려 봅니다.

06 4개의 꼭짓점 중 어느 점을 움직이는지에 따라 여러 가지 모양의 사각형을 그릴 수 있습니다.

07 **[평가 기준]** '변이 3개입니다.' 또는 '꼭짓점이 3개입니다.'로 특징을 설명하면 정답으로 인정합니다.

08 크고 작은 삼각형과 사각형을 여러 개 이용하여 특징이 나타나도록 집 모양을 만듭니다.

09 곧은 선을 긋고, 선을 따라 잘랐을 때 삼각형과 사각형이 각각 몇 개 만들어지는지 생각해 봅니다.
[평가 기준] 곧은 선을 여러 개 그어 삼각형과 사각형으로 나눈 다음 삼각형과 사각형의 수를 바르게 세었으면 정답으로 인정합니다.

10 사각형은 변이 4개, 꼭짓점이 4개입니다.
➔ $4+4=8$(개)

11

채점 기준		
	주어진 그림이 삼각형이 아닌 이유를 쓴 경우	5점

12

채점 기준		
	주어진 그림이 사각형이 아닌 이유를 쓴 경우	5점

[평가 기준] '끊어진 부분이 있습니다.' 또는 '곧은 선으로 둘러싸여 있지 않습니다.'라는 표현이 있으면 정답으로 인정합니다.

개념북 2단원

2회 개념 학습 36~37쪽

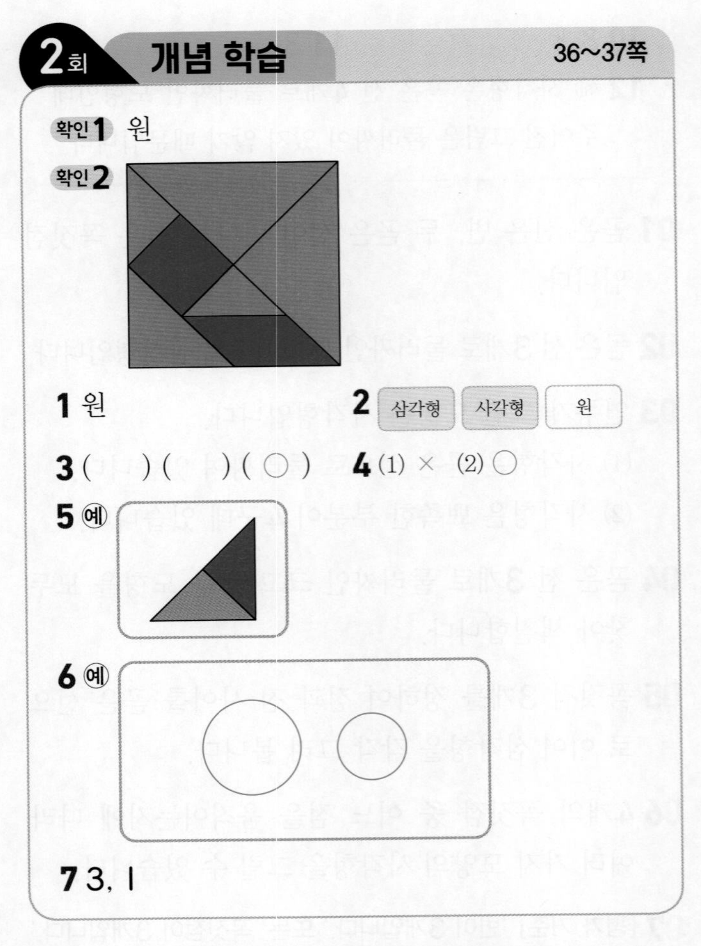

1 주어진 그림과 같이 음료수 캔을 본떠서 그린 도형은 원입니다.

2 칠교 조각에서 원은 찾을 수 없습니다.

3 어느 쪽에서 보아도 똑같이 동그란 모양의 도형을 찾습니다.

참고 : 이어져 있지 않습니다.
: 뾰족한 부분이 있습니다.

4 (1) 원에는 곧은 선이 없습니다.

5 길이가 같은 변끼리 서로 맞닿게 붙여 봅니다.

6 모양 자를 종이 위에 고정하여 누르고 테두리를 따라 바깥쪽으로 힘을 주어 그려 봅니다.

7

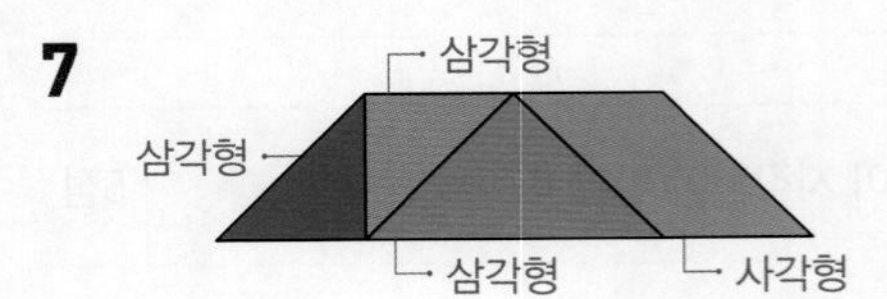

이용한 삼각형 조각은 3개, 사각형 조각은 1개입니다.

2회 문제 학습 38~39쪽

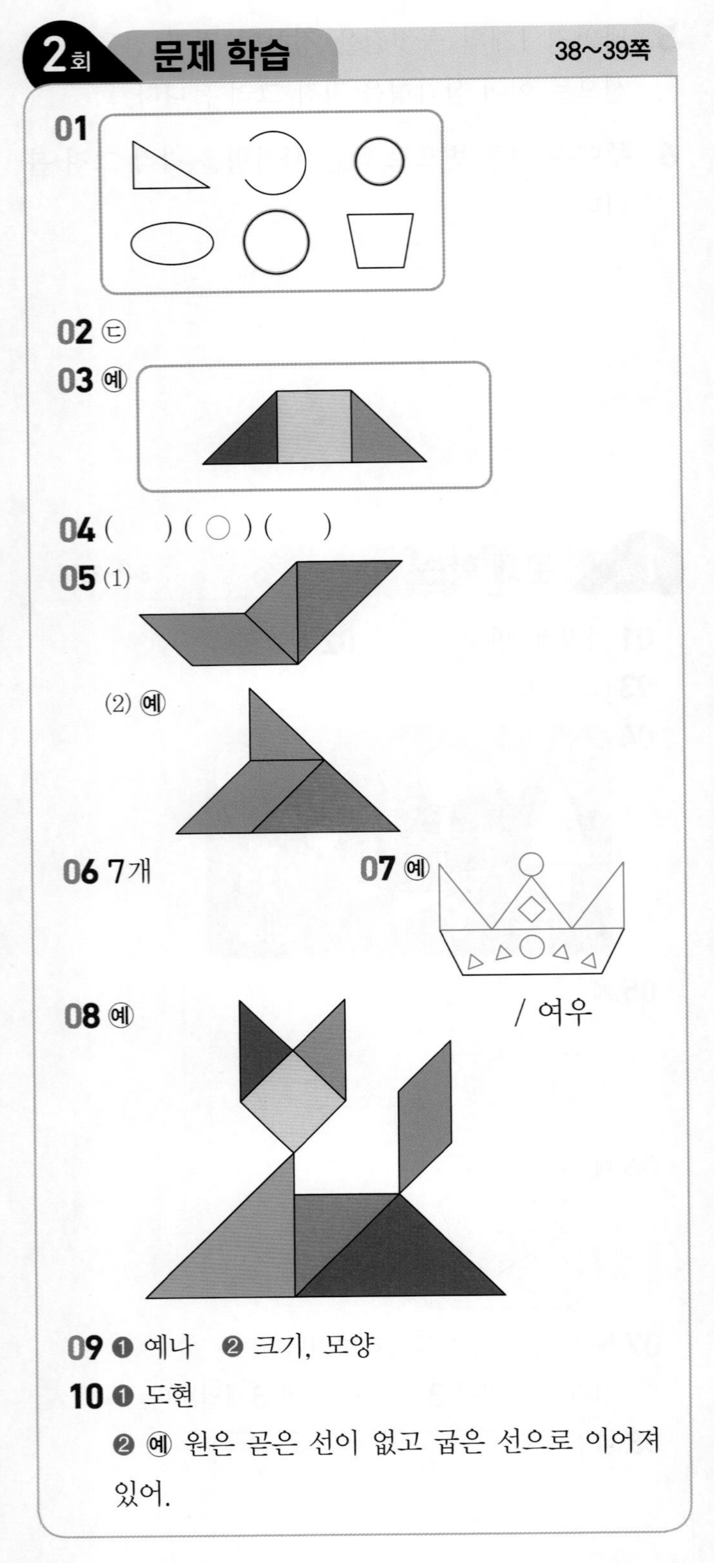

01 어느 쪽에서 보아도 똑같이 동그란 모양의 도형을 모두 찾습니다.

02 ㉠ 칠교 조각은 모두 7개입니다.
㉡ 칠교 조각 중 삼각형은 모두 5개입니다.
→ 칠교 조각에 대한 설명으로 옳은 것은 ㉢입니다.

03 주어진 칠교 조각으로 다양한 모양의 사각형을 만들어 볼 수 있습니다.

04 삼각자를 본뜨면 삼각형을, 접시를 본뜨면 원을, 상자를 본뜨면 사각형을 그릴 수 있습니다.

05 보기 의 세 조각으로 모양이 채워지도록 주어진 모양 안에 선을 그어 확인합니다.

06 원은 모두 7개입니다.

07 삼각형, 사각형, 원을 자유롭게 이용하여 자신만의 왕관을 꾸밀 수 있습니다.

08 7개의 칠교 조각을 모두 이용하여 동물, 건물 등 자신이 생각하는 모양을 자유롭게 만들어 봅니다.

09

채점 기준			
	❶ 잘못 말한 사람의 이름을 쓴 경우	3점	5점
	❷ 바르게 고쳐 쓴 경우	2점	

10

채점 기준			
	❶ 잘못 말한 사람의 이름을 쓴 경우	3점	5점
	❷ 바르게 고쳐 쓴 경우	2점	

[평가 기준] '곧은 선이 없습니다.' 또는 '굽은 선으로 이어져 있습니다.'로 고친 경우도 정답으로 인정합니다.

3회 개념 학습 40~41쪽

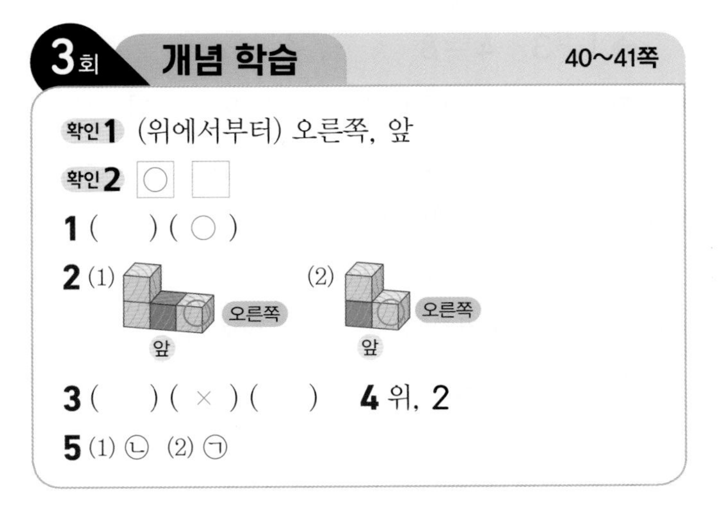

확인 1 (위에서부터) 오른쪽, 앞

확인 2 ○ □

1 ( ) (○)

2 (1) (2)

3 ( ) (×) ( ) 4 위, 2

5 (1) ㉡ (2) ㉠

1 쌓기나무를 반듯하게 맞춰 쌓아야 높이 쌓을 수 있습니다.

2 쌓기나무를 보았을 때 오른손이 있는 쪽이 오른쪽입니다.

3 : 쌓기나무 5개로 만든 모양

4

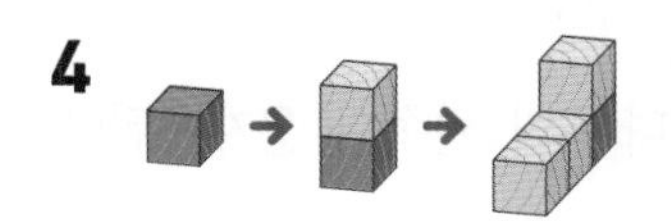

5 (1) (2)

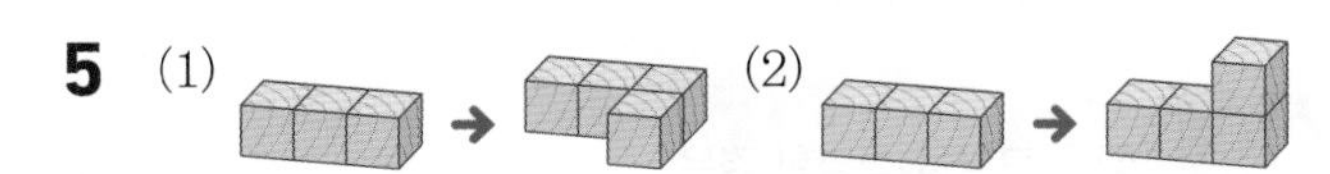

3회 문제 학습 42~43쪽

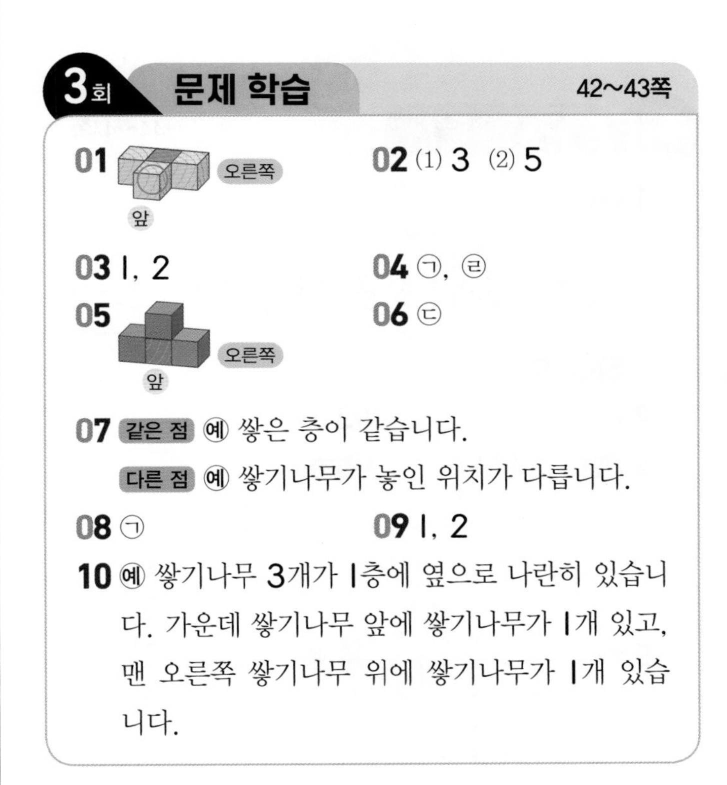

01 **02** (1) 3 (2) 5

03 1, 2 **04** ㉠, ㉣

05 **06** ㉢

07 같은 점 예 쌓은 층이 같습니다.

다른 점 예 쌓기나무가 놓인 위치가 다릅니다.

08 ㉠ **09** 1, 2

10 예 쌓기나무 3개가 1층에 옆으로 나란히 있습니다. 가운데 쌓기나무 앞에 쌓기나무가 1개 있고, 맨 오른쪽 쌓기나무 위에 쌓기나무가 1개 있습니다.

01 쌓기나무를 앞에서 보았을 때 빨간색 쌓기나무의 앞에 있는 쌓기나무를 찾습니다.

02 (1) 1층: 2개, 2층: 1개 ➔ 2+1=3(개)

(2) 1층에 5개

03

04 ㉠ 4+1=5(개), ㉡ 3+1=4(개), ㉢ 3+1=4(개), ㉣ 5개

개념북 2 단원

06 ㉠ 2층에 쌓기나무가 2개 있습니다.
㉡ 쌓기나무 3개가 옆으로 나란히 1층에 있습니다.
따라서 바르게 설명한 것은 ㉢입니다.

07 [평가 기준] 두 모양을 보고 같은 점과 다른 점을 1가지씩 쓴 경우 모두 정답으로 인정합니다.

08 쌓기나무를 빨간색 쌓기나무의 왼쪽에 2개, 뒤에 1개 놓아야 합니다.

09

채점 기준	쌓은 모양을 설명한 경우	5점

10

채점 기준	쌓은 모양을 설명한 경우	5점

4회 응용 학습 44~47쪽

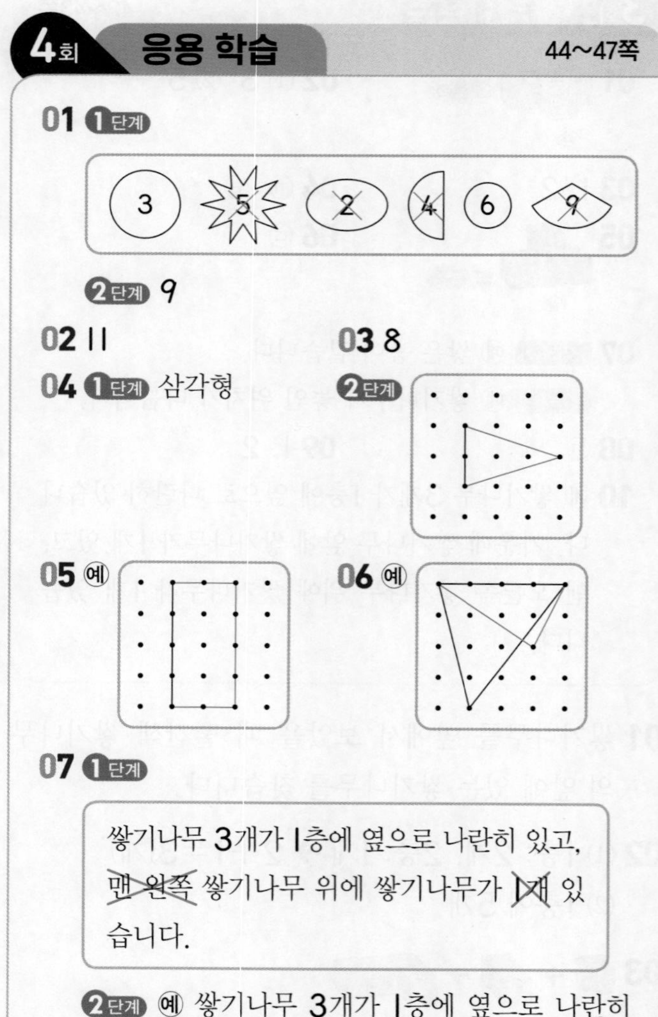

01 1단계
2단계 9

02 11 **03** 8

04 1단계 삼각형 2단계

05 예 **06** 예

07 1단계

쌓기나무 3개가 1층에 옆으로 나란히 있고, ~~맨 왼쪽~~ 쌓기나무 위에 쌓기나무가 ~~1개~~ 있습니다.

2단계 예 쌓기나무 3개가 1층에 옆으로 나란히 있고, 가운데 쌓기나무 위에 쌓기나무가 2개 있습니다.

08 ㉢, 2개

09

빨간색 쌓기나무가 1개 있습니다. 쌓기나무가 빨간색 쌓기나무의 오른쪽에 1개, 빨간색 쌓기나무의 위에 ~~2개~~ 1개 있습니다. 빨간색 쌓기나무의 ~~앞에~~ 뒤에 쌓기나무가 2개 있습니다.

10 1단계

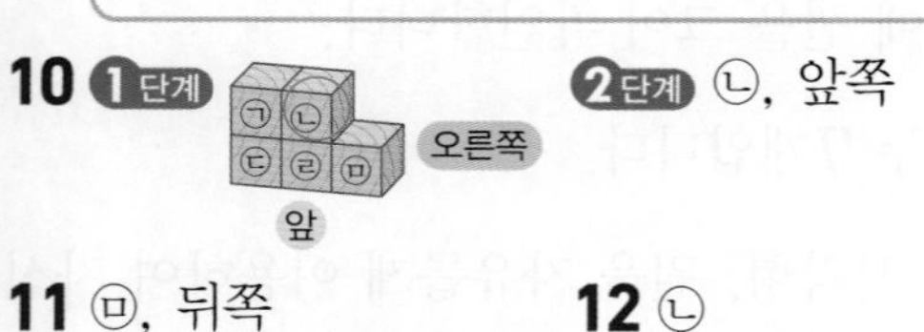

2단계 ㉡, 앞쪽

11 ㉤, 뒤쪽 **12** ㉡

01 1단계 뾰족한 곳 또는 곧은 선이 있는 도형, 길쭉한 도형에 ×표 합니다.
2단계 원 안에 있는 수는 3과 6입니다.
→ $3+6=9$

02

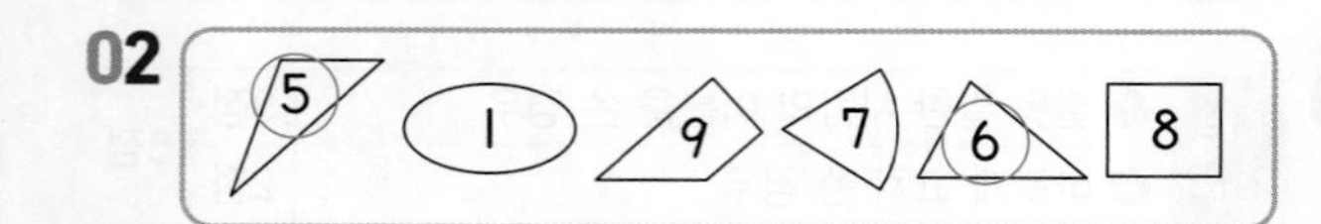

삼각형 안에 있는 수는 5, 6입니다.
→ $5+6=11$

03 변과 꼭짓점이 각각 4개인 도형은 사각형입니다.

사각형 안에 있는 수는 1, 3, 4입니다.
→ $1+3+4=8$

04 2단계 도형의 안쪽에 있는 점이 2개가 되도록 삼각형을 그립니다.

05 점과 점을 연결하여 도형의 안쪽에 있는 점이 3개가 되도록 사각형을 그립니다.

06 점과 점을 연결하여 도형의 안쪽에 있는 점이 2개가 되도록 삼각형을 그립니다.

07

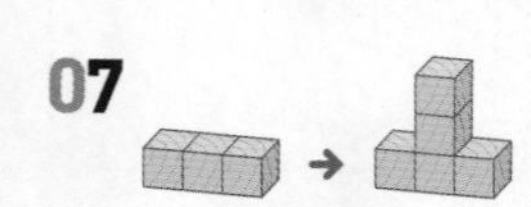

쌓기나무 3개가 옆으로 나란히 있습니다.
가운데 쌓기나무 위에 쌓기나무가 2개 있습니다.

08 쌓기나무 3개가 앞뒤로 나란히 있고, 맨 뒤쪽 쌓기나무 위에 쌓기나무가 2개 있습니다.

09 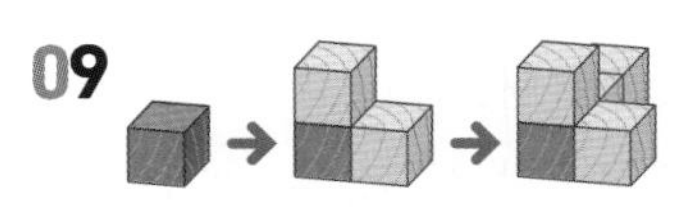

- 빨간색 쌓기나무가 1개 있습니다.
- 쌓기나무가 빨간색 쌓기나무의 오른쪽에 1개, 위에 1개 있습니다.
- 빨간색 쌓기나무 뒤에 쌓기나무가 2개 있습니다.

10 ❶단계 왼쪽 모양에는 있고, 오른쪽 모양에는 없는 쌓기나무를 찾으면 ㉡입니다.

11 왼쪽 모양에는 있고, 오른쪽 모양에는 없는 쌓기나무를 찾으면 ㉤입니다.

12 오른쪽과 똑같은 모양을 만들어야 하므로 ㉡ 쌓기나무 위에 쌓기나무 1개를 더 놓아야 합니다.

5회 마무리 평가 48~51쪽

01

02 (왼쪽에서부터) 변, 꼭짓점

03 가, 라, 마

04 5개

05 태경

06 (○) (○) (   )

07 예

08 예 삼각형은 곧은 선 3개로 둘러싸인 도형인데 주어진 그림은 굽은 선이 있기 때문입니다.

09 ㉡, ㉢

10 1개

11 원, 4개

12 예 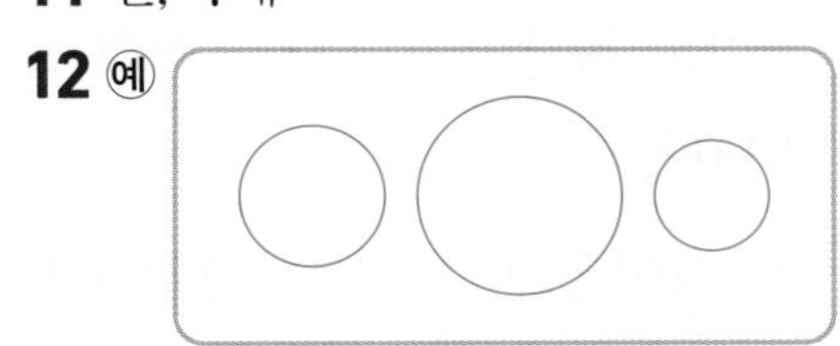

13 ㉢

14

15 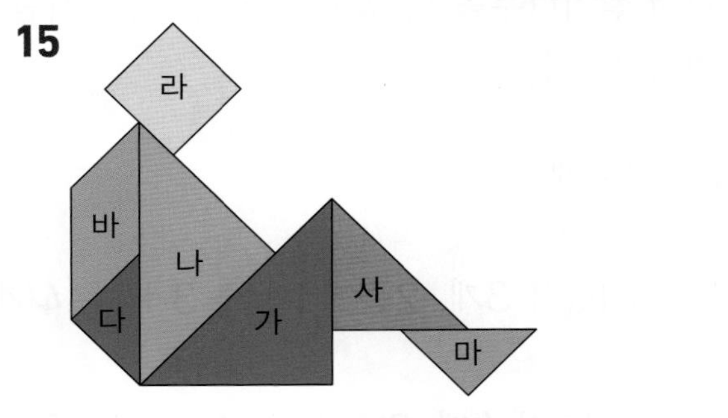

16 (   ) (×) (   )

17 오른쪽 앞

18 1

19 (   ) (○)

20 ㉠

21 ㉠

22 예

23 예 쌓기나무 3개가 옆으로 나란히 1층에 있습니다. 가운데 쌓기나무 앞에 쌓기나무가 1개 있고, 맨 왼쪽과 맨 오른쪽 쌓기나무 위에 쌓기나무가 각각 1개씩 있습니다.

24 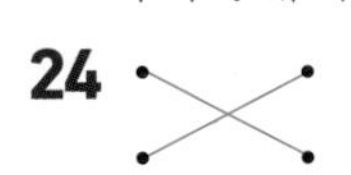

25 ❶ • 지민이가 만든 도형은 삼각형이고, 꼭짓점은 3개입니다.
• 지우가 만든 도형은 사각형이고, 꼭짓점은 4개입니다.
❷ 따라서 지민이와 지우가 만든 도형의 꼭짓점은 모두 $3+4=7$(개)입니다. 답 7개

개념북 2단원

01 곧은 선 3개로 둘러싸인 도형을 모두 찾습니다.

02 곧은 선을 변, 두 곧은 선이 만나는 점을 꼭짓점이라고 합니다.

03 어느 쪽에서 보아도 똑같이 동그란 모양의 도형은 가, 라, 마입니다.

04 칠교 조각은 삼각형이 5개, 사각형이 2개입니다.

05 쌓기나무를 반듯하게 맞춰 쌓아야 높이 쌓을 수 있습니다.
따라서 쌓기나무를 더 높이 쌓을 수 있는 사람은 태경이입니다.

06 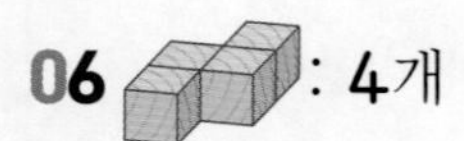: 4개

: 1층에 3개, 2층에 1개 ➔ $3+1=4$(개)

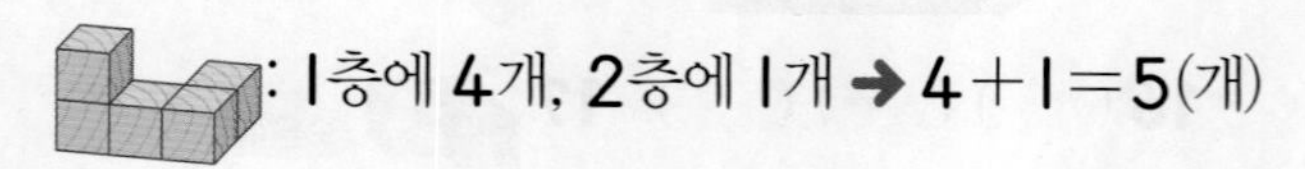: 1층에 4개, 2층에 1개 ➔ $4+1=5$(개)

07 나머지 1개의 꼭짓점을 정하여 점과 점 사이를 곧은 선으로 이어 삼각형을 각각 그려 봅니다.

08

채점 기준	주어진 그림이 삼각형이 아닌 이유를 쓴 경우	4점

09 ㉠ 삼각형과 사각형은 둥근 부분이 없습니다.

10

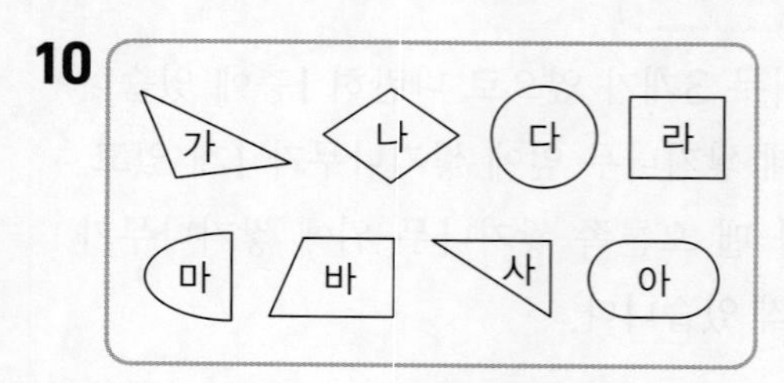

• 삼각형: 가, 사 ➔ 2개
• 사각형: 나, 라, 바 ➔ 3개
따라서 사각형은 삼각형보다 $3-2=1$(개) 더 많습니다.

11 삼각형은 2개, 사각형은 3개, 원은 4개 사용했습니다.
따라서 가장 많이 사용한 도형은 원입니다.

12 병의 뚜껑, 동전, 음료수 캔, 거울 등 다양한 물건을 이용하여 서로 다른 원을 본뜰 수 있습니다.

13 ㉢ 원에는 곧은 선이 없습니다.
따라서 원에 대한 설명으로 잘못된 것은 ㉢입니다.

14 라 조각을 먼저 놓은 다음 마와 바 조각을 놓아 모양을 만들어 봅니다.

15 사용하고 남은 칠교 조각 3개를 어떻게 채울 수 있는지 생각해 봅니다.

16

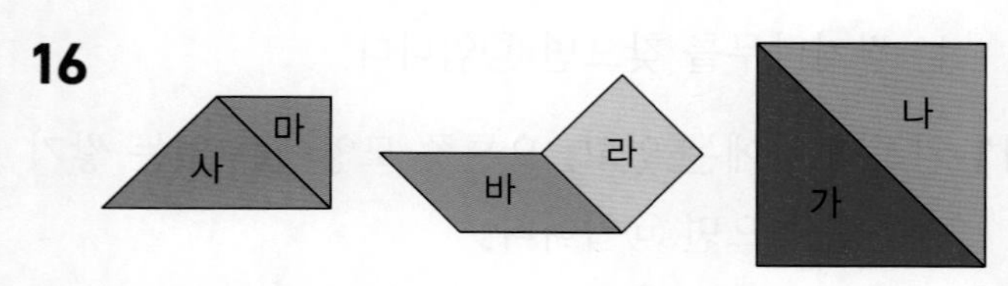

따라서 라와 바로 사각형을 만들 수 없습니다.

19

참고 ➔ 빨간색 쌓기나무가 1개 있고, 그 왼쪽과 앞에 쌓기나무가 1개씩 있습니다.

20 ㉠ 쌓기나무를 ㉣ 쌓기나무의 앞으로 옮겨야 합니다.

21 ㉠ 사각형의 꼭짓점은 4개입니다. ➔ □=4
㉡ 삼각형의 변은 3개입니다. ➔ □=3
따라서 □ 안에 알맞은 수가 더 큰 것은 ㉠입니다.

22 점과 점을 연결하여 도형의 안쪽에 있는 점이 3개가 되도록 사각형을 그립니다.

23

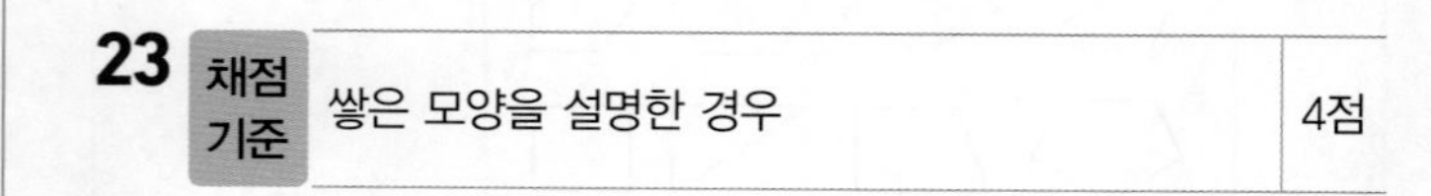

채점 기준	쌓은 모양을 설명한 경우	4점

24 • 어느 쪽에서 보아도 똑같이 동그란 모양의 도형은 원입니다.
• 곧은 선 3개로 둘러싸인 도형은 삼각형입니다.

25

채점 기준			
	❶ 지민이와 지우가 만든 도형의 꼭짓점 수를 각각 구한 경우	3점	4점
	❷ 지민이와 지우가 만든 도형의 꼭짓점은 모두 몇 개인지 구한 경우	1점	

3. 덧셈과 뺄셈

1회 개념 학습 54~55쪽

확인1 41 확인2 1, 1 / 1, 4, 1

1 20, 21, 22, 23 / 23

2 예 (○ 19개, △ 4개로 나타낸 그림) / 23

3 23

4 (1) 55 (2) 82 (3) 32 (4) 74

5 (1) 52 (2) 46 6 (1) 63 (2) 91

3 일 모형끼리 더하면 십 모형 1개와 일 모형 3개가 됩니다. ➔ $19+4=23$

6 (1) $54+9=63$ (2) $6+85=91$

1회 문제 학습 56~57쪽

01 76

02 (선 잇기)

03 31

04 ( ) (○)

05 $15+8=23$, 23개

06 41

07 예 5, 2 / 61

08 $24+7=31$, 31명

09 56, 6

10 ❶ 14, 10 ❷

$$\begin{array}{r} 3\,6 \\ +\ \ 8 \\ \hline 4\,4 \end{array}$$

11 ❶ 예 일의 자리 계산 $5+9=14$에서 10을 십의 자리로 받아올림하지 않았기 때문입니다.

❷
$$\begin{array}{r} 7\,5 \\ +\ \ 9 \\ \hline 8\,4 \end{array}$$

01
$$\begin{array}{r} {\scriptstyle 1}\ \ \\ 6\,8 \\ +\ \ 8 \\ \hline 7\,6 \end{array}$$

02 • $22+9=31$, $33+7=40$, $25+8=33$
• $7+26=33$, $6+25=31$, $8+32=40$

03 $23>17>11>9>8$입니다.
➔ (가장 큰 수)+(가장 작은 수)
$=23+8=31$

04 $42+9=51$, $8+44=52$
➔ $51<52$

05 (다은이가 사용한 구슬의 수)
=(▢ 모양 구슬의 수)+(▢ 모양 구슬의 수)
$=15+8=23$(개)

06 $37+5=42$이므로 $40<$ ■ <42입니다.
따라서 ■ 안에 들어갈 수 있는 수는 41입니다.

07 수 카드 중에서 2장을 골라 알맞게 덧셈을 한 경우 모두 정답으로 인정합니다.
참고 수 카드로 만든 몇십몇과 9를 더할 때 일의 자리에서 받아올림해야 합니다.

08 (놀이터에 있는 어린이의 수)
=(남자 어린이의 수)+(여자 어린이의 수)
$=24+7=31$(명)

09
$$\begin{array}{r} {\scriptstyle 1}\ \ \\ 5\,6 \\ +\ \ 6 \\ \hline 6\,2 \end{array}$$
참고 $56+7=63$, $53+7=60$이므로 두 수의 합이 62가 아닙니다.

10

채점 기준			
	❶ 잘못 계산한 이유를 쓴 경우	2점	5점
	❷ 바르게 계산한 경우	3점	

11

채점 기준			
	❶ 잘못 계산한 이유를 쓴 경우	2점	5점
	❷ 바르게 계산한 경우	3점	

[평가 기준] '받아올림하지 않았습니다.'라는 표현이 있으면 정답으로 인정합니다.

2회 개념 학습 58~59쪽

확인1 55　확인2 1, 1 / 1, 7, 1

1 5, 5, 42　2 30, 42

3 7, 5, 12, 42

4 (1) 80 (2) 74 (3) 61 (4) 62

5 (1) 91 (2) 83　6 (1) 63 (2) 92

1 15를 10과 5로 가르기하여 계산할 수 있습니다.

2 15에서 3을 옮겨 27을 30으로 만들어 30+12로 계산할 수 있습니다.

3 20+10=30, 7+5=12 → 30+12=42

5 (1)
$$\begin{array}{r} {}^{1} \\ 46 \\ +\ 45 \\ \hline 91 \end{array}$$
(2)
$$\begin{array}{r} {}^{1} \\ 65 \\ +\ 18 \\ \hline 83 \end{array}$$

6 (1) 39+24=63 (2) 75+17=92

2회 문제 학습 60~61쪽

01 53　02 10

03 (선 잇기)

04
출발
36+35=71　34+39
23+48　49+22
13+59　17+54
도착

05 34+28=62, 62번

06 55개

07 예 ㉠,
58+17=58+10+7
=68+7=75
예 ㉡,
17에서 2를 옮겨 58을 60으로 만듭니다.
58+17=60+15=75

08 ❶ 43 ❷ 43, 70　답 70개

09 ❶ (오늘 가희가 한 줄넘기 횟수)
=38+18=56(번)
❷ (어제와 오늘 가희가 한 줄넘기 횟수)
=38+56=94(번)　답 94번

01 16+37=53

02 □ 안의 숫자 1은 일의 자리에서 10을 받아올림 한 것이므로 실제로 10을 나타냅니다.

03 24+39=63,
47+15=62,
36+28=64

04 (위에서부터) 34+39=73,
23+48=71, 49+22=71,
13+59=72, 17+54=71

05 (연지와 엄마의 대중교통 이용 횟수의 합)
=34+28=62(번)

06 (사용한 연결 모형 수의 합)
=19+36=55(개)

07 [평가 기준] 보기 의 방법 중 2가지를 고르고, 고른 방법에 맞게 58+17=75를 구한 경우 정답으로 인정합니다.

08

채점 기준			
	❶ 민기가 딴 토마토는 몇 개인지 구한 경우	3점	5점
	❷ 해미와 민기가 딴 토마토는 모두 몇 개인지 구한 경우	2점	

09

채점 기준			
	❶ 오늘 가희가 한 줄넘기는 몇 번인지 구한 경우	3점	5점
	❷ 어제와 오늘 가희가 한 줄넘기는 모두 몇 번인지 구한 경우	2점	

3회 개념 학습 62~63쪽

확인1 6 / 1, 1, 0, 6 확인2 1, 1 / 1, 1, 1, 1, 1
1 9, 1, 2 / 129
2 (1) 128 (2) 115 (3) 112 (4) 105
3 (1) 128 (2) 142
4 129
5 (위에서부터) 108, 111, 119, 100

3 (1)
$$\begin{array}{r} 1\ \ \\ 4\ 2 \\ +\ 8\ 6 \\ \hline 1\ 2\ 8 \end{array}$$
(2)
$$\begin{array}{r} 1\ 1\ \ \\ 6\ 7 \\ +\ 7\ 5 \\ \hline 1\ 4\ 2 \end{array}$$

4 75+54=129

5
$$\begin{array}{r} 1\ \ \ \\ 6\ 7 \\ +\ 4\ 1 \\ \hline 1\ 0\ 8 \end{array}, \quad \begin{array}{r} 1\ 1\ \ \\ 5\ 2 \\ +\ 5\ 9 \\ \hline 1\ 1\ 1 \end{array}, \quad \begin{array}{r} 1\ \ \ \\ 6\ 7 \\ +\ 5\ 2 \\ \hline 1\ 1\ 9 \end{array}, \quad \begin{array}{r} 1\ 1\ \ \\ 4\ 1 \\ +\ 5\ 9 \\ \hline 1\ 0\ 0 \end{array}$$

3회 문제 학습 64~65쪽

01 119
02 >
03
$$\begin{array}{r} 2\ 5 \\ +\ 8\ 7 \\ \hline 1\ 1\ 2 \end{array}$$
04 121
05 133
06 85+27=112, 112명
07 131개
08 99, 100, 101
09 예 과일 가게에 사과는 45개, 바나나는 56개 있습니다. 과일 가게에 있는 사과와 바나나는 모두 몇 개인가요? / 45+56=101 / 101개
10 ❶ 128, 136, 106 ❷ ㉡ 답 ㉡
11 ❶ ㉠ 57+75=132
㉡ 68+87=155
㉢ 94+48=142
❷ 따라서 계산 결과가 가장 작은 것은 ㉠입니다.
답 ㉠

01 일 모형끼리 더하면 일 모형은 9개가 되고, 십 모형끼리 더하면 백 모형 1개와 십 모형 1개가 됩니다.
→ 65+54=119

02 65+58=123, 49+73=122
→ 123>122

03 일의 자리 계산 5+7=12에서 10을 받아올림 하지 않아 잘못 계산하였습니다.

04 ㉠ 10이 7개, 1이 5개인 수는 75입니다.
㉡ 10이 4개, 1이 6개인 수는 46입니다.
→ ㉠+㉡=75+46=121

05 78+6=84, 84+49=133

06 (어제와 오늘 노래 대회에 참가한 사람 수)
=85+27=112(명)

07 (보라와 삼촌이 캔 조개 수)
=58+73=131(개)

08 65+37=102이므로 □ 안에 들어갈 수 있는 수는 102보다 작은 101, 100, 99입니다.

09 45+56=101, 45+72=117, 56+72=128의 식을 이용하여 다양하게 문제를 만들 수 있습니다.

10

채점 기준			
	❶ ㉠, ㉡, ㉢의 계산 결과를 각각 구한 경우	3점	5점
	❷ 계산 결과가 가장 큰 것을 찾아 기호를 쓴 경우	2점	

11

채점 기준			
	❶ ㉠, ㉡, ㉢의 계산 결과를 각각 구한 경우	3점	5점
	❷ 계산 결과가 가장 작은 것을 찾아 기호를 쓴 경우	2점	

4회 개념 학습 66~67쪽

확인1 37
확인2 5, 10, 7 / 5, 10, 5, 7
1 27, 28, 29, 30 / 27
2 예 (○ 30개 중 5개를 /으로 지운 그림) / 27
3 27
4 (1) 39 (2) 72 (3) 59 (4) 16
5 (1) 17 (2) 58
6 (1) 46 (2) 68

1 32에서 1씩 5번 거꾸로 세어 봅니다.

2 5만큼 ○를 /으로 지워 봅니다.

3 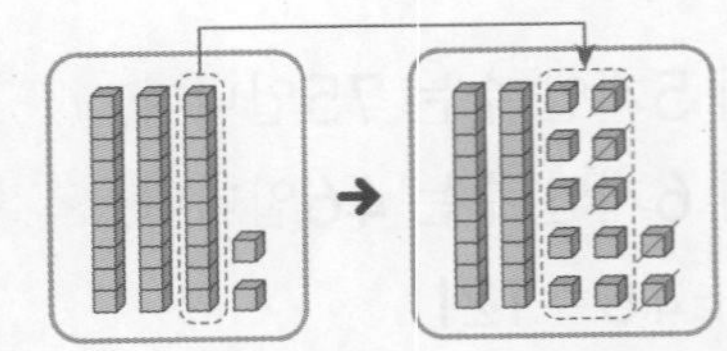

십 모형 1개를 일 모형 10개로 바꾸어 일 모형 12개에서 5개를 빼면 십 모형 2개와 일 모형 7개가 남습니다.

4 (1) $43 - 4 = 39$ (받아내림: 3, 10) (2) $81 - 9 = 72$ (받아내림: 7, 10)
(3) $65 - 6 = 59$ (받아내림: 5, 10) (4) $24 - 8 = 16$ (받아내림: 1, 10)

5 (1) $22 - 5 = 17$ (받아내림: 1, 10) (2) $64 - 6 = 58$ (받아내림: 5, 10)

6 (1) 53－7＝46
(2) 76－8＝68

4회 문제 학습 68~69쪽

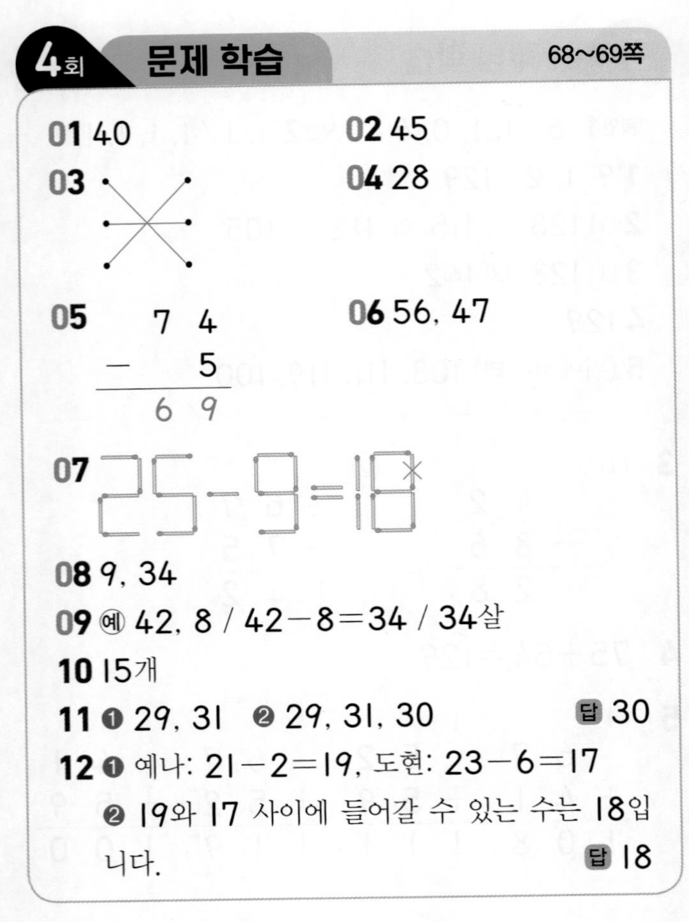

01 40
02 45
03 (선 잇기)
04 28
05 $74 - 5 = 69$
06 56, 47
07 25－9＝18 (성냥개비 ×)
08 9, 34
09 예 42, 8 / 42－8＝34 / 34살
10 15개
11 ❶ 29, 31 ❷ 29, 31, 30 답 30
12 ❶ 예나: 21－2＝19, 도현: 23－6＝17
❷ 19와 17 사이에 들어갈 수 있는 수는 18입니다. 답 18

01 □ 안의 숫자 4는 십의 자리에서 일의 자리로 받아내림하고 남은 수이므로 실제로 40을 나타냅니다.
02 51－6＝45
03 73－5＝68, 58－9＝49, 31－4＝27
04 (36보다 8만큼 더 작은 수)＝36－8＝28
05 일의 자리 계산에서 큰 수에서 작은 수를 빼어 잘못 계산하였습니다.
06 61－5＝56, 56－9＝47
07 25－9＝16이므로 18에 있는 성냥개비 한 개를 지워 16으로 만듭니다.
08 34－9＝25

참고 35－5＝30, 35－8＝27이므로 두 수의 차가 25가 아닙니다.

09 엄마의 나이에서 내 나이를 뺀 값을 구합니다.

중요 만약 두 나이의 차에서 받아내림이 없는 뺄셈이 되는 경우 엄마를 아빠, 삼촌, 이모 등으로 바꾸어 받아내림이 있는 뺄셈으로 문제를 만들어 보세요.

10 (미소가 가지고 있는 구슬 수)
$=23-8=15$(개)

11

채점 기준			
	❶ $35-6$, $40-9$를 각각 계산한 경우	3점	5점
	❷ ●에 알맞은 수를 구한 경우	2점	

12

채점 기준			
	❶ 예나와 도현이가 말한 수를 각각 계산한 경우	3점	5점
	❷ 예나와 도현이가 말한 두 수 사이에 들어갈 수 있는 수를 구한 경우	2점	

5회 개념 학습 70~71쪽

확인 **1** 12
확인 **2** 6, 10, 6 / 6, 10, 2, 6
1 8, 8, 12 **2** 40, 12
3 12
4 (1) 18 (2) 24 (3) 19 (4) 27
5 (1) 1 (2) 49 **6** 2, 22, 62

1 38을 30과 8로 가르기하여 계산할 수 있습니다.

2 그림과 같이 2만큼 밀면 50을 52로, 38을 40으로 만들어 계산할 수 있습니다.

3
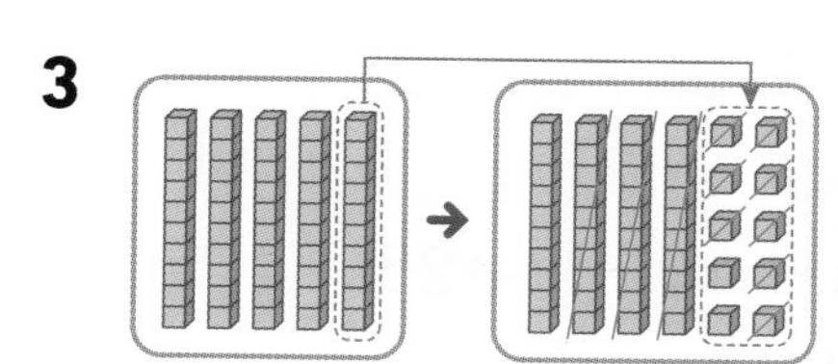
십 모형 1개를 일 모형 10개로 바꾼 후 십 모형 3개와 일 모형 8개를 빼면 십 모형 1개와 일 모형 2개가 남습니다.

5 (1)
$$\begin{array}{rr} {\scriptstyle 1} & {\scriptstyle 10} \\ \not{2} & 0 \\ - \ 1 & 9 \\ \hline & 1 \end{array}$$
(2)
$$\begin{array}{rr} {\scriptstyle 6} & {\scriptstyle 10} \\ \not{7} & 0 \\ - \ 2 & 1 \\ \hline 4 & 9 \end{array}$$

6 $20-18=2$, $40-18=22$, $80-18=62$

5회 문제 학습 72~73쪽

01 27 **02** (1) 17 (2) 43
03

30	19	11	40
13	80	53	27
78	50	26	14

04 $<$
05 도현 **06** $50-36=14$, 14개
07 18개
08 예 ㉠,
$70-28=70-20-8$
$=50-8=42$

예 ㉢,
70 → 60, 10 28 → 20, 8
$60-20=40$, $10-8=2$
→ $70-28=42$

09 ❶ 60, 17 ❷ 60, 17, 43 답 43
10 ❶ $90>80>70$이므로 예나가 고른 수는 90입니다.
$24<29<31$이므로 도현이가 고른 수는 24입니다.
❷ (예나가 고른 수)−(도현이가 고른 수)
$=90-24=66$ 답 66

01
$$\begin{array}{rr} {\scriptstyle 5} & {\scriptstyle 10} \\ \not{6} & 0 \\ - \ 3 & 3 \\ \hline 2 & 7 \end{array}$$

02 (1) $30-13=17$ (2) $90-47=43$

03 $19-11=8$(×),
$80-53=27$(○),
$78-50=28$(×),
$50-26=24$(×)

04 $60-32=28$ → $25<28$

05 유준: $80-43=37$, 예나: $40-14=26$,
도현: $70-31=39$

개념북 3 단원

06 (1반의 쌓기나무 수)−(2반의 쌓기나무 수)
$=50-36=14$(개)

07 (팔린 로봇 수)
$=30-12=18$(개)

09

채점 기준			
	❶ 가장 큰 수와 가장 작은 수를 각각 찾은 경우	2점	5점
	❷ 가장 큰 수와 가장 작은 수의 차를 구한 경우	3점	

10

채점 기준			
	❶ 예나와 도현이가 고른 수를 각각 찾은 경우	2점	5점
	❷ 고른 두 수의 차를 구한 경우	3점	

6회 개념 학습 74~75쪽

확인 **1** 18
확인 **2** 7, 10, 6 / 7, 10, 2, 6
1 9, 9, 18 **2** 40, 18
3 18
4 (1) 16 (2) 59 (3) 37 (4) 27
5 (1) 27 (2) 29 **6** (1) 49 (2) 43

1 39를 30과 9로 가르기하여 계산할 수 있습니다.

2 그림과 같이 1만큼 밀면 57을 58로, 39를 40으로 만들어 계산할 수 있습니다.

3

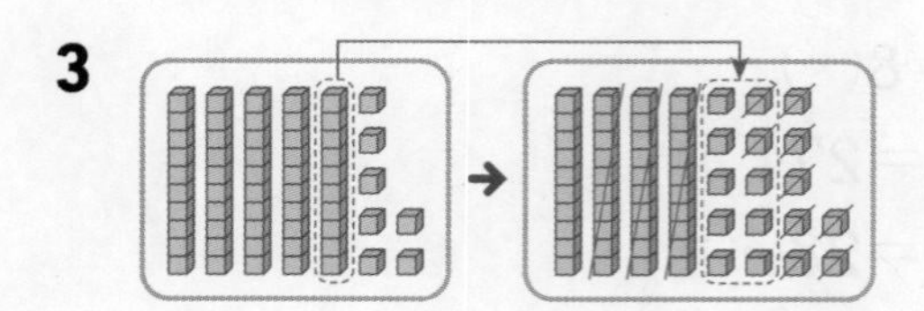

십 모형 1개를 일 모형 10개로 바꾸어 일 모형 17개에서 9개를 빼면 십 모형 1개와 일 모형 8개가 남습니다.

6 (1) $96-47=49$ (2) $72-29=43$

6회 문제 학습 76~77쪽

01 17, 28 **02** 15
03 $>$
04
05 24 **06** ㉡
07 65, 39
08 $52-28=24$, 24권
09 예 주차장에 차가 73대 있었는데 48대가 빠져나갔습니다. 주차장에 남아 있는 자동차는 몇 대일까요? / $73-48=25$ / 25대
10 ❶ $>$ ❷ 복숭아, 94, 75, 19
답 복숭아, 19개
11 ❶ $47<75$
❷ 따라서 도현이가 줄넘기를 $75-47=28$(번) 더 많이 했습니다. 답 도현, 28번

01 $71-54=17$, $47-19=28$

02 (사각형에 적힌 수의 차)
$=63-48=15$

03 $73-45=28$, $83-57=26$ → $28>26$

04 • $93-68=25$, $64-36=28$, $78-59=19$
• $85-66=19$, $44-19=25$, $61-33=28$

05 시우: 10이 2개, 1이 9개인 수는 29입니다.
소율: 10이 5개, 1이 3개인 수는 53입니다.
→ $53-29=24$

06 ㉠ $72-46=26$
㉡ $42-18=24$
㉢ $63-37=26$
따라서 계산 결과가 다른 하나는 ㉡입니다.

07 십의 자리 수끼리의 차가 3 또는 2인 두 수를 찾으면 39와 16, 39와 65입니다.

➔ 39－16＝23, 65－39＝26이므로 차가 26이 되는 두 수는 65와 39입니다.

08 (남은 공책 수)＝52－28＝24(권)

09 73－48＝25, 73－56＝17, 56－48＝8의 식을 이용하여 다양하게 문제를 만들 수 있습니다.

10

채점 기준			
	❶ 복숭아와 사과의 수를 비교한 경우	2점	5점
	❷ 어느 과일이 몇 개 더 많은지 구한 경우	3점	

11

채점 기준			
	❶ 예나와 도현이의 줄넘기 횟수를 비교한 경우	2점	5점
	❷ 줄넘기를 누가 몇 번 더 많이 했는지 구한 경우	3점	

7회 개념 학습 78~79쪽

확인 1 (계산 순서대로) 63, 48, 48 / 63, 63, 48

확인 2 (계산 순서대로) 17, 35, 35 / 17, 17, 35

1 (　) (○)

2 (계산 순서대로) 81, 43, 43

3 35＋26－45＝16

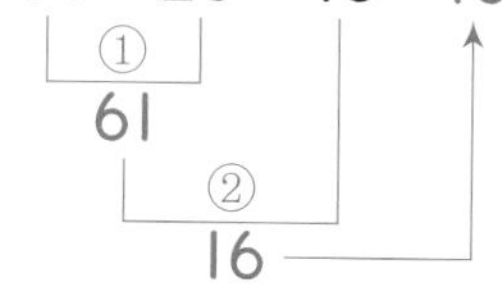

4 (1) 14, 31 (2) 83, 59

5 (1) 34 (2) 36　　6 24

1 세 수의 계산은 앞에서부터 두 수씩 차례대로 계산합니다.

5 (1) 48－26＋12＝22＋12＝34

(2) 71－54＋19＝17＋19＝36

6 38＋27－41＝65－41＝24

7회 문제 학습 80~81쪽

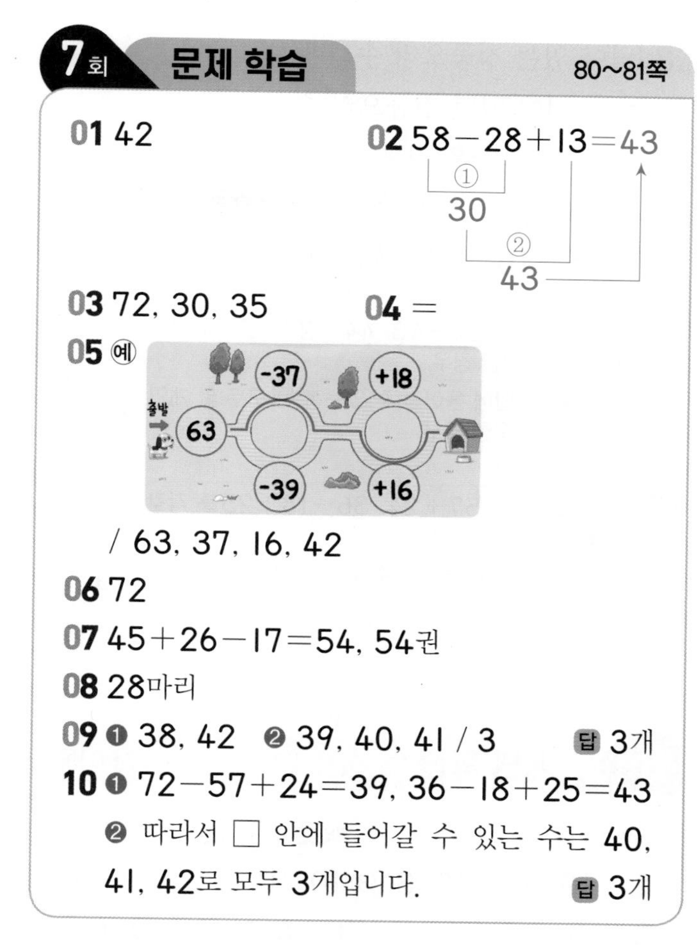

01 42

02 58－28＋13＝43 (① 30, ② 43)

03 72, 30, 35

04 ＝

05 예

/ 63, 37, 16, 42

06 72

07 45＋26－17＝54, 54권

08 28마리

09 ❶ 38, 42 ❷ 39, 40, 41 / 3　답 3개

10 ❶ 72－57＋24＝39, 36－18＋25＝43

❷ 따라서 □ 안에 들어갈 수 있는 수는 40, 41, 42로 모두 3개입니다.　답 3개

02 앞에서부터 순서대로 계산하지 않아 잘못 계산하였습니다.

03 • 59＋24－48＝83－48＝35

• 41＋37－48＝78－48＝30

• 11＋37＋24＝48＋24＝72

04 44－28＋19＝16＋19＝35

05 길을 선택하여 만들 수 있는 식:

63－37＋16＝42, 63－37＋18＝44,

63－39＋16＝40, 63－39＋18＝42

06 • ▲＝64＋19－47＝83－47＝36

• ◆＝64－47＋19＝17＋19＝36

➔ ▲＋◆＝36＋36＝72

07 (남은 책 수)

＝(처음에 있던 책 수)＋(사 온 책 수)
　－(기부한 책 수)

＝45＋26－17＝71－17＝54(권)

08 (남아 있는 청둥오리 수)
=(오전에 있던 청둥오리 수)
+(더 날아온 청둥오리 수)
−(다른 곳으로 날아간 청둥오리 수)
$=25+16-13=41-13=28$(마리)

09

채점 기준			
채점 기준	❶ 57+24−43, 44−27+25를 각각 계산한 경우	3점	5점
	❷ □ 안에 들어갈 수 있는 수는 모두 몇 개인지 구한 경우	2점	

10

채점 기준			
채점 기준	❶ 72−57+24, 36−18+25를 각각 계산한 경우	3점	5점
	❷ □ 안에 들어갈 수 있는 수는 모두 몇 개인지 구한 경우	2점	

8회 개념 학습 82~83쪽

확인1 11, 4　확인2 15, 15
1 (1) 10, 7 (2) 10, 3 (3) 10, 10
2 4, 8　**3** (1) 6 (2) 6 (3) 6, 6
4 10, 8

2 ○+△=■ → ■−△=○, ■−○=△

4 ■−○=△ → ○+△=■, △+○=■

8회 문제 학습 84~85쪽

01 (왼쪽에서부터) 11, 11, 6
02 8, 14 / 14, 8　**03** 7, 23 / 7, 23
04 24, 18, 6 / 24, 6, 18
05 29, 7, 36 / 7, 29, 36
06

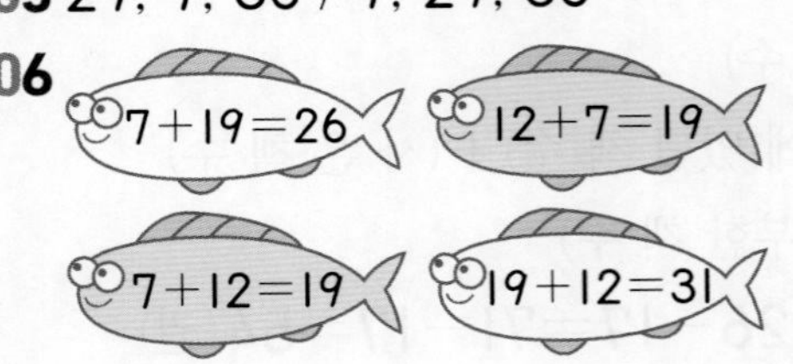

07 (1) 81 / 32, 49 (2) 9 / 34, 25
08 53
09 예 $6+11=17$, $17-6=11$, $17-11=6$
10 ❶ 2, 2, 4 ❷ 2, 2, 4
답 예 $6-2=4$, $2+4=6$, $4+2=6$
11 ❶ 만들 수 있는 뺄셈식은 $3-2=1$, $3-1=2$입니다.
❷ 만든 뺄셈식을 덧셈식으로 나타내면 $1+2=3$, $2+1=3$입니다.
답 예 $3-2=1$, $1+2=3$, $2+1=3$

04 덧셈식을 2개의 뺄셈식으로 나타낼 수 있습니다.

05 뺄셈식을 2개의 덧셈식으로 나타낼 수 있습니다.

06 $19-7=12$ → $7+12=19$, $12+7=19$

07 (1) [81]−32=49 → 49+[32]=81, 32+[49]=81
(2) 25+[9]=34 → [34]−25=9, 34−9=[25]

08 • $16+25=41$ → $41-25=16$, $41-16=25$
• $11+17=28$ → $28-17=11$, $28-11=17$
→ ㉠+㉡=25+28=53

09 수 카드를 사용하여 만들 수 있는 덧셈식은 $6+11=17$, $11+6=17$, $6+5=11$, $5+6=11$입니다.

10

채점 기준			
채점 기준	❶ 주사위의 세 수를 이용하여 뺄셈식을 만든 경우	2점	5점
	❷ 만든 뺄셈식을 덧셈식으로 나타낸 경우	3점	

11

채점 기준			
채점 기준	❶ 주사위의 세 수를 이용하여 뺄셈식을 만든 경우	2점	5점
	❷ 만든 뺄셈식을 덧셈식으로 나타낸 경우	3점	

9회 개념 학습 86~87쪽

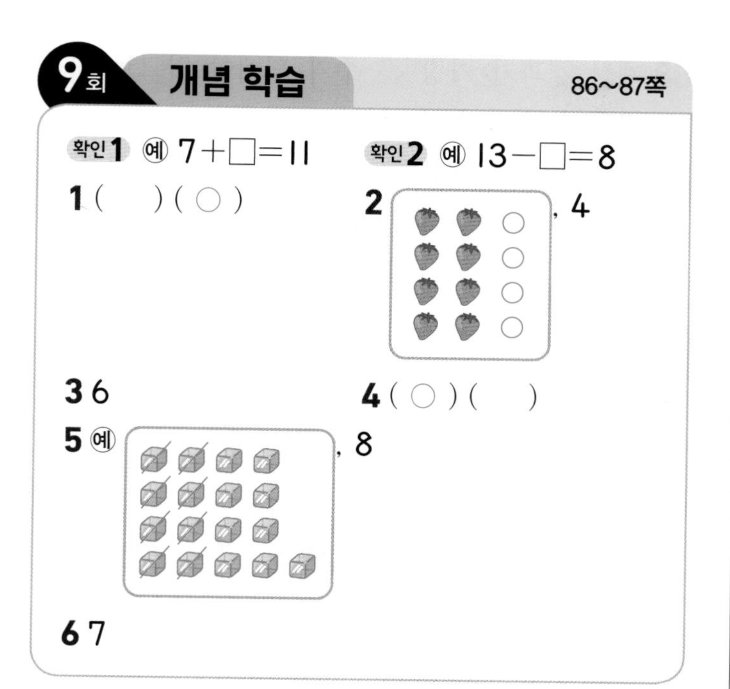

확인 1 예 $7+\square=11$ 확인 2 예 $13-\square=8$

1 ( ) (○)

2 (그림), 4

3 6

4 (○) ( )

5 예 (그림), 8

6 7

1 더 가져온 딸기 수를 □로 하여 덧셈식으로 나타냅니다.

2 딸기 8개에 ○를 4개 더 그려야 12개가 됩니다.

3 $\square+9=15 \rightarrow 15-9=\square$, $\square=6$

4 녹아서 없어진 얼음 수를 □로 하여 뺄셈식으로 나타냅니다.

5 얼음 17개에서 /으로 8개를 지워야 9개가 됩니다.

6 $11-\square=4 \rightarrow 11-4=\square$, $\square=7$

9회 문제 학습 88~89쪽

01 (1) (○) ( ) (2) 6

02 (1) ( ) (○) (2) 12

03 (1) 9 (2) 5 (3) 2 (4) 9

04 (선 잇기)

05 예 $4+\square=13$, 9

06 예 $8+\square=17$, 9

07 예 $\square-6=8$, 14

08 예 $15-\square=9$, 6

09 ❶ 4, 5, 5, 7, 5, 6 ❷ ㉡, ㉢, ㉠

답 ㉡, ㉢, ㉠

10 ❶ ㉠ $▲=14-8=6$, ㉡ $▲=16-7=9$, ㉢ $▲=11-6=5$

❷ ▲의 값이 작은 것부터 차례대로 기호를 쓰면 ㉢, ㉠, ㉡입니다.

답 ㉢, ㉠, ㉡

01 (2) $9+\square=15 \rightarrow 15-9=\square$, $\square=6$

02 (2) $\square-5=7 \rightarrow 5+7=\square$, $\square=12$

03 (1) $7+\square=16 \rightarrow 16-7=\square$, $\square=9$

(2) $8-\square=3 \rightarrow 8-3=\square$, $\square=5$

(3) $\square+9=11 \rightarrow 11-9=\square$, $\square=2$

(4) $\square-3=6 \rightarrow 6+3=\square$, $\square=9$

04 • $6+\square=12 \rightarrow 12-6=\square$, $\square=6$

• $9+\square=17 \rightarrow 17-9=\square$, $\square=8$

• $\square+5=13 \rightarrow 13-5=\square$, $\square=8$

• $\square+8=14 \rightarrow 14-8=\square$, $\square=6$

05 왼쪽과 오른쪽의 무게가 같으므로 $4+\square=13$ 또는 $\square+4=13$입니다.

$\rightarrow 13-4=\square$, $\square=9$

06 (시우의 나이)+(도현이의 나이)=17이므로 $8+\square=17$입니다.

$\rightarrow 17-8=\square$, $\square=9$

07 (누나의 나이)−6=(시우의 나이)이므로 $\square-6=8$입니다.

$\rightarrow 6+8=\square$, $\square=14$

08 어떤 수를 □라 하여 뺄셈식을 만들면 $15-\square=9$입니다.

$\rightarrow 15-9=\square$, $\square=6$

09

채점 기준		
❶ ㉠, ㉡, ㉢에서 ●의 값을 각각 구한 경우	3점	5점
❷ ●의 값이 큰 것부터 차례대로 기호를 쓴 경우	2점	

10

채점 기준		
❶ ㉠, ㉡, ㉢에서 ▲의 값을 각각 구한 경우	3점	5점
❷ ▲의 값이 작은 것부터 차례대로 기호를 쓴 경우	2점	

개념북 3단원

10회 응용 학습 90~93쪽

01 1단계 ㉠ 14, ㉡ 16, ㉢ 15
2단계 30
02 (위에서부터) 6 / 8, 15 / 14
03 (위에서부터) 33, 52
04 1단계 6　　2단계 7
05 (위에서부터) 4, 5　　06 9
07 1단계 큰　　2단계 76, 111
08 13, 78　　09 36, 14, 37
10 1단계 □−29=38, 67
2단계 96
11 27, 83　　12 15

01 1단계 ㉠=6+8=14, ㉡=9+7=16, ㉢=8+7=15
2단계 ◆=㉠+㉡=14+16=30

02 · $13-7=6$, $22-8=14$
· $22-7=15$
· $14-6=8$

03 · 45+□=97 → □=97−45=52
· 19+□=52 → □=52−19=33

04 1단계 ㉠+9=15 → ㉠=15−9=6
2단계 1+8+㉡=16, 9+㉡=16
→ ㉡=16−9=7

05
```
   8 4
 − ㉡ 9
 ------
   3 ㉠
```
· 10+4−9=㉠ → ㉠=5
· 8−1−㉡=3 → ㉡=4

06 · ㉠+7=12 → ㉠=12−7=5
· 1+7+㉡=12, 8+㉡=12
→ ㉡=12−8=4
따라서 ㉠과 ㉡에 알맞은 수의 합은 $5+4=9$입니다.

07 2단계 $7>6>4>2$이므로 만들 수 있는 가장 큰 두 자리 수는 76입니다. → $76+35=111$

08 계산 결과가 가장 큰 수가 되어야 하므로 가장 작은 수를 빼야 합니다.
$1<3<5<7$이므로 만들 수 있는 가장 작은 두 자리 수는 13입니다. → $91-13=78$

09 계산 결과가 가장 크려면 가장 큰 수를 더하고 가장 작은 수를 빼야 합니다.
$36>23>14$이므로 36을 더하고 14를 뺍니다.
→ $15+36-14=51-14=37$

10 1단계 어떤 수를 □라 하면
□−29=38 → 38+29=□, □=67입니다.
2단계 바르게 계산하면 $67+29=96$입니다.

11 어떤 수를 □라 하면 □+65=92
→ 92−65=□, □=27입니다.
따라서 바르게 계산하면 $27+56=83$입니다.

12 어떤 수를 □라 하면 □+8=31
→ 31−8=□, □=23입니다.
따라서 바르게 계산하면 $23-8=15$입니다.

11회 마무리 평가 94~97쪽

01 42　　02 1, 1 / 1, 4, 3
03 34　　04 (선 잇기)
05 43　　06 5, 16, 16, 5
07 45　　08 ㉠
09 66장　　10 86, 115
11 30　　12 71, 55
13 ❶ $40-17=23$, $50-22=28$
❷ 23<□<28이므로 □ 안에 들어갈 수 있는 수는 24, 25, 26, 27로 모두 4개입니다.
답 4개

14
$$\begin{array}{r} 85 \\ -\ 46 \\ \hline 39 \end{array}$$

15 >

16 예 $7+14=21$, $21-14=7$, $21-7=14$

17 35번째

18 (왼쪽에서부터) 53, 16, 37

19 예 $\square-8=6$, 14 **20** 5

21 86, 113 **22** 50권

23 ❶ 어떤 수를 □라 하면 $\square+28=95$
➔ $95-28=\square$, $\square=67$입니다.
❷ 따라서 바르게 계산하면 $67-28=39$입니다.
답 39

24 90, 86

25 ❶ $90>86$
❷ 따라서 문구점을 지나는 길이 $90-86=4$(걸음) 더 가깝습니다.
답 문구점, 4걸음

04 $70-33=37$, $50-16=34$, $80-52=28$, $53-25=28$, $61-27=34$, $76-39=37$

07 가장 큰 수는 38이고, 가장 작은 수는 7입니다.
➔ $38+7=45$

08 ㉠ $19+67=86$
㉡ $38+44=82$
㉢ $59+26=85$

09 (다해와 찬이가 모은 색종이의 수)
$=48+18=66$(장)

10 $19+67=86$, $86+29=115$

11 □ 안의 숫자 3은 십의 자리에서 일의 자리로 받아내림하고 남은 수이므로 실제로 30을 나타냅니다.

12 합: $63+8=71$, 차: $63-8=55$

13

채점 기준			
	❶ $40-17$, $50-22$를 각각 계산한 경우	2점	4점
	❷ □ 안에 들어갈 수 있는 수는 모두 몇 개인지 구한 경우	2점	

14 십의 자리에서 일의 자리로 받아내림하지 않고 계산하여 잘못되었습니다.

15 $72+29=101$, $44-26+82=100$
➔ $101>100$

16 $7+14=21$ 또는 $14+7=21$
➔ $21-14=7$, $21-7=14$

17 (지금 혜수가 있는 계단)
$=19+23-7=42-7=35$(번째)

18 $\boxed{53}-37=16$ → $37+\boxed{16}=53$, $16+\boxed{37}=53$

19 $\square-8=6$ ➔ $6+8=\square$, $\square=14$

20 • ●$+9=11$ ➔ ●$=11-9=2$
• $1+4+$★$=8$ ➔ ★$=8-5=3$
따라서 ●$+$★$=2+3=5$입니다.

21 계산 결과가 가장 큰 수가 되려면 27과 가장 큰 수를 더해야 합니다.
$8>6>5>2$이므로 만들 수 있는 두 자리 수 중 가장 큰 수는 86입니다. ➔ $27+86=113$

22 (예나가 가지고 있는 공책 수)
$=34-18=16$(권)
➔ (유준이와 예나가 가지고 있는 공책 수)
$=34+16=50$(권)

23

채점 기준			
	❶ 어떤 수를 구한 경우	2점	4점
	❷ 바르게 계산한 값을 구한 경우	2점	

24 • (놀이터를 지나는 길)$=58+32=90$(걸음)
• (문구점을 지나는 길)$=47+39=86$(걸음)

25

채점 기준			
	❶ 놀이터를 지나는 길과 문구점을 지나는 길의 걸음 수를 비교한 경우	2점	4점
	❷ 어느 쪽을 지나는 길이 몇 걸음 더 가까운지 구한 경우	2점	

4. 길이 재기

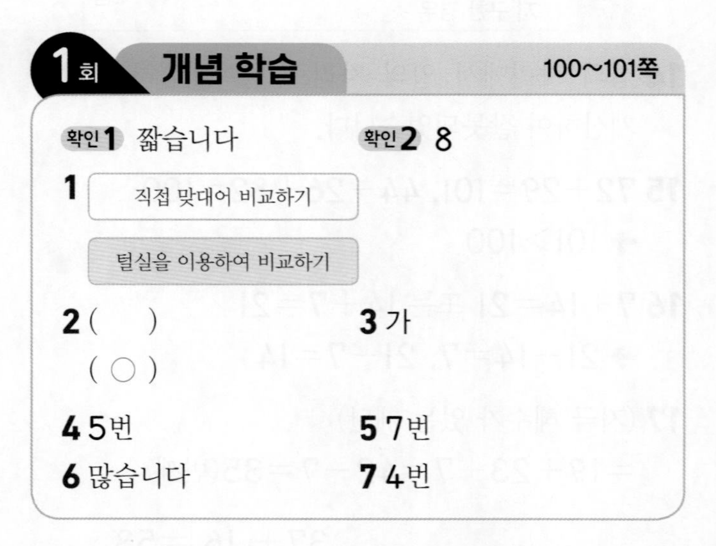
1회 개념 학습 100~101쪽

확인1 짧습니다 확인2 8

1 직접 맞대어 비교하기 / 털실을 이용하여 비교하기

2 ( ) (○)

3 가

4 5번

5 7번

6 많습니다

7 4번

1 가와 나의 길이는 직접 맞대어 비교할 수 없으므로 종이띠나 털실 등을 이용하여 길이를 비교할 수 있습니다.

2 가와 나의 길이만큼 자른 종이띠의 길이를 비교하면 더 짧은 쪽은 나입니다.

3 가와 나의 길이만큼 자른 털실의 길이를 비교하면 가의 길이가 더 깁니다.

4 붓의 길이는 성냥개비 5개를 이은 길이와 같습니다. ➔ 5번

5 붓의 길이는 집게 7개를 이은 길이와 같습니다. ➔ 7번

6 단위의 길이가 짧을수록 잰 횟수는 많습니다.

7 스케치북의 길이는 뼘 4개를 놓은 길이와 같습니다. ➔ 4번

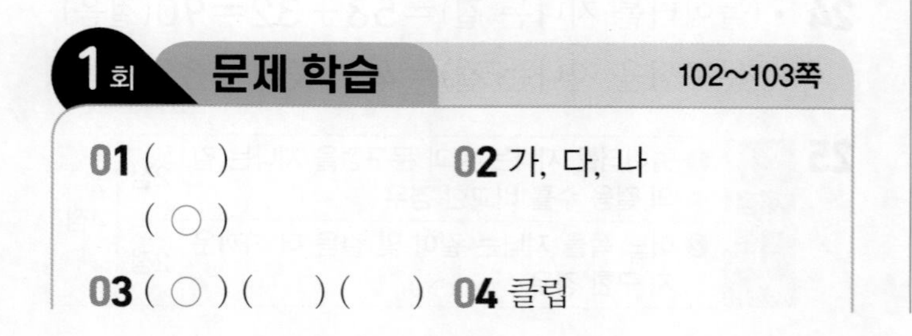
1회 문제 학습 102~103쪽

01 ( ) (○)

02 가, 다, 나

03 (○) ( ) ( )

04 클립

05 다

06 예 책상의 긴 쪽, 색연필, 10

07 유정

08 3

09 지연

10 ❶ 깁니다 ❷ 나 답 나 책상

11 ❶ 잰 횟수가 적을수록 길이가 더 짧습니다.
❷ 따라서 두 바지 중 더 짧은 바지는 나 바지입니다.
답 나 바지

01 책상의 긴 쪽과 높이의 길이는 직접 맞대어 비교할 수 없으므로 종이띠나 털실 등을 이용하여 길이를 비교할 수 있습니다.

02 종이띠를 이용하여 길이를 비교합니다.
자른 종이띠의 길이를 비교하여 긴 것부터 차례대로 쓰면 가, 다, 나입니다.

03 종이띠를 이용하여 길이를 비교합니다.

04 포크의 길이는 우산의 길이보다 짧으므로 클립을 단위로 사용하는 것이 더 알맞습니다.

05 똑같은 길이를 잴 때 단위의 길이가 길수록 잰 횟수는 적습니다.
따라서 가장 적은 횟수로 잴 수 있는 것은 다입니다.

06 물건의 길이를 잴 단위를 정하고 겹치지 않게 빈틈없이 옮겨서 길이를 잽니다.
참고 단위로 길이를 잴 때 딱 맞게 떨어지지 않는 경우 '몇 번쯤'으로 표현합니다.

07 똑같은 길이를 잴 때 단위의 길이가 길수록 잰 횟수는 적으므로 잰 횟수가 가장 적은 사람은 유정이입니다.

08 빨대의 길이는 바둑돌 12개를 이은 길이와 같고, 바둑돌 4개를 이은 길이는 물감 1개의 길이와 같으므로 빨대의 길이는 물감으로 3번입니다.

09 풀과 칫솔 중 풀의 길이가 더 짧으므로 더 짧은 끈을 가지고 있는 사람은 지연이입니다.

10

채점 기준			
	❶ 잰 횟수와 길이의 관계를 설명한 경우	2점	5점
	❷ 두 책상 중 더 높은 책상은 어느 것인지 구한 경우	3점	

11

채점 기준			
	❶ 잰 횟수와 길이의 관계를 설명한 경우	2점	5점
	❷ 두 바지 중 더 짧은 바지는 어느 것인지 구한 경우	3점	

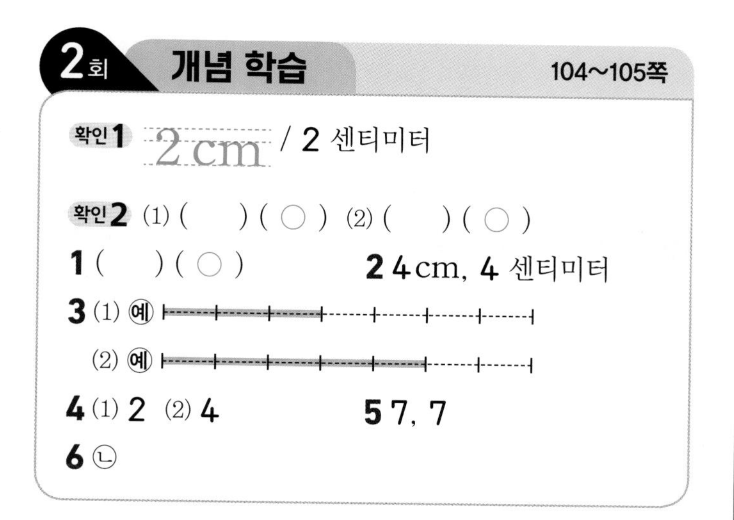

2회 개념 학습 104~105쪽

확인 1 2 cm / 2 센티미터

확인 2 (1) (　) (○) (2) (　) (○)

1 (　) (○)　2 4 cm, 4 센티미터

3 (1) 예 　(2) 예

4 (1) 2 (2) 4　5 7, 7

6 ㉡

1 누가 재어도 길이를 똑같이 말할 수 있는 단위는 cm입니다.

참고 뼘의 길이는 사람마다 다릅니다.

2 주어진 길이는 1 cm가 4번이므로 4 cm입니다.

3 ■ cm는 1 cm가 ■번입니다.

[평가 기준] (1) 시작 부분과 상관없이 1 cm를 3번 붙여서 그은 경우 정답으로 인정합니다.
(2) 시작 부분과 상관없이 1 cm를 5번 붙여서 그은 경우 정답으로 인정합니다.

4 못의 한쪽 끝을 자의 눈금 0에 맞추고 다른 쪽 끝에 있는 자의 눈금을 읽습니다.

5 과자의 길이는 2부터 9까지 1 cm가 7번이므로 7 cm입니다.

6 ㉠ 눈금 0부터 3까지입니다. ➔ 3 cm
㉡ 2부터 4까지 1 cm가 2번입니다. ➔ 2 cm
㉢ 1부터 4까지 1 cm가 3번입니다. ➔ 3 cm
따라서 나타내는 길이가 다른 하나는 ㉡입니다.

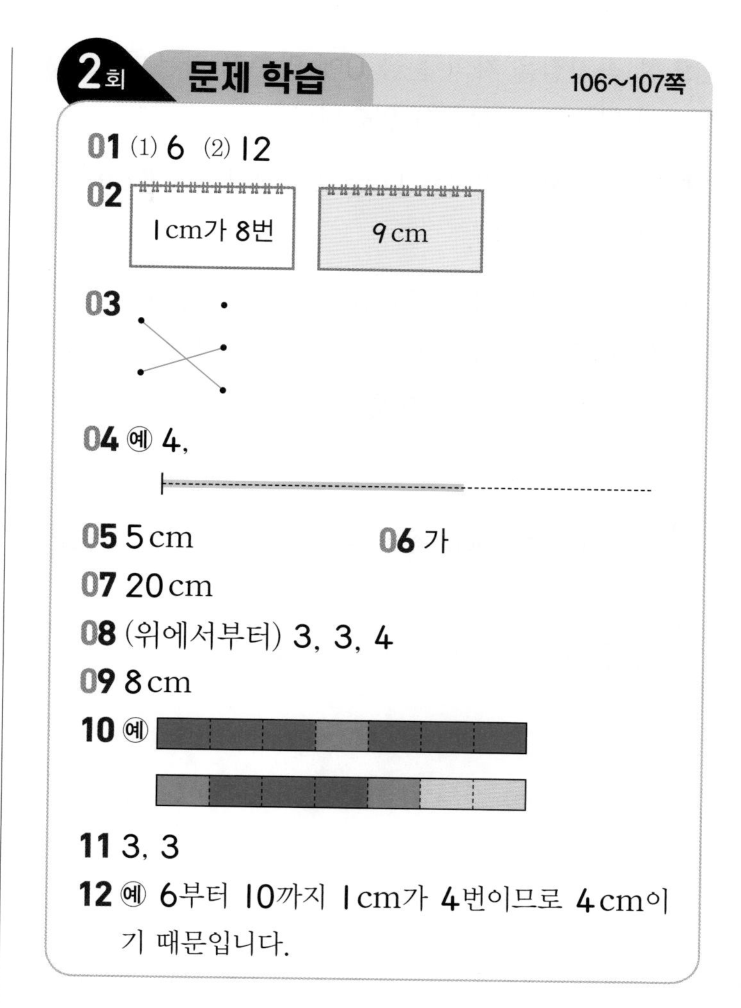

2회 문제 학습 106~107쪽

01 (1) 6 (2) 12

02 1 cm가 8번 　9 cm

03

04 예 4,

05 5 cm　06 가

07 20 cm

08 (위에서부터) 3, 3, 4

09 8 cm

10 예

11 3, 3

12 예 6부터 10까지 1 cm가 4번이므로 4 cm이기 때문입니다.

01 1 cm가 ■번이면 ■ cm입니다.

02 1 cm가 8번이면 8 cm입니다.
8 cm와 9 cm 중에서 더 긴 길이는 9 cm입니다.

03 밧줄의 한쪽 끝을 자의 눈금 0에 맞추고 밧줄의 다른 쪽 끝에 있는 자의 눈금을 읽습니다.

04 길이를 쓰고, 쓴 길이만큼 점선을 따라 긋습니다.

05 핀셋의 길이는 1부터 6까지 1 cm가 5번이므로 5 cm입니다.

06 가: 눈금 0부터 5까지입니다. ➔ 5 cm
나: 2부터 8까지 1 cm가 6번입니다. ➔ 6 cm
따라서 길이가 더 짧은 것은 가입니다.

07 공책의 긴 쪽의 길이는 1 cm로 20번입니다.
➔ 20 cm

개념북 4 단원

08 한 꼭짓점을 자의 눈금 0에 맞추고 다른 꼭짓점에 있는 자의 눈금을 읽습니다.

09 빨간색 선의 길이는 1 cm로 8번이므로 8 cm만큼 가야 합니다.

10 1 cm 막대 1개와 3 cm 막대 2개, 1 cm 막대 2개, 2 cm 막대 1개, 3 cm 막대 1개 등 여러 가지 방법으로 7 cm를 만들어 색칠할 수 있습니다.

11

채점 기준	애벌레의 길이를 잘못 구한 이유를 쓴 경우	5점

12

채점 기준	나뭇잎의 길이를 잘못 구한 이유를 쓴 경우	5점

3회 개념 학습 108~109쪽

확인1 10, 10　　확인2 (1) 예 3 (2) 예 5

1 3　　2 (1) 5 (2) 5

3 6　　4 (○) ( ) ( )

5 예 7, 7　　6 예 6, 6

1 옷핀의 길이는 3 cm와 4 cm 사이에 있고 3 cm에 가까우므로 약 3 cm입니다.

2 도장의 길이는 1 cm가 4번과 5번 사이에 있고 5번에 가까우므로 약 5 cm입니다.

3 1 cm가 6번과 7번 사이에 있고 6번에 가까우므로 자석의 길이는 약 6 cm입니다.

주의 자석의 한쪽 끝이 자의 눈금 0에 맞춰져 있지 않으므로 1 cm가 몇 번인지 세어 길이를 구해야 합니다.

4 공깃돌의 실제 길이는 약 1 cm입니다.

5 막대의 길이는 1 cm로 7번 정도이므로 약 7 cm로 어림할 수 있습니다.

6 면봉의 길이는 5 cm보다 조금 더 길므로 약 6 cm로 어림할 수 있습니다.

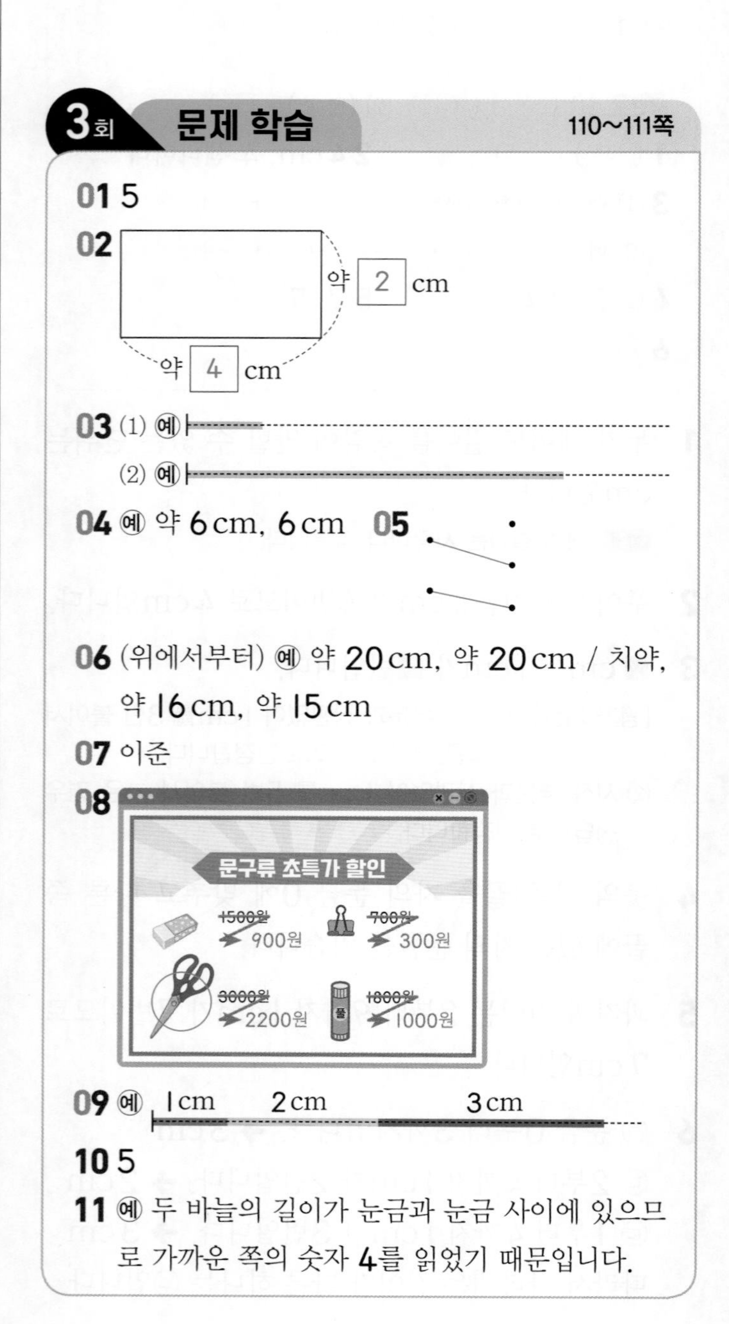

3회 문제 학습 110~111쪽

01 5

02 약 2 cm, 약 4 cm

03 (1) 예 (2) 예

04 예 약 6 cm, 6 cm　**05**

06 (위에서부터) 예 약 20 cm, 약 20 cm / 치약, 약 16 cm, 약 15 cm

07 이준

08

09 예 1 cm　2 cm　3 cm

10 5

11 예 두 바늘의 길이가 눈금과 눈금 사이에 있으므로 가까운 쪽의 숫자 4를 읽었기 때문입니다.

01 머리핀의 길이는 5 cm와 6 cm 사이에 있고 5 cm에 가까우므로 약 5 cm입니다.

02 • 짧은 변의 길이는 2 cm와 3 cm 사이에 있고 2 cm에 가까우므로 약 2 cm입니다.
• 긴 변의 길이는 3 cm와 4 cm 사이에 있고 4 cm에 가까우므로 약 4 cm입니다.

03 1 cm, 5 cm를 어림하여 선을 그을 수 있습니다.

04 사탕의 길이를 자로 재면 6 cm입니다.

05 • 지우개의 실제 길이는 약 5 cm입니다.
• 칫솔의 실제 길이는 약 15 cm입니다.

06 자로 잰 길이가 자의 눈금 사이에 있는 경우 숫자 앞에 약을 붙여 나타냅니다.

참고 어림은 정확한 값이 아니므로 어림한 길이와 자로 잰 길이가 다를 수 있습니다.
이때, 실제 길이와 어림한 길이의 차가 작을수록 더 가깝게 어림했다고 할 수 있습니다.

07 장난감 트럭의 길이는 1 cm로 7번에 가까우므로 약 7 cm입니다.
따라서 길이를 잘못 말한 사람은 이준입니다.

08 실제 길이가 15 cm에 가장 가까운 것은 가위입니다.

09 [평가 기준] 6 cm를 정확히 그리지 않았더라도 1 cm, 2 cm, 3 cm를 어림하여 그었으면 정답으로 인정합니다.

10

채점 기준	머리핀의 실제 길이가 다른 이유를 쓴 경우	5점

11

채점 기준	바늘의 실제 길이가 다른 이유를 쓴 경우	5점

4회 응용 학습 112~115쪽

01 1단계 깁니다 2단계 붓
02 연수
03 은우
04 1단계 5, 13 2단계 18
05 28
06 17
07 1단계 5, 6, 4 2단계 ㉡
08 ㉡
09 ㉡
10 1단계 약 2 cm, 약 3 cm 2단계 윤서
11 지우
12 지아

01 1단계 잰 횟수가 적을수록 단위의 길이가 깁니다.
2단계 잰 횟수를 비교하면 $8<12<23$이므로 길이가 가장 긴 것은 붓입니다.

02 잰 횟수가 적을수록 뼘의 길이가 깁니다.
잰 횟수를 비교하면 $6<7<8$이므로 뼘의 길이가 가장 긴 사람은 연수입니다.

03

유진	민호	은우
20걸음	18걸음	21걸음

잰 횟수가 많을수록 한 걸음의 길이가 짧습니다.
잰 횟수를 비교하면 $21>20>18$이므로 한 걸음의 길이가 가장 짧은 사람은 은우입니다.

04 1단계 • 1 cm가 5번이면 5 cm입니다.
• 13 cm는 1 cm가 13번입니다.
2단계 ㉠+㉡$=5+13=18$

05 • 1 cm가 8번이면 8 cm입니다.
• 20 cm는 1 cm가 20번입니다.
→ ㉠+㉡$=8+20=28$

06 • 4 센티미터는 4 cm이고 1 cm가 4번입니다.
• 1 cm가 2번이면 2 cm입니다.
• 11 cm는 1 cm가 11번입니다.
→ ㉠+㉡+㉢$=4+2+11=17$

개념북 4단원

07 **1단계** ㉠ 1 cm가 5번이므로 5 cm입니다.
㉡ 1 cm가 6번이므로 6 cm입니다.
㉢ 1 cm가 4번이므로 4 cm입니다.

2단계 6>5>4이므로 길이가 가장 긴 밧줄은 6 cm인 ㉡입니다.

참고 밧줄의 한쪽 끝이 자의 눈금 0에 있지 않으므로 1 cm가 몇 번인지 세어 길이를 구해야 합니다.

08 ㉠ 1 cm가 5번이므로 5 cm입니다.
㉡ 1 cm가 3번이므로 3 cm입니다.
㉢ 1 cm가 4번이므로 4 cm입니다.
➔ 3<4<5이므로 길이가 가장 짧은 선은 ㉡입니다.

09 ㉠ 1 cm가 5번과 6번 사이에 있고 5번에 가까우므로 약 5 cm입니다.
㉡ 1 cm가 5번과 6번 사이에 있고 6번에 가까우므로 약 6 cm입니다.
㉢ 1 cm가 4번과 5번 사이에 있고 4번에 가까우므로 약 4 cm입니다.
➔ 6>5>4이므로 길이가 가장 긴 색 테이프는 ㉡입니다.

10 **1단계** • 하준: 2 cm와 3 cm 사이에 있고 2 cm에 가까우므로 약 2 cm입니다.
• 윤서: 2 cm와 3 cm 사이에 있고 3 cm에 가까우므로 약 3 cm입니다.

2단계 따라서 3 cm에 더 가깝게 어림한 사람은 윤서입니다.

11 • 지우: 4 cm와 5 cm 사이에 있고 4 cm에 가까우므로 약 4 cm입니다.
• 보민: 4 cm와 5 cm 사이에 있고 5 cm에 가까우므로 약 5 cm입니다.
따라서 4 cm에 더 가깝게 어림한 사람은 지우입니다.

12 과자의 길이를 자로 재어 보면 9 cm입니다. 따라서 과자의 실제 길이에 가장 가깝게 어림한 사람은 약 10 cm로 어림한 지아입니다.

5회 마무리 평가 116~119쪽

01 ( )
(○)
02 5번
03 ④
04 8 cm
05 약 11 cm
06 예 약 6 cm, 6 cm
07 가
08 다
09 ㉡
10 예지
11 17 cm
12 ㉢
13 ㉡, 5 cm
14 (그림)
15 3, 4 / 나
16 민서
17 약 8 cm
18 ①
19 25 cm
20 ❶ 잰 횟수가 많을수록 뼘의 길이가 더 짧습니다.
❷ 따라서 뼘의 길이가 더 짧은 사람은 뼘으로 잰 횟수가 더 많은 시우입니다. 답 시우
21 12 cm
22 예 7 cm를 재고 5 cm를 이어 재어서 12 cm를 잽니다.
23 선우
24 민주
25 예 색 테이프의 길이를 자로 재어 몇 cm인지 설명하면 좋겠습니다.

01 가와 나의 길이만큼 자른 종이띠의 길이를 비교하면 나의 길이가 더 깁니다.

02 막대의 길이는 양팔로 몇 번인지 세어 씁니다.

03 cm는 수보다 작게 씁니다.

04 1 cm로 8번이므로 부채의 길이는 8 cm입니다.

05 붓의 길이는 10 cm와 11 cm 사이에 있고 11 cm에 가까우므로 약 11 cm입니다.

06 이쑤시개의 길이는 6 cm입니다.

07 가, 나의 길이만큼 종이띠를 자릅니다.
자른 종이띠의 길이를 비교하면 길이가 더 긴 것은 가입니다.

08 가, 나, 다의 길이만큼 종이띠를 자릅니다.
자른 종이띠의 길이를 비교하면 길이가 가장 짧은 것은 다입니다.

09 단위의 길이가 짧을수록 잰 횟수가 많습니다.
양초의 길이가 가장 짧으므로 잰 횟수가 가장 많은 것은 ㉡입니다.

10 두 사람이 쌓은 블록의 높이는 모두 10번이므로 단위의 길이가 더 긴 사람이 블록을 더 높이 쌓았습니다.
블록을 더 높이 쌓은 사람은 예지입니다.

11 1 cm가 17번이면 17 cm이므로 색연필의 길이는 17 cm입니다.

12 ㉠ 1 cm가 9번 ㉡ 8 cm ➔ 1 cm가 8번
㉢ 1 cm가 10번
➔ 10＞9＞8이므로 길이가 가장 긴 것은 ㉢입니다.

13 자로 길이를 재어 보면 ㉠ 4 cm, ㉡ 5 cm, ㉢ 2 cm입니다.
➔ 길이가 가장 긴 것은 ㉡이고, 5 cm입니다.

14 점과 점 사이의 길이를 자로 재어 3 cm인 선을 찾습니다.

15 • 가: 1 cm가 3번이므로 3 cm입니다.
• 나: 1 cm가 4번이므로 4 cm입니다.
➔ 길이가 4 cm인 나의 길이가 더 깁니다.

16 • 연아: 1 cm가 4번이므로 4 cm입니다.
• 민서: 1 cm가 5번이므로 5 cm입니다.
➔ 길이가 5 cm인 선을 그은 사람은 민서입니다.

17 1 cm가 8번에 가까우므로 약 8 cm입니다.
주의 칼의 한쪽 끝이 자의 눈금 0에 맞춰져 있지 않으므로 1 cm가 몇 번인지 세어 길이를 구해야 합니다.

18 엄지손가락의 너비로 알맞은 것은 ① 1 cm입니다.

19 수학 교과서의 긴 쪽의 길이로 알맞은 것은 약 25 cm입니다.

20

채점 기준			
	❶ 잰 횟수와 뼘의 길이의 관계를 설명한 경우	2점	4점
	❷ 뼘의 길이가 더 짧은 사람은 누구인지 구한 경우	2점	

21 물감의 길이는 지우개로 3번이므로 4 cm가 3번입니다. ➔ 4＋4＋4＝12이므로 물감의 길이는 12 cm입니다.

22

채점 기준		
	부러진 자로 12 cm를 재는 방법을 설명한 경우	4점

23 열쇠의 길이를 자로 재어 보면 5 cm입니다.
따라서 가장 가깝게 어림한 사람은 선우입니다.

24 영은이와 민주가 길이를 잰 횟수는 3번으로 같지만 전체 길이는 민주가 가져온 색 테이프의 길이가 더 짧습니다.
따라서 더 짧은 연필을 가진 사람은 민주입니다.

25

채점 기준		
	색 테이프의 길이를 설명할 방법을 쓴 경우	4점

[평가 기준] 누가 재어도 길이를 똑같이 말할 수 있는 단위의 필요성을 묻는 문제로 '길이를 자로 재어 나타냅니다.' 또는 'cm로 나타냅니다.' 등의 표현이 있으면 정답으로 인정합니다.

개념북 4단원

5. 분류하기

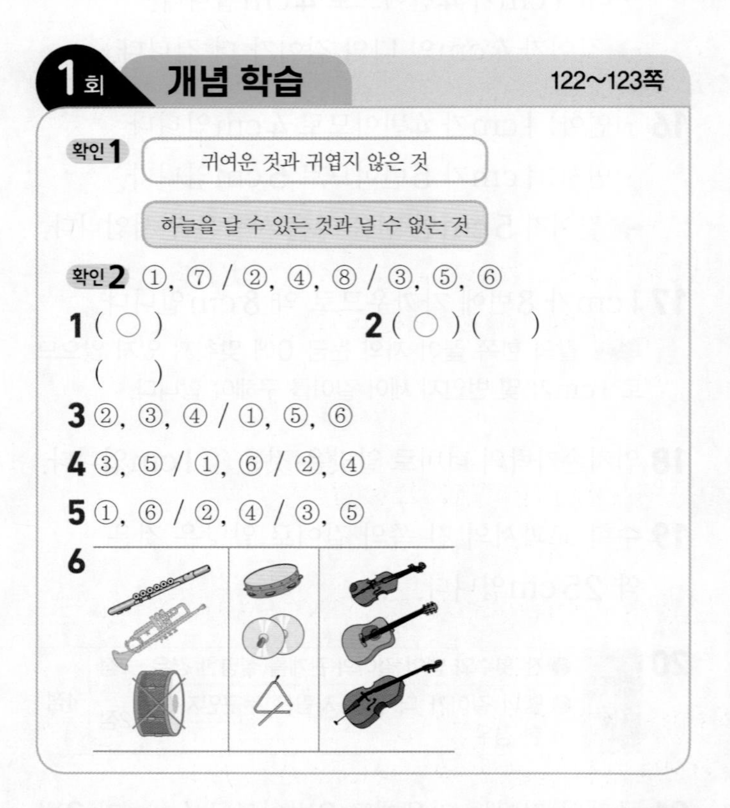

1회 개념 학습 122~123쪽

확인 1 귀여운 것과 귀엽지 않은 것

하늘을 날 수 있는 것과 날 수 없는 것

확인 2 ①, ⑦ / ②, ④, ⑧ / ③, ⑤, ⑥

1 (○)
( )

2 (○) ( )

3 ②, ③, ④ / ①, ⑤, ⑥

4 ③, ⑤ / ①, ⑥ / ②, ④

5 ①, ⑥ / ②, ④ / ③, ⑤

6

1 예쁜 것과 예쁘지 않은 것은 사람마다 다르게 분류할 수 있으므로 분류 기준으로 알맞지 않습니다.

참고 삼각형과 원을 분류 기준으로 하면 다음과 같이 분류할 수 있습니다.

삼각형	원
△◣▽	○○

2 • 접시는 빨간색, 파란색, 노란색으로 분류할 수 있습니다.
• 컵은 모두 보라색으로 색깔이 같으므로 색깔에 따라 분류할 수 없습니다.

3 바퀴의 수가 2개인 것과 4개인 것으로 분류합니다.

4 색깔, 무늬 등 다른 기준과 상관없이 모양이 같으면 같은 칸에 분류합니다.

5 사탕의 색깔에 상관없이 무늬가 같으면 같은 칸에 분류합니다.

6 큰북은 때리거나 치는 악기로 분류해야 합니다.

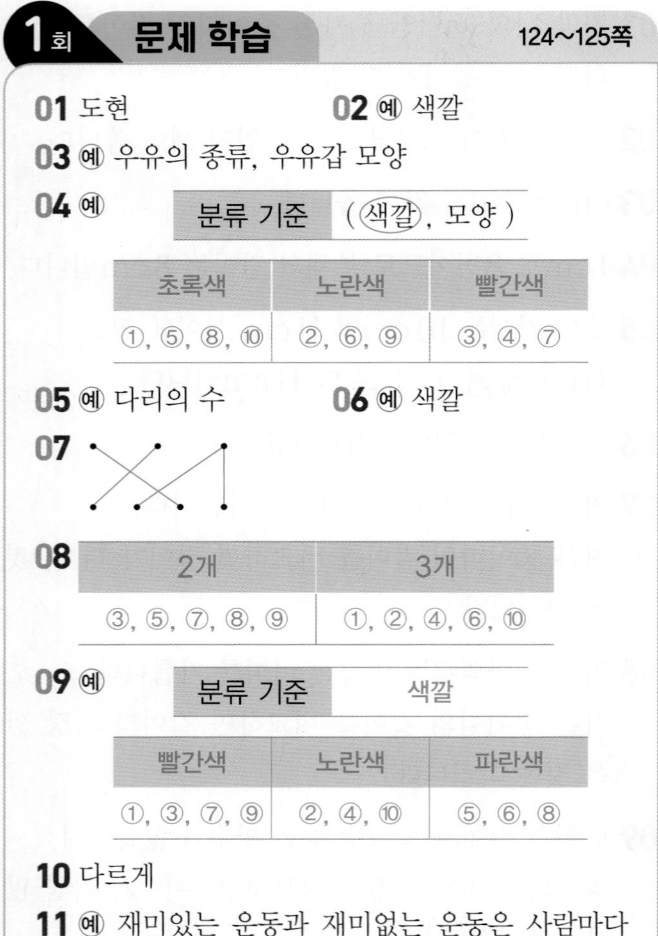

1회 문제 학습 124~125쪽

01 도현

02 예 색깔

03 예 우유의 종류, 우유갑 모양

04 예

분류 기준	(색깔, 모양)

초록색	노란색	빨간색
①, ⑤, ⑧, ⑩	②, ⑥, ⑨	③, ④, ⑦

05 예 다리의 수

06 예 색깔

07

08

2개	3개
③, ⑤, ⑦, ⑧, ⑨	①, ②, ④, ⑥, ⑩

09 예

분류 기준	색깔

빨간색	노란색	파란색
①, ③, ⑦, ⑨	②, ④, ⑩	⑤, ⑥, ⑧

10 다르게

11 예 재미있는 운동과 재미없는 운동은 사람마다 다르게 분류할 수 있기 때문입니다.

01 맛있는 것과 맛없는 것은 사람마다 다르게 분류할 수 있으므로 분류 기준으로 알맞지 않습니다.

02 색깔, 모양 등으로 분류할 수 있습니다.

03 우유의 종류, 우유갑 모양, 색깔 등으로 분류할 수 있습니다.

04 색깔과 모양 중 한 가지를 선택하여 해당하는 분류 기준에 알맞게 분류합니다.

참고 모양으로 분류하는 경우

원 모양	꽃 모양	사각형 모양
①, ⑥, ⑦, ⑩	②, ③, ⑧	④, ⑤, ⑨

05 다리의 수가 2개인 것과 4개인 것으로 분류하였습니다.

06 인형을 색깔, 눈알 수 등 다른 기준으로 분류할 수 있습니다.

07 각 가게와 어울리는 물건을 찾습니다.
반찬 가게는 김치, 가방 가게는 가방, 과일 가게는 오렌지와 수박을 이어 봅니다.

08 점의 수가 2개인 것과 3개인 것으로 분류합니다.

09 모양, 색깔 등을 기준으로 정하여 분류 기준에 알맞게 분류합니다.

10

채점 기준	분류 기준으로 알맞지 않은 이유를 쓴 경우	5점

11

채점 기준	분류 기준으로 알맞지 않은 이유를 쓴 경우	5점

[평가 기준] '사람마다 기준이 다릅니다.' 또는 '사람마다 다르게 분류할 수 있습니다.'라는 표현이 있으면 정답으로 인정합니다.

2회 개념 학습 126~127쪽

확인1 2, 3, 3　　확인2 3, 2, 3 / 파란색

1

////	////	////
3	3	4

2

////	////	////
3	4	3

3

////	//////
4	6

4

//////////	/////
10	5

5 식빵　　**6** 식빵

|1~3| 단추를 분류 기준별로 여러 번 세거나 빠뜨리지 않게 표시를 하며 세어 봅니다.

4 빵을 종류별로 여러 번 세거나 빠뜨리지 않게 표시를 하며 세어 봅니다.

5 10 > 5이므로 오늘 하루 동안 더 많이 팔린 빵은 식빵입니다.

6 오늘 하루 동안 식빵이 바게트보다 더 많이 팔렸으므로 내일 식빵을 더 많이 준비하면 좋을 것 같습니다.

2회 문제 학습 128~129쪽

01

///	//	/
3	2	1

02 흰색, 파란색

03 예

분류 기준	바지의 색깔

바지의 색깔	초록색	빨간색	보라색
학생 수(명)	3	2	1

04 7, 2, 3　　**05** ㉡

06 동물원, 동물원

07 (1) 예

분류 기준	색깔

색깔	초록색	노란색	검은색
연필의 수(자루)	10	3	4

(2) 예 초록색 연필

(3) 예 초록색 연필, 초록색 연필

08 ❶ □, ○　❷ 6, 2, 4　　답 4개

09 ❶ 가장 많은 색깔은 보라색, 가장 적은 색깔은 노란색입니다.
❷ 두 색깔의 블록 수의 차는 $5-3=2$(개)입니다.　　답 2개

개념북 5단원

01 윗옷의 색깔별로 여러 번 세거나 빠뜨리지 않게 표시를 하며 세어 봅니다.

02 3>2>1이므로 윗옷의 색깔 중 가장 많은 색깔은 흰색, 가장 적은 색깔은 파란색입니다.

03 바지의 색깔, 신발의 색깔 등을 기준으로 정하여 분류 기준에 알맞게 분류합니다.

04 장소별로 여러 번 세거나 빠뜨리지 않게 표시를 하며 세어 봅니다.

05 ㉡ 2<3<7이므로 가장 적은 학생들이 가고 싶어 하는 곳은 박물관입니다.

06 7>3>2이므로 가장 많은 학생들이 가고 싶어 하는 체험 학습 장소는 동물원입니다.

07 (1) 연필의 색깔, 지우개의 유무 등을 기준으로 정하여 분류 기준에 알맞게 분류합니다.
(2) 색깔에 따라 분류하였을 때 10>4>3이므로 초록색 연필을 가장 많이 사용하고 있습니다.
(3) 은서네 반 학생들이 가장 많이 사용하는 연필을 더 많이 준비하면 좋을 것 같습니다.

참고 지우개의 유무를 분류 기준으로 정하면 지우개가 있는 연필은 12자루, 지우개가 없는 연필은 5자루이므로 가장 많이 사용하는 연필은 지우개가 있는 연필입니다.

08

채점 기준			
	❶ 가장 많은 모양과 가장 적은 모양을 각각 구한 경우	3점	5점
	❷ 가장 많은 모양과 가장 적은 모양의 블록 수의 차는 몇 개인지 구한 경우	2점	

참고 모양을 분류 기준으로 하여 분류하기

모양	원	사각형	삼각형
블록의 수(개)	2	6	4

09

채점 기준			
	❶ 가장 많은 색깔과 가장 적은 색깔을 각각 구한 경우	3점	5점
	❷ 가장 많은 색깔과 가장 적은 색깔의 블록 수의 차는 몇 개인지 구한 경우	2점	

참고 색깔을 분류 기준으로 하여 분류하기

색깔	보라색	빨간색	노란색
블록의 수(개)	5	4	3

3회 응용 학습 130~133쪽

01 1단계 6, 5 / 2단계 은채
02 기태
03 파란색
04 1단계 4개 / 2단계 박씨
05 비닐
06 삼각형, 5
07 1단계 4, 2, 4, 3, 3 / 2단계 7명
08 8명
09 2채
10 1단계 6개 / 2단계 3개
11 2개
12 16

01 1단계 모양별로 여러 번 세거나 빠뜨리지 않게 표시를 하며 세어 봅니다.
2단계 원 모양의 카드가 더 많으므로 이긴 사람은 은채입니다.

02

색깔	보라색	노란색
색종이 수(장)	5	7

노란색 색종이가 더 많으므로 이긴 사람은 기태입니다.

03 마지막 색종이를 제외하고 색종이를 색깔에 따라 분류하면 빨간색 색종이는 4장, 파란색 색종이는 4장입니다.
다은이가 이기려면 파란색이 더 많아야 하므로 마지막 색종이의 색깔은 파란색이어야 합니다.

04 1단계 박씨가 적힌 이름표의 수를 세어 보면 4개입니다.
2단계 박씨가 적힌 이름표는 4개이고, 주어진 결과는 5개이므로 ●에 알맞은 성씨는 박씨입니다.

05 재활용품의 수를 세어 보면 유리병은 3개, 캔은 4개, 비닐은 1개입니다.
비닐을 분류하여 센 결과는 2개이므로 빈 곳에 알맞은 재활용품은 비닐입니다.

06 도형별 학생 수를 세어 보면 삼각형은 6명, 사각형은 4명, 원은 5명입니다.
삼각형을 분류하여 센 결과는 7명이므로 빈칸에 알맞은 도형은 삼각형입니다.

07 2단계 딱지를 7장 가지고 있는 학생은 4명, 8장 가지고 있는 학생은 3명입니다. ➜ 4+3=7(명)

08

책의 수	2권	3권	4권	5권	6권
학생 수(명)	3	3	5	3	2

책을 4권 읽은 학생은 5명, 5권 읽은 학생은 3명입니다.
따라서 모두 5+3=8(명)입니다.

09

층수	4층	5층	6층	7층	8층	9층
건물 수(채)	2	3	2	1	4	3

8층짜리 건물은 4층짜리 건물보다
4−2=2(채) 더 많습니다.

10 1단계

색깔	노란색	파란색	빨간색
젤리의 수(개)	6	7	5

노란색 젤리는 모두 6개입니다.
2단계 노란색 젤리 중 곰 모양 젤리는 3개입니다.

11 줄무늬가 있는 양말은 모두 6개입니다.
줄무늬가 있는 양말 중 초록색 양말은 2개입니다.

12 한 자리 수 중 홀수는 9, 7이므로 ㉠에 들어갈 수의 합은 9+7=16입니다.

4회 마무리 평가 134~137쪽

01 ( ) (×) ( ) **02** 2가지
03 3가지
04

5000	5000	1000	✕
500	100	50	

05 ②
06 ①, ③, ④, ⑦ / ②, ⑤, ⑥, ⑧
07 ①, ⑥ / ②, ④, ⑦, ⑧ / ③, ⑤
08 예 모양
09 예

분류 기준	(종류, 무늬)

글자	숫자
바, 사, 아, 자	3, 5, 7, 8

10 예

분류 기준	무늬

무늬가 없는 것	무늬가 있는 것
바, 사, 7, 자	3, 5, 8, 아

11 8, 5, 2 **12** 맑은 날
13 비 온 날
14 ❶ 흐린 날은 5일이고, 비 온 날은 2일입니다.
❷ 따라서 흐린 날은 비 온 날보다
5−2=3(일) 더 많습니다. 답 3일
15

𝍸𝍸	𝍸
10	5

16 7, 5, 3
17 예 오늘 하루 동안 꽃 모양 장식이 달린 머리핀이 더 많이 팔렸으므로 내일 꽃 모양 장식이 달린 머리핀을 더 많이 준비하면 좋을 것 같습니다.
18 ㉡ **19** 치킨
20 과학책 **21** 예 색깔, 모양
22 3개 **23** 2개
24 노트북, 청소기 / 아빠 셔츠 / 엄마 바지 / 로션, 유리 신발 / 우유, 포도
25 예 4층으로 가서 노트북과 청소기를 사고, 3층에서 아빠 셔츠를, 2층에서 엄마 바지를 삽니다. 1층에서 로션과 유리 신발을 사고 지하 1층에서 우유와 포도를 산 다음 지하 2층 주차장으로 갑니다.

01 예쁜 것은 사람마다 다르게 분류할 수 있으므로 분류 기준으로 알맞지 않습니다.

참고 • 색깔: 노란색, 파란색으로 분류할 수 있습니다.
• 무늬: 줄무늬, 땡땡이 무늬로 분류할 수 있습니다.

02 빨간색, 파란색으로 분류할 수 있으므로 2가지로 분류할 수 있습니다.

03 원, 삼각형, 사각형으로 분류할 수 있으므로 3가지로 분류할 수 있습니다.

04 10원짜리 동전을 지폐로 잘못 분류했습니다.

05 노란색, 초록색으로 분류했으므로 분류 기준은 색깔입니다.

06 모양에 상관없이 색깔이 같으면 같은 칸에 분류합니다.

07 색깔에 상관없이 모양이 같으면 같은 칸에 분류합니다.

08 모양이 삼각형, 사각형, 원인 것으로 분류하였습니다.

09 종류나 무늬로 기준을 정하여 기준에 따라 분류합니다.

10 **09**와 다른 기준을 정하여 기준에 따라 자석을 분류합니다.

11 날씨별로 여러 번 세거나 빠뜨리지 않게 표시를 하며 세어 봅니다.

12 맑은 날이 8일로 가장 많습니다.

13 비 온 날이 2일로 가장 적습니다.

14

채점 기준			
	❶ 흐린 날과 비 온 날의 날수를 각각 구한 경우	3점	4점
	❷ 흐린 날은 비 온 날보다 며칠 더 많은지 구한 경우	1점	

15 머리핀을 장식의 모양별로 여러 번 세거나 빠뜨리지 않게 표시를 하며 세어 봅니다.

16 머리핀을 장식의 색깔별로 여러 번 세거나 빠뜨리지 않게 표시를 하며 세어 봅니다.

17

채점 기준		
	어떤 머리핀을 더 많이 준비하면 좋을지 설명한 경우	4점

[평가 기준] '꽃 모양 장식이 달린 머리핀', '빨간색 장식이 달린 머리핀', '빨간색 꽃 모양 장식이 달린 머리핀' 중 하나로 설명했으면 정답으로 인정합니다.

18

종류	빵	치킨	피자	김밥
학생 수(명)	4	8	2	4

㉠ 가장 많은 학생들이 좋아하는 간식은 치킨입니다.
㉢ 김밥을 좋아하는 학생은 4명입니다.
따라서 바르게 설명한 것은 ㉡입니다.

19 가장 많은 학생들이 좋아하는 간식은 치킨입니다. 따라서 가장 많이 준비해야 할 간식은 치킨입니다.

20 과학책을 가장 적게 읽었으므로 종류별로 수가 비슷하려면 과학책을 더 읽어야 합니다.

21 색깔(파란색, 빨간색, 노란색), 모양 (♡, ⬭, ▢, 꽃 모양) 등으로 분류할 수 있습니다.

22

색깔	파란색	빨간색	노란색
사탕의 수(개)	8	6	10

노란색 사탕은 모두 10개입니다.
노란색 사탕 중 꽃 모양 사탕은 3개입니다.

23

모양	♡	⬭	▢	꽃 모양
사탕의 수(개)	6	6	6	6

♡ 모양 사탕은 모두 6개입니다.
♡ 모양 사탕 중 파란색 사탕은 2개입니다.

24 층별 안내도를 보고 사야 할 물건을 층별로 분류합니다.

25

채점 기준		
	물건을 편리하게 살 수 있는 방법을 쓴 경우	4점

[평가 기준] 지하 1층에서부터 4층까지 차례대로 위로 올라간 다음 주차장으로 가는 방법도 정답으로 인정합니다.

6. 곱셈

1회 개념 학습 140~141쪽

확인1 6, 7, 8, 9 / 9 확인2 3 / 12, 18 / 18

1 4, 5, 6, 7 / 7

2  / 8대

3 8, 12, 16 / 16개

4 (1) 4 / 10, 15, 20 / 20

(2) 2 / 14 / 14

5 예 / 8, 24

1 하나씩 연필로 표시하며 세어 보면 빵은 모두 7개입니다.

2 2씩 뛰어 세면 2, 4, 6, 8이므로 모두 8대입니다.

3 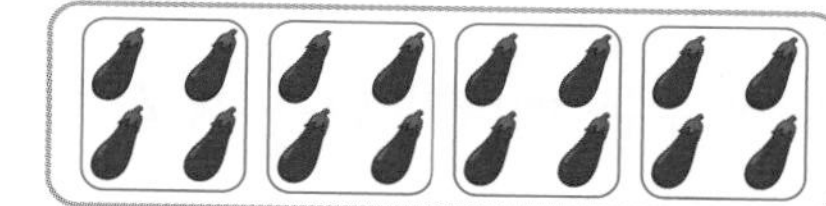

4개씩 묶으면 4묶음입니다. ➔ 4−8−12−16

4 (1) 5씩 4묶음입니다. ➔ 5−10−15−20

(2) 7씩 2묶음입니다. ➔ 7−14

5 3씩 묶으면 8묶음입니다.

➔ 3−6−9−12−15−18−21−24

1회 문제 학습 142~143쪽

01 9마리

02 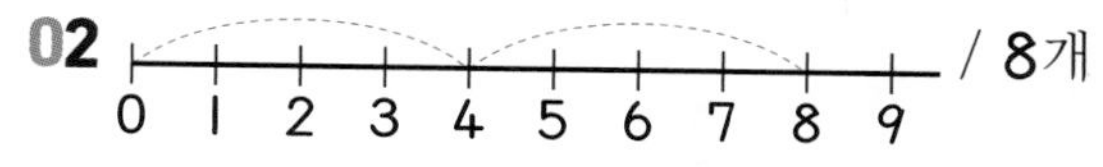 / 8개

03 4 / 4, 6, 8 / 8개 04 예 9, 3 / 27개

05 5 / 9, 12, 15, 15 06 3, 7 / 21개

07 ㉠ 08 예 6, 4 / 4, 6 / 24

09 예 축구공, 5, 4, 20

10 ❶ 1 ❷ 7

11 ❶ 예 씨앗을 6개씩 묶으면 4묶음이고 1개가 남기 때문입니다.

❷ 씨앗의 수는 5씩 5묶음이야.

01 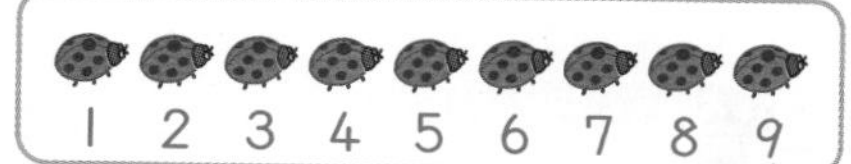

하나씩 연필로 표시하며 세어 보면 모두 9마리입니다.

02 4씩 뛰어 세면 4, 8입니다.

03 2씩 묶으면 4묶음입니다.

➔ 2−4−6−8

04 9씩 묶으면 3묶음입니다.

➔ 9−18−27

따라서 구슬은 모두 27개입니다.

05 3씩 묶으면 5묶음입니다.

➔ 3−6−9−12−15

06 • 7씩 묶으면 3묶음입니다.

➔ 7−14−21

• 3씩 묶으면 7묶음입니다.

➔ 3−6−9−12−15−18−21

07 ㉡ 5씩 묶으면 2묶음이고 2개가 남습니다.

08 6씩 묶으면 4묶음입니다. ➔ 6−12−18−24

4씩 묶으면 6묶음입니다.

➔ 4−8−12−16−20−24

센 방법은 달라도 감은 모두 24개입니다.

09 축구공의 수를 묶어 세면 5씩 4묶음입니다.

➔ 5−10−15−20

다른 풀이 야구공의 수를 묶어 세면 6씩 5묶음입니다. ➔ 6−12−18−24−30

10

채점 기준			
	❶ 유준이의 말이 잘못된 이유를 쓴 경우	2점	5점
	❷ 바르게 고쳐 쓴 경우	3점	

11

채점 기준			
	❶ 예나의 말이 잘못된 이유를 쓴 경우	2점	5점
	❷ 바르게 고쳐 쓴 경우	3점	

[평가 기준] '6개씩 묶으면 1개가 남습니다', '5개씩 5묶음으로 묶어야 합니다.' 등 잘못된 이유를 묶음의 수와 연관지어 설명한 경우 정답으로 인정합니다.

2회 개념 학습 144~145쪽

확인 1 2, 2　　확인 2 2, 2

1 (1) 4 (2) 4　　**2** 6, 6

3 5, 3, 5, 3　　**4** (1) 2 (2) 2

5 (1) 2 (2) 5　　**6** 3

1 컵의 수는 6씩 4묶음입니다.
➔ 6의 4배

2 밤의 수는 3씩 6묶음입니다.
➔ 3의 6배

3 고리의 수는 5씩 3묶음입니다.
➔ 5의 3배

4 빨간색 / 보라색 (1번, 2번)

보라색 막대의 길이는 빨간색 막대를 2번 이어 붙인 것과 같습니다.
➔ 보라색 막대의 길이는 빨간색 막대의 길이의 2배입니다.

5 (1) 시우의 지우개 수는 채아의 지우개 2묶음과 같습니다. ➔ 2배
(2) 다은이의 지우개 수는 채아의 지우개 5묶음과 같습니다. ➔ 5배

6 참외의 수는 4씩 3묶음입니다.
➔ 4의 3배

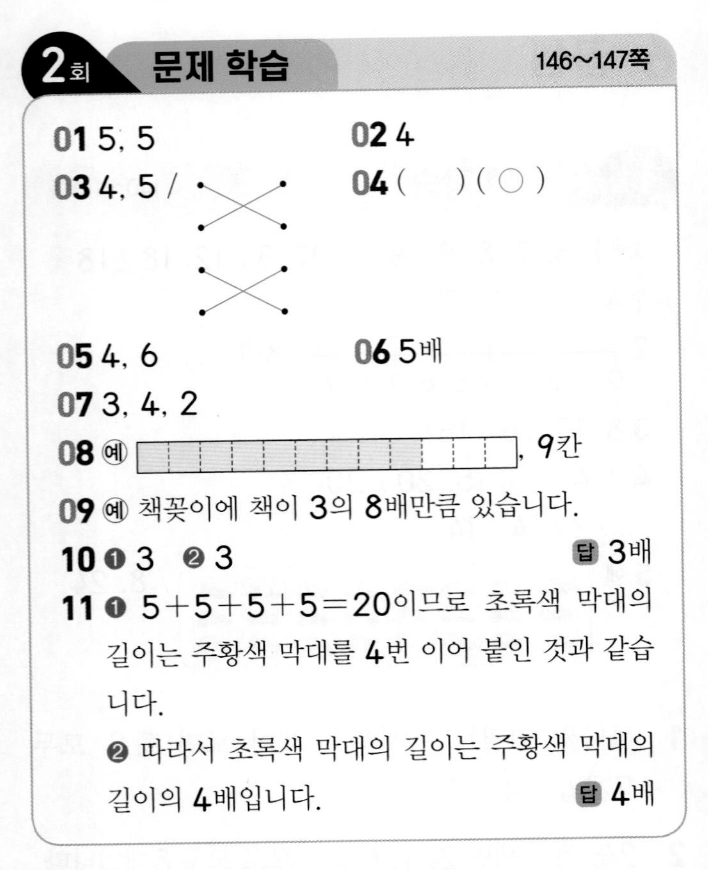

2회 문제 학습 146~147쪽

01 5, 5　　**02** 4

03 4, 5 /　　**04** ( ) (○)

05 4, 6　　**06** 5배

07 3, 4, 2

08 예 , 9칸

09 예 책꽂이에 책이 3의 8배만큼 있습니다.

10 ❶ 3 ❷ 3　　답 3배

11 ❶ 5+5+5+5=20이므로 초록색 막대의 길이는 주황색 막대를 4번 이어 붙인 것과 같습니다.
❷ 따라서 초록색 막대의 길이는 주황색 막대의 길이의 4배입니다.　　답 4배

01 꽃잎의 수는 6씩 5묶음입니다. ➔ 6의 5배

02 서진이가 읽은 책 수는 예나가 읽은 책 4묶음과 같으므로 4배입니다.

03 • 완두콩의 수: 3씩 4묶음 ➔ 3의 4배
• 체리의 수: 2씩 5묶음 ➔ 2의 5배

04 도넛의 수는 8씩 2묶음입니다. ➔ 8의 2배

05 • 모자를 6씩 묶으면 4묶음입니다. ➔ 6의 4배
• 모자를 4씩 묶으면 6묶음입니다. ➔ 4의 6배

06 튜브는 3개이고, 파라솔의 수는 3씩 5묶음이므로 3의 5배입니다.
따라서 파라솔의 수는 튜브의 수의 5배입니다.

07 혜지의 연결 모형을 각각 몇 번 이어 쌓으면 되는지 알아봅니다.

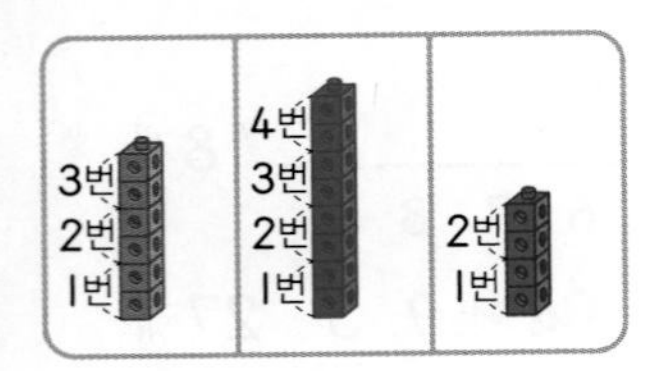

08 보라색 막대를 3번 이어 붙인 것만큼 빈 막대를 색칠하면 9칸입니다.

09 실생활에서 몇의 몇 배로 나타낼 수 있는 물건을 찾아 문장을 만듭니다.

10

채점 기준			
	❶ 파란색 막대의 길이는 노란색 막대를 몇 번 이어 붙인 것과 같은지 구한 경우	3점	5점
	❷ 파란색 막대의 길이는 노란색 막대의 길이의 몇 배인지 구한 경우	2점	

11

채점 기준			
	❶ 초록색 막대의 길이는 주황색 막대를 몇 번 이어 붙인 것과 같은지 구한 경우	3점	5점
	❷ 초록색 막대의 길이는 주황색 막대의 길이의 몇 배인지 구한 경우	2점	

3회 개념 학습 148~149쪽

확인1 4 / 5, 4
확인2 (1) 4, 4 (2) 12 / 4, 12
1 2, 3
2 (1) 2 (2) 2, 3, 2
3 5
4 (1) 3 (2) 7, 7, 21 / 3, 21 (3) 21
5 (1) 6, 7, 42 (2) 9, 5, 45
6 (1) 7, 7, 14 (2) 2, 2, 14

1 4의 ■배 → 4 × ■

2 (1) 바나나의 수는 3씩 2묶음입니다. → 3의 2배
(2) 3의 2배는 3 × 2라고 씁니다.

3 3을 5번 더하는 것은 3 × 5와 같습니다.

참고 ㉠+㉠+⋯+㉠은 ㉠ × ■와 같습니다.
(■번)

4 (1) 구슬의 수는 7의 3배입니다. → 7 × 3
(2) 7+7+7=21, 7 × 3=21

5 (1) 6 곱하기 7은 42와 같습니다. (6 × 7 =42)
(2) 9와 5의 곱은 45입니다. (9×5 =45)

6 (1) 2씩 묶으면 7묶음이므로 2의 7배입니다.
→ 2 × 7=14
(2) 7씩 묶으면 2묶음이므로 7의 2배입니다.
→ 7 × 2=14

3회 문제 학습 150~151쪽

01 (선 잇기)
02 3, 5, 3 × 5=15
03 4+4+4+4+4+4+4=28, 4 × 7=28
04 6 × 4=24, 24개
05 ㉢
06 예 6, 3, 18 / 3, 6, 18
07 예 메모지, 3, 4, 12
08 다은
09 3, 2, 6
10 ❶ 5 ❷ 5, 40, 40 답 40개
11 ❶ 사람 수는 5의 6배입니다.
❷ 곱셈식으로 나타내면 5 × 6=30이므로 사람은 모두 30명입니다. 답 30명

01 • 5씩 8묶음 → 5 × 8
• 8의 7배 → 8 × 7
• 8+8+8+8 → 8 × 4

02 꽃의 수는 3의 5배이므로 곱셈으로 나타내면 3 × 5입니다.
→ 3+3+3+3+3=15, 3 × 5=15

03 별의 수는 4의 7배이므로 곱셈으로 나타내면 4 × 7입니다.
→ 4+4+4+4+4+4+4=28, 4 × 7=28

04 소율이가 산 달걀의 수는 6의 4배이므로 곱셈으로 나타내면 6 × 4입니다.
→ 6+6+6+6=24, 6 × 4=24

개념북 6 단원

05 ㉢ "$8\times2=16$은 8 곱하기 2는 16과 같습니다."라고 읽습니다.

06 • 2씩 9묶음 → 2의 9배 → $2\times9=18$
• 3씩 6묶음 → 3의 6배 → $3\times6=18$
• 6씩 3묶음 → 6의 3배 → $6\times3=18$
• 9씩 2묶음 → 9의 2배 → $9\times2=18$

07 • 우표: $2\times3=6$, $3\times2=6$
• 클립: $2\times5=10$, $5\times2=10$
• 메모지: $3\times4=12$, $4\times3=12$,
$2\times6=12$, $6\times2=12$

08 $9+9+9+9$는 9×4와 같으므로 나타내는 수가 다른 하나를 말한 사람은 다은이입니다.

09 월요일, 목요일에 책을 3권씩 읽었으므로 계획을 실천한 날에 읽은 책 수를 곱셈식으로 나타내면 $3\times2=6$입니다.

10

채점 기준			
	❶ 기둥의 수를 몇의 몇 배로 나타낸 경우	2점	5점
	❷ 기둥은 모두 몇 개인지 곱셈식으로 나타내어 구한 경우	3점	

11

채점 기준			
	❶ 사람의 수를 몇의 몇 배로 나타낸 경우	2점	5점
	❷ 사람은 모두 몇 명인지 곱셈식으로 나타내어 구한 경우	3점	

4회 응용 학습 152~155쪽

01 1단계 $5\times7=35$, $9\times4=36$, $4\times8=32$
2단계 예나

02 유준
03 ㉢, ㉠, ㉡
04 1단계 8, 48 2단계 33개
05 45명
06 28권
07 1단계 10개, 24개 2단계 34개
08 34개
09 30개
10 1단계 4, 12 2단계 2봉지
11 4봉지
12 6개

01 1단계 • 소율: $5\times7=35$
• 도현: 9씩 4묶음 → $9\times4=36$
• 예나: 4의 8배 → $4\times8=32$
2단계 $32<35<36$이므로 곱이 가장 작은 것을 말한 사람은 예나입니다.

02 • 시우: $3\times7=21$
• 채아: $7\times2=14$
• 유준: $6\times5=30$
→ $30>21>14$이므로 곱이 가장 큰 것을 말한 사람은 유준이입니다.

03 ㉠ $3\times9=27$
㉡ $5\times5=25$
㉢ $7\times4=28$
→ $28>27>25$이므로 곱이 큰 것부터 차례대로 쓰면 ㉢, ㉠, ㉡입니다.

04 1단계 크레파스의 수는 6의 8배이므로 곱셈식으로 나타내면 $6\times8=48$입니다.
2단계 (사용하지 않은 크레파스의 수)
$=48-15=33$(개)

05 줄을 서 있는 학생 수는 7의 6배이므로 곱셈식으로 나타내면 $7\times6=42$입니다.
→ (운동장에 있는 학생 수)
$=42+3=45$(명)

06 공책의 수는 8의 4배이므로 곱셈식으로 나타내면 $8\times4=32$입니다.
→ (남은 공책의 수)
$=32-4=28$(권)

07 1단계 • 구멍이 2개인 단추: 2의 5배
→ $2\times5=10$
• 구멍이 4개인 단추: 4의 6배
→ $4\times6=24$
2단계 따라서 단춧구멍은 모두 $10+24=34$(개)입니다.

08 • 오리 7마리의 다리 수는 2의 7배입니다.
➔ $2\times7=14$
• 호랑이 5마리의 다리 수는 4의 5배입니다.
➔ $4\times5=20$
따라서 오리와 호랑이의 다리는 모두 $14+20=34$(개)입니다.

09 • 삼각형 6개의 변의 수는 3의 6배입니다.
➔ $3\times6=18$
• 사각형 3개의 변의 수는 4의 3배입니다.
➔ $4\times3=12$
따라서 삼각형과 사각형의 변은 모두 $18+12=30$(개)입니다.
참고 삼각형은 3개의 변으로, 사각형은 4개의 변으로 이루어진 도형입니다.

10 ❶단계 오렌지의 수는 3의 4배입니다.
➔ $3\times4=12$
❷단계 12를 6씩 묶으면 2묶음이므로 한 봉지에 6개씩 다시 담으면 2봉지가 됩니다.

11 사탕의 수는 8의 3배입니다.
➔ $8\times3=24$
24를 6씩 묶으면 4묶음이므로 한 봉지에 6개씩 다시 담으면 4봉지가 됩니다.

12 초콜릿의 수는 9의 2배입니다.
➔ $9\times2=18$
18을 3씩 묶으면 6묶음이므로 한 사람이 초콜릿을 6개씩 먹었습니다.

5회 마무리 평가 156~159쪽

01 8개 **02** 4 / 10, 15, 20
03 20개 **04** 2
05 8, 6, 48 **06** 4 / 4, 28
07 5개씩 4묶음 – ( ), 3개씩 6묶음 – (○), 2개씩 9묶음 – (○)
08 8, 2 **09** 5배
10 (○ 18개 그림), 18개
11 ⑤
12 예 $2+2+2+2+2+2+2=14$, $2\times7=14$
13 ㉡
14 ❶ ㉠ 3씩 6묶음 ➔ $3\times6=18$
㉡ 4의 9배 ➔ $4\times9=36$
㉢ $6\times6=36$
❷ 따라서 곱이 다른 하나는 ㉠입니다. 답 ㉠
15 7, 3, 21 / 3, 7, 21
16 (○) ( ) **17** $5\times5=25$, 25개
18 $4\times3=12$, 12장 **19** 27개
20 5, 35 **21** 6배
22 ❶ 가위의 수는 4의 6배입니다.
➔ $4\times6=24$
❷ 24를 3씩 묶으면 8묶음이므로 한 상자에 3개씩 다시 담으면 8상자가 됩니다. 답 8상자
23 90 **24** 3, 4, 4, 12 / 12명
25 ❶ 백팀의 콩 주머니의 수는 8의 4배입니다.
➔ $8+8+8+8=32$, $8\times4=32$
따라서 백팀의 콩 주머니는 32개입니다.
❷ 청팀의 콩 주머니의 수는 5의 7배입니다.
➔ $5+5+5+5+5+5+5=35$, $5\times7=35$
따라서 청팀의 콩 주머니는 35개입니다.
답 32개, 35개

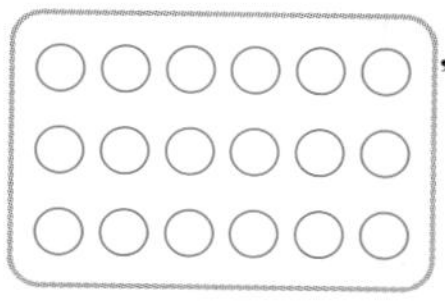

01 하나씩 연필로 표시하며 세어 보면 모두 8개입니다.

개념북 6단원

02 5개씩 묶으면 4묶음입니다.
➔ 5−10−15−20

03 지우개는 모두 20개입니다.

04 9씩 2묶음은 9의 2배입니다.

05 8 곱하기 6은 48과 같습니다.
8 × 6 =48

06 7의 4배이므로 곱셈으로 나타내면 7×4입니다.
➔ $7+7+7+7=28$, $7 \times 4=28$

07 감을 5개씩 묶으면 3묶음이고 3개가 남습니다.

08 • 딱지의 수는 2씩 8묶음입니다.
➔ 2의 8배
• 딱지의 수는 8씩 2묶음입니다.
➔ 8의 2배

09 준희
보미
1번 2번 3번 4번 5번
보미의 연결 모형은 준희의 연결 모형을 5번 이어 붙인 것과 같으므로 5배입니다.

10 6씩 3묶음만큼 ○를 그리면 18개입니다.

11 ① $8+8+8$ ➔ 8×3
② 8씩 3묶음 ➔ 8×3
④ 8의 3배 ➔ 8×3
따라서 나타내는 수가 나머지와 다른 하나는 ⑤입니다.
참고 $8 \times 3=24$, $8+3=11$

12 복숭아의 수는 2씩 7묶음이므로 2의 7배입니다.
➔ $2+2+2+2+2+2+2=14$,
$2 \times 7=14$

13 우유의 수는 6씩 5묶음이므로 6의 5배입니다.
➔ $6 \times 5=30$
㉡ $6+6+6+6$은 6×4와 같습니다.
따라서 잘못 설명한 것은 ㉡입니다.

14

채점 기준			
	❶ ㉠, ㉡, ㉢의 곱을 각각 구한 경우	2점	4점
	❷ 곱이 다른 하나를 찾아 기호를 쓴 경우	2점	

15 • 3씩 7묶음 ➔ $3 \times 7=21$
• 7씩 3묶음 ➔ $7 \times 3=21$

16 날개의 수는 3의 8배입니다.
➔ 3×8

17 사용한 감자의 수는 5의 5배입니다.
➔ $5+5+5+5+5=25$, $5 \times 5=25$
따라서 사용한 감자는 모두 25개입니다.

18 사용한 색종이 수는 4의 3배입니다.
➔ $4+4+4=12$, $4 \times 3=12$
따라서 이서가 사용한 색종이는 모두 12장입니다.

19 필요한 성냥개비의 수는 9의 3배입니다.
➔ $9+9+9=27$, $9 \times 3=27$
따라서 필요한 성냥개비는 모두 27개입니다.

20 꽃 모양이 규칙적으로 그려진 이불이므로 7씩 5줄로 그려진 것입니다.

21 $7+7+7+7+7+7=42$이므로 초록색 막대의 길이는 노란색 막대를 6번 이어 붙인 것과 같습니다. ➔ 6배

22

채점 기준			
	❶ 가위의 수를 구한 경우	2점	4점
	❷ 한 상자에 3개씩 다시 담으면 몇 상자가 되는지 구한 경우	2점	

23 ㉠ 3씩 7묶음 ➔ 21
㉡ $6 \times 4=24$
㉢ 9의 5배 ➔ $9 \times 5=45$
따라서 ㉠, ㉡, ㉢이 나타내는 수의 합은 $21+24+45=90$입니다.

24 달리기 선수의 수는 3의 4배입니다.
➔ $3+3+3+3=12$, $3 \times 4=12$

25

채점 기준			
	❶ 백팀의 콩 주머니는 몇 개인지 곱셈식으로 나타내어 구한 경우	2점	4점
	❷ 청팀의 콩 주머니는 몇 개인지 곱셈식으로 나타내어 구한 경우	2점	

1. 세 자리 수

단원 평가 A단계 2~4쪽

01 100
02 2, 5, 4 / 254
03 300, 20, 5
04 997, 998, 999, 1000
05 (위에서부터) 5, 4, 6 / 3, 4, 6 / $>$
06 (선 잇기)
07 600개
08 227
09 ㉡
10 (위에서부터) 5, 2, 6 / 500, 20, 6
11 ( ) (○)
12 50, 5
13 10
14 278
15 ❶ 0에서 100씩 7번 뛰어 세면 700입니다.
❷ 따라서 공책을 사려면 7일 동안 돈을 모아야 합니다.
답 7일
16 ㉡
17 532, 235
18 ❶ 10이 80개이면 800이므로 귤은 모두 800개입니다.
❷ 800은 100이 8개인 수이므로 귤을 한 상자에 100개씩 담으면 모두 8상자가 됩니다.
답 8상자
19 3개
20 7, 8, 9

02 100이 2개, 10이 5개, 1이 4개이면 254입니다.

04 1씩 뛰어 세면 일의 자리 수가 1씩 커집니다.

05 백의 자리 수를 비교하면 $5>3$입니다.
➔ $546>346$

06 100이 ■개이면 ■00입니다.

07 상자는 모두 6개입니다.
100이 6개이면 600이므로 블록은 모두 600개입니다.

08 십 모형 12개는 백 모형 1개, 십 모형 2개와 같습니다.
따라서 수 모형이 나타내는 수는 백 모형이 2개, 십 모형이 2개, 일 모형이 7개인 것과 같으므로 227입니다.

09 ㉠ 509 ➔ 오백구 ㉡ 520 ➔ 오백이십
따라서 수를 바르게 읽은 것은 ㉡입니다.

10 • 백의 자리 숫자는 5이고, 500을 나타냅니다.
• 십의 자리 숫자는 2이고, 20을 나타냅니다.
• 일의 자리 숫자는 6이고, 6을 나타냅니다.

11 • 625에서 숫자 6은 600을 나타냅니다.
• 268에서 숫자 6은 60을 나타냅니다.

12 452에서 숫자 5는 50을, 365에서 숫자 5는 5를 나타냅니다.

13 십의 자리 수가 1씩 작아지므로 10씩 거꾸로 뛰어 센 것입니다.

14 이백칠십삼은 273입니다.
➔ 273 − 274 − 275 − 276 − 277 − 278

15

채점 기준			
	❶ 0에서 100씩 몇 번 뛰어 세면 700이 되는지 구한 경우	3점	5점
	❷ 며칠 동안 돈을 모아야 하는지 구한 경우	2점	

16 ㉡ 백의 자리 수가 같으므로 십의 자리 수를 비교하면 $4<6$입니다. ➔ $346<364$

18

채점 기준			
	❶ 귤의 수를 구한 경우	3점	5점
	❷ 귤은 모두 몇 상자가 되는지 구한 경우	2점	

19 백의 자리 숫자가 7인 세 자리 수는 7□□이고, 703보다 작은 7□□는 700, 701, 702입니다. ➔ 3개

20 십의 자리 수를 비교하면 $3>2$이므로 □ 안에 6보다 큰 수가 들어가야 합니다. ➔ 7, 8, 9

평가북 1단원

단원 평가 B단계 5~7쪽

01 100, 100
02 300
03 3, 9, 4
04 600, 10, 3
05 <
06 ③
07 40개
08 436장
09 592, 오백구십이
10 352, 308, 376
11 서진
12 309, 319, 329, 339 / 10
13 800, 700, 600, 500
14 ❶ 100이 3개, 10이 5개, 1이 4개인 수는 354입니다.
❷ 354에서 100씩 4번 뛰어 센 수는 354−454−554−654−754입니다.
답 754
15 <
16 652, 634, 579
17 862, 126
18 758
19 ❶ 어떤 수는 375보다 10만큼 더 작은 수이므로 10씩 거꾸로 1번 뛰어 센 수입니다.
➔ 375−365
❷ 365보다 100만큼 더 큰 수는 365에서 100씩 1번 뛰어 센 수이므로 365−465입니다.
답 465
20 422

07 100은 60보다 40만큼 더 큰 수입니다.
따라서 40개를 더 접어야 합니다.

08 100이 4개, 10이 3개, 1이 6개이면 436입니다.
따라서 색종이는 모두 436장입니다.

10 숫자 3이 나타내는 수를 각각 알아봅니다.
136 ➔ 30, 352 ➔ 300, 932 ➔ 30,
308 ➔ 300, 376 ➔ 300, 683 ➔ 3

11 222에서 백의 자리 숫자 2는 200을, 십의 자리 숫자 2는 20을, 일의 자리 숫자 2는 2를 나타내므로 나타내는 수는 모두 다릅니다.

12 십의 자리 수가 1씩 커지므로 10씩 뛰어 센 것입니다.
➔ 279−289−299−309−319−329−339−349

13 100씩 거꾸로 뛰어 세면 백의 자리 수가 1씩 작아집니다.

14

채점 기준			
	❶ 100이 3개, 10이 5개, 1이 4개인 수를 구한 경우	2점	5점
	❷ 354에서 100씩 4번 뛰어 센 수를 구한 경우	3점	

15 두 수의 백의 자리 수가 같으므로 십의 자리 수를 비교해야 합니다.
➔ 0<5이므로 일의 자리 수와 상관없이 오른쪽 수가 더 큽니다.

16 • 652, 579, 634의 백의 자리 수를 비교하면 6>5입니다. ➔ 가장 작은 수는 579입니다.
• 652와 634의 십의 자리 수를 비교하면 5>3입니다. ➔ 가장 큰 수는 652입니다.
따라서 큰 수부터 차례대로 쓰면 652, 634, 579입니다.

17 수의 크기를 비교하면 8>6>2>1입니다.
따라서 만들 수 있는 세 자리 수 중 가장 큰 수는 862이고, 가장 작은 수는 126입니다.

18 100이 7개, 10이 5개, 1이 8개인 수와 같으므로 758입니다.
참고 10이 15개이면 100이 1개, 10이 5개인 것과 같습니다.

19

채점 기준			
	❶ 어떤 수를 구한 경우	3점	5점
	❷ 어떤 수보다 100만큼 더 큰 수를 구한 경우	2점	

20 • 백의 자리 숫자: 3보다 크고 5보다 작으므로 4입니다.
• 십의 자리 숫자: 20을 나타내므로 2입니다.
• 일의 자리 숫자: 4보다 작은 짝수이므로 2입니다.
따라서 설명하는 세 자리 수는 422입니다.

2. 여러 가지 도형

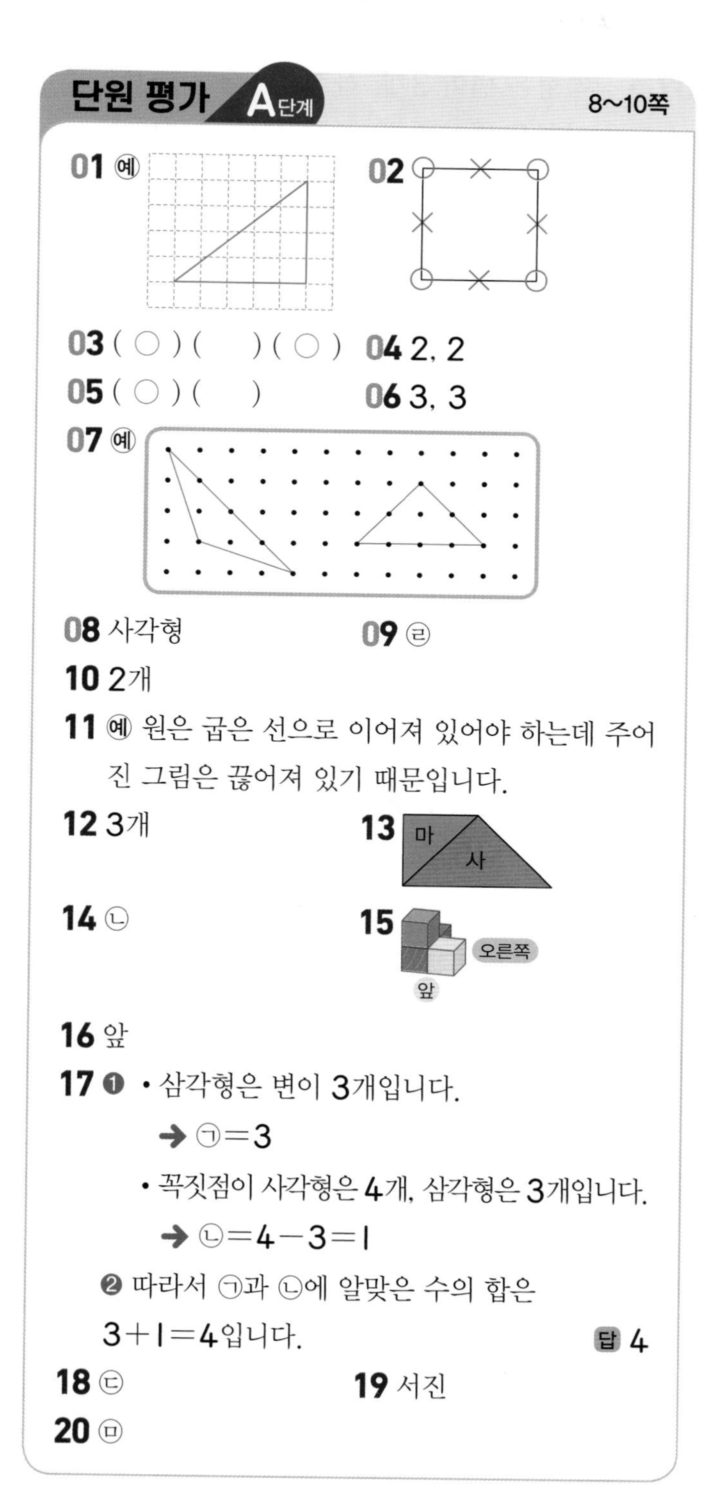

단원 평가 A단계 8~10쪽

01 예

02

03 (○) (   ) (○) 04 2, 2

05 (○) (   ) 06 3, 3

07 예

08 사각형 09 ㉣

10 2개

11 예 원은 굽은 선으로 이어져 있어야 하는데 주어진 그림은 끊어져 있기 때문입니다.

12 3개 13 마 사

14 ㉡ 15 오른쪽 앞

16 앞

17 ❶ • 삼각형은 변이 3개입니다.
➔ ㉠=3
• 꼭짓점이 사각형은 4개, 삼각형은 3개입니다.
➔ ㉡=4−3=1
❷ 따라서 ㉠과 ㉡에 알맞은 수의 합은 3+1=4입니다.
답 4

18 ㉢ 19 서진

20 ㉤

01 꼭짓점 3개를 정하여 점과 점 사이를 곧은 선으로 이어 삼각형을 그려 봅니다.

02 곧은 선에 ×표, 두 곧은 선이 만나는 점에 ○표 합니다.

03 시계, 동전 등 동그란 물건으로 원을 본뜰 수 있습니다.

04

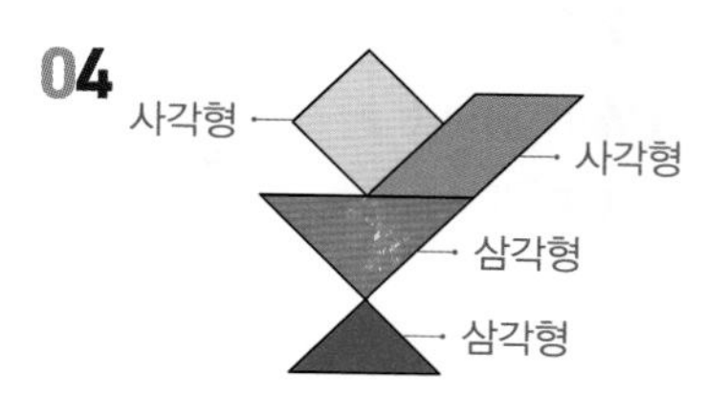

05 ➔ 쌓기나무 4개로 만든 모양

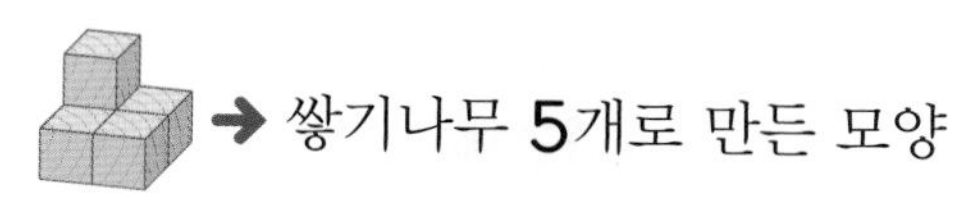

06 삼각형은 변이 3개, 꼭짓점이 3개입니다.

07 꼭짓점 3개를 정하여 점과 점 사이를 곧은 선으로 이어 삼각형을 각각 그려 봅니다.

08 곧은 선 4개로 둘러싸인 도형이므로 사각형입니다.

09 ㉣과 이으면 삼각형이 됩니다.

10

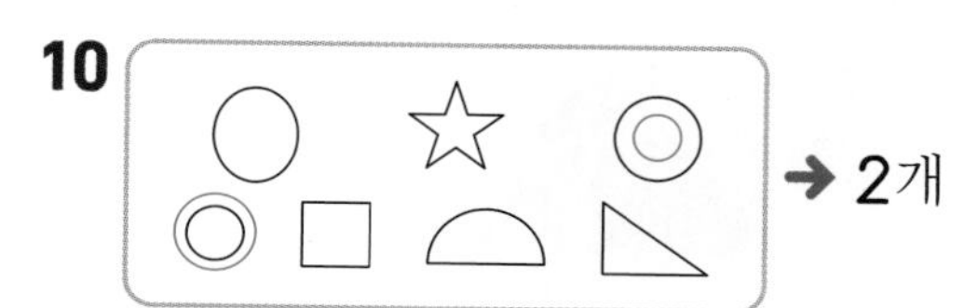

11

채점 기준	주어진 그림이 원이 아닌 이유를 쓴 경우	5점

12 칠교 조각은 삼각형이 5개, 사각형이 2개입니다. 따라서 삼각형은 사각형보다 5−2=3(개) 더 많습니다.

14 ㉡은 주어진 조각을 사용하여 만들 수 없습니다.

16

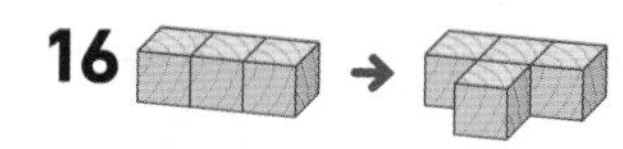

17

채점 기준	❶ ㉠과 ㉡에 알맞은 수를 각각 구한 경우	4점	5점
	❷ ㉠과 ㉡에 알맞은 수의 합을 구한 경우	1점	

18 ㉢ 모든 원의 모양은 같습니다.

19 채아가 설명한 모양: 오른쪽 앞

20 ㉤ 쌓기나무를 ㉣ 쌓기나무의 뒤쪽으로 옮겨야 합니다.

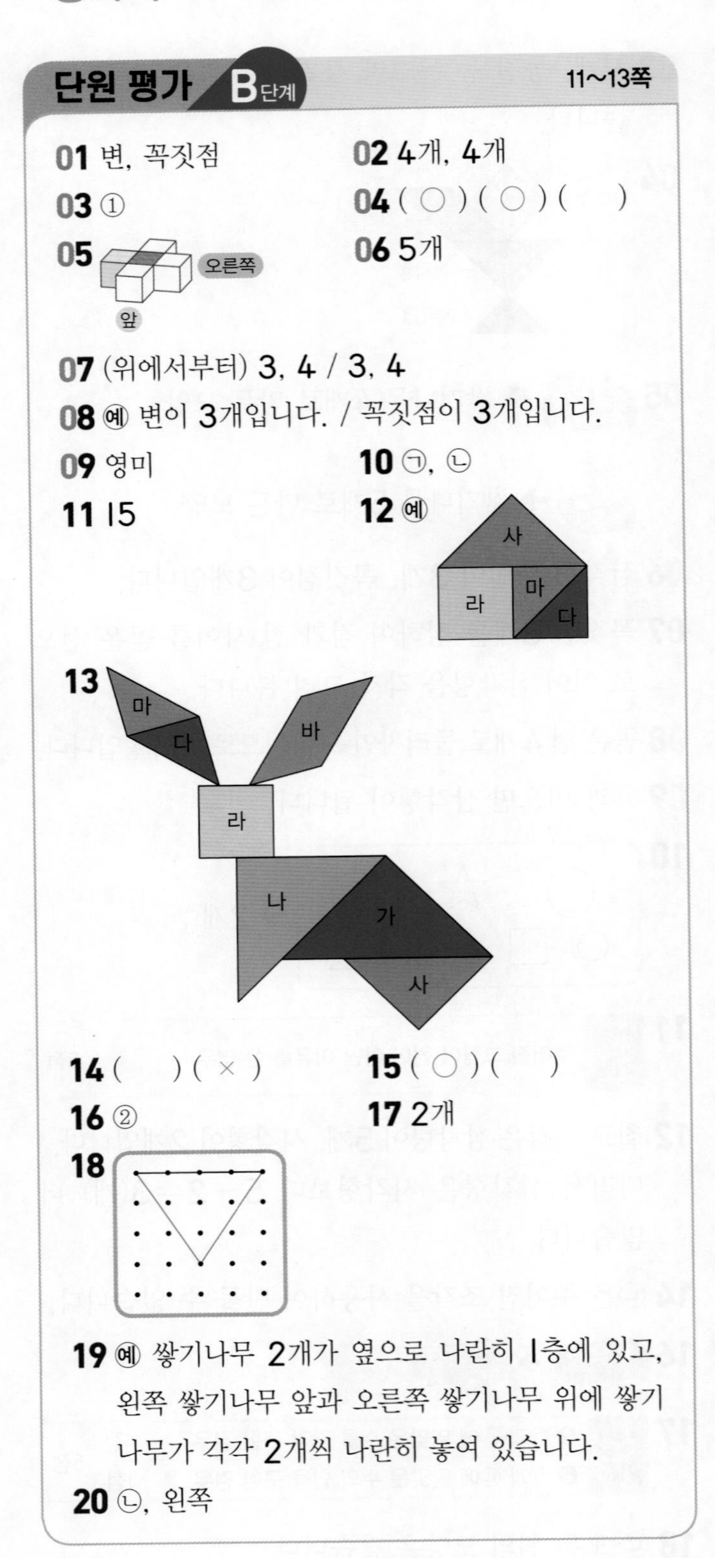

단원 평가 B단계 11~13쪽

01 변, 꼭짓점

02 4개, 4개

03 ①

04 (○) (○) (   )

05 오른쪽 / 앞

06 5개

07 (위에서부터) 3, 4 / 3, 4

08 예 변이 3개입니다. / 꼭짓점이 3개입니다.

09 영미

10 ㉠, ㉡

11 15

12 예

13

14 (   ) (×)

15 (○) (   )

16 ②

17 2개

18

19 예 쌓기나무 2개가 옆으로 나란히 1층에 있고, 왼쪽 쌓기나무 앞과 오른쪽 쌓기나무 위에 쌓기나무가 각각 2개씩 나란히 놓여 있습니다.

20 ㉡, 왼쪽

01 곧은 선은 변, 두 곧은 선이 만나는 점은 꼭짓점입니다.

02 사각형은 변이 4개, 꼭짓점이 4개입니다.

03 ① 원은 변과 꼭짓점이 없습니다.

04 칠교 조각에서 원은 찾을 수 없습니다.

06 1층: 4개, 2층: 1개
→ $4+1=5$(개)

07 • 삼각형은 변이 3개, 꼭짓점이 3개입니다.
• 사각형은 변이 4개, 꼭짓점이 4개입니다.

08

채점 기준			
	❶ 예나가 그린 도형의 특징을 한 가지 쓴 경우	3점	5점
	❷ 예나가 그린 도형의 다른 특징을 한 가지 쓴 경우	2점	

[평가 기준] 예나가 그린 도형은 삼각형이므로 삼각형의 특징을 2가지 썼다면 정답으로 인정합니다.

09 사각형은 곧은 선 4개로 둘러싸인 도형입니다.
따라서 사각형을 바르게 그린 사람은 영미입니다.

10 ㉢ 삼각형은 변이 3개이고, 사각형은 변이 4개입니다.
따라서 삼각형과 사각형의 공통점은 ㉠, ㉡입니다.

11 원은 어느 쪽에서 보아도 똑같이 동그란 모양의 도형입니다.
원 안에 있는 수는 8, 7입니다.
→ $8+7=15$

13 사용하고 남은 칠교 조각 4개를 어떻게 채울 수 있는지 생각해 봅니다.

15

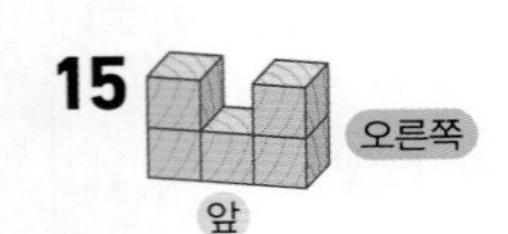

→ 쌓기나무 3개가 옆으로 나란히 있고, 맨 왼쪽과 맨 오른쪽 쌓기나무 위에 쌓기나무가 1개씩 있습니다.

16 ②는 쌓기나무 6개로 만든 모양입니다.

17 원은 3개, 삼각형은 1개입니다.
따라서 원은 삼각형보다 $3-1=2$(개) 더 많습니다.

18 점과 점을 연결하여 도형의 안쪽에 있는 점이 4개가 되도록 삼각형을 그립니다.

19

채점 기준		
	쌓은 모양을 설명한 경우	5점

3. 덧셈과 뺄셈

단원 평가 A단계 14~16쪽

01 32 **02** 36
03 (왼쪽에서부터) 42, 23, 23
04 22, 9 / 22, 13 **05** 6
06 (선 잇기) **07** (○) (　) (　)
08 126장 **09** 52, 5
10 3마리 **11** 16, 17
12 ❶ $64<81$
❷ 따라서 영훈이가 줄넘기를 $81-64=17$(번) 더 많이 했습니다. 답 영훈, 17번
13 $25-16+5=14$, 14개
14 19, 57, 76 / 57, 19, 76
15 $19+52=71$, $52-33=19$, $33-19=14$, $52-19=33$
16 54, 28 **17** 132
18 7, 7 **19** 3개
20 ❶ ㉠ $\square=52-35=17$, ㉡ $\square=7+9=16$, ㉢ $\square=30-18=12$
❷ 따라서 □의 값이 가장 큰 것은 ㉠입니다.
답 ㉠

06 $27+19=46$, $34+38=72$, $47+15=62$

07 $25+48=73$,
$26+26=52$,
$29+31=60$
→ $73>60>52$

08 (두 사람이 모은 색종이의 수)
$=58+68=126$(장)

09 일의 자리 수의 차가 7이 되는 두 수를 찾으면 52와 5, 63과 6입니다.
→ $52-5=47$, $63-6=57$

10 (남아 있는 비둘기의 수)
=(처음에 있던 비둘기의 수)
−(날아간 비둘기의 수)
$=40-37=3$(마리)

11 $32-16=16$, $33-16=17$

12

채점 기준			
	❶ 지현이와 영훈이의 줄넘기 횟수를 비교한 경우	2점	5점
	❷ 줄넘기를 누가 몇 번 더 많이 했는지 구한 경우	3점	

13 (현재 달걀의 수)
=(냉장고에 있던 달걀의 수)
−(사용한 달걀의 수)+(사 온 달걀의 수)
$=25-16+5$
$=9+5=14$(개)

15 $33+19=52$ → $52-33=19$, $52-19=23$

16 $61-7=54$
$54+\square=82$ → $82-54=\square$, $\square=28$

17 $9>7>5>3$이므로 만들 수 있는 가장 큰 수는 97, 가장 작은 수는 35입니다.
→ $97+35=132$

18 ㉠2 − 25 = 4㉡
• 일의 자리: $10+2-5=$㉡
→ ㉡$=7$
• 십의 자리: ㉠$-1-2=4$
→ ㉠$=7$

19 $81-37=44$이므로 $40<\square<44$입니다.
따라서 □ 안에 들어갈 수 있는 수는 41, 42, 43으로 모두 3개입니다.

20

채점 기준			
	❶ ㉠, ㉡, ㉢에서 □의 값을 각각 구한 경우	3점	5점
	❷ □의 값이 가장 큰 것을 찾아 기호를 쓴 경우	2점	

평가북 3 단원

단원 평가 B단계 17~19쪽

01 52 **02** 10

03 22 **04** 47

05 (위에서부터) 47, 56 / 47, 56

06 43, 72, 115 **07** $\begin{array}{r} 4\ 9 \\ +\ 2\ 8 \\ \hline 7\ 7 \end{array}$

08 61권

09 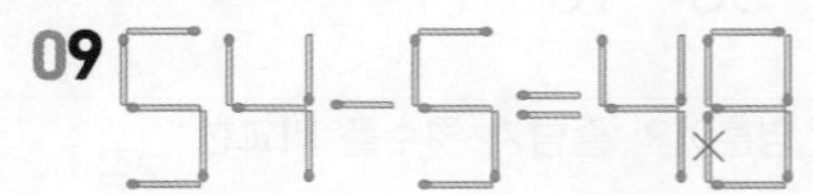

10 (위에서부터) 26, 18, 15, 7

11 7

12 ❶ 혜수: $16+17=33$(개),
영민: $45-19=26$(개)
❷ $33>26$이므로 구슬을 더 많이 가지고 있는 사람은 혜수입니다.
답 혜수

13 $>$ **14** 수, 미, 상, 관

15 ㉡ **16** $32+\square=47$, 15

17 17 **18** 65, 17

19 예 $9+14=23$, $23-9=14$, $23-14=9$

20 ❶ 어떤 수를 □라 하면
$\square+27=71$ → $71-27=\square$, $\square=44$입니다.
❷ 따라서 바르게 계산하면 $44-27=17$입니다.
답 17

06 $\begin{array}{r} {}^{1}\ \ \\ 7 \\ +\ 3\ 6 \\ \hline 4\ 3 \end{array}$, $\begin{array}{r} {}^{1}\ \ \ \\ 3\ 6 \\ +\ 3\ 6 \\ \hline 7\ 2 \end{array}$, $\begin{array}{r} {}^{1\ 1}\ \\ 7\ 9 \\ +\ 3\ 6 \\ \hline 1\ 1\ 5 \end{array}$

08 (현아가 이번 달에 읽은 책 수)
$=28+5=33$(권)
따라서 지난달과 이번 달에 읽은 책은 모두 $28+33=61$(권)입니다.

09 $54-5=49$이므로 48에 있는 성냥개비 한 개를 지워 49로 만듭니다.

10 $\begin{array}{r} {}^{4\ 10} \\ \not{5}\ 0 \\ -\ 2\ 4 \\ \hline 2\ 6 \end{array}$, $\begin{array}{r} {}^{2\ 10} \\ \not{3}\ 5 \\ -\ 1\ 7 \\ \hline 1\ 8 \end{array}$, $\begin{array}{r} {}^{4\ 10} \\ \not{5}\ 0 \\ -\ 3\ 5 \\ \hline 1\ 5 \end{array}$, $\begin{array}{r} {}^{1\ 10} \\ \not{2}\ 4 \\ -\ 1\ 7 \\ \hline 7 \end{array}$

11 $33-15=18$, $52-27=25$
→ $★=25-18=7$

12

채점 기준			
	❶ 혜수와 영민이가 가지고 있는 구슬의 수를 각각 구한 경우	3점	5점
	❷ 구슬을 더 많이 가지고 있는 사람은 누구인지 구한 경우	2점	

13 $17+29-18=46-18=28$,
$31-15+8=16+8=24$
→ $28>24$

14 ① $23-5+7=25$ → 수
② $35-8+5=32$ → 미
③ $15+7-3=19$ → 상
④ $52+9-4=57$ → 관

15 ㉠ $26+\square=55$ → $55-26=\square$, $\square=29$
㉡ $51-\square=18$ → $51-18=\square$, $\square=33$
따라서 $29<33$이므로 □의 값이 더 큰 것은 ㉡입니다.

16 $32+\square=47$ → $47-32=\square$, $\square=15$

17 • $5+★=13$ → $★=8$
• $1+●+6=16$ → $●=9$
따라서 $●+★$은 $9+8=17$입니다.

18 계산 결과가 가장 작은 수가 되려면 가장 큰 수를 빼야 합니다.
$6>5>2>1$이므로 만들 수 있는 가장 큰 두 자리 수는 65입니다.
→ $82-65=17$

19 $9+14=23$ 또는 $14+9=23$
→ $23-9=14$, $23-14=9$

20

채점 기준			
	❶ 어떤 수를 구한 경우	3점	5점
	❷ 바르게 계산한 값을 구한 경우	2점	

4. 길이 재기

단원 평가 A단계 20~22쪽

01 ㉡
02 8번
03 7
04 5 cm
05 예 약 4 cm, 4 cm
06 가
07 ①, ②
08 선우
09 ❶ 유준: 1 cm가 6번이므로 6 cm입니다.
예나: 8 센티미터는 8 cm입니다.
❷ 6<8이므로 더 긴 길이를 말한 사람은 예나입니다.
답 예나
10 (그림)
11 (위에서부터) 2, 3
12 6 cm
13 4
14 나
15 (○)
( )
(○)
16 ❶ 예 약 6 cm
❷ 예 나의 검지손가락의 길이가 5 cm이고 검지손가락보다 약간 길어서 약 6 cm로 어림했습니다.
17 예 약 5 cm
18 책상
19 12 cm
20 채은

04 빨간색 선의 길이는 눈금 0부터 5까지이므로 5 cm입니다.

05 못의 길이는 자로 재면 4 cm입니다.

06 가, 나의 길이만큼 종이띠를 자릅니다.
자른 종이띠의 길이를 비교하면 가의 길이가 더 깁니다.

07 교통카드의 긴 쪽의 길이보다 길면 단위로 사용하기에 알맞지 않습니다.
따라서 단위로 사용할 수 있는 것은 ①, ②입니다.

08 한 걸음의 길이가 더 짧은 사람은 걸음의 수가 더 많은 선우입니다.

09

채점 기준			
	❶ 유준이와 예나가 말한 길이를 cm로 각각 나타낸 경우	3점	5점
	❷ 더 긴 길이를 말한 사람은 누구인지 구한 경우	2점	

10 1 cm가 4번이면 4 cm이고, 1 cm가 3번이면 3 cm입니다.

11 자의 눈금 0을 재려고 하는 변의 한쪽 끝에 맞추고 다른 쪽 끝에 있는 자의 눈금을 읽습니다.

12 연필의 길이는 자의 눈금 5에서 11까지 1 cm가 6번이므로 6 cm입니다.

13 사탕의 길이는 1 cm가 4번과 5번 사이에 있고, 4번에 더 가까우므로 약 4 cm입니다.

14 • 가: 1 cm가 8번이므로 8 cm입니다.
• 나: 1 cm가 7번이므로 7 cm입니다.
➔ 길이가 더 짧은 빨대는 나입니다.

15 볼펜의 길이를 자로 재어 보면 위에서부터 5 cm, 4 cm, 5 cm입니다.

16

채점 기준			
	❶ 색연필의 길이를 어림한 경우	2점	5점
	❷ 어떻게 어림했는지 설명한 경우	3점	

[평가 기준] 약 6 cm로 어림하지 않았더라도 자신만의 기준을 사용하여 길이를 어림하였으면 정답으로 인정합니다.

17 파란색 털실은 빨간색 털실보다 조금 더 길므로 약 5 cm로 어림할 수 있습니다.
[평가 기준] 4 cm보다 길게 어림했으면 정답으로 인정합니다.

18 옷걸이로 잰 횟수가 많을수록 물건의 길이가 깁니다. ➔ 9>6>5이므로 길이가 가장 긴 물건은 책상입니다.

19 빨간색 선의 길이는 1 cm로 12번이므로 12 cm입니다.

20 어림한 길이와 실제 길이의 차가 작을수록 더 가깝게 어림한 것입니다.
따라서 액자의 짧은 쪽의 길이에 더 가깝게 어림한 사람은 채은이입니다.

평가북 4단원

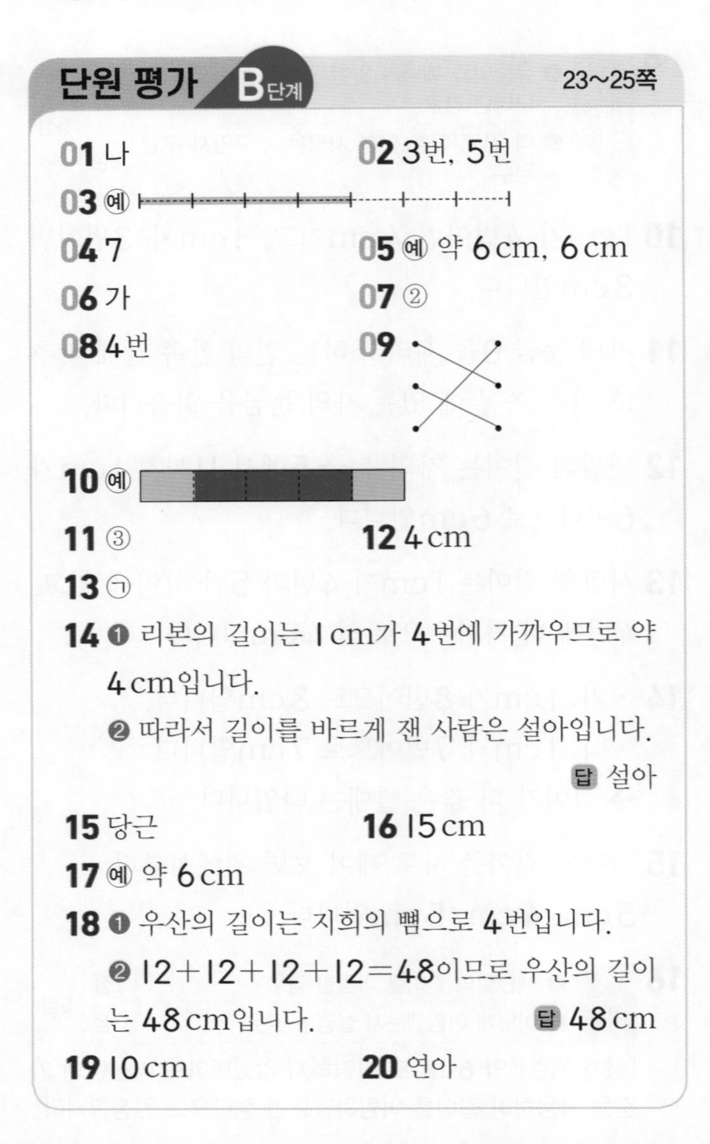

단원 평가 B단계 23~25쪽

01 나 **02** 3번, 5번

03 예

04 7 **05** 예 약 6 cm, 6 cm

06 가 **07** ②

08 4번 **09**

10 예

11 ③ **12** 4 cm

13 ㉠

14 ❶ 리본의 길이는 1 cm가 4번에 가까우므로 약 4 cm입니다.
❷ 따라서 길이를 바르게 잰 사람은 설아입니다.
답 설아

15 당근 **16** 15 cm

17 예 약 6 cm

18 ❶ 우산의 길이는 지희의 뼘으로 4번입니다.
❷ $12+12+12+12=48$이므로 우산의 길이는 48 cm입니다. 답 48 cm

19 10 cm **20** 연아

04 크레파스의 길이는 6 cm와 7 cm 사이에 있고 7 cm에 더 가까우므로 약 7 cm입니다.

06 종이띠를 이용하여 길이를 비교합니다.
자른 종이띠의 길이를 비교하면 길이가 더 긴 것은 가입니다.

07 단위의 길이가 길수록 잰 횟수가 적습니다.
잰 횟수가 가장 적은 것은 길이가 가장 긴 우산입니다.

08 막대의 길이는 바둑돌 12개를 이은 길이와 같고, 바둑돌 3개를 이은 길이는 지우개 1개의 길이와 같습니다.
➔ 막대의 길이는 지우개로 4번입니다.

09 • 1 cm가 9번이면 9 cm입니다.
• 1 cm가 8번이면 8 cm입니다.
• 6 센티미터는 6 cm입니다.

10 $1+3+1=5$이므로 1 cm 막대 2개와 3 cm 막대 1개로 색칠할 수 있습니다.

11 ① 4 cm ② 3 cm ③ 6 cm ④ 5 cm ⑤ 7 cm

12 펜 뚜껑의 길이는 1 cm가 4번이므로 4 cm입니다.

13 ㉡, ㉢은 1 cm가 3번이므로 3 cm입니다.
㉠ 1 cm가 4번이므로 4 cm입니다.
따라서 나타내는 길이가 다른 하나는 ㉠입니다.

14

채점 기준			
	❶ 리본의 길이를 잰 경우	3점	5점
	❷ 길이를 바르게 잰 사람은 누구인지 구한 경우	2점	

15 강아지가 있는 곳에서 고구마까지는 약 3 cm, 가지까지는 약 3 cm, 당근까지는 약 4 cm이므로 가장 먼 곳에 있는 채소는 당근입니다.

16 1 cm는 엄지손톱의 너비와 비슷합니다.
30 cm는 수학책 긴 쪽의 길이와 비슷합니다.
형광펜의 길이로 알맞은 것은 약 15 cm입니다.

17 컵의 높이가 10 cm이고 물의 높이는 컵의 높이의 절반보다 조금 더 높으므로 5 cm보다 길게 어림할 수 있습니다.

18

채점 기준			
	❶ 우산의 길이는 지희의 뼘으로 몇 번인지 구한 경우	2점	5점
	❷ 우산의 길이는 몇 cm인지 구한 경우	3점	

19 • ㉠의 길이는 1 cm가 6번이므로 6 cm입니다.
• ㉡의 길이는 1 cm가 4번이므로 4 cm입니다.
➔ ㉠과 ㉡을 겹치지 않게 한 줄로 길게 이으면 전체 길이는 1 cm가 10번인 10 cm입니다.

20 과자의 실제 길이는 7 cm입니다.
➔ 과자의 실제 길이에 더 가깝게 어림한 사람은 연아입니다.

5. 분류하기

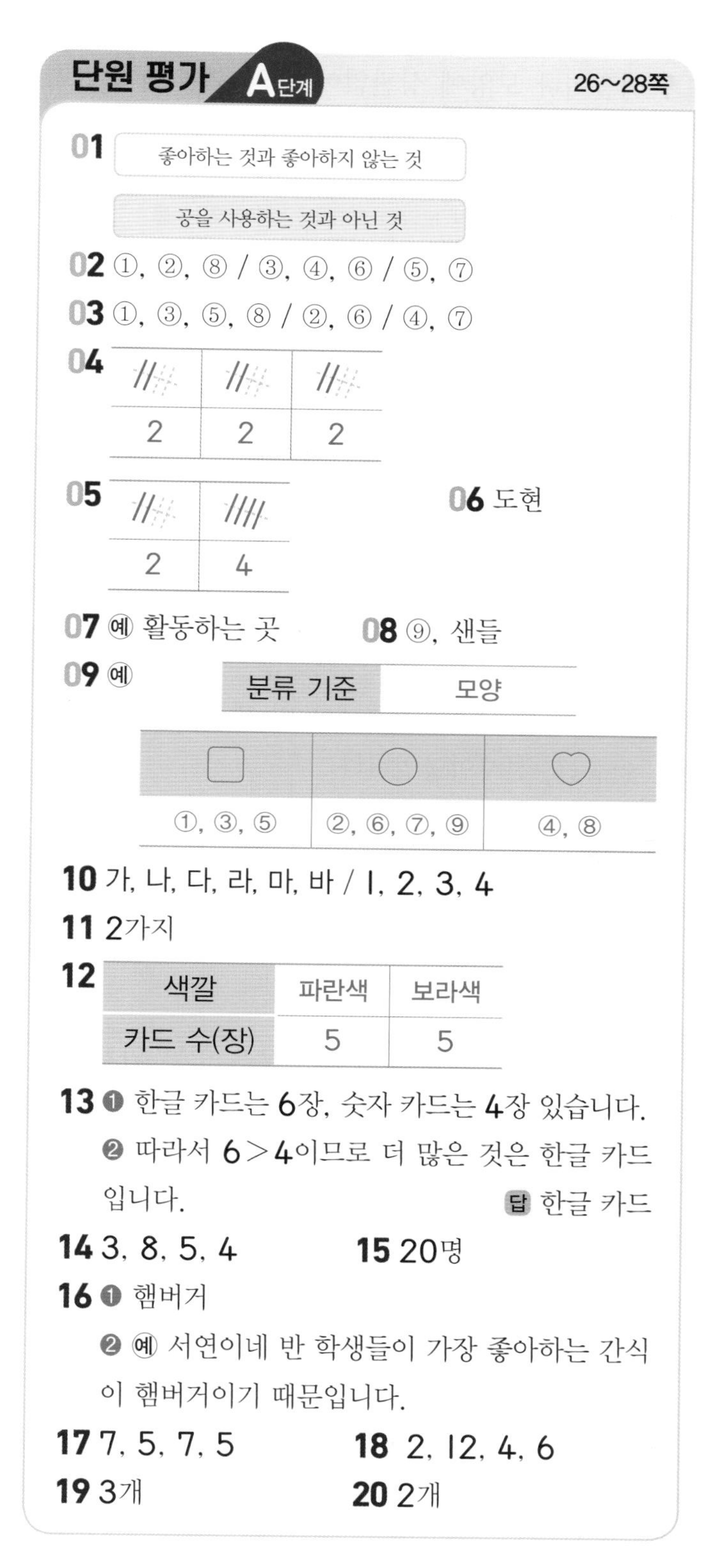

단원 평가 A단계 26~28쪽

01 좋아하는 것과 좋아하지 않는 것

공을 사용하는 것과 아닌 것

02 ①, ②, ⑧ / ③, ④, ⑥ / ⑤, ⑦

03 ①, ③, ⑤, ⑧ / ②, ⑥ / ④, ⑦

04

//	//	//
2	2	2

05

//	////
2	4

06 도현

07 예 활동하는 곳

08 ⑨, 샌들

09 예

분류 기준	모양

□	○	♡
①, ③, ⑤	②, ⑥, ⑦, ⑨	④, ⑧

10 가, 나, 다, 라, 마, 바 / 1, 2, 3, 4

11 2가지

12

색깔	파란색	보라색
카드 수(장)	5	5

13 ❶ 한글 카드는 6장, 숫자 카드는 4장 있습니다.
❷ 따라서 6 > 4이므로 더 많은 것은 한글 카드입니다.
답 한글 카드

14 3, 8, 5, 4

15 20명

16 ❶ 햄버거
❷ 예 서연이네 반 학생들이 가장 좋아하는 간식이 햄버거이기 때문입니다.

17 7, 5, 7, 5

18 2, 12, 4, 6

19 3개

20 2개

01 좋아하는 것과 좋아하지 않는 것은 사람마다 다르게 분류할 수 있으므로 분류 기준으로 알맞지 않습니다.

03 모양에 상관없이 색깔이 같으면 같은 칸에 분류합니다.

04 도미노를 색깔별로 여러 번 세거나 빠뜨리지 않게 표시를 하며 세어 봅니다.

05 양쪽 점의 수가 같은 도미노는 2개입니다.

06 재미있는 책과 재미없는 책은 사람마다 다를 수 있습니다.

07 [평가 기준] 사는 곳 또는 하늘, 땅, 물 등의 표현이 있으면 정답으로 인정합니다.

08 ⑨는 샌들인데 장화 칸에 있으므로 잘못 분류되었습니다.

09 색깔, 모양, 맛 등을 기준으로 정하여 분류 기준에 알맞게 분류합니다.

11 파란색과 보라색 2가지로 분류할 수 있습니다.

13

채점 기준			
❶ 한글 카드와 숫자 카드의 수를 각각 구한 경우	3점	5점
❷ 한글 카드와 숫자 카드 중 더 많은 것을 구한 경우	2점	

14 간식을 종류별로 여러 번 세거나 빠뜨리지 않게 표시를 하며 세어 봅니다.

15 간식의 종류별로 학생이 각각 3명, 8명, 5명, 4명이므로 학생은 모두
$3+8+5+4=20$(명)입니다.

16

채점 기준		
❶ 어떤 간식을 준비하면 좋을지 쓴 경우	3점	5점
❷ 그 이유를 쓴 경우	2점	

[평가 기준] '가장 많은 학생들이 좋아하는 간식은 햄버거입니다.'를 이용하여 이유를 쓰면 정답으로 인정합니다.

17 단추의 색깔이나 구멍의 수에 상관없이 모양에 따라 분류합니다.

18 단추의 모양이나 색깔에 상관없이 구멍의 수에 따라 분류합니다.

19 모양 단추는 7개이고, 그중에서 구멍이 4개인 단추는 3개입니다.

20 구멍이 2개인 단추는 12개이고, 그중에서 모양 단추는 2개입니다.

평가북 5 단원

단원 평가 B단계 29~31쪽

01 (○) (   ) (○)
02 ⑤ / ②, ④, ⑥, ⑦ / ①, ③, ⑧
03 ①, ③, ⑤, ⑧ / ②, ⑥ / ④, ⑦
04 5, 2 **05** 삼각형
06 예 먹는 약과 바르거나 붙이는 약
07 예 길이 **08** 8, 4, 2
09 6, 5, 2, 1
10 ❶ 얼굴이 원 모양인 도깨비 인형에 있는 뿔의 수는 각각 1개, 3개, 1개, 2개입니다.
❷ 따라서 모두 더하면 $1+3+1+2=7$(개)입니다. 답 7개
11 2, 3, 4, 1 **12** 1명
13 세종대왕
14 세종대왕, 유관순, 안중근, 신사임당
15 예 윗옷과 아래옷으로 분류합니다.
16 (위에서부터) 1, 1, 1 / 1, 1, 1
17 노란색 **18** 5명, 5명
19 2명 **20** ㉡

01 크기가 모두 비슷하므로 크기는 분류 기준으로 알맞지 않습니다.

02 움직이는 장소에 따라 분류합니다.

03 탈것을 바퀴의 수에 따라 0개, 2개, 4개인 것으로 분류합니다.

04 칠교 조각을 모양별로 여러 번 세거나 빠뜨리지 않게 표시를 하며 세어 봅니다.

05 $5>2$이므로 삼각형 모양 조각이 더 많습니다.

06 연고, 파스, 물파스는 몸에 바르거나 붙이는 약이므로 먹을 수 없습니다.

07 길이에 따라 긴 우산과 짧은 우산으로 분류합니다. 색깔에 따라 분류하면 3개의 우산꽂이가 필요합니다.

08 색깔이나 모양 등에 상관없이 뿔의 수에 따라 분류하고 수를 세어 봅니다.

09 색깔이나 모양에 상관없이 눈의 수에 따라 분류하고 수를 세어 봅니다.

10

채점 기준			
	❶ 얼굴이 원 모양인 도깨비 인형에 있는 뿔의 수를 각각 구한 경우	3점	5점
	❷ 얼굴이 원 모양인 도깨비 인형에 있는 뿔의 수를 모두 더하면 몇 개인지 구한 경우	2점	

12 분류하여 세어 본 결과를 살펴보면 신사임당을 존경하는 학생은 1명입니다.

13 세종대왕을 존경하는 학생이 4명으로 가장 많습니다.

14 $4>3>2>1$이므로 가장 많은 학생들이 존경하는 인물부터 차례대로 쓰면 세종대왕, 유관순, 안중근, 신사임당입니다.

15

채점 기준		
	옷을 어떻게 분류하면 좋을지 설명한 경우	5점

[평가 기준] 옷을 입는 위치나 색깔 등 분명한 기준을 이용하여 설명했으면 정답으로 인정합니다.

16 먼저 색깔에 따라 분류하고 옷을 입는 위치에 따라 다시 분류하여 그 수를 세어 봅니다.

17

색깔	빨간색	파란색	노란색
구슬의 수(개)	9	10	2

노란색 구슬의 수가 가장 적으므로 가장 작은 상자에 노란색 구슬을 담는 것이 좋습니다.

19 모자를 쓴 학생은 6명이고, 모자를 쓰지 않은 학생은 4명입니다.
→ $6-4=2$(명)

20 누가 분류하더라도 결과가 같도록 분류 기준을 정해야 합니다.

6. 곱셈

단원 평가 A단계 32~34쪽

01 10개

02 (수직선: 0, 5, 10, 15에서 5씩 뛰어 세기) / 15개

03 예 (2개씩 7묶음) / 7, 14

04 6, 4

05 4, 8, 32

06 4, 2 / 2, 4

07 ❶ 예 사탕을 4개씩 묶으면 4묶음이고 2개가 남기 때문입니다.

❷ 예 사탕의 수는 3씩 6묶음이야.

08 6배

09 예 (빈 막대 색칠)

10 (선 잇기)

11 6, 18

12 2, 3

13 8, 5 / 8, 5, 40

14 소율

15 예 4, 3, 12 / 3, 4, 12

16 28개

17 24살

18 20개

19 ❶ • 민지: 9의 5배 ➔ $9 \times 5 = 45$

• 연주: 8의 6배 ➔ $8 \times 6 = 48$

❷ $45 < 48$이므로 딱지를 더 많이 가지고 있는 사람은 연주입니다.

답 연주

20 8봉지

03 2개씩 묶으면 7묶음입니다.

➔ 2－4－6－8－10－12－14

07

채점 기준			
	❶ 채아의 말이 잘못된 이유를 쓴 경우	2점	5점
	❷ 바르게 고쳐 쓴 경우	3점	

08 빨간색 사과의 수는 초록색 사과 6묶음과 같습니다. ➔ 6배

09 연두색 막대를 3번 이어 붙인 것만큼 빈 막대를 색칠합니다.

10 • 3씩 5묶음 ➔ 3×5

• 5씩 6묶음 ➔ 5×6

• $6+6+6$ ➔ 6×3

11 $3+3+3+3+3+3$은 3×6과 같습니다.

➔ $3+3+3+3+3+3=18$,

$3 \times 6 = 18$

12 5의 ■배 ➔ 5 × ■

13 문어 다리의 수는 8의 5배입니다.

➔ $8+8+8+8+8=40$, $8 \times 5 = 40$

14 시우: 9씩 3묶음 ➔ $9 \times 3 = 27$

소율: 4의 7배 ➔ $4 \times 7 = 28$

따라서 $27 < 28$이므로 곱이 더 큰 것을 말한 사람은 소율이입니다.

15 • 2씩 6묶음 ➔ $2 \times 6 = 12$

• 3씩 4묶음 ➔ $3 \times 4 = 12$

• 4씩 3묶음 ➔ $4 \times 3 = 12$

• 6씩 2묶음 ➔ $6 \times 2 = 12$

16 기둥의 수는 7씩 4묶음이므로 7의 4배입니다.

➔ $7+7+7+7=28$, $7 \times 4 = 28$

17 삼촌의 나이는 8의 3배입니다.

➔ $8+8+8=24$, $8 \times 3 = 24$

18 필요한 성냥개비의 수는 5의 4배입니다.

➔ $5+5+5+5=20$, $5 \times 4 = 20$

19

채점 기준			
	❶ 민지와 연주가 가진 딱지의 수를 각각 구한 경우	3점	5점
	❷ 딱지를 더 많이 가지고 있는 사람은 누구인지 구한 경우	2점	

20 과자의 수는 4의 6배입니다.

➔ $4 \times 6 = 24$

24를 3씩 묶으면 8묶음이므로 한 봉지에 3개씩 다시 담으면 8봉지가 됩니다.

단원 평가 B단계 35~37쪽

01 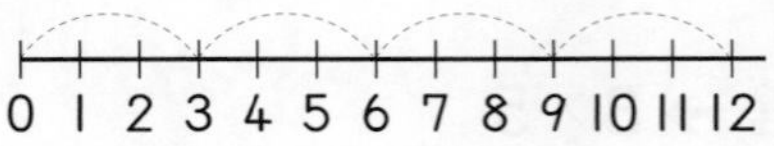 / 12개

02 3 / 16, 24 / 24 **03** 4, 5 / 4, 5

04 6 **05** 6, 6, 18

06 (○) ( ) (○) **07** ㉡

08  **09** 혜진

10 6, 6 / 6, 4, 6 **11** ③

12 ❶ • 과자의 수는 3씩 7묶음입니다.
➔ 3×7
• 과자의 수는 7씩 3묶음입니다.
➔ 7×3
❷ 따라서 과자의 수를 나타낼 수 있는 곱셈은 모두 2개입니다. 답 2개

13 $5+5+5+5=20$, $5 \times 4=20$

14 (△) ( ) ( ) **15** 21개

16 22개 **17** 24문장

18 4반

19 ❶ • 7의 4배 ➔ $7 \times 4=28$
• 3의 6배 ➔ $3 \times 6=18$
❷ 따라서 7의 4배는 3의 6배보다 $28-18=10$만큼 더 큽니다. 답 10

20 21점

06 공을 4개씩 묶으면 4묶음이고 2개가 남습니다.

07 ㉠ 3개씩 묶으면 5묶음이고 1개가 남습니다.
㉢ 5씩 뛰어 세면 5, 10, 15하고 1이 남습니다.

08 2씩 4묶음만큼 ○를 그립니다.

09 현주가 쌓은 연결 모형을 2번 이어 쌓은 사람은 혜진이입니다.

10 4씩 6묶음 ➔ 4의 6배
➔ 4×6

11 ①, ②, ④, ⑤ ➔ 9×3
9×3은 ⑤ $9+9+9$와 같습니다.
따라서 나타내는 수가 나머지와 다른 하나는 ③입니다.

12

채점 기준			
채점 기준	❶ 과자의 수를 나타낼 수 있는 곱셈을 모두 찾은 경우	4점	5점
	❷ 과자의 수를 나타낼 수 있는 곱셈은 모두 몇 개인지 구한 경우	1점	

13 꽃의 수는 5씩 4묶음이므로 5의 4배입니다.
➔ $5+5+5+5=20$, $5 \times 4=20$

14 • $3 \times 5=15$
• 8씩 2묶음 ➔ $8 \times 2=16$
• 4의 4배 ➔ $4 \times 4=16$

15 쌓으려고 하는 쌓기나무 수는 3의 7배입니다.
➔ $3+3+3+3+3+3+3=21$,
$3 \times 7=21$

16 햄버거의 수는 9의 3배입니다. ➔ $9 \times 3=27$
(남은 햄버거의 수) $=27-5=22$(개)

17 월요일, 수요일, 금요일에 8문장씩 읽었으므로 읽은 속담 수는 $8 \times 3=24$입니다.

18 예솔이네 학교 2학년 반의 수를 ●라고 하면 빗자루의 수는 6씩 ●묶음입니다.
6—12—18—24이므로 예솔이네 학교 2학년은 4반까지 있습니다.

19

채점 기준	❶ 7의 4배와 3의 6배는 각각 얼마인지 구한 경우	3점	5점
	❷ 7의 4배는 3의 6배보다 얼마만큼 더 큰지 구한 경우	2점	

20 • 5점짜리 과녁을 맞혀 얻은 점수는 5의 3배입니다. ➔ $5 \times 3=15$
• 3점짜리 과녁을 맞혀 얻은 점수는 3의 2배입니다. ➔ $3 \times 2=6$
따라서 채원이가 얻은 점수는 모두 $15+6=21$(점)입니다.

백점 수학 2-1 준비물

칠교판 | **개념북** | 2단원에 활용하세요.

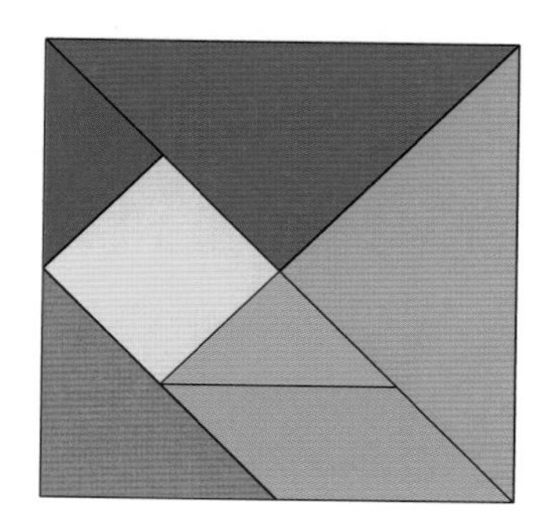

칠교판 | **평가북** | 2단원에 활용하세요.

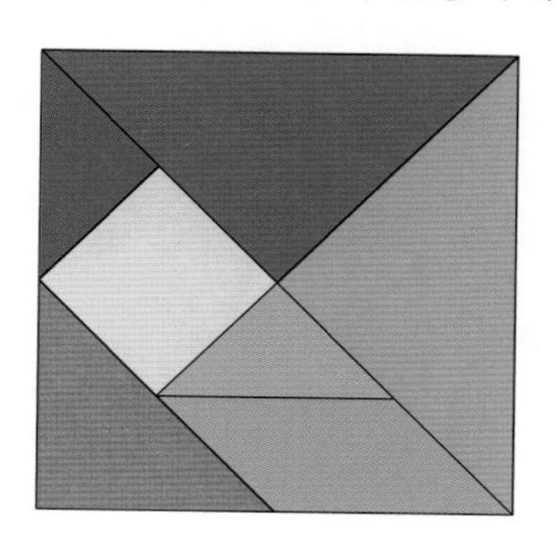

종이띠 | **개념북 102쪽** | 02번 문제에 활용하세요.

종이띠 | **개념북 102쪽** | 03번 문제에 활용하세요.

종이띠 | **개념북 116쪽** | 07번 문제에 활용하세요.

종이띠 | **개념북 117쪽** | 08번 문제에 활용하세요.

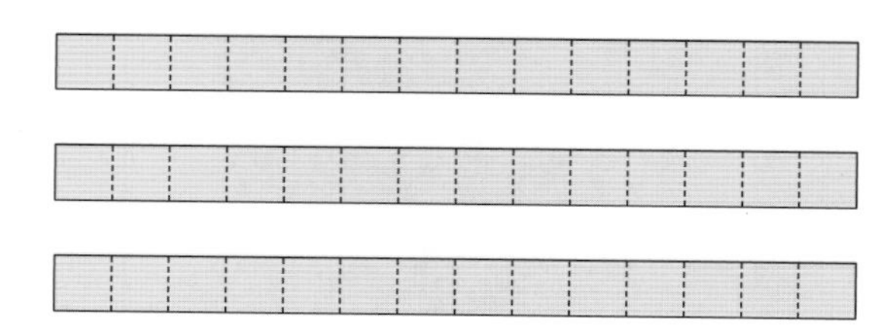

종이띠 | **평가북 20쪽** | 06번 문제에 활용하세요.

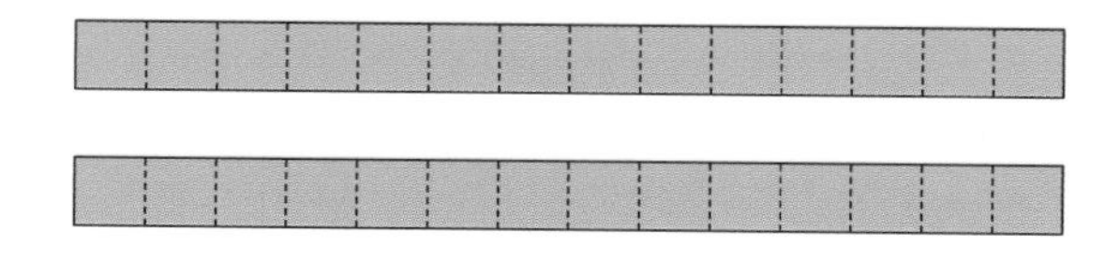

종이띠 | **평가북 23쪽** | 06번 문제에 활용하세요.

해설북

백점 수학 2·1

초등학교 학년 반 번 이름

믿고 보는 동아출판
초등 교재
기초학습서부터 교과서 개념 다지기, 과목별 전문서까지!
초등학교 입학 전부터, 예비 중등까지!
초등학생에게 꼭 필요한 영역을 빠짐없이! 동아출판 초등 교재 라인업
BEST
초능력 맞춤법 + 받아쓰기
초등 국어 1·2
초등 영역별 기초학습서
초능력 국어/수학/과학/한국사/한자
초고필 비문학 독해 1
예비 중등
초고필 국어/수학/한국사
적중 반편성 배치고사 + 진단평가